蜂からみた花の世界

四季の蜜源植物とミツバチからの贈り物

佐々木正己 著

海游舎

Bee's Eye View of Flowering Plants:
    Nectar- and Pollen-source Plants and
    Related Honeybee Products
  by Masami Sasaki
Copyright © 2010
  by Masami Sasaki

All right reserved, but the rights to each figure
  belong to the person stated in the caption.
No part of this book may be reproduced in any form
  by photostat, microfilm, or any other means,
  without the written permission of the publisher.

ISBN978-4-905930-27-3
First edition 2010
Printed in Japan

KAIYUSHA Publishers Co., Ltd.
1-23-6-110, Hatsudai, Shibuya-ku,
Tokyo, 151-0061 Japan

はじめに

　昆虫に加えて植物も好きだった私は、ローヤルゼリーの卒業研究をしていた40年ほど前、Meeuse博士の"The Story of Pollination"とKugler博士の『花生態学』に出会って以来、花とミツバチの関係に関心をもってきた。それが6年ほど前から、期するところがあって野外で写真を撮り歩くようになり、急にこの視点が膨らんだ。『養蜂の科学』（1994）、『ニホンミツバチ』（1999）以来でもあり、撮りためた写真を中心に、一冊にまとめてみるよい機会に思えてきた。

　類書には関口（1949）による先駆的な『日本の養蜂植物』と、井上（1971）の『新蜜源植物綜説』があるが、いずれも古く、見て楽しめるという形ではない。2005年、日本養蜂はちみつ協会編の新著『日本の蜜源植物』が出版された。これは各地の養蜂家が自身で撮った写真を集めて作られている点で貴重だが、特別企画のため、一般書店では入手できない。

　あえてもう一冊をと思ったのは、これらの理由に加え、植物の受粉の仕組みの妙と、ミツバチがその植物の戦略の上をいく賢さで蜜や花粉を集める行動の双方を、自分なりに表現してみたかったからである。また近年、「ハチ蜜」に対する眼が、花の種類や産地へ向けられるようになったにもかかわらず、蜜源植物の実態については依然あまり知られていない。これは養蜂家自身にもなかなかわからないし、研究者でも何のハチ蜜かを正しく言い当てられる者はまずいないであろう。そのわりにはショップに行くと、「○○ハチ蜜」と銘打った瓶が堂々と並べられている。このようななか、ハチ蜜を供給する側の養蜂家、楽しむ側の消費者の双方が、多様な蜜源植物とそれらの流蜜特性、ハチの訪花習性をもっと知ることで、「自然の恵み」であるハチ蜜を、より信頼できるものにしていく一助にできればと思ったからでもある。

　収録の仕方としては、すべての蜜・花粉源を網羅的に取り上げれば大部になりすぎる。眺めて楽しめる本にもしたかったので、写真を中心とした第1部は枚挙的にせず、なるべく見開きごとにまとめるようにした。これに解説編で、採餌行動やポリネーション、ハチ蜜、関連する養蜂生産物についての概説を加えた。

　視点のなかで少々凝ったのが、いつ、何の花が咲いているのかという花暦（フェノロジー）である。これは、たまたま私が住んでいる東京が日本の中央付近に当たることから、日本の標準として扱えると見なし、開花時期を順に記載したものである。地方、標高、年により開花日はずれるが、順序が大きく狂うことはないようなので、貴重な記録ではないかと思われる。

　花粉ダンゴの「色」についてのデータベース化も試みた。「蜜腺」についても、特徴的なものについてはなるべく収録するようにした。一方、ハチ蜜になったときの「色」についてはほとんど扱えなかった。花粉形態については、すでに何冊かが出版されているので、触れる程度にとどめた。

　データの土台となったのは、花とミツバチを求めて野山をよく歩いたことであり、楽しい時間であった。撮った写真は延べ数万枚になるが、どの写真を見ても、たいてい撮影時の情景が思い起こされる。撮影行に協力し、時には同行してくれた家族、仲間、学生に感謝したい。またこの本作りの構想段階から励ましていただいた海游舎の本間陽子氏には、特にお礼を申し上げたい。私のわがままの多くを受け入れ、ねばり強くバックアップしていただいたおかげで、何とかとりまとめることができた。

　身の回りの植物や花がミツバチの眼にはどのように見え、どう評価されているのかを探ろうとしたこのささやかな試みが、今度は私たち自身の自然の見方、自然とのつき合い方を考える一つの機会になるとしたら、とても嬉しい。

2009年12月

佐々木正己

本書の利用の仕方

　本書は，写真編の第1部と，解説編にあたる第2部からなっている。第1部では，ミツバチ・養蜂の簡潔な紹介の後，わが国で産業養蜂種のセイヨウミツバチと在来種のニホンミツバチの2種が利用している蜜・花粉源植物680種を紹介した。約1,600枚の写真を中心に，図鑑にあるような一般的記載はなしとし，ミツバチや養蜂生産物にかかわる話題に的を絞り，簡潔に述べた。

■ 第1部の配列順序と新分類体系

　各植物の配列については系統分類の順とした。多くの図鑑，教科書が，花の構造に注目し，花被のない単純なものから離弁花，合弁花の順に進化したとする「新エングラー方式」("Engler's Syllabus der Pflanzenfamilien" 1964）を採用してきた。本書では，大半を占める被子植物の配列を，より新しい見解であり，進化の道筋に近いとして多くの植物学者が支持するCronquistの "The Evolution and Classification of Flowering Plants" の第2版（1981）に基づくこととした。DNAの塩基配列に基づく系統進化解析も盛んだが，本書の目的は分類や系統論ではないので，これらの新見解は反映させていない。

　クロンキストの分類体系では，エングラー方式と科の構成・配列が異なる。主な違いは，

　（1）マメ科をジャケツイバラ科，ネムノキ科を含む3科に分ける。

　（2）ユキノシタ科もアジサイ科，スグリ科を含む3科に分ける。

　（3）ケシ科からケマンソウ科を独立させる。

　（4）ユリ科からアロエ科，サルトリイバラ科，リュウゼツラン科を独立させ，ヒガンバナ科はなくし，ユリ科に含める。などである。

　最終的な配列と採用学名は，このクロンキスト体系を採用した米倉浩司・梶田忠（2003-）「BG Plants 和名-学名インデックス」（通称YList），http://bean.bio.chiba-u.jp/bgplants /ylist_main.html（2009年5月23日）に基づいている。ただし，構成上，一部の科，および科内の配列順については調整を加えた。

■ 各種類の基本情報と蜜・花粉源としての評価

　各種の解説にあたっては，次ページの例で示しているように，見出しの最初に和名を記し，次いで別名などがある場合にはカッコを付して示した（ただし別名，異名，俗名，地方名をあげればきりがないので，ごく主要なものに限っている）。続いて漢字名が記してあるが，これも網羅的にはなっていない。単に漢字表記にしたものと中国名を記したもののいずれの場合もあり，表示上の区別はしていない。続くカッコ内は科名となっている。

分　類*		
N	Nectar-source	蜜源
NP	Both nectar and pollen provided	蜜・花粉源
P	Pollen-source	花粉源
P(n)	Mainly pollen, but nectar also	主に花粉源。ただし蜜も
N(p)	Mainly nectar, but pollen also	主に蜜源。ただし花粉も
ランク付け		
Excellent	(Superior)	きわめて優良。頻繁に利用される
Good	(Well-exploited)	良い。よく利用される
Temporary	(Temporarily-exploited)	補助的。時々利用される
Rarely or Incidentally		稀に利用される
Suspicious	(Not confirmed)	文献上記載はあるが未確認

潜在的には良く，大面積で栽培されれば有望（Potentially good）という場合は，略号では示さず，顕著な場合に限りテキスト中に記した。
* 甘露蜜，プロポリス源および花外蜜腺については，それぞれHoneydue, Propolis, Extrafloralと記した。

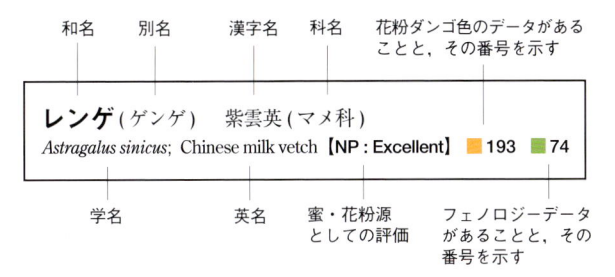

凡例図（レンゲの項目）:
- 和名: レンゲ
- 別名: (ゲンゲ)
- 漢字名: 紫雲英
- 科名: (マメ科)
- 学名: *Astragalus sinicus*
- 英名: Chinese milk vetch
- 蜜・花粉源としての評価: 【NP : Excellent】
- 花粉ダンゴ色のデータがあることと，その番号を示す: 193
- フェノロジーデータがあることと，その番号を示す: 74

A　B　C

欧文の表記は，最初の斜字体部分が学名（命名者名は省略）で，場合によっては英名が添えてある。和名，学名，科名は，いずれも分類体系の場合同様，米倉・梶田の「BG Plants 和名-学名インデックス」に準拠してはいるが，ここでも一部については独自の判断でこれに従わなかった場合もある（それらについては，索引の項で和名に＊をつけて表記した）。

【　】内に示したのが重要な観点となる「蜜・花粉源としての評価」で，これは蜜源か花粉源かの分類と，著者による独自のランク付けからなっている。これらは欧文の略号で示してあり，内容は前ページ下欄の表のとおりである。たとえばレンゲの場合【NP : Excellent】と表記されており，NPは蜜・花粉の両方の供給源であることを，Excellentは「蜜・花粉源としてきわめて優良である」あるいは「蜜・花粉源としてきわめて頻繁に利用される」ことを示している。

以上の基本情報と評価に加え，植物によっては見出しの末尾に色で区別した1または2種の数字が添えてある。これらの数値がある場合には，花粉ダンゴの色データ（■）（318～320ページ），または開花時期の一覧データ（■）（328～335ページ）へと飛べるようにしてある。数字はいずれも当該植物のデータ番号を示す。

■ 写真に付した説明とデータ

写真には短い説明と撮影年月・撮影場所を付した。ただし室内撮影の写真についてはこれを省いた。Am, Acjは，写っているミツバチがセイヨウミツバチ*Apis mellifera*かニホンミツバチ*Apis cerana japonica*かを学名のイニシアルで示したもの。撮影者が著者以外の場合は（by 撮影者）と示した。

■ 花粉の顕微鏡写真

収録した花粉写真の大半は，一般的な方法で処理した光学顕微鏡写真である。それらについては顕微鏡で観察する場合の像を考慮し，焦点を合わせる面を地球でいう北極部分にしたもの（次の例A）と赤道部分にしたもの（B）を組にして示すようにした。一部については，解説編で示した合成処理を施したもの（C），色がわかるように暗視野照明で撮影したもの，走査型電子顕微鏡で撮影したものも含まれる。

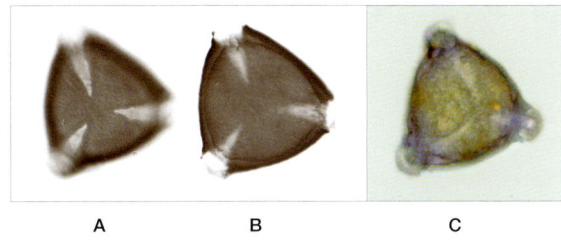

■ ガスクロマトグラム

一部の蜜源については，ラベルに記載され，信頼度が高そうだと判断されたサンプル蜜の香気成分の分析結果を，クロマトグラムの形で示した。つまり今回のサンプルは，単花ハチ蜜としての純度が保証されたものとは限らない。図中に構造を示した成分も，その蜜源を特徴づけるであろうと思われるものではあっても，まだインディケーターとして確立されたものではない（解説編の347ページ参照）。

■ 花粉ダンゴの「色」の一覧

ミツバチが採集してくる花粉ダンゴの「色」を，318～320ページに，和名の五十音順に示した。収録種数は192種である。色の客観的な記載という意味で，同じ色を示す数値データ（RGB）を解説編の352～353ページに示してある。

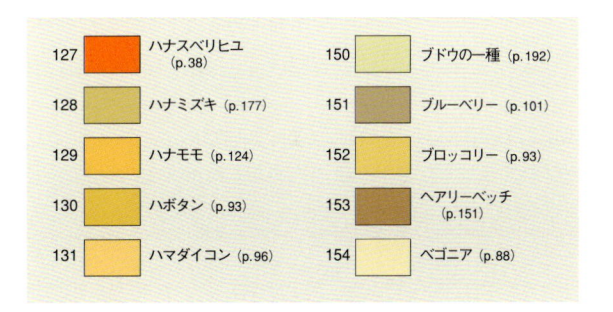

127	ハナスベリヒユ (p.38)	150	ブドウの一種 (p.192)
128	ハナミズキ (p.177)	151	ブルーベリー (p.101)
129	ハナモモ (p.124)	152	ブロッコリー (p.93)
130	ハボタン (p.93)	153	ヘアリーベッチ (p.151)
131	ハマダイコン (p.96)	154	ベゴニア (p.88)

■ 開花期のフェノロジー（四季の花ごよみ）

本書の特徴の一つとなるもので，収録植物の主なものについて，植物の開花期の移り変わりを一覧の形で表示した（328～335ページ；収録種数282種）。ここでは，1～12月までの各月をさらに上，中，下旬の三つに区分し，開花の状態を三つのグレードに分けて表記してある。

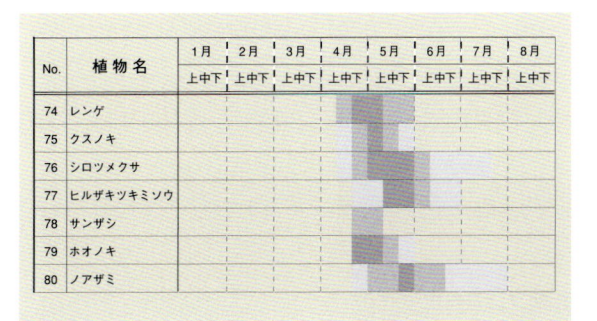

No.	植物名	1月 上中下	2月 上中下	3月 上中下	4月 上中下	5月 上中下	6月 上中下	7月 上中下	8月 上中下
74	レンゲ								
75	クスノキ								
76	シロツメクサ								
77	ヒルザキツキミソウ								
78	サンザシ								
79	ホオノキ								
80	ノアザミ								

本書の利用の仕方　5

目次

はじめに ・・・ 3
本書の利用の仕方 ・・ 4
在来種ニホンミツバチ Apis cerana japonica ・・・・・・・・ 8　採蜜 ・・ 14
セイヨウミツバチ Apis mellifera による産業養蜂 ・・・・・・ 10　多様なミツバチからの贈り物 ・・・・・・・・・・・・・・・・・・ 16
巣箱の中をのぞいてみると ・・・・・・・・・・・・・・・・・・・・・・・・ 12

第1部　蜜・花粉源植物（写真編）

（太字は主要な蜜・花粉源を含む科）

裸子植物門 ・・・・・・・・ 18	カバノキ科 ・・・・・・・・ 54	ユキノシタ科 ・・・・・・・ 113	ナス科 ・・・・・・・・・・ 236
ソテツ科 ・・・・・・・・・ 18	ハマミズナ科 ・・・・・・・ 56	**バラ科** ・・・・・・・・・・ 114	ヒルガオ科 ・・・・・・・ 240
イチョウ科 ・・・・・・・・ 18	サボテン科 ・・・・・・・・ 56	ネムノキ科 ・・・・・・・・ 142	ネナシカズラ科 ・・・・・ 241
マツ科 ・・・・・・・・・・ 19	ヒユ科 ・・・・・・・・・・ 57	**マメ科** ・・・・・・・・・・ 143	ハナシノブ科 ・・・・・・ 241
ヒノキ科 ・・・・・・・・・ 20	アカザ科 ・・・・・・・・・ 58	グミ科 ・・・・・・・・・・ 164	ムラサキ科 ・・・・・・・ 241
イヌマキ科 ・・・・・・・・ 21	ナデシコ科 ・・・・・・・・ 58	ミソハギ科 ・・・・・・・・ 166	クマツヅラ科 ・・・・・・ 243
イチイ科 ・・・・・・・・・ 21	**タデ科** ・・・・・・・・・・ 60	ジンチョウゲ科 ・・・・・ 168	**シソ科** ・・・・・・・・・ 246
	ボタン科 ・・・・・・・・・ 64	ザクロ科 ・・・・・・・・・ 168	オオバコ科 ・・・・・・・ 260
被子植物門 ・・・・・・・・ 22	ツバキ科 ・・・・・・・・・ 65	フトモモ科 ・・・・・・・・ 169	ゴマノハグサ科 ・・・・・ 260
モクレン科 ・・・・・・・・ 22	マタタビ科 ・・・・・・・・ 70	アカバナ科 ・・・・・・・・ 174	モクセイ科 ・・・・・・・ 263
シキミ科 ・・・・・・・・・ 22	オトギリソウ科 ・・・・・ 72	ウリノキ科 ・・・・・・・・ 176	キツネノマゴ科 ・・・・・ 266
バンレイシ科 ・・・・・・・ 25	パンヤ科 ・・・・・・・・・ 72	ミズキ科 ・・・・・・・・・ 176	ゴマ科 ・・・・・・・・・ 266
ロウバイ科 ・・・・・・・・ 26	ホルトノキ科 ・・・・・・・ 73	ニシキギ科 ・・・・・・・・ 178	ノウゼンカズラ科 ・・・・ 267
クスノキ科 ・・・・・・・・ 26	アオギリ科 ・・・・・・・・ 73	モチノキ科 ・・・・・・・・ 180	アカネ科 ・・・・・・・・ 268
ハス科 ・・・・・・・・・・ 28	**シナノキ科** ・・・・・・・ 74	ツゲ科 ・・・・・・・・・・ 185	キキョウ科 ・・・・・・・ 269
スイレン科 ・・・・・・・・ 28	アオイ科 ・・・・・・・・・ 76	トウダイグサ科 ・・・・・ 185	スイカズラ科 ・・・・・・ 270
ミツガシワ科 ・・・・・・・ 29	**ウリ科** ・・・・・・・・・・ 80	クロウメモドキ科 ・・・・ 188	オミナエシ科 ・・・・・・ 273
キンポウゲ科 ・・・・・・・ 30	トケイソウ科 ・・・・・・・ 86	ブドウ科 ・・・・・・・・・ 191	マツムシソウ科 ・・・・・ 273
アケビ科 ・・・・・・・・・ 35	パパイア科 ・・・・・・・・ 87	ミツバウツギ科 ・・・・・ 194	**キク科** ・・・・・・・・・ 274
アワブキ科 ・・・・・・・・ 35	イイギリ科 ・・・・・・・・ 87	ムクロジ科 ・・・・・・・・ 195	ヤシ科 ・・・・・・・・・ 294
メギ科 ・・・・・・・・・・ 36	シュウカイドウ科 ・・・・ 88	ニガキ科 ・・・・・・・・・ 197	サトイモ科 ・・・・・・・ 296
スベリヒユ科 ・・・・・・・ 38	フウチョウソウ科 ・・・・ 89	センダン科 ・・・・・・・・ 197	ミズアオイ科 ・・・・・・ 297
ツルムラサキ科 ・・・・・・ 39	ヤナギ科 ・・・・・・・・・ 90	**トチノキ科** ・・・・・・・ 198	ツユクサ科 ・・・・・・・ 297
ケシ科 ・・・・・・・・・・ 39	**アブラナ科** ・・・・・・・ 92	カエデ科 ・・・・・・・・・ 202	**イネ科** ・・・・・・・・・ 298
ケマンソウ科 ・・・・・・・ 42	リョウブ科 ・・・・・・・・ 98	ウルシ科 ・・・・・・・・・ 204	ガマ科 ・・・・・・・・・ 302
マンサク科 ・・・・・・・・ 42	**ツツジ科** ・・・・・・・・ 98	**ミカン科** ・・・・・・・・ 208	バショウ科 ・・・・・・・ 302
ニレ科 ・・・・・・・・・・ 44	カキノキ科 ・・・・・・・ 104	フウロソウ科 ・・・・・・ 218	ショウガ科 ・・・・・・・ 303
クワ科 ・・・・・・・・・・ 44	エゴノキ科 ・・・・・・・ 106	ツリフネソウ科 ・・・・・ 220	カンナ科 ・・・・・・・・ 303
キブシ科 ・・・・・・・・・ 46	ヤブコウジ科 ・・・・・・ 108	ノウゼンハレン科 ・・・・ 220	**ユリ科** ・・・・・・・・・ 304
フサザクラ科 ・・・・・・・ 46	サクラソウ科 ・・・・・・ 108	カタバミ科 ・・・・・・・ 222	アヤメ科 ・・・・・・・・ 313
スミレ科 ・・・・・・・・・ 47	トベラ科 ・・・・・・・・・ 109	**ウコギ科** ・・・・・・・・ 222	アロエ科 ・・・・・・・・ 314
クルミ科 ・・・・・・・・・ 48	アジサイ科 ・・・・・・・ 110	セリ科 ・・・・・・・・・・ 231	リュウゼツラン科 ・・・・ 315
ヤマモモ科 ・・・・・・・・ 48	スグリ科 ・・・・・・・・・ 112	リンドウ科 ・・・・・・・ 234	ラン科 ・・・・・・・・・ 316
ブナ科 ・・・・・・・・・・ 49	ベンケイソウ科 ・・・・・ 112	ガガイモ科 ・・・・・・・ 234	

花粉ダンゴの色 ・・・ 318

第2部　解説編

1　日本の蜜源植物の起源と全体像 ………… 322
　(1) 外来種への依存度の現状 ………… 322
　(2) どれくらいの種類が蜜・花粉源となっているのか 323
　(3) 蜜・花粉源植物の構成 ………… 324

2　蜜源植物の四季—開花フェノロジー ………… 325

3　花側からの受粉作戦とハチ側からの利用戦略 337
　(1) ポリネーションの基本事項 ………… 337
　(2) 双利共生的関係 ………… 337
　(3) ミツバチが片利的に利を得ている場合 ………… 337
　(4) 花側が片利的に利を得ている場合 ………… 337
　(5) 盗蜜の実態 ………… 338
　(6) 風媒花も大いに利用 ………… 338
　(7) 農業・食糧生産上のポリネーションの貢献 ………… 338
　(8) 生態系維持への貢献 ………… 339
　(9) ミツバチの訪花スペクトルが広い理由 ………… 339

4　なぜ行かない花，行かない時があるのか … 341
　(1) 周りの花事情により決まる訪花植物 ………… 341
　(2) ミツバチに花蜜の好き嫌いはあるのか ………… 342

5　蜜腺と花蜜—花蜜からハチ蜜ができるまで … 343
　(1) 花蜜はどこから来るのか ………… 343
　(2) 花蜜からハチ蜜ができるまで ………… 344
　(3) 採蜜作業の実際 ………… 345
　(4) 移動養蜂 ………… 346
　(5) ハチ蜜はどれくらい採れるものなのか ………… 346

6　ハチ蜜の色と香り—花による違いを楽しむ … 347
　(1) 花の匂いとハチ蜜の香りを比較してみる ………… 347
　(2) ハチ蜜の色 ………… 348
　(3) ハチ蜜の結晶化 ………… 349

7　ミツバチと花粉—花粉ダンゴの色，ハチ蜜中の花粉が物語るもの ………… 351
　(1) 花粉ダンゴの色—データベース作り ………… 351
　(2) 花粉ダンゴの色の意味 ………… 354
　(3) 花粉ダンゴは飛びながら作る ………… 355
　(4) 花粉写真の撮り方 ………… 355
　(5) ハチ蜜中の花粉分析 ………… 356

8　ミツバチが訪れる花はどうやって決まるのか
　　　—活動範囲，記憶能力と情報システム …… 358
　(1) 何処まで飛ぶのか—ミツバチの行動半径は …. 358
　(2) どのくらいの数の花を訪れるのか ………… 359
　(3) 何度も同じ花に通える優れた記憶能力 ………… 361
　(4) 花の何を覚えるのか ………… 361
　(5) ランドマークや距離・方角も記憶する ………… 361
　(6) ダンス言語—良いと評価した花へ
　　　仲間を誘導するシステム ………… 363
　(7) 評価の三要素は「質・量・距離」 ………… 364
　(8) どうすれば純度の高い「単花ハチ蜜」が採れるのか 364

9　純粋，自然のハチ蜜とは何なのか
　　　—季節や場所による違いを楽しむ ………… 366

10　日本在来種とセイヨウミツバチの生活，訪花嗜好性の相違点 ………… 367
　(1) ミツバチの種数が少ない理由 ………… 367
　(2) サバンナのミツバチ *mellifera* と森のミツバチ *cerana* 367
　(3) 日本に棲息する2種ミツバチの相違点 ……… 368
　(4) ニホンミツバチの訪花嗜好性と日本種ハチ蜜の特徴 368

11　ローヤルゼリーとプロポリスとは ………… 372
　(1) ローヤルゼリーの実体 ………… 372
　(2) ローヤルゼリー(王乳)ができるまで ………… 372
　(3) ローヤルゼリー中の「R物質」 ………… 373
　(4) プロポリスとは ………… 374
　(5) プロポリス源植物と樹脂の採集行動 ………… 374

12　English Summary
　Bee's Eye View of Flowering Plants:
　　Nectar- and Pollen-source Plants and Related
　　Honeybee Products ………… 375

付録1　ミツバチの体のつくりの概説 ………… 380
付録2　ハチ蜜の品質規格—国際規格と日本規格 … 382
付録3　増殖を推奨したい蜜・花粉源植物リスト … 383

撮影裏話 ………… 385
テクニカルノート ………… 386
あとがき—ハチ蜜に思うこと ………… 388
謝辞 ………… 389
主な参考書 ………… 391
用語索引 ………… 393
和名索引 ………… 395
学名索引 ………… 403
英名索引 ………… 411

在来種ニホンミツバチ Apis cerana japonica

　日本には，北海道を除く全土に昔から棲息してきた在来種のニホンミツバチと，明治の初めにアメリカ経由で導入されたヨーロッパ種のセイヨウミツバチの2種がいる。

　ニホンミツバチは今でも野生種ではあるが，農家の庭先などで，地方ごとの伝統的な方法で飼われてもきた。そしてなぜか1990年ころから，明らかに全国的にこの在来種の生息数が増えている。最近，敏捷かつ温和な性質，高い耐病性，ひと味違う蜜の風味などが注目され，趣味としてこのハチを飼う人の数が増えている。

クヌギの樹洞を利用したニホンミツバチの自然巣。キイロスズメバチが狩りに来ている（町田市玉川大学）

① お堂の中で観音像と並ぶ自然巣（鳥取県浜坂町）　② 丸太をくり貫いて作られた洞形の伝統巣箱。中の巣板はハチが勝手に作る（和歌山県古座川町）　③ 繁殖期。午後2時をまわるころになると雄バチたちが交尾飛行に出ていく（東京都町田市）

④ 自然巣では見ることが難しい女王バチ（中央）　⑤ キンリョウヘン（ラン）に誘引された雄バチ　⑥ 花までの距離と方角を教えるダンス　⑦ スズメバチを熱殺しているところ

⑧〜⑩ 自然巣とその一部（⑨はby池田）　⑪ 頻繁には搾らないので，蜜は巣内でよく熟成している

在来種ニホンミツバチ *Apis cerana japonica*　9

セイヨウミツバチ Apis melliferaによる産業養蜂

セイヨウミツバチは養蜂家によって飼われている産業養蜂種で，季節により増減があるが，統計上は全国で30万群前後がいることになっている。ハチ蜜，ローヤルゼリー，プロポリスの採取が主目的だが，その経済的貢献度の高さからいえば，果実などの花粉媒介が最重要ともいえる。

日本列島は南北に長く，花の季節も地域によって異なることから，専業の「蜂屋さん」（養蜂家のことを愛着を込めてこのように呼ぶ）のなかには，花を追って南から北へ移動しながら蜜を採っていく者もいる。春，九州でのナタネまたはレンゲに始まり，本州でのミカン，ニセアカシアかトチノキ，そして夏には涼しい北海道のシナノキに至るというコースが典型的だ。ただ最近ではこの移動養蜂は姿を消しつつあり，定置で地域の特色を生かしたハチ蜜を生産するやり方が増えてきている。

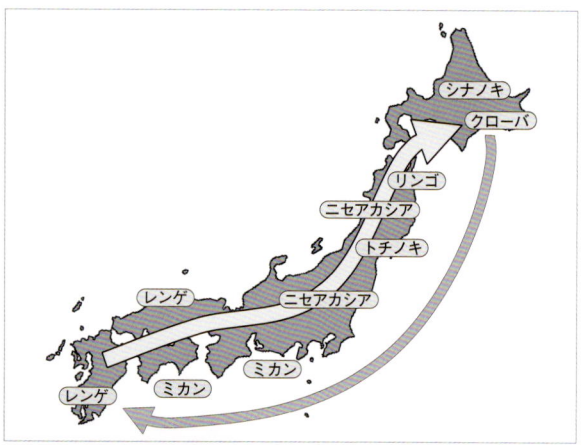

日本列島を縦断する移動経路のイメージ

① 山間の広場に並んだ巣箱は壮観 (by 吉田)
② 巣箱の前はあと数日で一面レンゲの絨毯に (by 加藤)
③ 内検作業は燻煙器で煙をかけながら (by 市川)
④ 巣門ではガード役がよそ者をチェック
⑤ 巣箱から飛び立つ雄バチ
⑥ 巣箱の外に払い落とされたハチは先を行く仲間に誘導されて戻る
⑦ お尻の先近くから集合フェロモンを出して後続のハチを呼んでいる
⑧ 蜜をためて帰るための蜜胃。自分の体重の1/3くらいの蜜を運べる
⑨ 花粉は後肢の花粉バスケットにダンゴにして持ち帰る

セイヨウミツバチ *Apis mellifera* による産業養蜂　**11**

巣箱の中をのぞいてみると

　採蜜目的のセイヨウミツバチの巣箱の中には，常に2～4万匹の働きバチがいて，1匹の女王バチを中心に高度な社会生活が繰り広げられている。換気はもちろん，夏は冷房，冬は暖房により，巣箱内の温度は制御され，幼虫が育つエリアはいつも35℃に保たれている。シーズン中は毎日1,000～2,000個もの卵が産まれ，幼い幼虫には若い育児バチの頭部で合成されたミルクが与えられる。齢が進んだ外勤バチは，半径5km前後に及ぶ活動圏の中に咲く最も好ましい蜜・花粉源を常にモニターし，ダンスによる情報伝達でそれを仲間に伝えあう。花蜜は酵素の添加と脱水によりハチ蜜に変えられ，水分が20％にまでなると，長期保存用としてシールがされる。冬に備えて蓄える蜜の量は通常10～20kg以上に及ぶ。すなわち，いつどこまで採蜜するかは，彼ら自身の生活のことも考えながら，慎重に判断しなければならない。

① 巣板の様子。巣房内に白く見えるのは働きバチの幼虫　② 巣板は可動式で自由に取り出せる　③ 女王バチの周りには女王コートができている
④ 働きバチの羽化　⑤ 王台。左のものは給餌しようとしているところ

⑥ 熟成しつつある蜜。蜜のシールには，リサイクル品ではなく，なるべく新しい（白い）ワックスを用いる
⑦ 口移しによる蜜の交換
⑧ 「ハチパン」とも呼ばれる貯蔵花粉
⑨ 王台の中でたっぷりのローヤルゼリー（ミルク）を食べて育つ女王幼虫 (by 松香)
⑩ 働きバチも最初の3日間はミルクをもらって育つ
⑪ 花粉の栄養分を素材にミルクを合成・分泌する下咽頭腺と大顎腺
⑫ ねばねばしたプロポリスと，これを集めてきたハチ (by 中村)

巣箱の中をのぞいてみると 13

採　蜜

　採蜜は普通早朝に行う。昼間になるとその日に花から集めてきた水分の高い蜜が混ざってしまうからだ。手早く貯蜜状態をチェックし，絞るべき巣板を取り出したら，温めた蜜刀か包丁でシールしてある蝋の蓋を削ぎ取り，遠心分離機にかける。幼虫や蛹も入っている巣板を絞らなければならない場合は，回転を上げすぎないよう注意も必要だ。遠心力で飛び出して分離機に溜まった蜜が，栓を開けたときに流れ出すときの感激は何ともいえない。自然の恵みとハチへの感謝の気持ちが最も高まるときでもある。もちろん，試食のひと舐めも至福の瞬間だ。

　純度の高い単花ハチ蜜が採れるか否かは，その年の花の状態と採蜜のタイミングにかかっている。しかし，日本のように豊かな自然の中で多様な花が咲く環境下で単花ハチ蜜を求めるのには，もともと無理がある。いろいろな花の蜜が混ざったいわゆる「百花蜜」のなかでの，季節や場所ごとの多様な変化をもっと評価し，楽しみたいところだ。

①採蜜は熟成が進み，蓋掛けされた巣板から行うのが原則 (by 市川)　②ハチブラシで巣板に付いたハチを落としたところ (by 市川)　③シール（巣蓋）を切り取り，蜜が搾れる状態にする (by 市川)　④琥珀色の熟成した蜜が現れる

14　採蜜

⑤,⑥ 手際よく採蜜の準備を進めているところ
⑦ こぼれ落ちた蜜を舐め採って回収するハチたち
⑧ 遠心分離機を回して蜜を搾り出しているところ
⑨,⑩ 清々しい香りとともに流れ出すハチ蜜
⑪ 蜜は細かいメッシュを通したうえで，瓶詰めされる

採蜜　15

多様なミツバチからの贈り物

　ミツバチからの贈り物には，ハチ蜜のほかにも，巣の入り口でトラップした花粉ダンゴ，ローヤルゼリー，プロポリス，それに化粧品やロウソクに欠かせないワックス。これらはみなミツバチからの贈り物であり，どれも豊かな自然，多様な植物たちからの結晶のようなものだ。

① 世界各国から輸入されたハチ蜜の陳列棚（ラベイユ本店にて）。花の種類や国，地域，採蜜年により，色も香りも舌触りも大きく異なるので，楽しみはつきない　② ローヤルゼリー　③，④ 花粉ダンゴ　⑤ プロポリス　⑥ 各種化粧品への利用　⑦ ハチ蜜酒（ミード）　⑧ ハチ蝋から作られたロウソク

16　多様なミツバチからの贈り物

第1部
蜜・花粉源植物
(写真編)

裸子植物門（マツ門）Pinophyta

裸子植物の花は原始的な形で，ソテツのように花粉より胞子に近いものもあれば，イチョウのように精子を作るものもある。いずれも風媒花であり，ミツバチによる利用や花粉媒介は，あったとしても頻度の高いものではない。

ソテツ　蘇鉄 (ソテツ科)
Cycas revoluta　【P：Temporary】

自生は九州南部や沖縄などだが，観賞用に各地に植栽される。50cmにも達する巨大な雄花には花粉を求めて，さまざまな昆虫が集まる。ミツバチも例外ではない。名の由来は枯れそうになったときに「鉄釘を刺すと蘇生する」との意から。花期は夏。

ソテツの雄花　2007.7　町田市 (玉川大学)

雌花が果実となっている　2007.2　千葉県南房総市

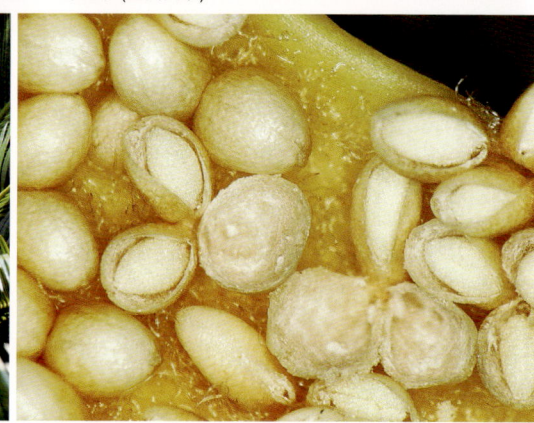

雄花の小胞子葉下面の葯。一部開裂

イチョウ　銀杏，公孫樹 (イチョウ科)
Ginkgo biloba　【P：Suspicious】

中国原産だが街路樹として，また「銀杏」の生産用に植栽される。平瀬作五郎が精子を発見したことで有名。開花はクヌギやコナラから10日程度遅れて，東京では4月末。雄木は多量の花粉を飛ばすが，ミツバチがこれを利用するかは不明。プロポリス源ともいわれるが，これも未確認。葉は防虫用に本に挟んだりタンスに入れて用いた。

イチョウの雄花の開花は芽吹きとともに　2006.4　東京都町田市

ソテツ科 Cycadaceae，イチョウ科 Ginkgoaceae

風にそよいで散るイチョウの花粉 　　　　　　　　たわわに実った果実　2007.9　長野県八ヶ岳山麓

満開のクロマツの雄花　2008.4　東京都世田谷区 　　開花直前のアカマツの雄花　2008.4　東京都町田市

マツ類　松類 (マツ科)
Pinus spp. 【P : Suspicious】

マツ科としては北半球を中心に世界に約200種，日本には22種が知られる。クロマツ *P. thunbergii*，アカマツ *P. densiflora* は，ともに日本を代表するマツで，4〜5月に咲く雄花からはかなり大量の花粉が出る。しかし後述のスギやヒマラヤスギ同様，これをミツバチが利用しているところはまだ見たことがない。

カラマツ　唐松，落葉松 (マツ科)
Larix kaempheri 【P : Suspicious】

たいていの針葉樹が常緑であるなか，秋に葉が黄色く色づき，落葉する。花粉の利用実態が不明なのはスギやマツ類の場合と同様だが，大形のアブラムシが付くことから，「甘露蜜」の供給源になることは考えられる。プロポリス源にもなるというが，こちらは未確認。日本在来種。

カラマツの雄花の開花は芽吹きより早い　2009.5　静岡県御殿場市

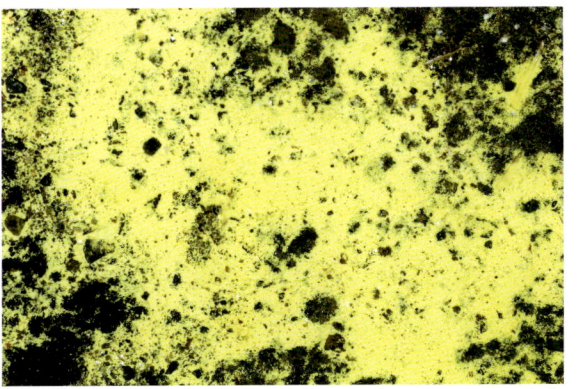

ヒマラヤスギ　(マツ科)
Cedrus deodara 【P : Suspicious】

スギ (Ceder) の仲間であるがヒマラヤ高地の原産で，春にではなく晩秋に多量の花粉を飛ばす。花期には近くの道路脇が黄色く染まる。長年気にして見ているが，ミツバチが訪花しているのは見たことがない。

路上に吹き寄せられたヒマラヤスギの花粉　2008.11　町田市 (玉川大学)

マツ科 Pinaceae　19

スギ 杉 (ヒノキ科)
Cryptomeria japonica 【P：Suspicious】

戦後の植林で，日本の山地の標高の低いところにはスギかヒノキが植えられた。木材の生産と治山には大きな役割を果たしたが，最近では広葉樹や混交林の価値が見直され，望ましいとされる育林の目標も大きく変わった。スギ花粉は花粉症の原因として悪者になっているが，ミツバチが花粉源としてこれをどの程度利用しているのかは不明。気をつけて見ているが，ミツバチがスギの花から直接花粉を採集しているところは一度も目撃しないし，花粉ダンゴの分析で多数のスギ花粉が検出された例も聞かない。したがって花粉源としている本はあるが，疑問のように思われる（スギ科と扱っている場合も多い）。日本在来種。

モミ・トウヒ類 (マツ科)
Abies spp., *Picea* spp.
【Honeydue】【P：Suspicious】

花粉源になるとの記載はあるが，マツやスギ同様，はたして本当にミツバチがこれらを利用しているのかは疑わしい。

一方，モミやトウヒにはしばしば大形のアブラムシが付くことがあり，かなりの甘露を出すので，日本でもミツバチが利用しているに違いない。たとえばドイツではこれら「甘露蜜」は有名で，一般のハチ蜜より高級品として愛用されている。多量には採れないので貴重品。

スギの雄花。花粉症の原因として嫌われている　2006.3　東京都町田市

ウラジロモミの枝にびっしり付いたアブラムシとそれが分泌した甘露。葉先には流れ出した甘露の滴が光っている。赤く見えるのはアブラムシを補食する天敵のナミテントウ　2007.3　岐阜県大垣市

上の拡大。大きな成虫からは胎生の子虫が産み出されている

「甘露蜜」。成分や風味も個性的だ

イヌマキの雌木になった果実　2006.11　東京都世田谷区

イチイの雄花　2008.4　東京都町田市

イチイの果実　2006.11　長野県諏訪市

カヤの果実。雄花はイチイとそっくり。右は熟したところ　2007.7　東京都世田谷区

イヌマキ　犬槙 (イヌマキ科)
Podocarpus macrophyllus　【P : Suspicious】

葉が扁平で葉脈もあり針葉樹の仲間には見えにくい。雌雄異株で，雄花は穂状で薄黄色。種子の基部は膨らんで，熟すと赤く色づき，少々松脂臭がするものの甘く，食べられる。種子の部分は有毒なので食べてはならない。防風林などによく用いられる。日本在来種。

イチイ　一位 (イチイ科)
Taxus cuspidata; Japanese Yew　【P : Suspicious】

全国の山地に自生する一方，庭木や生け垣にもよく利用される。雌雄異株の常緑樹。花粉源とされるが未確認。秋に赤く熟した実は甘く食べられる (ただし種子は有毒)。和名は材から尺を作る際，その階位が一位との意。アララギ，オンコの呼び名もある。園芸品はキャラボク。

カヤ　榧 (イチイ科)
Torreya nucifera　【P : Suspicious】

イチイ科の常緑高木で，花期は5月。花粉源になると思われるが，訪花は未確認。果実は翌年の9月ころに熟し，緑色の仮種皮を付けたまま落ちる。昔は実を炒って食べたほか，搾って灯油や食油にも使った。種子は駆虫薬としても有名。材は緻密で，碁盤や将棋盤の最高級品として珍重される。日本在来種。

被子植物門（モクレン門）Magnoliophyta

　ここから最後までの被子植物（モクレン）門の植物名の配列順は，基本的にCronquist (1981)の分類体系によっているが，一部は編集上の都合で科などの配列を変えている場合もある。双子葉（モクレン）綱のモクレン亜綱に始まり，マンサク亜綱，ナデシコ亜綱，ビワモドキ亜綱，バラ亜綱，キク亜綱と進む。最後は単子葉（ユリ）綱となり，オモダカ亜綱，ヤシ亜綱，ツユクサ亜綱，ショウガ亜綱と進み，ユリ亜綱で終わる。新エングラー方式の配列とは異なり，合弁花，離弁花による区分はしていない。

コブシ　辛夷（モクレン科）
Magnolia kobus　【P(n)：Rarely】

花粉源になるといわれるが，同時期には他の春の花もかなり咲き始めており，ヒメコブシ，タムシバ同様，優先的に訪花することはないようだ。名の由来は果実の形が拳に似ていることから。日本在来種。

果実。種子は真っ赤で，引っ張ると糸でぶら下がる　2007.10　横浜市

コブシの花。霜にあたって茶色くなることもある　2007.3　横浜市

ハクモクレン　白木蘭（モクレン科）
Magnolia denudata; Mulan (Tulip, Lily) magnolia
【P(n)：Rarely】　■ 18

コブシより少し遅れて，大きく真っ白で豪快な花を付ける。シモクレン（モクレン）とともに中国原産。補助蜜源とされるが，どこから蜜が分泌されるのかは未確認。

純白が青空にまばゆいハクモクレン　2007.3　東京都世田谷区

シキミ　樒，梻（シキミ科）
Illicium anisatum　【P：Temporary】

暖地では多く見かけるが昆虫の訪花は少なく，補助蜜源とされるが，まだ訪花を確認していない。果実は薫香料ともなるが，一方でアニサチンなどの有毒成分も含む。植物の二次代謝系として有名なシキミ酸回路のシキミ酸はこの植物に因む。

シキミの花。蜜は少なめで花粉はクリーム色　2006.4　町田市（玉川大学）

モクレン科 Magnoliaceae，シキミ科 Illiciaceae

ホオノキ 朴の木 (モクレン科)
Magnolia obovata 【P : Temporary】 ■79

材は版木，下駄などに，葉はホウバ焼きなどに用いられる。高木で，大形で非常に強い香りの花を枝先に付ける。多くの昆虫が誘引されるが，ミツバチの訪花はタイサンボクほどではないようだ。花期は4月末から6月。日本在来種。

タイサンボク 泰山木，大山木 (モクレン科)
Magnolia grandiflora; Southern magnolia
【P : Good】 ■85 ■92

大木になり，花も大形で豪快。花の咲いている位置が高いため，なかなか観察はできないが，モクレンやコブシよりミツバチはよく訪花している。その花粉採集行動は独特で，舟形になった花弁の内側に散り積もった雄しべからこれを集める。高い木によじ登ってこれを確かめたときは感激であった。花期は長く，4月末から6月。北アメリカ原産。

ホオノキの花は直径15〜18cmと大形。初夏の山で遠くからでもそれとわかる 2006.5 川崎市

タイサンボク。舟形の花弁に積もった雄しべの中を転げ回って体に花粉を付け，飛びながらダンゴに丸める (Am) 2005.6 町田市 (玉川大学)

タイサンボクの遠景 2005.6 町田市 (玉川大学)

タイサンボクの花粉

花はホオノキに似ているが，こちらは常緑樹。少しずつ開花し，花期が長い (Am) 2005.6 町田市 (玉川大学)

モクレン科 Magnoliaceae 23

満開のユリノキ　2006.4　町田市 (玉川大学)

ユリノキ　百合の木，半纏木 (モクレン科)
Liriodendron tulipifera; Tulip tree
【N(p) : Excellent / Good】■105

学名 (属の名) が *Liliodendron* で，英名はチューリップツリーである。花は色といい，大きさ・形といい，本当にチューリップと似ている。葉の形が半纏(はんてん)に似ることからハンテンボクの名もある。原産は北アメリカだが，岩手県や東京の日比谷公園などでは多く植栽され，重要な蜜源樹となっている。もう30年も前のことだが，小岩井農場で採れた純度の高いユリノキの蜜を味わったことがある。特有の甘い香りがあり，食べやすく，しかも個性豊かな逸品であった。この蜜がいったいどこから分泌されるのか長年不思議に思っていたが，最近になって花弁の中央部，橙色の模様のある部分から分泌されることを知った。距(きょ)に変化した場合は別として，花弁から蜜を分泌する例は珍しい。花期は東京では5月初旬。

カップ形のユリノキの花は本当にチューリップのよう

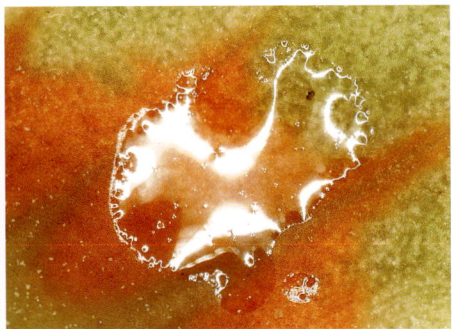

花弁の橙色を目ざせば蜜がある

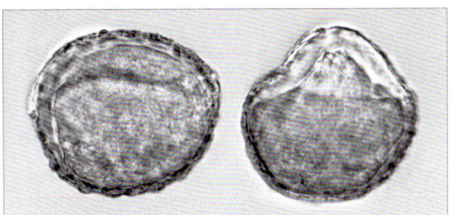

花粉は非対称形できわめて特徴的

ポポー （バンレイシ科）
Asimina triloba; Pawpaw 【P : Incidentally】

北アメリカ原産の落葉樹で，春にチョコレート色の個性的な花を付け，果実は9月ころに熟す。果肉は橙黄色，クリーム状で独特の芳香がある。寒さにも強く，家庭用の果樹として栽培することができる。チェリモヤもこのバンレイシ科に属する。

訪花したミツバチ (Am)。大きな木にならないと花がつかないため，訪花中のミツバチを見ることはあまりない。街路樹に植えても，剪定してしまうと花がつかない　2005.5　東京都町田市

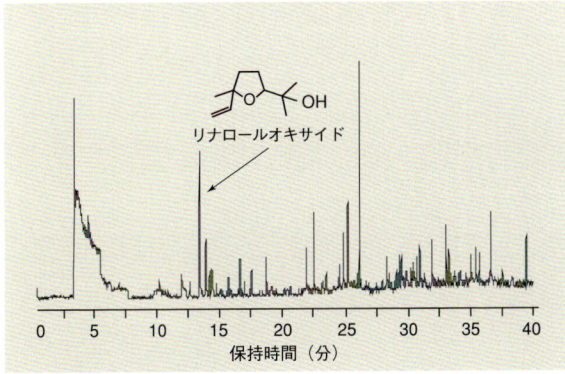

ポポーの花。葉が出る前だが茶色いので目立たない
2006.5　町田市（玉川大学）

リナロールオキサイド

「ユリノキ蜜」の香りの分析例

花粉を食べている小さな甲虫

モクレン科 Magnoliaceae，バンレイシ科 Annonaceae

満開のロウバイは花がない時期だけに見事　2007.12　群馬県赤城山麓

年や木によっては花期にまだ葉を残していることも　2008.12　東京都世田谷区

ロウバイ　　鑞梅，蝋梅 (ロウバイ科)
Chimonanthus praecox　【P : Incidentally】

真冬に，薄い黄色の蝋細工のような独特の感触の花を咲かせる。寒い時期なので訪花昆虫の姿を見ることは稀だが，暖かい日にはミツバチも訪花する。花からの油は蝋梅油。中国原産。

クスノキ　　楠 (クスノキ科)
Cinnamomum camphora; Camphor laurel
【N(p) : Incidentally】　■75

花は小さく色もくすんだ白色で目立たない。蜜の分泌は地方によって異なり，南方では流蜜がある場合もあるというが，関東地方に植栽のものではミツバチの訪花を認めたことはない。成分の樟脳が防虫用やセルロイドの製造によく使われたほか，材の用途も広い。在来種らしいが，中国南部からの史前帰化植物の可能性もある。

アボカド　　(クスノキ科)
Persea americana; Avocado tree　【NP : Good / Temporary】

熱帯産の常緑樹で，花は小さく白緑色。熟した果肉にはビタミンA，リボフラビン，不飽和脂肪酸が豊富で，果物のなかではタンパク質含量が最も高い。種子は食べられないが，アマゾンでは避妊薬として用いられたという。沖縄，和歌山県などではわずかだが露地栽培が行われている。花期は4〜6月。中央アメリカ原産で，大量の輸入は主にメキシコから。

各地に有名な巨木がある　2006.12　神奈川県真鶴岬の原生林

アボカドの花　2008.4　静岡県熱川バナナワニ園

「アボカド蜜」(アメリカ産)

アボカドの果実 (メキシコからの輸入品)

26　ロウバイ科 Calycanthaceae，クスノキ科 Lauraceae

ゲッケイジュ (ローレル)
月桂樹 (クスノキ科)
Laurus nobilis; Bay laurel
【NP : Temporary】 ■65

乾燥した葉は長期間芳香を発し，料理の香りづけに愛用される。精油の成分はシネオール，オイゲノール，ゲラニオール，ピネンなど。多数の黄色い花を付けたところは目には美しいが，開花期は短く(4〜5月)，ミツバチの訪花はあまり見ない。地中海地方原産。アメリカでは流蜜する種類もあり，蜜は結晶化しないという。

タブノキ 椨の木 (クスノキ科)
Machilus thunbergii
【N(p) : Incidentally】 ■93

日本の照葉樹林を代表する常緑樹。補助蜜源といわれる。しかし少なくとも関東地方ではハチは行かないようである。花がきわめて小さいことも一因と思われる。花期は4〜6月。

シロダモ (クスノキ科)
Neolitsea sericea
【P(n) : Incidentally】

クスノキ科にはヤブニッケイのように春に花を付ける木が多いが，シロダモは珍しく秋。目立たない花で，補助蜜源といわれるが，まだ訪花を確認したことがない。雌雄異株。果実は翌年の秋に赤く熟すので，花と実が同時に見られる。

花もにぎやかなゲッケイジュ　2008.5　埼玉県秩父市

タブノキの花は色は黄緑だがまとまって咲くのでけっこう目立つ　2008.5　神奈川県真鶴岬

目立たないヤブニッケイの花　2008.6　横浜市

シロダモの果実。この種は花も11月　2007.11　東京都世田谷区

クスノキ科 Lauraceae

雄しべの中に潜り込んでの吸蜜。なかなか出てこない。右は花の様子を確認中のAm　2006.7　栃木県都賀町

ハス田(大賀ハス)の遠景　2006.7　栃木県都賀町

ハスの果実　2008.9　岡山市半田山植物園

ハス　蓮 (ハス科)
Nelumbo nucifera; Lotus
【P(n)：Good】　■123　■234

花粉(とおそらく蜜も)を集めに訪花はするが、花が巨大なカップ状で、花弁は城壁のようにそそり立ち、よく滑る。そのため、開きかけの花の奥に着地するためにはハチは落下するしかない。花の真上でホバリング(静止飛行)をしながら、意を決して自ら落ちる様は愛らしい。花期は夏で、夏の季語にもなっている。ハスは熱帯アジアの原産。古名はハチスで、実がハチの巣に似ていることから。

オオオニバス (スイレン科)
Victoria amazonica; Prickly water lily
【P：Suspicious】

アマゾン原産のスイレン科の植物で、現地で見たときには感動した。葉の大きさは子供が乗れるほどにもなる。植物園などに行かないと見れないが、咲くときには周囲に強い香りをふりまく。日本のオニバス*Euryale ferox*は池沼に自生する。

オオオニバスの花　2008.9　岡山市半田山植物園

28　ハス科 Nelumbonaceae，スイレン科 Nymphaeaceae

スイレン類 睡蓮 (スイレン科)
Nymphaea spp.; Water lily
【P：Rarely】

スイレンは日本産のものもあるが，各国のものや園芸品種が栽培されている。
　蜜・花粉源としてそれほど重要ではないが，タイでは熱帯スイレンに多くのコミツバチが群がるように訪花していたのが思い出される。花期は種類にもよるが初夏～夏と長い。

アサザ (ミツガシワ科)
Nymphoides peltata
【P：Rarely】

池や沼に群生している様は美しいが，最近は野生のものはあまり見なくなった(環境省レッドリストの絶滅危惧Ⅱ類)。花期は夏。
　池がハチの巣箱から近い場合は，暑い昼間に，冷房用の水を汲みにこの葉上に通うミツバチも見かける。最近ではその環境形成機能が注目されている。

スイレンの池。遠景は一面のアサザ　2007.9　神戸市立森林植物園

スイレン　2007.9　仙台市

アサザの花　2007.9　神戸市立森林植物園

スイレン科 Nymphaeaceae，ミツガシワ科 Menyanthaceae

セツブンソウ 節分草 (キンポウゲ科)
Shibateranthis pinnatifida
【P(n) : Temporary】 ■81

フクジュソウとともに，本当に節分のころに咲く。残雪が退いていったすぐ後に咲いていた藤原岳 (三重県) での光景は印象的だったが，そのときはミツバチを見ることはなかった。2008年の3月，初めて秩父でニホンミツバチが訪花しているところに出会えた。日本在来種で環境省レッドリストでは準絶滅危惧種。

木漏れ日のなか，セツブンソウに訪花するニホンミツバチ　2008.3　埼玉県秩父市

セツブンソウの大群落　2008.3　埼玉県秩父市

クロタネソウ (ニゲラ)　黒種草 (キンポウゲ科)
Nigella damascena; Devil-in-a-bush, Love-in-a-mist 【P(n) : Rarely】

ヨーロッパ原産の1〜2年草。花期は4〜6月。蒴果は風船のように膨らむ。ハーブとしても人気がある。ヨーロッパでは花粉源としてポピュラー。

クロタネソウ。花粉量は多い　2007.7　山梨県韮崎市

オキナグサ 翁草 (キンポウゲ科)
Pulsatilla cernua 【P : Incidentally】

日本，朝鮮半島，中国に分布し，かつては草原に多く自生していたが，すっかり減って貴重品になってしまった (準絶滅危惧Ⅱ類)。名の由来は花が咲いた後の多数の花柱が伸びた様子が老人の白髪を思わせたことから。園芸品種では青い花のセイヨウオキナグサなどがある。大量の花粉が得られる。

オキナグサ　2009.5　群馬県赤城山麓

ハルザキクリスマスローズ (レンテンローズ) (キンポウゲ科)
Helleborus orientalis 【P(n) : Temporary】　■135

最近とくに園芸的に人気があるようで，品種も増え，家庭の庭でもよく見かけるようになった。まだ競合する花の少ない2月下旬ころから咲くというだけでなく，ミツバチはこの花がほんとうに好きらしい。花が下を向いていて目につかないが，とても熱心に通って花粉を集める。クリスマスのころから咲くクリスマスローズ *H. niger* と混同されがちだが別種。ヨーロッパ原産。

花期が早いクリスマスローズ　2006.3　東京都世田谷区

色もさまざまなハルザキクリスマスローズ。右は肢を使って花粉を集めているところ　2007.3　横浜市

キンポウゲ科 Ranunculaceae

落葉の中で黄色がまばゆいフクジュソウの花　2007.3　埼玉県秩父市吉田町

フクジュソウ　福寿草 (キンポウゲ科)
Adonis ramosa　【P(n) : Temporary】　14

少し世話をすれば正月のうちにも美しい花を咲かせられるので，江戸時代にはこぞって咲かせていた (古典園芸植物)。野山にもたくさんあったのだろう。今では山でもなかなか見ることができない貴重品になってしまった。花粉を供給し，ミツバチもこれを求めて訪花する。光沢のある花弁が凹面鏡のように作用し，日があたっているときの花の中の温度は周囲より10℃も高くなるという。早春の花の工夫に感心する。

ミスミソウ　三角草，雪割草 (キンポウゲ科)
Hepatica nobilis var. *japonica*　【P : Incidentally】

本州の中部以西の落葉樹林の林床に自生，石灰岩地域を好む。日本海側ではピンクや青みをおびた美しい花色のものが多い。花期は3〜4月。

日陰では背が高く，葉も早く開く　2006.3　東京都世田谷区

オオミスミソウ　2010.5　新潟県佐渡島

フクジュソウ。花弁の色が濃い品種　2007.3　埼玉県秩父市吉田町

キンポウゲ科 Ranunculaceae

トリカブト類　鳥兜 (キンポウゲ科)
Aconitum spp.; Monkshood　【P(n) : Rarely】

ヤマトリカブトをはじめ，地方により多くの種がある。花は独特の形で，英名の「僧侶のかぶりもの」も花の形から。根にアコニチンやメサコニチンと呼ばれる猛毒成分をもつことで有名。昔は矢尻に塗ってクマなどを仕留めるのに使われていた。この成分が蜜，あるいは花粉にも含まれるらしく，ごく稀にではあるが，過去にこのハチ蜜を食べて死亡したと思われる例もある。ミツバチには毒作用はないようで，ハチはこの蜜も集めるので，トリカブトが多く咲く場所と時期には十分な注意が必要だ。このほかに「毒蜜」と呼ばれるものにホツツジの蜜がある。

カラマツソウ類　落葉松草 (キンポウゲ科)
Thalictrum spp.【P(n) : Rarely】　30

カラマツソウ，シキンカラマツ，アキカラマツなどいろいろな種類がある。多くが高原の花で，イギリスなどでは比較的よく行くようだが，日本ではミツバチはたまに訪れる程度。むしろアブの類が好んで訪れている。名の由来は花 (正確には花弁はなく，雄しべ) がカラマツの葉の付き方に似ていることから。花期は夏。

ヤマトリカブト　2007.9　神戸市立森林植物園

トリカブトの一種　2007.10　福島市

シキンカラマツ　2007.9　栃木県日光植物園

カラマツソウの一種　2007.8　長野県湯ノ丸高原

カラマツソウの一種。訪花しているのはクロマルハナバチ　2007.8　長野県東御市

キンポウゲ科 Ranunculaceae　33

カザグルマの一種　2006.6　東京都世田谷区

カザグルマの一種　2009.5　群馬県赤城山麓

カザグルマの花粉

センニンソウ　2008.9　長野県東御市

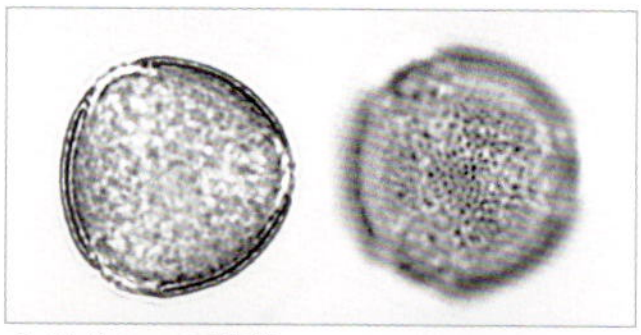

カザグルマ類　(キンポウゲ科)
Clematis spp. 【P : Incidentally】■88

野生のものにハンショウヅルやミヤマハンショウヅル，カザグルマがある一方，多くの園芸品種が栽培されている。蜜・花粉源価値は低い。花期は春から初夏。「鉄線」の別名は特有の茎の姿から。秋の野山に咲くセンニンソウ C. terniflora も比較的近い仲間。

シュウメイギク　秋明菊 (キンポウゲ科)
Anemone hupehensis var. japonica
【P(n) : Good】■72　■268

菊の名はあるが，アネモネの仲間。現在植栽されているものは，中国産のものと台湾産のものを掛け合わせて作出されたといわれるが，各地の山野に自生しているものもある。夏から秋にかけてが花期で，ミツバチは好んで訪花する。

花粉源として貴重なシュウメイギク　2006.10　長野県八ヶ岳山麓

花粉集めに余念がないセイヨウミツバチ　2006.10　長野県八ヶ岳山麓

34　キンポウゲ科 Ranunculaceae

アケビ。左の雌花はすでに実の形　2005.4　神奈川県山北町

花粉集めによく訪花するムベの雄花　2007.4　横浜市

ムベの雌花。花粉ダンゴをつけてはいるがこれは雄花から　2008.4　横浜市

アケビ類　木通 (生薬名) (アケビ科)
Stauntonia sp., *Akebia* spp.; Chocolate vine
【P : Rarely】■ 59

関東以西に自生するムベ (別名：トキワアケビ。郁子 *S. hexaphylla*) の花は他のアケビ科同様単性花で，花弁はないか蜜腺に変化している。花弁に見えるのは萼片。学名の *hexaphylla* は小葉が5枚あることによる。ムベに訪花したミツバチは合着した雄しべから花粉を集める。同じアケビ科でも，アケビ *A. quinata* やミツバアケビ *A. trifoliata* に訪花しているところはまだ見たことがない。いずれも花期は春。

アワブキ　(アワブキ科)
Meliosma myrianhta　【P : Good】■ 7

初夏に小さな白い花を多数付ける。花の構造は相当凝っていて，2個の正常な雄しべの先は杯状に広がる。また花柱は白い鱗片状の仮雄しべに包まれる。ミツバチは好んで訪れ，これを狩るために営巣を始めたばかりのスズメバチもよく飛来する。名の由来は燃やすと枝の切り口から泡を吹き出すことから。アワブキ科は小さなグループで，世界で3属60種ほど。日本にはアワブキ属が5種。同属のミヤマハハソ *M. tenuis* は林内にあって目立たない。

満開のアワブキは遠くからでもよく目立つ　2005.5　東京都世田谷区

アワブキの葯はとても小さく，よくこれから花粉が集められると感心させられる。右はアワブキの花の拡大　2005.5　東京都世田谷区

アケビ科 Lardizabalaceae，アワブキ科 Sabiaceae

メギ。中央の花の中には蜜が光って見えている　2008.4　昭和薬科大学薬用植物園

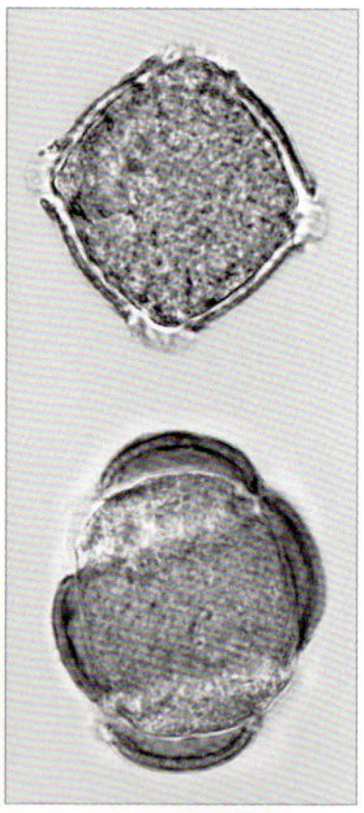

セイヨウメギの花粉

メギ　目木（メギ科）
Berberis thunbergii　【NP：Temporary】　■73

低山から高山帯まで広い垂直分布を示す。高山帯のものはもちろん無理だが、低いところのものは、見つければよく訪花するようである。花期は4〜5月。最近では葉が紫色の園芸品種や中国原産のものなども植栽されるようになってきている。名の由来は煎液を目にさして薬用としたからという。材はベルベリン（アルカロイド）を含んで黄色く、寄せ木細工に。メギ科としては北半球の温帯に約650種、日本には他に同属のヒロハノヘビノボラズなど7属14種がある。

中国産のメギ *B. subcaulialata* (Acj)　2006.7　栃木県日光植物園

ナンテン　南天（メギ科）
Nandina domestica　【P(n)：Temporary】　■110　■188

中部以南では自生のものもあるが、植栽されているものを見るのが普通。梅雨時の花が少なくなったころに咲くせいもあって、ミツバチはかなり好んで訪花する。蜜も花粉も供給する。雪に映える赤い実は冬の風物詩的存在だが、鎮咳作用も顕著で注目されている。有効成分はアルカロイドのドメスチン。赤飯にナンテンの葉を添えるのは防腐・殺菌作用があるため。最近では葉の成分をモデルに花粉症に効く抗アレルギー剤も開発されている。

ナンテンの全景　2006.5　東京都世田谷区

花粉集め (Am)　2007.4　東京都町田市

果実は真っ赤　2006.1　東京都世田谷区

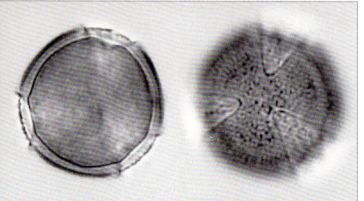

ナンテンの花粉

メギ科 Berberidaceae

ヒイラギナンテン 柊南天
(メギ科)
Mahonia japonica; Mahonia
【N(p) : Temporary】■19

早春のまだ寒いうちに黄色い花を咲かせ，香りがとてもよい。気温の高いときにハチが訪花して花に入り，雄しべに触れると，これが反射的に運動してハチに花粉を付けようとする。英名のoregon grapeの名のように，秋には粉をふいたブドウのような藍黒色の実を付ける。中国からヒマラヤの原産。

ヒイラギナンテン。耐寒性を上げるため葉は赤味をおびる　2007.3　東京都町田市

日がさしたときに急いでやって来て蜜を集める (Am)　2007.3　町田市 (玉川大学)

花の拡大。雄しべの付け根付近は蜜があふれている

ホソバヒイラギナンテン
細葉柊南天 (メギ科)
Mahonia fortunei
【N(p) : Temporary】■267

ヒイラギナンテンが春咲くのに対し，本種は秋に咲く。主に花粉源。原産地は中国。最近ではこの仲間のいろいろな園芸品種を見るようになった。

ホソバヒイラギナンテンに訪花中のニホンミツバチ　2007.9　横浜市 (by 吉村)

ホソバヒイラギナンテンの花粉

メギ科 Berberidaceae　37

多様な色があるハナスベリヒユ　2008.9　横浜市

雑草のスベリヒユ　2008.9　神奈川県三浦半島

ホバリングしながらのダンゴ作り　2007.9　熊本市

花の中央部に顔を突っ込んでの吸蜜 (Acj)　2007.9　横浜市

ハナスベリヒユ (ポーチュラカ)　(スベリヒユ科)
Portulaca oleracea var. *sativa*
【NP : Good】　■127

赤，黄，白など多くの花色があり，近年公園などの花壇によく植えられている。最近では同属のマツバボタンより優勢といってよい。優れた花粉源だが，花の中心部には蜜もあり，これを目当てに通うハチも少なくない。原種に相当する雑草のスベリヒユにも行くと思われるが，こちらはまだ確認していない。

マツバボタン　松葉牡丹 (スベリヒユ科)
Portulaca pilosa subsp. *grandiflora*; Moss-rose
【P(n) : Good】　■163　■153

夏の花粉源。ハナスベリヒユも同様だが，訪花でハチが雄しべに触れると，受粉してもらいやすいように雄しべがハチのほうへ寄ってくる (蜜も出すが量はあまり多くないようだ)。南アメリカ原産。

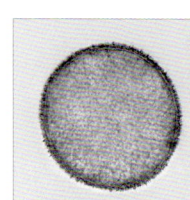

マツバボタンの花粉

このごろあまり見なくなってしまったマツバボタン　2007.8　長野県八ヶ岳山麓

スベリヒユ科 Portulacaceae

ツルムラサキ　蔓紫 (ツルムラサキ科)
Basella alba; Indian spinach 【Suspicious】

東南アジア原産の野菜。葉や茎はホウレンソウに似るが独特の粘りがある。ビタミンA，C，カルシウム，鉄分などを非常に多く含み，栄養価が高いことで有名。花の鑑賞用に栽培することもある。

タケニグサ　竹似草 (ケシ科)
Macleaya cordata; Plume poppy
【P：Good】　　86　　186

雄しべが目立ち，花弁や萼はない。花期は夏。変わった花だ。しかしこの花粉を求めてやってくる常連の虫は多く，いろいろな種類のハナバチが訪花する。もちろんミツバチも大好きで，花の中を転げ回り，花粉を体に付けている様は何ともいえずかわいい。梅雨期の前後にかけて長く花粉を提供するので，花粉源として重要。茎葉を傷つけたときに出る黄色い汁液は毒 (成分はサングイナリン，ケレリスリンなど) なので口にしてはいけない。名の由来は「竹に似て」茎が中空なことによる。日本では雑草だが，欧米では鑑賞目的で栽培されることもあるという。

ツルムラサキ　2007.8　横浜市

タケニグサ。夏は意外に花が少なく貴重な花粉源　2006.7　東京都町田市

飛翔しながらの花粉ダンゴ作り　2006.7　町田市 (玉川大学)

タケニグサの花粉

花の中でダンスを踊るように転げ回るセイヨウミツバチ　2007.7　東京都町田市

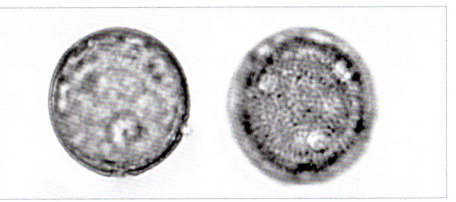

花は雄しべばかりから出来ているように見える

ツルムラサキ科 Basellaceae，ケシ科 Papaveraceae　　39

林縁の草地などに多いクサノオウ。中国では蜜源植物とされている　2007.5　甲府市

クサノオウ （ケシ科）
Chelidonium majus sbsp. *asiaticum*
【N(p)：Incidentally】　■64

春から初夏にかけ，よく目立つ黄色い花を付けるケシ科の野草。小形のハナバチ類はよく行くが，ミツバチは好んで訪花することはない。葉や茎を傷つけると出る黄色い汁液は毒で，知覚末梢神経を麻痺させる。

ナガミヒナゲシ （ケシ科）
Papaver dubium; Long-headed poppy
【P：Incidentally】

ヨーロッパ原産だが，1961年に東京世田谷で見つかって以降，急速に広がっている。株の大きさは栄養状態により差があり，大きいものは草丈60cmになるが，小さいものは10cmに満たない。花期は4〜5月。

カリフォルニアポピー （ハナビシソウ）
花菱草 （ケシ科）
Eschscholzia californica; California poppy
【P：Incidentally】　■113

この属のケシは何種かあるが，いずれも北アメリカ西部の固有種で，乾燥に強い。原産地では雨後，見渡す限りの花畑になって壮観。しかし花粉量は少なく，ミツバチはあまり好まない。和名の由来は家紋の花菱に似るため。

ナガミヒナゲシ。花粉量は多いのにあまり行かない　2006.5　東京都世田谷区

派手なカリフォルニアポピー　2007.5　山梨市

ケシ科 Papaveraceae

アイスランドポピーの花畑　2007.3　千葉県南房総市

アイスランドポピー (シベリアヒナゲシ)
(ケシ科)
Papaver nudicaule 【P：Temporary】 ■7

早春から花畑を彩るケシで，多様な色が特徴。ハチは花粉ダンゴを作るのに花の前でホバリングするので，ダンゴ作りの行動観察にはよい。花期が早く，3月中には開花を始める。蜜は出さない。

ヒナゲシ (グビジンソウ)　虞美人草 (ケシ科)
Papaver rhoeas; Shirley (Corn) poppy
【P：Temporary】 ■140 ■148

晩春から初夏にかけ，花径10cmにもなる大柄な花を付ける。早春に咲くアイスランドポピー同様，各種の花色があるが基本は赤。ヨーロッパ原産。オニゲシ *P. orientale* (Oriental poppy) は花弁の色が同じ赤でも，花粉の色にはグレー系と緑黄色系があり，時に花粉ダンゴがマーブル模様になる。いずれも蜜は分泌しない。またアヘンの原料になる成分は含まない。

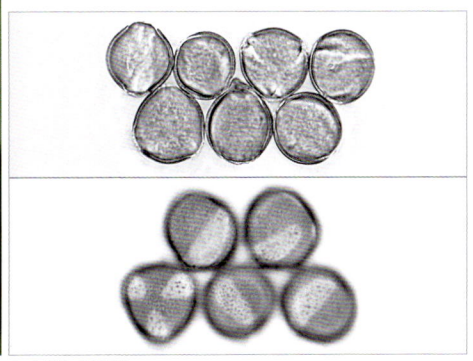

ヒナゲシ。風が吹くと揺れるので見つけやすい　2008.5　横浜市

色が2色からなる花粉ダンゴに注目

ヒナゲシの花粉

ケシ科 Papaveraceae　41

ムラサキケマン。ウスバアゲハ (p. 107, 281) の食草でもある　2008.5　埼玉県秩父市

蜜には届かないので花粉だけを集めるセイヨウミツバチ　2006.4　東京都町田市 (by 吉村)

ムラサキケマン　紫華鬘 (ケマンソウ科)
Corydalis incisa　【P(n) : Incidentally】　■173　■55

ケマンソウ科としてあるが，以前はケシ科に分類されていた。めったに訪れないから，花粉源植物とするのが適当か迷うところだ。しかし写真のように確かに訪花することはある。キケマン *C. heterocarpa* var. *japonica* も同様。日本在来種。

マンサク　満作 (マンサク科)
Hamamelis japonica　【N(p) : Rarely】

早春に「まず咲く」がなまってマンサクになったといわれる。芽吹き前の林内で黄色が目立つが，ミツバチに限らず訪花昆虫を見ることは珍しい。花の色の赤いものはアカバナマンサクと呼ばれ，中国原産のシナマンサクはよい香りがする。

まだ冬枯れのなかのマンサクの花　2007.4　埼玉県武蔵丘陵森林公園

花付きがよいように改良された品種　2007.4　神奈川県相模原市

花が茶色のマンサク　2008.4　東京都町田市

42　ケマンソウ科 Fumariaceae，マンサク科 Hamamelidaceae

トサミズキの開裂する前の葯は紅色をしている　2006.3　東京都世田谷

トサミズキの蜜腺はきれいな緑色をしている　2008.4　東京都世田谷区

トサミズキ　土佐水木 (マンサク科)
Corylopsis spicata　【P(n) : Good】　■101

マンサク科の木本で，早春に黄色い美しい花を咲かせる。ヒュウガミズキ (イヨミズキ *C. pauciflora*) とともに園芸用に植えられているが，ハチはこのトサミズキのほうがよく行く。蜜はあるはずなのだが，ほとんどのハチは花粉を集める。

開くとたっぷりの花粉で黄色く見えるようになる　2006.3　東京都世田谷区

トサミズキの葯が開いたところ

ヒュウガミズキ　2007.3　東京都世田谷区

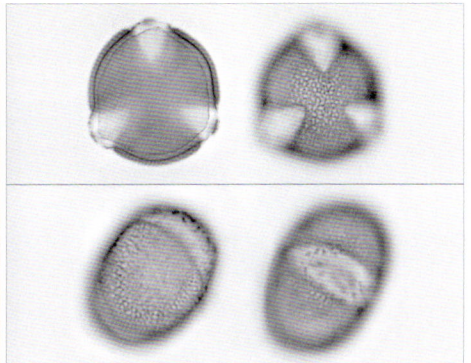

トサミズキの花粉

マンサク科 Hamamelidaceae　43

芽吹きと同時のエノキの開花　2007.4　長野県軽井沢近く

エノキの雄花　2009.4　東京都町田市

エノキ　榎 (ニレ科)
Celtis sinensis var. *japonica*; Japanese hackberry
【NP : Temporary or Suspicious】

日本の国蝶オオムラサキの食樹。本州以南にごく普通に見られる落葉高木で，春，芽吹きと同時に開花する。雌花は新枝上部の葉腋に付く。補助蜜源とされるが，著者はまだ訪花を確認したことがない。

エノキの雌花　2009.4　東京都町田市

クワ (マグワ)　桑 (クワ科)
Morus alba; Mulberry　【P : Temporary】

風媒花で，ミツバチは稀に花粉を集めに行く程度と思われる。同じ仲間のコウゾは繊維が丈夫で，和紙の原料として重要，紙幣にも使われている。コウゾ *Broussonetia kazinoki* × *B. papyrifera* はボール状の雄花がときどき破裂するように花粉を飛ばすので，ますますミツバチには利用しにくいはずだ。ともに実は食べられる。

クワの雄花。雌花はまったく目立たない　2007.4　横浜市

コウゾの雌花の拡大

コウゾの雄花の拡大

コウゾ。枝先の毬のように見えるのは雌花　2009.4　東京都町田市

44　ニレ科 Ulmaceae，クワ科 Moraceae

カナムグラ。花粉は微風で揺れただけでも舞ってしまう　2007.8　長野県八ヶ岳山麓

カナムグラ　鉄葎 (クワ科)
Humulus scandens　【P：Good】　■28　■256

補助蜜源と記載している本もあるが，流蜜はなく，もっぱら花粉源。本来風媒花だが，晩夏から秋遅くまでと花期が長く，レモン色の花粉ダンゴを付けたミツバチたちが熱心に働いている。飛びながら花粉を集めるスタイルもあるが，多くのハチは花にぶら下がり，腹部に花粉を落とす技を学習する。

　名のカナは鉄 (蔓の強さ) から，ムグラは一般に草が絡み合った様の意。カラハナソウやビールの苦味づけに用いられるホップもこの仲間で，こちらにも行くことがある。

ぶら下がるようにつかまり，腹の上に花粉を落とす　2008.9　長野県大町市

花粉がサラサラなのでダンゴは吐き出した蜜でこねる　2008.9　長野県大町市

葯の拡大。先端に花粉が出てくる孔が二つあいている

クワ科 Moraceae

キブシ。背景は谷川岳マチガ沢　2007.5　群馬県みなかみ町

花の拡大

キブシ (キフジ)　木五倍子 (キブシ科)
Stachyurus praecox　【N(p) : Incidentally】

春の山路を歩くと必ずといっていいくらい，黄色く垂れ下がったこの花に出会う。夜に香りを出してガを誘うともいわれるが，昼間，ミツバチも訪花することがある。花期は3～5月で，雌雄異株。

見事なキブシの花穂　2007.4　神奈川県相模原市

フサザクラ　総桜 (フサザクラ科)
Euptelea polyandra　【P : Incidentally】

いかにもミツバチが花粉を集めそうに見える花だが，まだ実際に訪花しているところを確認したことはない。1科1属の日本固有種で，花には花弁も萼もない。谷筋に多い。

花の拡大。葯から花粉があふれ出る 　フサザクラは谷の標高の低いところから上に咲いていく　2009.4　神奈川県山北町

キブシ科 Stachyuraceae，フサザクラ科 Eupteleaceae

スミレ類 菫 (スミレ科)
Viola spp.; Violet 【N(p) : Incidentally】

多くの魅力的な野生種があり，春の野山を彩る。花の後側に細長い距の部分があり，蜜はその中に溜まるので，ミツバチにはアクセスしにくい。というわけで，「スミレ蜜」があったらすばらしいのだが，残念ながら蜜源としては期待薄。タチツボスミレ *V. grypoceras* は山野で最も普通に見られ，ギフチョウ (p.305) が好んで訪れる。サンシキスミレ (パンジー *V. tricolor*) は大形の園芸種で，スミレ類のなかではミツバチが利用しやすい種だ。

タチツボスミレ。野山で一番普通に見られる　2010.5　新潟県佐渡島

パンジーの花の縦断面。距の奥には蜜が光っているが，深いところにありアクセスは厳しい

パンジーに訪花中のAm　2008.4　町田市 (玉川大学)

外来種も含め，多くの種類があるスミレ類

やっと口吻が届く (Am)　2008.4　岡山県苫田郡 (by 内田)

スミレ科 Violaceae

オニグルミの果実。熟して外皮が割れ，殻が見えてきた　2006.9　長野県上田市

雄花から多量の花粉が机の上に落ちたところ。左がイチョウ，右がオニグルミ

オニグルミ　鬼胡桃 (クルミ科)
Juglans mandshurica var. *sieboldiana*; Japanese walnut　【P：Incidentally】■47

風媒花で，雄花を花瓶に挿しておくと，おびただしい量の黄色い花粉が落ちる。ミツバチはこれを利用すると思われるが，まだ確認したことはない。花期は5〜6月。種子は食用となるが，山のリスやネズミにとっても貴重な食糧。

ヤマモモ　山桃 (ヤマモモ科)
Myrica rubra; Wax myrtle, Bayberry【P：Rarely】

暖地の海岸に多く，果実は日もちがしないので流通が難しいが，シロップ漬けにしてアイスクリームやヨーグルトに添えればとても美味しい。雌雄異株で，雌花はよほど注意深く見ないと気がつかないくらい目立たない。雄木は大量の花粉を産し，これを風に乗せて飛ばす。ミツバチがこれを利用するかどうかについては，可能性は大いにあるが，まだ確認できていない。

オニグルミ。画面右下には赤い雌花が見えている　2007.4　東京都世田谷区

ヤマモモの雄花　2006.4　川崎市

雄花から散った花粉が葉の上に積もっている

熟したヤマモモの果実 (雌木)　2006.6　東京都世田谷区

48　クルミ科 Juglandaceae，ヤマモモ科 Myricaceae

クヌギ 櫟, 椚 (ブナ科)
Quercus acutissima; Sawtooth oak
【P : Temporary】　■ 50

里山を代表する落葉広葉樹で，高さ15mにもなる。4月の初め，開葉と同時に，10cmほどのカラシ色の雄花（花序）がたくさん垂れ下がる。雌花は小さく，よほど注意して見ないと見過ごしてしまう。雄花の花粉は大量で，頻繁にではないが，コナラ同様ミツバチはこの花粉を集める。蜜はない。アカガシやアラカシ，ツクバネガシ，ウバメガシなどもこれに近い位置づけになるものと思われる。

コナラ 小楢 (ブナ科)
Quercus serrata　【P : Rarely】　■ 51

クヌギと並んで雑木林を代表する落葉樹。人間が山を使うことにより維持されてきた里山の代表木のひとつ。クヌギとともに，木炭の原料やシイタケ栽培の原木として重要。早春，銀色の芽吹きを追うようにして薄い黄緑色の花を付ける。花で直接花粉を集めているところは見たことがないが，花粉ダンゴの構成花粉の分析ではかなりのコナラの花粉が検出されることから，利用しているものと推察される。未確認だがカシワ，ミズナラなども同様の位置づけになるものと思われる。

ブナ 撫 (ブナ科)
Fagus crenata; Japanese beech 【Honeydue】

日本の深山の森を代表する樹種で，花粉源になるというが，確認したことはない。時として「甘露蜜」を産するとされるが，甘露源となる昆虫は特定できていない。白神山地のブナ林は世界自然遺産に指定されている。

クヌギの雄花。まだ葉はほとんど展開していない　2005.4　東京都町田市

「おかめどんぐり」として親しまれている果実 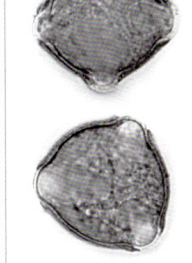 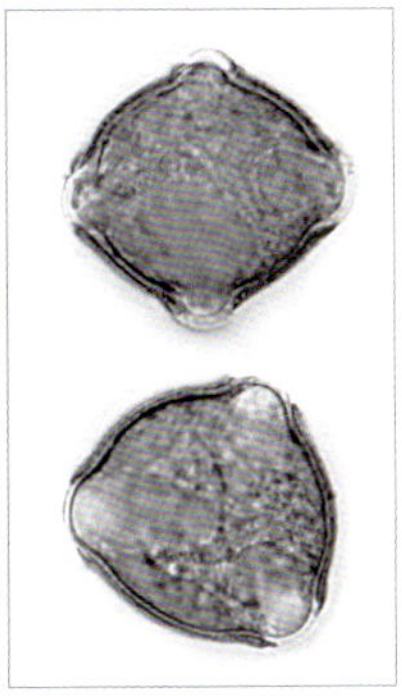　　クヌギの花粉

コナラ。クヌギより少し遅れて咲き，葉が展開し始めていることもあり，目立たない
2007.4　町田市 (玉川大学)

ブナの木の森は比較的明るい　2007.7　静岡県富士山麓

ブナの果実　2007.9　福島県磐梯山

ブナ科 Fagaceae

クリ畑に近づくと，むせるような強烈な香りが立ちこめている。この香りはハチ蜜にも一部移行する　2005.6　東京都多摩市

クリに訪花する昆虫は多種に及ぶ。右はウラナミアカシジミ　2006.6　東京都多摩市

雌花。小さな毬のように見えるのは雌しべの柱頭

雄花の拡大。花粉ばかりでなく，蜜も光って見えている

50　ブナ科 Fagaceae

クリ　栗（ブナ科）
Castanea crenata; Japanese chestnut
【NP：Excellent】　■52　■165

ブナ科のなかでは，蜜源植物となる種は限られているが，このクリは流蜜量も多く，ミツバチは好んで訪花する。花粉も多く，花粉源としても有力。しかし採蜜した蜜にこの「クリ蜜」が入ると，独特の生臭いような香りと苦味のある味がするので，採蜜はクリが咲く前に行うことが多い。ただし，隠し味程度に入った場合はかえって豊かな味わいになることもあり，これは嗜好の問題であろう。イタリア，フランスのほか，韓国でも好まれている。

クリの蜜や花粉に群がる虫はミツバチばかりではなく，昼はチョウやハチ類の，夕刻からはさながらカキミリムシ類の饗宴となる。ツキノワグマはこの「クリ蜜」の香りが大好きらしく，捕獲用の檻にベイトとして使うと，相当の遠距離からでもこれを嗅ぎつけてやってくるという。

ハチ蜜の収量としては中程度で，ヨーロッパのデータで25kg前後/群・シーズンといわれている。ヨーロッパでは「甘露蜜」も混ざる場合があるとされており，その場合の供給源はアブラムシ類である。日本でもクリオオアブラムシ，クリヒゲマダラアブラムシの甘露が混じる場合があるかもしれない。

クリの材はヨーロッパではワイン用の樽に，日本では鉄道の枕木によく使われてきた。枕木にはクリのほか，カシ類，ニセアカシア，ユーカリなども用いられたが，現在では寿命が長く狂いも少ないコンクリート製のものにとってかわられつつある。

クリの花粉ダンゴは濃いクリーム色　2005.6　川崎市

ヨーロッパでは好まれる「クリ蜜」

秋には美味しい栗が実る。自生の柴グリも味はとてもよい　2007.9　茨城県つくば市

ブナ科 Fagaceae

スダジイ　椎（ブナ科）
Castanopsis sieboldii
【NP：Temporary】■116

普通シイの木といえばスダジイをさす。暖地の常緑広葉樹の代表格で、その巨木は圧倒的な迫力がある。花はよく付き、花期には独特・強烈な匂いを漂わす。ただし、花を付けない年があったり、たくさん咲いていても流蜜のない年もあり、揺らぎが大きい。シイの実は、ツキノワグマの貴重な食糧であり、この流蜜とクマの生態との関係はもっと解明されるべき課題だ。東京では何年もミツバチが行かない年が続いたが、2006、2007年はよく流蜜し、多くのミツバチが群がるように訪れた。

スダジイ。その強い香りは風下なら数十メートル離れていてもすぐにわかる　2005.5　東京都町田市

果実はいわゆるシイの実で、人間が食べても美味しい　2007.10　東京都町田市

スダジイの古木のうろにできたニホンミツバチの自然巣　2008.7　茨城県つくば市

スダジイの雄花。多量の蜜が吹き出している

雌花。枝の先のほうにあるが、よほど気をつけないと見えない

ブナ科 Fagaceae

スダジイよりも好まれるツブラジイ　2006.5　横浜市

ツブラジイの雄花の拡大

マテバシイ。花の少ないときに咲き集客力が高い　2008.6　町田市 (玉川大学)

ドングリはアクが少なく美味しい　2007.9　東京都町田市

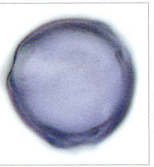

マテバシイの花粉

雄花から採蜜するニホンミツバチ　2007.6　東京都多摩市

アブラムシの甘露を舐めるコアシナガバチ　2007.6　東京都多摩市

ツブラジイ (コジイ)　小椎 (ブナ科)
Castanopsis cuspidate　【N(p) : Good/Excellent】

幹に縦の大きな割れ目ができないことでスダジイと区別される。ツブラジイはよく流蜜し，時としてハチの羽音がうなるように聞こえる。

マテバシイ　馬刀葉椎 (ブナ科)
Lithocarpus edulis
【NP : Good】【Honeydue】　■ 191

コナラ属 *Quercus* のカシ類と異なり，このマテバシイ *Lithocarpus* とシイ *Castanopsis*，それにクリ *Castanea* の3属の花は，花粉だけでなく蜜も分泌し，したがってハチはこれらに喜んで訪花する。

　本州以南の海岸地方を中心に分布するマテバシイの花期は6月で，ちょうど入梅のころに咲き，多くの昆虫が集まる。防風，防火の機能があることから，古くから公園樹や街路樹として，また工場の周囲などにも多く植栽されてきた。学名の *edulis* は英語の edible (食べられる) の意。実際，果実はアク抜きをしなくても炒ってそのまま食べられる。日本固有種。

ブナ科 Fagaceae

シラカンバ 白樺 (カバノキ科)
Betula platyphylla var. *japonica*; Japanese white birch 【P : Incidentally】【Propolis】 ■67

カバノキ科の花は，ほぼ同時期に咲くハンノキやシデの仲間同様垂れ下がった形をしており，風媒花なので多量の花粉を飛ばす。これらの風媒花は昆虫を誘引する必要がないことから特徴的な香りもなく，林や山の中で咲いているので，ミツバチがどの程度利用しているのかの実態はほとんどわかっていない。

シラカンバがプロポリス源になっていることはあまり知られていない。シラカンバの場合は幹や枝から出るヤニではなく，下の写真のように葉の裏面にある分泌腺を集める。北海道ではこのシラカンバの花粉症の人が増えている。

シラカンバの雄花　2008.5　谷川岳山麓

プロポリス源となるシラカンバの葉の裏にある樹脂腺　2009.6　町田市 (玉川大学)

夏のシラカバ林　2009.8　長野県湯ノ丸高原

ハンノキ類　榛の木 (カバノキ科)
Alnus spp.; Alder 【P : Incidentally】

湿地や氾濫原などが森に遷移していく過程で真っ先に生えてくる樹木。そのようなパイオニア植物は虫に頼れないので，一般に風媒花が多い。春先にハンノキやヤマハンノキの黄色い花粉が風に舞うが，ミツバチがこれをどの程度利用しているのかはわからない。

フサザクラと同じころに咲くハンノキの仲間　2009.5　神奈川県丹沢山麓

渓流沿いのハンノキの仲間。芽吹きの前に花は咲いてしまう　2007.4　山梨県大菩薩峠山麓

カバノキ科 Betulaceae

シデ類 (カバノキ科)
Carpinus spp.; Hornbeam, Iron wood
【P : Incidentally】

クマシデ *C. japonica*，アカシデ *C. laxiflora* などのシデ類のほか，ハシバミ類も風媒花で，ヨーロッパではハチが利用している報告があるが，日本での実態は今後の観察を待つしかない。ヘーゼルナッツはこの仲間。開花期はいずれも春。

ヤシャブシ　夜叉五倍子 (カバノキ科)
Alnus firma　【P : Incidentally】

関東以南の主に太平洋側に自生するハンノキに近い仲間。ハンノキ同様，根に根粒菌をもっていて窒素固定ができるので痩せ地にも強い。日本ではプロポリス源についての知見がまだ進んでいないが，このヤシャブシの蕾付近から分泌される成分は西日本産のプロポリスの一起源として間違いないことがわかっている。本種の花粉はリンゴやビワなどのバラ科果実にも交叉活性のあるアレルギー源としても問題となっている。日本固有種。

シデの仲間。正確な種名は不明　2008.4　東京都世田谷区

ハシバミの一種　2007.4　静岡県富士山麓

ヤシャブシの花芽はプロポリス源ともなる　2007.5　谷川岳山麓

カバノキ科 Betulaceae

ツルナ　蔓菜 (ハマミズナ科)
Tetragonia tetragonoides　【N(p) : Incidentally】

日本全土の太平洋側の海岸に普通。地を這うように繁茂し、全体が肉質。花期は春から秋までと長い。花の黄色く花弁状に見えるのは、実は萼。薬草とするが、英名がホウレンソウを当てているように、茹でても食べられる。

マツバギク　松葉菊 (ハマミズナ科)
Lampranthus spectabilis
【P(n) : Temporary】　■162　■101

名前のように、花を見れば誰でもキクの仲間と思ってしまうが、高温や乾燥に強い南アフリカ原産のハマミズナ科の植物。花弁に見えるのも実は仮雄ずい。花期がきわめて長く、ハキリバチ類がよく花粉を集めている。ミツバチの訪花はむしろ稀。

ツルナ。花期はとても長い　2007.8　神奈川県真鶴岬

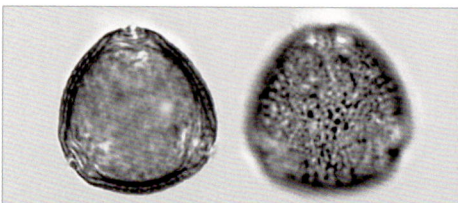

マツバギクの花粉

ほとんど一年中咲いているといってもよいマツバギク。花粉ダンゴは純白で美しい　2006.10　長野県富士見高原

サボテン類 (サボテン科)
Family Cactaceae　【NP : Temporary】

多くの種類があるが、日本の野外で開花する種類は限られている。しかしそこはミツバチで、サボテンであっても花粉さえ得られれば訪花する。よく行くのは *Opuntia* 属のウチワサボテン *O. ficus-indica* の類や夕刻に開花するドラゴンフルーツなどである。

サボテンの一種。花数は多くないが花粉量はけっこう多い

ウチワサボテンの仲間。大形となり大量の花をつける　2006.7　川崎市

ハマミズナ科 Aizoaceae、サボテン科 Cactaceae

ケイトウ。鶏冠部分には花がない　2008.9　長野県八ヶ岳山麓 　　　　　こちらもケイトウ　2006.9　群馬県みなかみ町

ケイトウ 鶏頭 (ヒユ科)
Celosia cristata; Plumed cockscomb 【P(n) : Rarely】
赤や黄色の派手な花を付けているように見えるが，あれは見せかけで，機能のある花を付けているのは下方の部分で，花自体も小さく目立たない。ハラナガツチバチは好んで訪れているが，ミツバチにとっては補助蜜源程度。名の由来はニワトリの鶏冠(とさか)に似ているところによる。

イノコヅチ 猪子槌 (ヒユ科)
Achyranthes bidentata var. *japonica* 【P(n) : Rarely】
秋の補助蜜源で，花期が長いのはよいが，流蜜量は微々たるもの。種子は動物散布で，衣服にも付くことで馴染み深い。根は薬用に用いていた。

イノコヅチの花の拡大  　　　　　　左はAm　2008.9　岡山県苫田郡 (by 内田)　右はハナバチの一種

サボテン (ドラゴンフルーツ) の花。月下美人同様夕刻に開花　2008.7　沖縄県伊江村 (by 加藤)

朝5時すぎから6時前まで狂ったように訪花したAm
2008.7　沖縄県伊江村 (by 加藤)

ヒユ科 Amaranthaceae，サボテン科 Cactaceae　　57

シロザ。簡単に花粉が散ってしまうので集めるには慎重さが求められる　2007.8　長野県安曇野市

シロザ (シロアカザ)　白藜 (アカザ科)
Chenopodium album　【P : Temporary】■74

ヨモギとともにどこにでもある雑草で，農耕の伝来とともに帰化したと考えられている。花はまったく目立たないが，ハチは必要であれば夏の貴重な花粉源として利用する。この仲間から改良されたのがホウレンソウ *Spinacia oleracea* で，これも花が咲けば花粉源になるものと思われる。

ハコベ類　(ナデシコ科)
Stellaria spp.　【N(p) : Rarely】■122

ハコベ，ウシハコベ，ミドリハコベなど多くの種類があるが，いずれも流蜜量が少ない。小形のハナアブ類やハナバチ類は行くが，ミツバチが利用するのはごく稀。春の七草の一つ。

ホウレンソウの花　2005.5　横浜市

ハコベの一種の花。蜜腺が見える。右は訪花中のニホンミツバチ　2008.4　前橋市

アカザ科 Chenopodiaceae，ナデシコ科 Caryophyllaceae

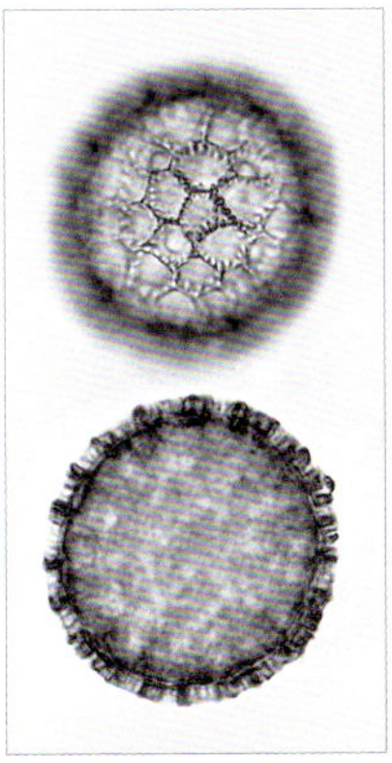

サボンソウの花粉 　　農家の庭先などに多く植えられているタツタナデシコ (別名：トコナデシコ)　2009.6　松本市

ナデシコ類　(ナデシコ科)
Family Caryophyllaceae　【N(p)：Rarely】

カワラナデシコ *Dianthus superbus* var. *longicalycinus* などの野生種は夏から秋にかけて開花のものが多いが，栽培品種は初夏から咲く。ミツバチは好んで訪れるようには見えないが，補助蜜源とされる。一部のものは盗蜜でないと蜜が得られない。下の写真はサボンソウ *Saponaria officinalis* で，ヨーロッパ原産で甘い香りがあり，半野生化しているものもある。

タツタナデシコ。蜜を吸うにはかなりの困難を伴う　2009.5　岡山県苫田郡 (by 内田)

キムネクマバチがサボンソウに鋭いナイフのような口吻を突き刺して盗蜜している　2007.8　山梨県韮崎市

後から来たミツバチが，クマバチが開けた穴から蜜を吸っているところ　2007.8　山梨県韮崎市

ナデシコ科 Caryophyllaceae　　**59**

イタドリ （タデ科）
Fallopia japonica; Knotweed 【NP：Good】 ■10

各地の山野，川辺や土手，伐採跡地などに多く，シュウ酸の酸味から通称スカンポ。花期は晩夏。気候や場所により流蜜にはムラがあるが，とくにオオイタドリ *F. sachalinensis* には条件がよければ多くのハチが訪花する。セイヨウミツバチよりはニホンミツバチのほうが好むようだ。春には葉の付け根にある花外蜜腺からも蜜を出し，訪花も認められるが，量的には期待できない。イタドリの名の由来は「痛みを取る」からという。

イタドリの花の全景　2007.9　長野県茅野市

オオイタドリで吸蜜中のニホンミツバチ　2007.10　長野県八ヶ岳山麓

イタドリの仲間で蜜を舐めるキイロスズメバチ　2008.9　鳥取県大山山麓

イタドリでの吸蜜　2008.9　岡山県苫田郡 (by 内田)

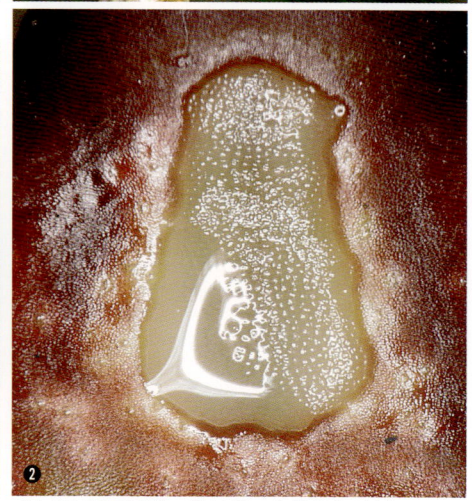

イタドリの花外蜜腺。② は ① の矢印部分の拡大

タデ科 Polygonaceae

ヒメツルソバ 姫蔓蕎 (タデ科)
Persicaria capitata 【N(p) : Temporary】■3

最近よく植栽されるとともに，半ば野生化状態にもなっているヒマラヤ原産のソバの仲間。花は小形で蜜量は多くないが，ほとんど一年中咲いており，ニホンミツバチは比較的好んで訪花する。

ヒメツルソバの遠景　2008.9　山梨県甲州市

ヒメツルソバ。こまめに動き回りながら蜜を集めるニホンミツバチ　2007.9　東京都世田谷区

アサヒカズラ (ニトベカズラ)　朝日葛 (タデ科)
Antigonon leptopus; Mexican creeper, Chain of love 【NP : Excellent】

メキシコ原産の蔓性植物。濃いピンクの派手な花で，一見したところタデ科とは思えない。地中には大きなイモができる。沖縄では比較的よく植栽され，原産地や東南アジア同様，ミツバチが群がるように訪れている。メキシコではdark honeyの主要な蜜源。花期も6〜9月を中心にほとんど通年。暖地では栽培可能なので，ぜひもっと植えたい。園芸店ではクイーン・ネックレスの名で扱っていることが多い。

濃いピンクが目をひくアサヒカズラ　2008.9　沖縄県本部町

アサヒカズラに訪花中のオオミツバチ *Apis dorsata* とサバミツバチ *A. koschevnikovi* (右)　2000.3　ボルネオ島テノム

タデ科 Polygonaceae

盛期のソバ畑は白一色に染まる。手前のジャガイモも白い花をつけている　2008.8　北海道弟子屈町

ソバ　蕎, 蕎麦 (タデ科)
Fagopyrum esculentum; Buckweat
【N(p) : Excellent】　249

　黒褐色のきわめて個性的なハチ蜜が採れる。「ソバ蜜」はルチンを多く含むほか, 鉄分などのミネラル類も豊富で, 健康によいとして最近とくに注目を浴びている。ただしその味は癖が強く, フランスなどでは好まれるが日本では評判がよいとはいえない。

　昼夜の温度格差がある山地や北方ではよく流蜜するが, 暖地では花は咲いても蜜は採れないことが多い。世界中で栽培されるが, 原産地としては中国南部説が有力。近年では信州などで栽培されている紅花のソバ「高嶺ルビー」も注目されている。これはヒマラヤの高地産のものを日本で品種改良して作出した。

　「ソバ蜜」の収量データは, 1日1群当たりで1〜10kgと振れがあり (ヨーロッパ), ヘクタール当たりの収量では60〜90kg程度。最近では健康志向から各地でのソバ栽培が盛んになっているが, アメリカでも流蜜が多いのは北東部の諸州だけで, 西部や南部では栽培しても蜜は採れないようである。日本でも関東以西の平地では流蜜は期待できないと思われるので注意が必要である。

蜜腺部分の強拡大 (走査電顕写真)

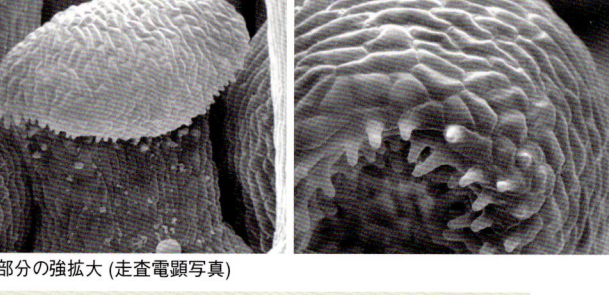

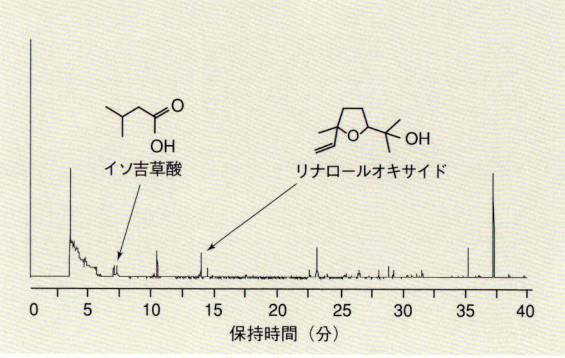

「ソバ蜜」の香りの分析例。ちょっと臭い香りの原因はイソ吉草酸だと思われる

62　タデ科 Polygonaceae

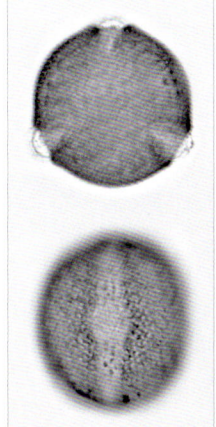

ソバの花粉

蜜を集めるセイヨウミツバチ　2007.9　長野県戸隠山麓

濃い黄色の蜜腺から分泌されている蜜

「ソバ蜜」は濃い茶褐色

紅色が強い高嶺ルビーはヒマラヤ産のソバから信州で改良された　2006.10　長野県伊那谷

タデ科 Polygonaceae

ミゾソバ　溝蕎麦 (タデ科)
Persicaria thunbergii【N(p)：Temporary】■ 273

関東地方ではいくら注意深く見ていてもミゾソバにミツバチが訪花するのを見ない。しかし岩手県辺りでは秋の主要蜜源だと聞く。栽培種のソバ同様、暖地では流蜜が少ないものと思われる。現在見られるものはオオミゾソバの場合が多い。

タデ類　蓼 (タデ科)
Persicaria spp.; Smartweed【N(p)：Temporary】

アカマンマとも呼ばれるイヌタデ *P. longiseta* はどこにでも見られ、花穂全体が赤くよく咲いているように見えるが、実際に開花中の花は少なく、ハチの訪花も稀。サクラタデなども同様。これに対し、植栽されることもある大形のオオケタデ *P. orientalis* にはアブやチョウに混じってミツバチも比較的よく訪花する。

ヤマシャクヤク　山芍薬 (ボタン科)
Paeonia japonica【P：Rarely】

関東以南の山地に自生するシャクヤク。宋の時代から育種が始まったといわれる園芸品種もよいが、野生のシャクヤクも気品がある。ボタン(牡丹) *P. suffruticosa* が木本であるのに対し、シャクヤクは草本。花粉量は多い。

ミゾソバ　2007.10　東京都町田市

ミゾソバ (Am)　2008.10　岡山県苫田郡 (by 内田)

蜜を吸いに来たヤブカの雄　2007.9　宮城県作並温泉付近

オオケタデ。ウラナミシジミやハナアブに混じってハチも訪花 (Acj)　2008.9　長野県野尻湖

ヤマシャクヤク。野生のものは多くないので実際によく行くのは栽培種　2008.5　群馬県赤城山麓

ボタンでの花粉集め (Am)　2009.4　岡山県苫田郡 (by 内田)

チャノキで花粉を集めるニホンミツバチと蜜を吸うキタテハ　2008.10　山梨県大菩薩峠山麓

管理されたチャ畑では花は少ない　2007.10　埼玉県狭山市

チャノキ　茶 (ツバキ科)
Camellia sinensis; Tea plant
【NP : Good】　■89　■269

学名からもわかるようにツバキの仲間で、ミツバチは好んで花粉を集める。時折このチャの花粉を大量に集めた群でハチの状態がおかしくなるといわれ、カフェインのせいではないかとされるが、詳細は不明。中国ではかなりの蜜も採れるが、人間用には利用していないようである。花粉は鮮明な濃い黄色で、中国の茶の産地ではローヤルゼリーの採乳にも役立っているという。低木性のシネンシス系は緑茶用、高木性で葉が大きいアッサム系は紅茶向き。日本に入ったのは奈良時代だが、飲用の茶の栽培は鎌倉時代になってからだという(*Thea sinensis* はシノニム)。

モッコク　木斛 (ツバキ科)
Ternstroemia gymnanthera　【P(n) : Rarely】　■175

ツバキ科の花はたいてい蜜源価値があるが、このモッコクは訪れる昆虫が少なく、ミツバチも例外ではない。補助蜜源とされているので、地方によっては流蜜するのかもしれない。庭木として多用される。花期は6月末から7月初旬。自生は関東以南で、海岸付近に多い。アカミノキとも呼ばれ、材が緻密で赤く、珍重される。沖縄の首里城正殿にも使われている。

モッコク。花は次々に咲くもののすぐに萎れてしまう。右は花粉を集めるセイヨウミツバチ　2007.7　町田市 (玉川大学)

ツバキ科 Theaceae

ヒサカキ （ツバキ科）
Eurya japonica 【P(n) : Good】 ■139 ■24

暖帯の林内にごく普通に見られる常緑樹で，春早くに枝にびっしりと花を付ける。花色は白いものからかなり濃いピンクまで幅があり，香りが強い。ミツバチは雄木を訪れ，好んでこの花粉を集めるので春の貴重な花粉源だ。花粉ダンゴは薄いアイボリー色。関東では「榊」の代用としてこの枝葉を神事に使う。関東以西の海岸にはハマヒサカキ *E. emarginata* があり，こちらはまだ冬の間に花を咲かせてしまう。

サカキ 榊 （ツバキ科）
Cleyera japonica 【P(n) : Good】 ■61

梅雨に入るころ，まるで蝋細工のような白い花を付ける。常緑のよく茂った葉陰に隠れるように咲くため目立たないが，ハチは確実に見つけ，好んで訪花している。分布は関東以西で，神事に用いるため神社によく植えられる。ヒサカキに対してマサカキとも呼ぶ。

早春の貴重な花粉源のヒサカキ。枝にスズランのような花がびっしりと付く　2007.3　広島市

ヒサカキの真っ白な花粉を集める (Acj)　2006.3　東京都世田谷区

蝋細工のようなサカキの花

サカキ。一番多いのはコマルハナバチの雄だがミツバチもよく行く　2006.3　町田市 (玉川大学)

ナツツバキ。花粉は橙色に近い濃い黄色で油分が多い　2007.5　横浜市

ナツツバキ (シャラノキ)　夏椿 (ツバキ科)
Stewartia pseudocamellia; Japanese stuartia
【P(n) : Good】■ 169

梅雨前の初夏に咲き，花粉源となる。宮城県以西に自生する落葉樹で，木のイメージは常緑のツバキとは大きく異なるが，花の構造を見ると確かにツバキに似る。樹皮が帯紅色でツルツルしており，庭木，公園樹としてよく使われる。同じころに咲く日本固有種のヒメシャラ (姫沙羅) *S. monadelpha* の花が小形，下向きで目立たないのに比べてずっと派手だ。

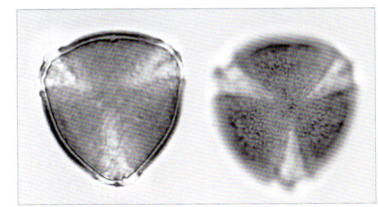

体を真っ黄色に染めたコマルハナバチの雄　2007.5　東京都世田谷区

ナツツバキの花粉

ヒメシャラは自生のものは箱根などに多いが庭などへの植栽も盛ん　2007.5　町田市 (玉川大学)

ツバキ科 Theaceae

サザンカ。暖かい時間帯を狙っての花粉集め　2006.11　町田市 (玉川大学)

サザンカ　山茶花 (ツバキ科)
Camellia sasanqua; Sasanqua
【NP : Good】　■ 63　■ 270

晩秋から初冬にかけての貴重な花粉源。蜜も比較的多量に分泌するが，寒い日が続くと濃縮されて固まってしまい，そうなるとミツバチには利用できない。ヒヨドリ，メジロ，ウグイスなどの鳥たちは，少しくらい蜜が濃くても大丈夫らしく，好んで訪れる。自然分布地としては山口県，四国南部が北限。

ホウジャクも蜜を吸いに　2005.10　町田市 (玉川大学)

球になって輝く蜜

花基部の断面。白く光っている部分が蜜腺

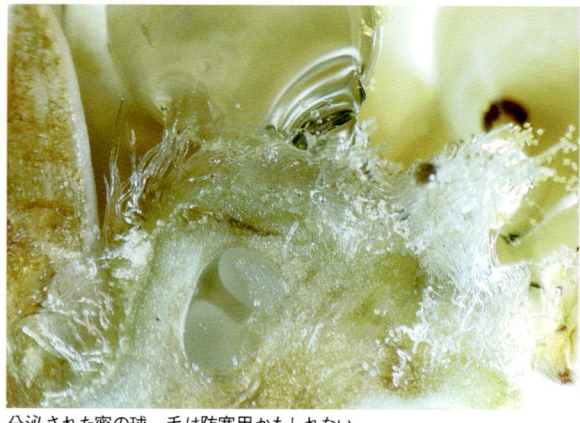

分泌された蜜の球。毛は防寒用かもしれない

花弁に落ちた花粉。花弁の細胞と大きさが比較できる

ヤブツバキ。時には雪にも会うが寒さには強い　2006.3　東京都世田谷区

ツバキ類　椿 (ツバキ科)
Camellia spp.; Camellia　【NP：Good】　■283

春の重要な花粉源であるが、蜜も分泌しており、メジロやヒヨドリなどの鳥たちも蜜を求めて訪花する。ただし、訪花できないような寒い間に蜜が濃縮されてしまうと、蜜が濃くなりすぎて、ミツバチには吸えなくなってしまうようだ。日本の暖温帯域を代表する常緑樹でもある野生種のヤブツバキ *C. japonica* が最も重要。海岸沿いにはとくに多く、種子からは椿油が採れる。ほかにも多くの園芸品種があるが、八重咲きのものは雄しべが花弁に変化してしまっており、花粉源としては役立たない。ツバキ科全体としては、日本に20種が自生し、世界では約500種がある。

ヤブツバキの花粉　花弁の上に降り積もった花粉

果皮が開き、ツバキ油を絞る種子が現れた　2007.10　町田市 (玉川大学) 　園芸品種のツバキ　2007.4　東京都町田市

ツバキ科 Theaceae

キウイフルーツの雄花　2006.5　町田市 (玉川大学) 　　　　キウイフルーツの雌花　2006.5　町田市 (玉川大学)

キウイフルーツ (オニマタタビ)　(マタタビ科)
Actinidia chinensis; Kiwifruit
【P：Good】　🟧 34, 35　🟩 141

　原産地は中国で，シナサルナシが1904年，ニュージーランドに移入されて改良されたもの。雌雄異株で，雄花が咲いているときにはハチが早朝の5時ころからこぞって花粉を集めている。

　雄花の花粉の色は薄い黄な粉色。花が下向きで雨に当たる心配がないため，油分が少なくサラサラしている。

　一方，雌花のほうは，花粉は少量あるものの稔性がなく，訪花もずっと少ない。しかしこの訪花により結実が約束されるので，ミツバチの貢献度は大きい。雌雄どちらの花も蜜は出さない。

雌花を訪れて花粉を集めるセイヨウミツバチ。雌花の花粉は稔性がなくダンゴにしても真っ白　2005.5　町田市 (玉川大学)

純白の花粉ダンゴ (雌花からのもの) は巣門でもよく目立つ (Am) 　　　果実は収穫してすぐに食べるのではなく，しばらく寝かせて熟成させてから　2006.10　町田市 (玉川大学)

マタタビ科 Actinidiaceae

マタタビ　木天蓼 (マタタビ科)
Actinidia polygama; Silvervine　【P : Temporary】

全国の山地の谷あいなどに生育する蔓性植物で，6～7月の花期には蔓の先のほうの葉の半分が白くなるのでよく目立つ。サルナシやキウイフルーツ同様ハチは好む。

　昔，疲れた旅人がこの実を食べ，「また旅」を続けることができたのが名の由来といわれる。塩漬けにするのは若い果実で，薬用にはマタタビバエが寄生してできる虫えい (虫こぶ) がよく使われる (下の写真参照)。ネコ科の動物がマタタビの香りに特別の反応を示すのは有名だが，なぜかクサカゲロウの雄もこの香りに誘引されて集まってくる。

　中部以北の山地には白色部が桃色となるミヤママタタビ *A. kolomikta* が加わる。マタタビ科としては世界に約350種。

マタタビの花。ちょうど花のころ，一部の葉を白くするのは花があるとのサインかもしれない　2005.6　栃木県日光市

サルナシ　猿梨 (マタタビ科)
Actinidia arguta　【P : Temporary】　■ 144

蔓性で，コクワとも呼ばれ，全国各地の林内に普通。同属のマタタビ同様，とくにニホンミツバチがよく訪れ，花粉を集める。実は秋に熟し，甘酸っぱく，生食もよいが果実酒にもよい。名の由来はサルが好んで食べる梨の意からだが，ツキノワグマ，ヒグマも大好きだ。

　写真のように園芸用に改良されたものもあり，キウイフルーツのように成長が良すぎて困ることも少ないので，ぜひ日よけをかねて植栽したい。

サルナシ。野生のものより少し花形が大きく，園芸用に改良したもの　2006.6　町田市 (玉川大学)

サルナシの果実　2006.9　町田市 (玉川大学)

マタタビの実で果実酒を作る

マタタビ科 Actinidiaceae

キンシバイ。多くのハチは花粉採りだけだが，この個体は蜜腺のありかを学習したようだ　2007.5　東京都町田市

キンシバイ　金糸梅 (オトギリソウ科)
Hypericum patulum　【P : Good】　🟧 45　🟩 164

このヒペリカム (オトギリソウ属 *Hypericum*) の仲間には何種かあり，園芸品種も多いが，とくにこのキンシバイは花粉源として有力。ハチも好んで訪花する。蜜はないわけではないが，ほとんどのハチはその存在に気づかないようだ。中国原産。ビヨウヤナギ *H. monogynum* も中国原産で，こちらは花が大きく，とくに雄しべが長いので，花粉を集めるには飛びながら葯に体当たりするしかない。時折，花粉集めの途中で脚をとられてしまうこともある。

ビヨウヤナギは雄しべが長い　2007.6　東京都町田市

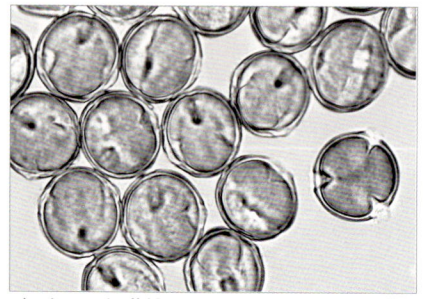

ビヨウヤナギの花粉

トックリキワタ　(パンヤ科)
Chorisia speciosa;　Drunk tree, Floss silk tree
【N(p) : Temporary】

ブラジル原産の落葉高木で，南アメリカでは街路樹として植栽されている。秋から冬のほとんど葉のないときに，大形で濃いサクラ色の花をいっぱいに付けた様は見応えがある。キワタは実から綿が採れるからで，トックリは大木になると幹が徳利状に膨らむ性質があることから。日本でも沖縄ではよく見られる。

トックリキワタの花。近くでの訪花は確認していないが蜜量は多いようだ　2008.9　沖縄県本部町

オトギリソウ科 Clusiaceae，パンヤ科 Bombacaceae

ホルトノキ。まだようやく咲きかけというのに，ハチは熱心に訪れていた　2008.9　那覇市

ホルトノキ (モガシ)　(ホルトノキ科)
Elaeocarpus sylvestris var. *ellipticus*　【N(p)：Good】

この属に属するのは日本ではホルトノキとコバンモチくらいだが，アジアとオセアニアには200種以上が分布する。ホルトノキは千葉県南部以西の海岸沿いに分布，花期は夏で，沖縄などでは重要な蜜源。樹皮と枝葉の煎汁は大島紬の黒褐色の染料ともなる。

アオギリ　青桐 (アオギリ科)
Firmiana simplex; Chinese bottle tree
【NP：Temporary】　■ 204

花の構造が特異で，ミツバチの口吻では届きにくいものの，夏の蜜源枯渇期に咲くことから，熱心に通う場合がある。キムネクマバチやオオハキリバチは好んで訪れる。中国原産で，名の由来は樹皮が青（緑色）で，葉が大きくキリに似ることから。戦時中は実を炒ってコーヒーの代用にしたこともあるという。

カカオ　(アオギリ科)
Theobroma cacao; Chocolate nut tree
【N(p)：Suspicious】

芳香のある花や果実は直接幹に付く。この果実の中のピンクの豆がカカオ豆 (cacao beans) で，発酵させてから煎って，香りを熟成させた後，チョコレートにする。「チョコレート」はアステカ語で，カカオを栽培したのはマヤ文明の時代からだといわれる。コロンブスがスペインに持ち帰ってから広まった。

アオギリ。梅雨明け時の貴重な蜜源　2008.7　東京都文京区

カカオの花と果実。カカオがアオギリの仲間だということはあまり知られていない (温室内で撮影)

ホルトノキ科 Elaeocarpaceae，アオギリ科 Sterculiaceae

風にそよぐシナノキの大木。背景は屈斜路湖　2007.8　北海道美幌峠

シナノキ類　科の木（シナノキ科）
Tilia spp.; Japanese lime　【N(p)：Excellent】　■193

日本各地の山地に自生するが，蜜源としては北海道のものが有名で，大量に採蜜できる。養蜂家の呼び方では，いわゆるアカシナ *T. japonica* と，別名オオバボダイジュともいうアオシナ *T. maximowicziana* がある。アオシナが1週間くらい早く咲き始めるが，アカシナのほうが流蜜量は多い。シナノキは開花の時期も流蜜の豊凶も揺らぎが大きい。当たり年の北海道では1群で100kgもの蜜が採れたそうだが，最近の山事情ではもうこれを望むのも難しそうだ。

「シナ蜜」は多少癖があり，生食用としては必ずしも好まれないが，欧米やロシアでは人気が高い。タバコの香り付け用としてはこの「シナ蜜」が最も評価が高く，日本でも大きな需要がある。また菓子などに使ってもよく合う。いずれにしてもトチノキとともに日本の山の蜜源樹の代表といえよう。

シナはアイヌ語で「結ぶ」の意味があり，樹皮の繊維を布や縄にしたからという。学名の *Tilia* は翼の意で，花が付く独特の苞葉の形にちなむ。

寺院などによく植えられているのは中国原産のボダイジュ *T. miqueliana*。菩提樹の呼び名からよく混同されるが，釈迦がその下で悟りを開いたとされる木はクワ科のインドボダイジュ。

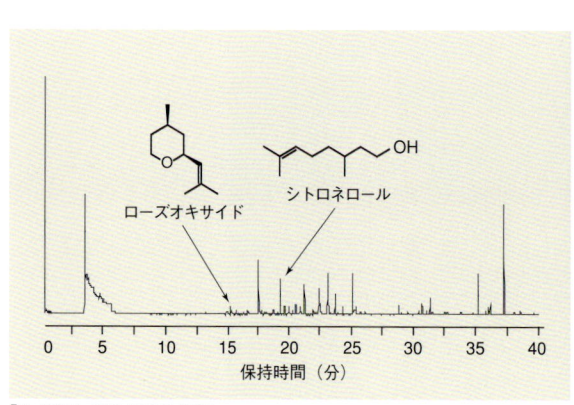

「シナ蜜」の香りの分析例　　　　　「シナ蜜」は少し赤みをおびる　　シナノキの花粉

シナノキ科 Tiliaceae

シナノキ。花の拡大 (上) と花粉 (右はアオシナ)　　養蜂家のいうアオシナ　2007.8　北海道弟子屈町

ボダイジュ。東京で観察する限りではミツバチは熱心には行かない　2005.6　東京都世田谷区

モロヘイヤ (タイワンツナソ)　縞綱麻 (シナノキ科)
Corchorus olitorius; Nalta jute　【NP：Temporary】

英名がジュートとなっているとおり，黄麻とも呼ぶ繊維植物。バングラデシュのジュート生産の25％はこれによるという。一方，モロヘイヤはアラビア名で，日本ではエジプト同様，食用に栽培される。カロテン，ビタミンB，C，カルシウム，抗酸化作用の強いケルセチンを多く含む。特有の粘りはムチンによる。

モロヘイヤ。草丈1mほどの草木で，これがシナノキの仲間だということはあまり知られていない　2007.7　横浜市

シナノキ科 Tiliaceae

ゼニアオイ （アオイ科）
Malva sylvestris var. *mauritiana* 【P(n)：Good】 ■119

タチアオイの仲間だが，生命力が強く，また先陣を切って5月から花を付け始める。アオイ(葵)の仲間は花粉が大形で，直径が40μm以上にもなる。あまり大きすぎて金平糖のような突起もあるため，ミツバチはこれを集めたくてもうまく花粉ダンゴに丸めることができない。蜜腺は一見ないように見えるが，花弁の付け根の下側に隠されている。

ゼニアオイ。花粉が大きすぎるせいか，訪花はなんとなくぎこちない (Acj)　2006.5　東京都大田区

白い毛で隠されている蜜腺への入り口

蜜腺の断面図。かなり大量の蜜が溜まっている(矢印)

ハチの頭と比較すれば，花粉粒がいかに大きいかがわかる (Acj)

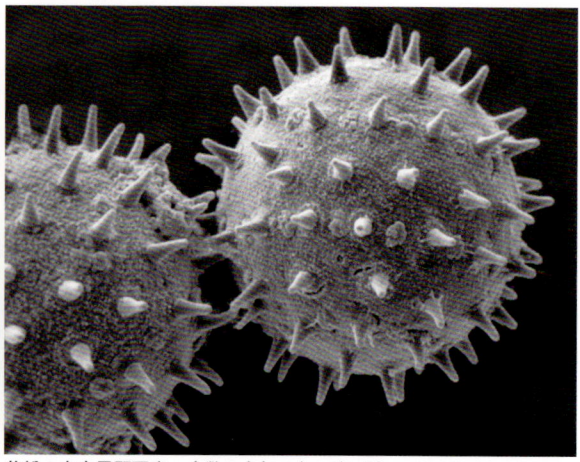

花粉の走査電顕写真。多数の突起で虫の毛に引っつきやすくなっている

アオイ科 Malvaceae

タチアオイの花弁の間から蜜を吸うAm　2007.7　東京都世田谷区

タチアオイ　(アオイ科)
Althaea rosea; Hollyhock　【P(n) : Good】　■168

暑い夏を象徴するかのような花だ。ゼニアオイ同様花粉は大きく，ダンゴに丸めるのは難しいようだ。花弁の下側に隠された蜜の存在を見つけたハチはこれを学習して訪花する。

トロロアオイ　(アオイ科)
Abelmoschus manihot; Aibika　【N(p) : Rarely】

熱帯アジアの原産で，和紙の製紙用の糊の原料として用いられる。アフリカ原産で食用に栽培されるオクラ*A. esculentus*と近縁で，トロロアオイの花を食用にすることもある。食すればともにぬめりがあるが，これはペクチン，アラビン，ガラクタンなどの食物繊維による。

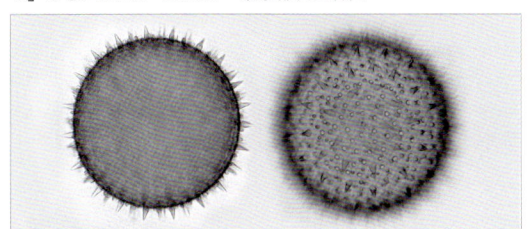

タチアオイ。下から順に咲いていき，「上端まで咲き終わると梅雨が明ける」ともいわれる　2008.7　東京都世田谷区

タチアオイの花粉

トロロアオイ　2008.9　神奈川県葉山町

オクラ。都会の畑でもよく栽培されている　2006.7　横浜市

アオイ科 Malvaceae

ハイビスカスに飛来して吸蜜するツマベニチョウ　2008.10　那覇市

ハイビスカス (ブッソウゲ)　仏桑花, 扶桑花 (アオイ科)
Hibiscus rosa-sinensis; Hibiscus, Rosemallow　【P(n) : Good】
宮崎県や沖縄などでは南国を象徴する花としてよく植栽され, 重要な花粉源になっている。ハワイの花のイメージ (州花) があるが, 東南アジア原産。400種をこえる品種がある。

アメリカフヨウ　芙蓉 (アオイ科)
Hibiscus moscheutos　【N(p) : Rarely】
同じアオイ科のフヨウやムクゲ同様, たまに訪花が見られる程度。

アメリカフヨウ　2008.9　岡山県苫田郡 (by 内田)

アメリカフヨウ。花期が長い点ではよい　2008.7　東京都世田谷区

金平糖のような突起は昆虫の毛に付きやすくするため

アズチグモに捕らえられたセイヨウミツバチ　2008.7　東京都世田谷区

78　アオイ科 Malvaceae

ウスベニアオイ。ゼニアオイに似るがずっと華奢　2007.6　神奈川県秦野市

ウスベニアオイ (マロウ)　薄紅葵 (アオイ科)
Malva sylvestris; Common mallow 【N(p) : Good】

前掲のゼニアオイに近く，ハーブティーに使う。熱湯を注ぐとアントシアンの青紫が広がり，レモンを入れるとピンクとなる。ただし単独では味はあまりない。花期は5〜7月で，こちらにもミツバチはよく行く。

ワタ　綿 (アオイ科)
Gossypium arboreum var.*obtusifolium*; Cotton plant
【N(p) : Good】　■157

ワタも虫媒花なので，花粉を媒介してくれる昆虫がいなければワタの生産も難しい。ワタから採れる蜜は質もよいとされ，産地ではミツバチが重要な役割をはたしている。日本では生け花用などにわずかに栽培されている程度だ。

ワタの花。品種により色や花形もかなり変わる　2006.8　町田市 (玉川大学)

ワタの花基部の断面。蜜腺は花の外回り，堀の底にあたる部分にある (矢印)

実がはじけて綿毛が見えている　2006.9　町田市 (玉川大学)

珍しい「ワタ蜜」(ギリシャ産)

アオイ科 Malvaceae　79

多摩川の河原を埋めつくしたアレチウリ　2006.10　東京都大田区

アレチウリ　荒地瓜 (ウリ科)
Sicyos angulatus; Bur cucumber　【N(p) : Good】■5 ■264

北アメリカ原産の帰化植物で，全国の河川沿いを中心に広く繁茂。「いがウリ」の英名のとおり，果実には毬があり，とてもウリとは思えない。短日性が強く，夏の間は繁茂していても花は付けない。晩夏から秋にかけては次々に白い花を付け，重要な蜜・花粉源となる。雑草だけあり，毎年繁茂してもウリ科蔬菜にありがちな「嫌地」を起こさない。養蜂上はありがたい存在だが，セイタカアワダチソウ同様，どちらかといえば害草である (2006年に特定外来生物に指定)。

ウリとは思えない棘のある小さな実をつける

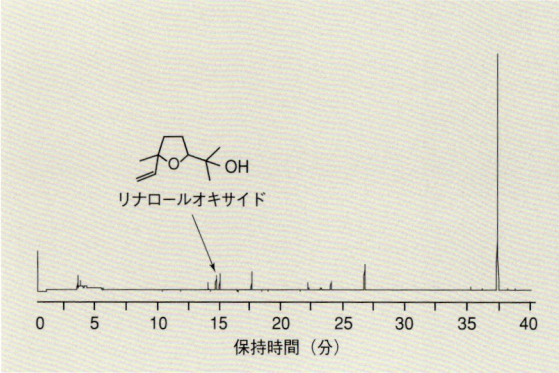

リナロールオキサイド

保持時間（分）

「アレチウリ蜜」の香りの分析例

アレチウリの ① 雌花と ② 雄花 (Acj)　2006.10　東京都大田区

ウリ科 Cucurbitaceae

ニガウリの花はせいぜい補助蜜源　2007.8　横浜市

ニガウリ。果実は食用として人気が高い　2007.8　横浜市

ニガウリ (ツルレイシ)　苦瓜 (ウリ科)
Momordica charantia var. *pavel*; Bitter melon
【N(p) : Rarely】■232

ゴーヤと呼ぶことも多い。熱帯アジアの原産だが本州でも路地で問題なく栽培が可能，健康によいとして人気がある。最近では日よけと断熱用に窓の外に利用する例も多い。花は淡い黄色で，ウリ類のなかでは小形。ハチの訪花は，受粉としては役立つが，蜜量が少なく蜜源価値はあまりない。果実は熟すと裂開し，真っ赤な種子が現れる。原産地は熱帯アジア。

ハヤトウリ　隼人瓜 (ウリ科)
Sechium edule　【N(p) : Rarely】

夏から秋遅くまで咲くウリで，キュウリやカボチャ，あるいは野生のアレチウリなどには好んで訪れるミツバチであるが，このハヤトウリには，他に行くところがなければ行くといった程度。果実は緑白色で洋梨形。ウリ科には珍しく種子は1個だけ。熱帯アメリカ原産。

③ ハヤトウリの花の拡大。光っているのは蜜 (矢印)　④ 吸蜜中のAm　⑤ 果実。吸い物などによい　2006.10　横浜市

ウリ科 Cucurbitaceae

露地で栽培されているキュウリ　2006.7　横浜市

キュウリの ① 雄花 (Am) と ② 雌花 (Am)　2006.7　横浜市

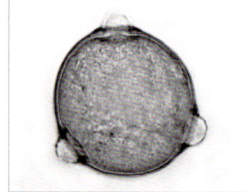

キュウリの花粉

キュウリ　胡瓜，黄瓜 (ウリ科)
Cucumis sativus; Cucumber 【N(p)：Good】 ■ 43 ■ 163

晩春から晩夏まで栽培される。雄花と雌花があるがハチはどちらにも訪花する。一部には受粉を要しない単為結果品種もあるようであるが，大半は受粉を必要とし，それが偏ると実が真っ直ぐにならず曲がってしまう。インドからヒマラヤにかけての原産。

メロン類　(ウリ科)
Cucumis spp.; Muskmelon 【N(p)：Temporary】

マスクメロンは温室などで栽培される高級メロン。人工受粉に頼る場合が多いが，ハチを導入して任せている場合も少なくない。流蜜量は多く花粉も出してはいるが，花数が少ないので，ハチはもっぱらポリネーション役で，採蜜にはほど遠い。ほかにもアンデスメロン，夕張メロン，プリンスメロンなどきわめて多くの品種がある。北アフリカから中近東の原産といわれる。

ハウス栽培のメロンの花と果実　2006.8　町田市 (玉川大学)

スイカ 西瓜 (ウリ科)
Citrullus lanatus; Water melon
【N(p)：Temporary】　■209

ハウス栽培の小玉スイカなどでは受粉用のミツバチが必須だが，千葉県などでは路地スイカのポリネーションでも利用が定着してきている。蜜も花粉も得られるが，通常は採蜜できるほどではない。原産は熱帯アフリカ。世界中で栽培されているが，中国はその70％を占める。日本の生産量は45万トンで0.47％ (FAO, 2004)。

ヘビウリ 蛇瓜 (ウリ科)
Trichosanthes anguina
【N(p)：Incidentally】

ナガミカラスウリの呼び名もあるとおり，花はレース状でカラスウリにそっくり。しかし夜咲きのカラスウリと違い昼間に咲く。果実は細長く1mほどにもなる。インド原産。

ユウガオ 夕顔 (ウリ科)
Lagenaria siceraria var. *hispida*; Bottle gourd　【N(p)：Good】

種としてはヒョウタンと同じだが，干瓢(かんぴょう)を作るために栽培される。名のとおり開花は基本的に夜間で，本来のポリネーターはスズメガなどのガ類だが，流蜜は太く，花粉も産する。日没近くに大挙して訪れるといわれているので，ミツバチが実際にどの程度行くのかぜひ確認してみたい。原産は北アフリカ。

スイカの花 (Am)　2006.7　栃木県佐野市

スイカの果実　2008.8　横浜市

③ ヘビウリの花と ④ 果実　2008.9　岡山市半田山植物園

⑤ ユウガオ，⑥ ヒョウタン。植物学上はほとんど同じ　2007.8　長野県茅野市

ウリ科 Cucurbitaceae　83

ズッキーニの畑。右手はカボチャ　2007.6　横浜市

カボチャ類　南瓜 (ウリ科)
Cucurbita spp.; Pumpkin, Squash
【N : Good】■162

　ニホンカボチャ*C. moschata*は畑に栽培され、初夏から夏にかけて大輪の花を付ける。雄花、雌花ともにハチはよく訪花。とくに雌花は巨大な蜜腺をもち、一つの花中で数匹のハチが同時に並んで吸蜜するという、普通では見られない光景がよく見られる。花は早朝に咲くのでハチもこれに合わせて早朝から訪れる。昼ごろにはもう萎んでしまう一日花だ。

　トウガン*Benincasa hispida*やズッキーニ*C. pepo*もカボチャの仲間で、同じくミツバチが好む。原産地は中南米。

ズッキーニの花　2007.6　横浜市

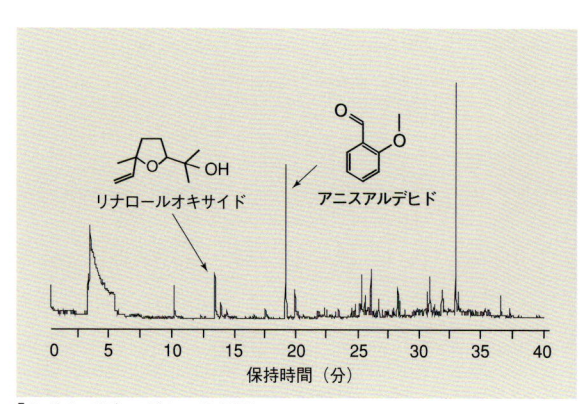

「カボチャ蜜」の香りの分析例
リナロールオキサイド
アニスアルデヒド
保持時間（分）

トウガン。カボチャに比べると蜜量は少ない　2007.8　横浜市

ウリ科 Cucurbitaceae

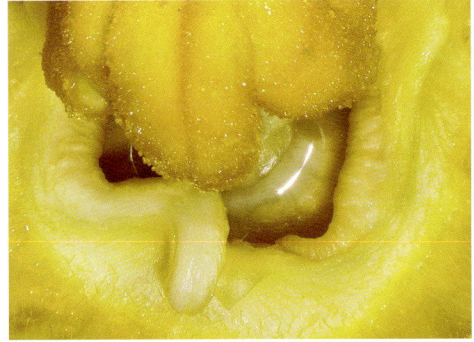

雌花の蜜腺は大きく, まるで池のよう (下は断面)

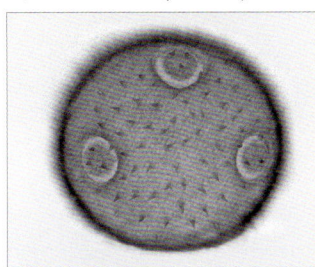

花粉もきわめて大形

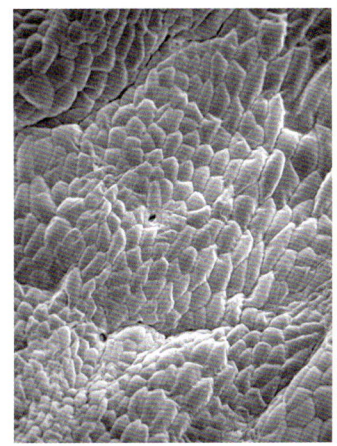

蜜腺の表面の走査電顕写真

①, ③ ニホンカボチャの雌花と ② 雄花。雌花のほうが花自体も大きく蜜量も多い
2006.7　町田市 (玉川大学) (③はby 吉村)

ウリ科 Cucurbitaceae　85

トケイソウ (クダモノトケイソウ)　時計草
(トケイソウ科)
Passiflora edulis; Passion fruit 【P : Rarely】

大形で特異な形の花は美しく，パッションフルーツとして実を収穫するために栽培されるだけでなく，鑑賞用の種もある。植物側としては，おそらく大型のクマバチ類を送粉者として期待している。実際マレーシアなどではこのクマバチを人工的に飼ってポリネーターとする試みが行われている。花が咲いてから時間がたつにつれ雌しべの位置が下がってくるので，そのようなタイミングで訪花すればミツバチでも受粉に役立つようである。原産地は熱帯アメリカ。

トケイソウへの訪花。ただしこれはハウス内，屋外ではここまでの訪花はない (Am)　2006.6　町田市 (玉川大学)

分岐した雌しべはだんだん下がる　2006.6　町田市 (玉川大学)

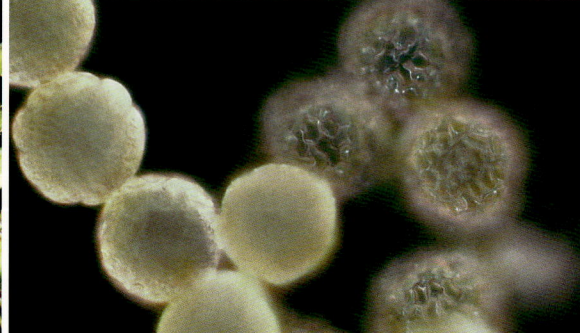

トケイソウの花粉。暗視野照明で色がわかる

ミツバチの受粉で結実した果実　2006.7　町田市 (玉川大学)

観賞用品種の一例　2008.5　東京都世田谷区

パパイアの雄花。沖縄では露地で育つが，これは温室内にて撮影

パパイア (パパイヤ) (パパイア科)
Carica papaya; Papaya 【P(n) : Temporary】

原産地は熱帯アメリカだが，広く熱帯，亜熱帯で栽培されている。花は黄白色で芳香がある。通常は雌雄異株。

パパイアの雌花と果実

イイギリ　飯桐 (イイギリ科)
Idesia polycarpa 【NP : Good】　109

本州以南の山地に自生するが，庭木，公園木としてもよく植えられている。雌雄異株で，雄花からは主に花粉を，雌花からは蜜を集める。目立たない花だが，ミツバチにとってはきわめて魅力的な存在。赤く熟した実は鳥にとっては美味しいらしく，赤く熟す実のなかでも真っ先に食べられてしまう。

咲き終わって地面に落ちたイイギリの雄花　2008.5　東京都町田市

雌花からは大量の蜜が得られる　2008.5　東京都町田市

イイギリの果実　2007.10　東京都町田市

パパイア科 Caricaceae，イイギリ科 Flacourtiaceae

シュウカイドウ。① 写っているのはほとんどが雄花　② 花粉を集めているトラマルハナバチ　2007.9　福島市

ベゴニア類 （シュウカイドウ科）
Begonia spp.【P(n) : Rarely】■154

ベゴニア類といえば鉢植えやプランターでの植栽ものが目に浮かぶが，日本に自生しているベゴニアがシュウカイドウ *B. grandis* だ。栽培種と異なり日陰によく生育しているせいか，ミツバチの訪花はまだ確認していない。公園や民家に植栽されている外国産のシキザキベゴニア *B. cucullata* には，それほど盛んにではないが訪花し，主に花粉を集める。

③ 外国産の一種 (アフリカ)　④,⑤,⑥ いちばん一般的に見られるシキザキベゴニア　2006.9　町田市 (玉川大学)

シュウカイドウ科 Begoniaceae

フウチョウソウ (⑥, ⑦, ⑧)。夜見ていると確かにいろいろなガの仲間が蜜を求めて飛来する　2008.8　松本市

フウチョウソウの蜜腺拡大写真

ギョボク。大木になるが花はフウチョウソウにそっくり　2008.5　昭和薬科大学薬用植物園

フウチョウソウ(クレオメ)　風蝶草 (フウチョウソウ科)
Cleome gynandra; Cleome　【N(p) : Good】■223

最近，各色の園芸種がよく植栽されるようになった。ツキミソウ同様，夜間に開花する花で，長いしべの付け根に露出した蜜腺からよく流蜜し，蜜色は少し緑がかった白色だという。花粉は長い雄しべの先にあるので集めにくい。花期は初夏。原産地はアメリカ大陸。

　九州南部にしかないが，ツマベニチョウ (p.78) の食樹として知られるギョボク *Crateva adansonii* subsp. *formosensis* も同じ仲間である。

フウチョウソウ科 Capparaceae　89

シダレヤナギ　枝垂柳 (ヤナギ科)
Salix babylonica; Weeping willow
【NP : Rarely】　■23

野生のヤナギ類が川辺や山地に自生しているのに対し，シダレヤナギは各地の民家や公園などに植栽されている。しかし身近にあるわりには，花を意識する人は少ない。春先，芽吹きとともに，木全体がくすんだ黄色に染まって見えるときが花期だ。蜜と花粉の両方の栄養が得られるからであろう，ヒヨドリは好んでこの花を食べる。

花を拡大してみると黄色い蜜腺から蜜が出ているのがわかる

カワヤナギ　(ヤナギ科)
Salix miyabeana subsp. *gymnolepis*
【NP : Good】　■21

ヤナギの仲間はきわめて種類が多く，雄雌もあって正しく種類を同定することが難しい。そのようななか，どこにでもある代表格がカワヤナギであろう。他の多くのヤナギ類同様に河川沿いに多く，蜜も花粉も供給してくれる。花期は早春から春。

花を食べに来たヒヨドリ　2008.3　町田市

花粉量が多いカワヤナギの雄花 (Am)　2010.4　群馬県吾妻郡

カワヤナギ　2007.3　広島大学構内

山の早春の花粉源ヤマネコヤナギ (バッコヤナギ) の雄木　2010.4　群馬県吾妻郡

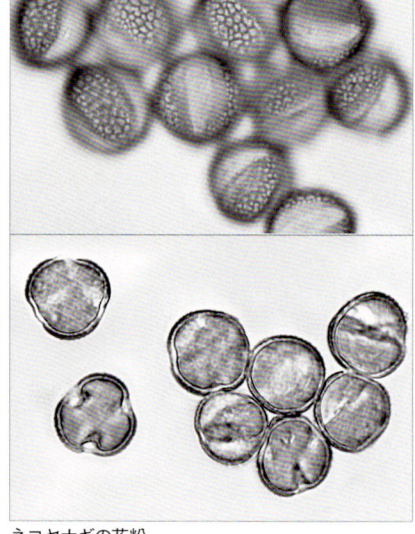

ネコヤナギの花粉

90　ヤナギ科 Salicaceae

ネコヤナギの開花　2007.4　水戸市

ヤマネコヤナギの雌花での吸蜜 (Acj)　2010.4　群馬県吾妻郡

シロヤナギと思われる。4月の花期には大木が見事な白黄色に染まる
2008.4　山梨県釜無川河畔 (穴山付近)

富士山麓のヤナギの一種。春の到来をつげるコツバメが吸蜜に来ていた
2006.5　山梨県本栖湖

ヤマナラシの花　2005.4　東京都町田市

プロポリス源として重要なポプラ　2009.7　東京都町田市

ネコヤナギ　猫柳 (ヤナギ科)
Salix gracilistyla　【NP : Good】■17

渓流沿いや河岸に生育し，他のヤナギ類同様に雌雄異株。雄花からは多量の花粉と蜜が，雌花からは蜜が得られる。まだ花の少ない早春のきわめて貴重な存在。蜜は琥珀色で苦味がある。

シロヤナギ　(ヤナギ科)
Salix jessoensis　【NP : Temporary】

中部以北の河原や原野に自生し，高さは20mにも達する。花がよく付いた木では全体がまばゆい黄色に見え，美しい。

ヤマナラシ　山鳴らし (ヤナギ科)
Populus sieboldii　【P : Rarely】

ドロノキに似るが日当りのよい山地に自生。わずかな風でも葉を揺らし，その音で山を鳴らすとの意からの命名。

ポプラ　(セイヨウハコヤナギ) (ヤナギ科)
Populus nigra var. *italica*　【Propolis】

ポプラは日本のプロポリス源のなかで最も重要な存在。芽と新しく伸長する若い枝の，とくに葉柄の付け根部分などに，くすんだ緑黄色のべとべとした分泌液が多量に分泌される。季節は春から夏にかけてが盛んで，ハチはこれを集めて持ち帰る。

ヤナギ科 Salicaceae　91

カラシナの仲間　2008.5　長野県白馬岳山麓

休耕田などに多いタネツケバナ　2006.4　埼玉県秩父市 　　タネツケバナに訪花 (by 内田) 　　ワサビの花　2006.5　埼玉県秩父市

タネツケバナ　(アブラナ科)
Cardamine scutata　【NP：Rarely】

タネツケバナの仲間は田圃の中などに多いが，スカシタゴボウやカラシナ同様，おそらく花が小さいという理由で，ミツバチはあまり行きたがらない。

ワサビ　山葵 (アブラナ科)
Eutrema japonicum　【NP：Rarely】

ワサビの栽培は水温15℃以下がよく，涼しい山間などが主となる。そのためセイヨウミツバチが訪れる機会はほとんどなく，たまに行くのは山のニホンミツバチだ。葉は徳川家家紋の葵に似るので，山葵の字をあてる。

ダイコン。収穫しなかった株から伸びての開花　2007.4　東京都町田市

アブラナ科 Brassicaceae

ダイコン 大根 (アブラナ科)
Raphanus sativus; Radish 【NP：Good】 ■84

根菜類なので，畑で花を咲かせることはあまりないが，採種地では他の菜の花同様よい蜜源となる。花は紫をおびることもあるがほとんど白色で，近くで見るとむしろ花の付け根のほうの黄色が目立つ。ヨーロッパ原産だが，弥生時代すでに日本に入っていたといわれる。

ブロッコリー (アブラナ科)
Brassica oleracea var. *italica* ■152

ハボタン (アブラナ科)
Brassica oleracea var. *acephala* f. *tricolor* ■130

キャベツ (アブラナ科)
Brassica oleracea var. *capitata*

いずれも似たような黄色の花を付けるが，ナタネ類のような派手で明るい黄色ではない。

ダイコンに訪花中の ① Acj と ② スジグロシロチョウ　2006.5　埼玉県秩父市 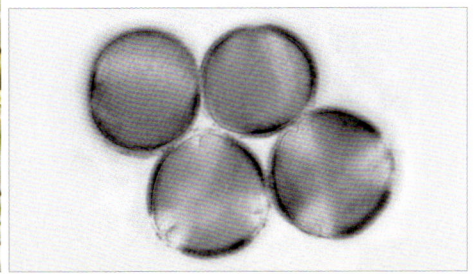　　ダイコンの花粉

ブロッコリー。左の蕾には食用時の面影が残っている　2008.5　千葉県南房総市

ハボタンの花 (Am)　2008.4　山梨県甲州市 　　普段あまり見ることのないキャベツの花　2006.4　町田市 　コモチカンランの花粉

アブラナ科 Brassicaceae

まだ２月というのにもう満開のナタネ畑　2008.2　静岡県伊豆市

蜜腺は４個で，主腺と副腺が二つずつ

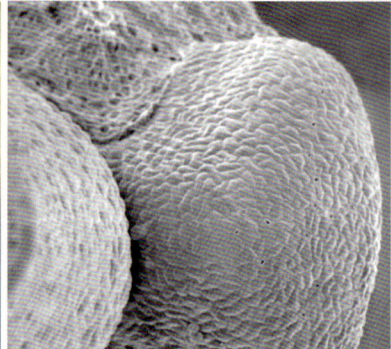

副蜜腺の走査電顕写真

種子からは菜種油が採れる

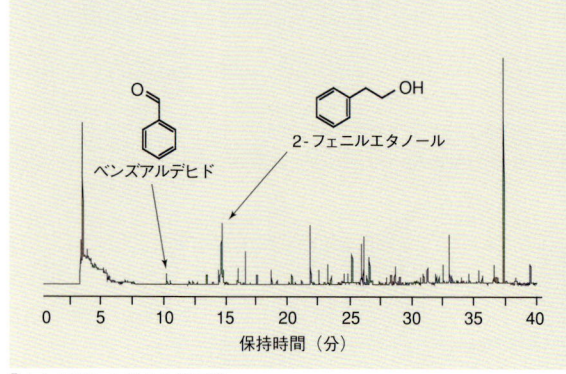

ベンズアルデヒド

2-フェニルエタノール

保持時間（分）

「ナタネ蜜」の香りの分析例

「ナタネ蜜」。結晶化して白い

ナタネの花粉

94　アブラナ科 Brassicaceae

ナタネ類 (アブラナ)　菜種，油菜，菜の花
(アブラナ科)
Brassica rapa; Rape, Rapeseed
【NP：Excellent】　■106　■2

　春に黄色い花を咲かせるアブラナ類の総称で，種子からナタネ油を採るために改良されたいわゆるナタネのほかにも，水菜，白菜など，いろいろな種類や品種がある。

　ミツバチはいずれにも行くが，やはり一番好きなのは本来のナタネのようだ。ナタネの蜜腺は緑色で，4枚の黄色い花弁の付け根に主蜜腺と副蜜腺が2個ずつ配置されている。ナタネのハチ蜜は良質だが，きわめて結晶化しやすい。これは蜜の糖組成のうちブドウ糖が多いからで，果糖が多いと結晶しにくくなる。ただし「ナタネ蜜」の結晶はきめが細かく，結晶化しても舌触りは悪くない。原産地は西アジアからヨーロッパだが，農耕の広がりとともに早期に分布が広がった。

　近年では野菜や花卉でのF_1雑種の利用が進んでいて，ナタネはその研究が最も進んでいるもののひとつだ。こうした場合，片親は雄性不稔系統とするのが都合がよいが，育種の際に蜜の分泌活性を確保しておかないと，ハチに訪花してもらえなくなってしまうことを忘れてはならない。

　日本におけるナタネ類の栽培面積は，1956年の26万ヘクタールをピークに急速に減少してしまった。採蜜量はヘクタール当たり40〜50kgと中程度ながら，採蜜期を前にした春の群作りに欠かせない位置づけであったので，痛手は大きい。しかし，最近になって，地球温暖化への危機感とリサイクルへの理解の浸透から，再びナタネに注目する動きも盛んになってきている。

房総半島の菜の花畑　2007.3　千葉県館山市

多摩川の河川敷に野生化して咲くセイヨウカラシナ　2006.5　東京都世田谷区

アブラナ科 Brassicaceae

ハマダイコンは確かに海岸が好き　2008.5　静岡県伊豆市

ハマダイコン　浜大根 (アブラナ科)
Raphanus sativus var. *hortensis* f. *raphanistroides*
【P(n) : Good】　■ 131　■ 8

ダイコンが野生化したものといわれる。名のとおり海岸の砂浜近くに生育することが多い。最近，都会の道沿いや河川の土手などで多く見られるようになったのはセイヨウノダイコン。蜜腺までの距離が長いので，どちらかといえば花粉を集めるハチが多い。花期は4〜6月。

花粉を集めるニホンミツバチ　2007.4　東京都世田谷区

セイヨウノダイコン。右は訪花中のニッポンヒゲナガハナバチの雌　2007.4　東京都世田谷区

96　アブラナ科 Brassicaceae

群落を作って咲くショカツサイ　2007.4　山梨県甲州市

ショカツサイ (ムラサキハナダイコン，オオアラセイトウ)　諸葛菜 (アブラナ科)
Orychophragmus violaceus
【P(n) : Good】　73　56

紫色の花を付け，群生するのでなおさら美しい。栽培されることもあるが，雑草のように繁殖している。ダイコンとはいっても根は太るわけではない。花は筒状の部分が長く，花粉は普通に集められるが，蜜はまともに吸おうとしてもミツバチの口吻では届かない。横から工夫して吸ったり，クマバチの吸い跡から盗蜜したりする。もちろん花粉だけを集めているハチも少なくない。紫色には濃い薄いの変異があるので，濃い花の種子を選んで播けば，濃い紫の群落を作ることもできる。中国原産。

ニホンミツバチの訪花　2006.4　川崎市

うす緑色の蜜腺の拡大。分泌された蜜が光っている

アブラナ科 Brassicaceae

リョウブの白が目立つ夏の箱根の森　2006.7　神奈川県箱根町

リョウブの花粉

リョウブ。造園用にはアメリカリョウブがよく用いられる　2007.7　横浜市

リョウブの花で蜜を集めるセイヨウミツバチ　2007.7　長野県諏訪湖

リョウブ　令法 (リョウブ科)
Clethra barbinervis　【N(p) : Good】■218

山地に多く自生する真夏の蜜源樹。地方や年によって流蜜具合はかなり揺らぐ。よく流蜜している状態であればミツバチは夢中になって訪花する。「リョウブ蜜」は癖のない香りで悪くないが，すぐに白く結晶化してしまう特徴がある。

ホツツジ　穂躑躅 (ツツジ科)
Elliottia paniculata　【N(p) : Temporary】

トリカブトと並んで「毒蜜」として有名。多くはないが，低山地からかなりの高山帯まで分布し，標高の高いところのものは別種のミヤマホツツジ *Cladothamnus bracteatus* となる。ミツバチは多様な花に訪花するので，たとえホツツジの毒蜜 (または花粉) が混ざったとしても，ほとんどの場合は問題にならない濃度まで薄ま

毒蜜を出すホツツジが多く自生する浅間山東麓の鬼押出し。西側の黒斑山辺ではミヤマホツツジが多い　2008.8　長野県鬼押出し

98　　リョウブ科 Clethraceae，ツツジ科 Ericaceae

てしまう。しかしリスクがまったくないわけではないので，ホツツジが多く自生している地域で採蜜する場合は十分な注意が必要。たとえば夏の浅間山麓の一部では，これが主要蜜源の一つになっているので気をつけたほうがよいかもしれない。

ウラジロヨウラク　裏白瓔珞 (ツツジ科)
Menziesia multiflora　【N(p) : Temporary】

何種かあるヨウラクツツジの一種で，湿地が好きだが山地の岩場などにも咲く。最近，ニホンミツバチの棲息高度が上がるに伴い，浅間山麓などではよく訪花している。

多くのホツツジがある裏磐梯の森　2007.9　福島県五色沼付近

ホツツジへのセイヨウミツバチの訪花　2008.8　長野県浅間山麓

吸蜜するトガリハナバチ　2006.7　栃木県日光植物園

ウラジロヨウラク。花が大きめなのでドウダンツツジなどより吸蜜しやすい (Acj)　2007.6　長野県浅間山麓

ツツジ科 Ericaceae

アセビ (アシビ) 馬酔木 (ツツジ科)
Pieris japonica subsp. *japonica*
【N(p)：Rarely】■26

春の育児用とされるが，ミツバチの訪花はあまり見られない。ベル形の花で，しかも雄しべにバリア構造があり，ミツバチにとっては吸蜜は容易でないからだろう。葉は呼吸中枢の麻痺を起こさせるグラヤノトキシン1などを含む。古名はアシシビで，馬が食べると酔って足廃するの意から。馬酔木の呼び名もある。近い仲間のネジキ *Lyonia ovalifolia* subsp. *neziki* は各地の山の明るい尾根などに自生し，やはり若葉には強い毒性がある。昔はこれを便槽に投入しウジを殺すのに用いたりしたという。

イチゴノキ (ツツジ科)
Arbutus unedo 【N(p)：Rarely】■279

南欧原産の常緑低木で，もう冬ともいえる11月から12月前後にドウダンツツジに似た花を咲かせる。開花のころに前年の果実がオレンジから赤へと熟する。イチゴを連想させる実だが，生食には適さず，ジャムや果実酒に用いる。

ナツハゼ 夏櫨 (ツツジ科)
Vaccinium oldhamii 【N(p)：Good】■108

全国の山地に見られ，とくに花崗岩の地を好む。花期は5〜6月で，ミツバチは好んで訪れる。実は秋に黒く熟し，甘酸っぱく食べられる。ハゼの名はハゼのように赤く紅葉するからだが，実際はツツジ科で，ブルーベリーに近い。

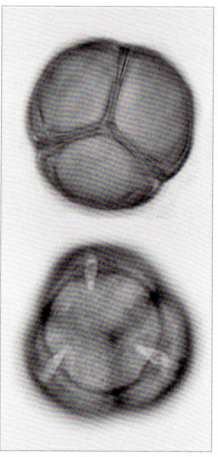

アセビの花粉

アセビ。白からかなり濃いピンクまでの花色がある　2008.4　神奈川県芦ノ湖畔

イチゴノキ。寒い時期に咲くこともあり，日本ではミツバチの訪花は多くない。右は花の断面　2007.11　東京都町田市

ナツハゼで蜜を集めるセイヨウミツバチ　2007.6　栃木県日光植物園

ナツハゼの紅葉。黒い実は食べられる　2007.9　福島県猪苗代湖

ツツジ科 Ericaceae

ブルーベリー （ツツジ科）
Vaccinium spp.; Blueberry 【N(p)：Temporary】 ■151 ■71

近年生食用やジャム用のほか，目にもよいとして人気が高まり，あちこちにブルーベリー園ができた。春の花期はちょうどマルハナバチ類の女王が営巣する時期にあたり，よくこの花を訪れている。蜜はたっぷりあるのだが，花がベル形で，しかも雄しべが変形してアクセスを難しくしているため，ミツバチにとっては蜜を採るのが困難だ。それでもハウス内などで他に行くところがないとなれば訪花する。原産地のカナダの山を歩くと，ハックルベリーの名で呼ばれるブルーベリー類が実に豊富で，ハイキングをしながら満腹になるほど楽しめる。日本の山にも，ベリー（スノキ属 *Vaccinium*）類が自生していて，クロマメノキ，クロウスゴ，ウスノキ，ナツハゼなどは結構美味しい。標高の高めのところに多いので，マルハナバチのほうが普通だが，行動圏内にあればもちろんミツバチも行く。

花の断面。蜜が光って見えている

「ブルーベリー蜜」(カナダ産)

ブルーベリー。ミツバチにとっては苦手な花　2007.5　町田市 (玉川大学)

ツツジ科 Ericaceae　101

ヒース類 (ツツジ科)
Erica spp.; Spring heath 【NP：Good】

数百種もあるエリカ属のなかでもイギリス北部からノルウェーやフィンランドなど北欧の泥炭地に生える種は現地の主要蜜源で，一般にヒースやヘザーの名で親しまれ，味，強い香りともにすばらしい。寒さに強く，ハチも大変好むことから日本でも早春の蜜源としてぜひもっと増殖したいところ。とくに早咲きエリカなどの呼び名で扱われているものによく行く。一方，園芸用によく植栽されているジャノメエリカは，花は美しいもののハチはほとんど行かない。

ヒメシャクナゲ (ニッコウシャクナゲ) (ツツジ科)
Andromeda polifolia 【N(p)：Temporary】

寒帯の湿原に生えるツツジの仲間で，自生地での訪花はないかもしれないが，植栽のものには訪花が見られる。

カルミア (アメリカシャクナゲ) (ツツジ科)
Kalmia latifolia 【NP：Temporary】 ■84

雄しべの先が花弁の中に軽く固定されていて，訪花昆虫が花糸に触れると弾けるように雄しべが起き上がり花粉を飛ばす独特の作りになっている。カルミアのハチ蜜には麻痺させるような毒性があるといわれる。

シャクナゲ類 石南花, 石楠花 (ツツジ科)
Rhododendron spp.; Rhododendron 【N(p)：Good】 ■70

シャクナゲ類もツツジのなかで別の亜属に相当する。全体に大柄で，葉は革質で常緑。野生のものはアズマシャクナゲ *R. degronianum*，ハクサンシャクナゲ *R. brachycarpum* など6種ほどで山地に多いが，園芸品種や外国産のものは各地に多く植栽されている。1花当たりの蜜量は多いが，花数がそれほど多くないので，蜜源価値としては高いとはいえない。有毒成分を含むものも多いので，蜜の純度が高い場合には要注意。

早咲きのエリカ。この花への執着心は相当強い (Am)　2007.3 (植栽したばかりなので時期がとくに早い)　山梨県甲州市

ヒメシャクナゲを訪れた Am　2008.7　東京都八王子市 (by 山村)

カルミア。雄しべに弾かれないよう慎重に吸蜜 (Am)　2009.6　松本市

シャクナゲ。① は蜜が出てくる凹みで，ちょうどその上に蜜標のまだら模様がある。② は雄しべの葯の拡大　2007.5　東京都世田谷区

102　ツツジ科 Ericaceae

ミツバツツジ類　三葉躑躅 (ツツジ科)
Rhododendron spp. 【N(p)：Good】

ツツジ類，シャクナゲ類と同じ *Rhododendron* の仲間だが，ミツバツツジ亜属を構成している。花が葉と同じ冬芽の中にできており，葉は枝先に3枚 (種によっては5枚) 輪生する。日本には東北以南の各地に16種ほどがすみ分けるように分布し，外観ではなかなか区別できない。たとえば関東ではミツバツツジ *R. dilatatum* とトウゴクミツバツジ *R. wadanum* ということになる。芽吹きの山で，自身もまだ葉が開く前に，うす紫からピンクの清楚な花を付けるので，ことさら美しさが目立つ。ニホンミツバチにとっては貴重な蜜源で，よく訪れる。

ツツジ類　躑躅 (ツツジ科)
Rhododendron spp.; Azalea 【NP：Good】

オオムラサキ *R.* × *pulchrum* とサツキ *R. indicum* は庭園などによく植栽される。ツツジの仲間はどれも葯が筒状で，花粉はその中から糸で結ばれて出てくる (p.102 ②参照)。花粉，蜜のいずれも得られるのでミツバチにとっても重要だが，ツツジに対する依存度という点では，マルハナバチ類のほうがはるかに高い。

レンゲツツジ *R. molle* subsp. *japonicum* は葉に毒成分があるので，牛の放牧地などではとくによく繁茂して美しい花を咲かせるが，一般に昆虫の訪花は少ない。

雄しべの上での花粉集め (コマルハナバチ)　2006.5　山梨県富士山麓

ミツバツツジに訪花中のニホンミツバチ　2006.5　山梨県富士山麓

オオムラサキを訪れた Am とコマルハナバチ　2006.5　町田市 (玉川大学)

レンゲツツジと乳牛。牛はこのツツジを食べないので牧場では群落ができる　2007.6　長野県湯ノ丸高原

並ぶハチ蜜のなかには「シャクナゲ蜜」も

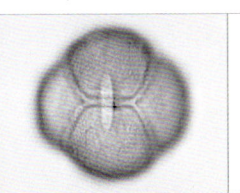

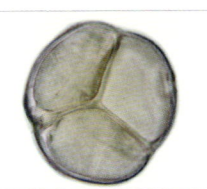

リュウキュウツツジの花粉

ツツジ科 Ericaceae　103

カキノキ 柿（カキノキ科）
Diospyros kaki; Persimmon
【NP：Excellent】■111

日本を含む東アジアが原産で，学名（種小名）も *kaki* となっている。「富有」をはじめ多くの品種があるが，いずれにもハチは好んで訪花する。

雌雄同株だが，雄花と雌花では構造が異なり，雄花からは花粉が，雌花からは蜜が得られる。蜜の質も大変よい。福岡県や岐阜県では花粉媒介にハチが利用されている。果実にはビタミンCが多いほか，葉のフラボノイドには血圧降下作用があり，茶のように利用するのもよい。

カキノキの雄花。品種にもよるがよい花粉源　2007.6　東京都大田区

雄花の拡大（上）と断面（下）。サラサラの花粉が雄しべの縦ひだから出てくる

雌花の拡大と断面。蜜は花弁の内側の隙間から

カキノキ科 Ebenaceae

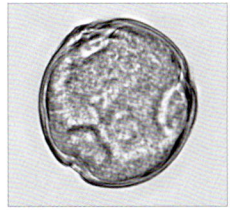

カキノキの花粉

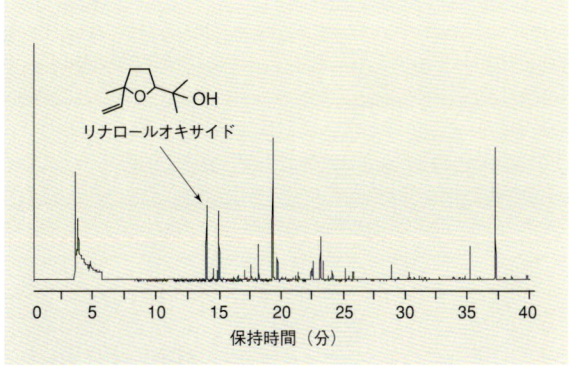

リナロールオキサイド

「カキ蜜」の香りの分析例

蜜は花弁の付け根の隙間から (Am) 2008.5 岡山県鏡野町 (by 加藤)

たわわに実った果実 2007.10 東京都町田市

冬まで残った実を食べるメジロ 2008.1 東京都世田谷区

マメガキの果実はとても小さく指の頭大 2007.10 群馬県みなかみ町

マメガキの花は大好き (Am) 2006.6 町田市 (玉川大学)

マメガキ (シナノガキ) 豆柿 (カキノキ科)
Diospyros lotus; Date plum
【NP : Excellent】 ■156

中国から南欧にかけての原産。「柿渋」(傘，漁網などの防水・防腐用) を採るために各地でよく栽培されてきた。実は小さく一般には食用にしないが，霜にあたって黒くなったものは甘くて案外美味しい。英名はその味のイメージからの命名。ミツバチはきわめて好んで訪花するので，蜜源樹としての増殖もぜひ考えたい。

カキノキ科 Ebenaceae

満開のエゴノキ　2007.6　横浜市

エゴノキ　(エゴノキ科)
Styrax japonica; Japanese snowbell
【NP：Excellent】　17　110

平地では5月，標高の高いところでは6月に，びっしりと真っ白い花を付け，よく目立つ。分布は日本全国。蜜，花粉両方とも供給してくれる貴重な蜜源で，この木が多い地帯のニホンミツバチの巣では，この花の花粉の色で巣板が真っ黄色に染まることも珍しくない。果皮にはサポニンを多く含み，名の由来も，口にした場合のひどい「えぐみ」(えごい) から。昔は魚毒として，魚獲りにも利用したといわれる。

雄しべには針状結晶のような構造物がある

エゴノキの花粉

サポニンが多い果実

エゴノキ科 Styracaceae

オオバアサガラ。訪花しているのはウスバアゲハ　2007.6　長野県軽井沢町植物園

オオバアサガラ　大葉麻殻 (エゴノキ科)
Pterostyrax hispida　【NP : Good】

エゴノキの仲間だが，山深い谷あいなどに自生するため，見る機会は多くない。しかしよく流蜜し，ウスバアゲハやアブ類，そして多くのハチたちを集めている。近畿以西のアサガラ *P. corymbosa* 同様，もちろんミツバチも好んで訪れる。花期は6月。材は淡黄白色で箸やマッチの軸として利用した。

ハクウンボク　白雲木 (エゴノキ科)
Styrax obassia　【NP : Good】　121　124

エゴノキに似た花を付けるが，葉は大きく，木のイメージもかなり異なる。最近，街路樹にもよく使われるようになってきた。エゴノキより一足先に開花する。花期は短いがハチはよく行き，蜜，花粉ともに得られる。分布は日本全国から中国にかけて。

ハクウンボク。花は美しく，ハチもよく行くが花期が短い (Am)　2008.5　横浜市

ハクウンボクが主蜜源になっている「百花蜜」の例 (小金井)

エゴノキ科 Styracaceae　107

オカトラノオ　丘虎の尾 (ヤブコウジ科)
Lysimachia clethroides　【NP : Incidentally】

コナスビやクサレダマとともに，この属は新エングラーの分類体系ではサクラソウ科となっていた。全国の山野に自生し，初夏に文字どおり虎の尾のイメージの花穂を付ける。小形のハナバチの訪花が主。

マンリョウ　(ヤブコウジ科)
Ardisia crenata　【NP : Temporary】

関東以西に自生するが，名前がめでたいことから，庭木としてよく植えられる。冬の赤い実は美しく翌年の花期まで残ることもある。ミツバチは好んで行くというほどではない。同じ科のコナスビ *Lysimachia japonica* は畑や庭の雑草。

サクラソウ類　桜草 (サクラソウ科)
Primura spp.; Primrose　【N(p) : Temporary】

クリンソウ *P. japonica* は日本に自生するサクラソウ類のなかでも群を抜いて大形。野生のものは山地の渓流沿いに見られるが，最近ではいろいろな花色のものが作られ，園芸用としても普及している。同じく園芸用の中国原産種のオトメザクラ *P. malacoides* も補助蜜源となる。原種に近いものは強く，種子で勝手に繁殖してくれるところがよい。日本のサクラソウ *P. sieboldii* は絶滅が危惧されている在来種で，遺伝的多様度を保つために，マルハナバチを用いたポリネーションセラピーが提唱されている。

マンリョウ。訪花は小型のハナバチ類が主　2007.6　東京都大田区

林縁などに群生するオカトラノオ　2006.6　横浜市

コナスビ　2005.5　横浜市

種子がこぼれて自然に生えてくるクリンソウ　2008.5　山梨県甲州市

在来種のエゾオオサクラソウ　2009.5　北海道広尾町 (by 本間)

ヤブコウジ科 Myrsinaceae，サクラソウ科 Primulaceae

オトメザクラ (Am)　2007.4　東京都太田区 　　　　　　　　たっぷり吸った蜜で腹部ははちきれんばかり　2007.7　横浜市

トベラ　(トベラ科)
Pittosporum tobira; Japanese cheesewood
【N(p)：Temporary】【Honeydue】

海岸に多い木だが，内陸にもあるし，庭木としてもよく植栽される。白い花ははじきに黄ばんでしまうが，それでもまだ蜜は出している。花も蜜源となるが，トベラではキジラミ(写真①)の幼虫が「甘露」を出すので，これを求めて訪問するミツバチも多い。甘露とは，キジラミのほか，アブラムシやカイガラムシのような吸汁性の昆虫が，植物の師管液を吸い，余分の糖分などを排出するもの。トベラの場合はとくにこの蜜量が多い。これらを原料としたハチ蜜が「甘露蜜」で，ヨーロッパではとくに珍重される。ドイツのSchwarzwaldの森の蜜などが有名 (p.20参照)。

トベラは花からも蜜が集められるが，キジラミから甘露を集めるハチも多い (Am)　2006.6　町田市 (玉川大学)

甘露とワックスを分泌しているトベラキジラミの幼虫 　　　　トベラキジラミの成虫。体長数ミリだが拡大するとまるでセミ

トベラ科 Pittosporaceae　　**109**

アジサイ類　紫陽花 (アジサイ科)
Hydrangea spp.; Hydrangea 【NP：Temporary】

アジサイの仲間 (*Hydrangea* 属) にはいわゆる装飾花 (花弁のように見える萼片のみが発達して蜜や花粉はない) が目立つものが多い。最もよく栽培されるアジサイは花のすべてが装飾花にされてしまったので，昆虫の訪花はない。

ハチが比較的よく訪花するのは，ガクアジサイ *H. macrophylla* f. *normalis* やヤマアジサイ *H. serrata*，タマアジサイ *H. involucrata* などだ。蔓性で大木に絡み付いて大きくなるツルアジサイ *H. petiolaris* にも訪花する。アジサイ類は新エングラー体系ではユキノシタ科に分類されていた。

ノリウツギ　糊空木 (アジサイ科)
Hydrangea paniculata 【NP：Temporary】

茎が中空で，水に浸けると内皮から粘液を出し，これが紙すきの糊に使われたことからの命名。全国の山野に多く自生する。白く目立つのは装飾花で，虫を誘引するのには役立っても花粉や蜜はない。北海道でも本州でも増えて問題となっているシカの好物の木。ハナカミキリなどはよく訪れているが，ミツバチの訪花はむしろ稀。

ガクアジサイの花上で花粉を集める (Am)　2007.7　山形県寒河江市

大木に絡み付いたツルアジサイ　2007.8　山形県朝日町

蕾がボール状になるタマアジサイ (Am)　2007.7　東京都多摩市

ノリウツギ　2007.8　北海道根室市近郊

アジサイ科 Hydrangeaceae

ウツギ 空木 (アジサイ科)
Deutzia crenata 【N(p) : Temporary】 ■139

旧暦4月の卯月に花を咲かせるので「卯の花」の名で親しまれてきた。ウツギ(空木)は茎が空洞になることからの命名。初夏に真っ白な花を付け、よく目立つ。ウツギは平地や里山に多く、少し山に入るとヒメウツギ *D. gracilis* やマルバウツギ *D. scabra* が多くなる。いずれにもミツバチは行き、花蜜・花粉ともに集める。花の奥にあるドーナッツ状の蜜腺は橙色でよく目立つ。

満開のウツギ 2007.5 町田市 (玉川大学)

ウツギの花の拡大

ウツギの花粉

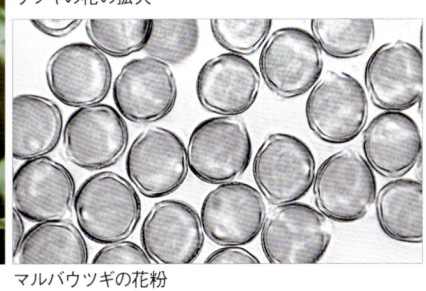

山道の崖などに多いヒメウツギ 2007.5 神奈川県山北町

マルバウツギの花粉

全体に頑丈な作りのマルバウツギ 2007.5 東京都世田谷区

蜜が出てくる分泌腺表面の走査電顕写真 (マルバウツギ)

マルバウツギのドーナッツ状の蜜腺から蜜が分泌されているところ

アジサイ科 Hydrangeaceae　111

スグリ類　酸塊 (スグリ科)
Ribes spp.; Red currant, Gooseberry
【NP : Temporary】

スグリ科の小低木で，果実はジャムなどとして愛用される。いろいろな種類があるし，蜜源としても役立つと思われるので，ぜひもっと庭先などで栽培して楽しみたい。よく栽培されているのは実が赤く熟すヨーロッパ産の Red currant (フサスグリ *R. rubrum*)。スグリ *R. sinanense* は長野，山梨県に自生する日本固有種。果実に縦縞が入る Gooseberry はユーラシア大陸から北アフリカの原産種。

マンネングサ類　万年草 (ベンケイソウ科)
Sedum spp. 【N(p) : Temporary】

川沿いや湿地の岩上などに多くの種類が自生するが，最近では外来種のメキシコマンネングサ *S. mexicanum* が植栽されたり，野生化して増えている。補助蜜源の域は出ないが，ハチはよく行く。

フサスグリの果実。花は目立たない　2007.6　長野県大町市 (左) と東京都世田谷区 (右)

ミセバヤ　(ベンケイソウ科)
Hylotelephium sieboldii; Siebold's stonecrop
【N(p) : Temporary】

小豆島や奈良県には自生するといわれるが，多肉性の古典園芸植物の一つ。北海道には数種の近縁種がある。石垣などの乾燥地を好む。花期は10〜11月。

フチベニベンケイ (カゲツ)　金のなる木
(ベンケイソウ科)
Crassula portulacea 【N(p) : Temporary】

原産地は南アフリカだが，日本でもよく栽培されている。花期は冬から春にかけてで，花が少ない時期であることもあり，結構よく訪花している。

最近増えているメキシコマンネングサ (Acj)　2006.6　東京都町田市

石垣で繁茂したミセバヤの花　2008.10　山梨県甲州市

フチベニベンケイ (Acj)　2008.3　静岡県伊豆市

112　スグリ科 Grossulariaceae，ベンケイソウ科 Crassulaceae

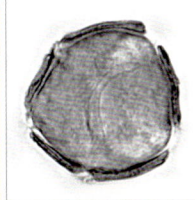

ユキノシタの花粉

① ランナーを出してよく増えるユキノシタ　②,③ ユキノシタの花の拡大と訪花 (Am)　2005.6　山梨県甲州市

タンチョウソウ　2008.5　群馬県赤城山麓 (園地に植えられたもの) 　　ネコノメソウの一種　2007.5　埼玉県秩父市

ユキノシタ　雪の下 (ユキノシタ科)
Saxifraga stolonifera　【N(p)：Temporary】■133

日陰で湿った岩上などを好む。葉は食用にもなるほか，フラボノイドのサキシフラギンなどを含み，民間ではやけど，しもやけなどにも使われる。目立たない花だが，よく見ると橙色の蜜腺や花弁の紅が美しく，ハチは好んで訪花している。

タンチョウソウ (イワヤツデ)　丹頂草，岩八手 (ユキノシタ科)
Aceriphyllum rossii　【P(n)：Incidentally】

ヤツデに似た掌状の葉をした中国原産の山草。タンチョウソウの名は，雄しべの先が赤いことから。

ユキノシタ科 Saxifragaceae　113

クサイチゴを訪れているセイヨウミツバチ　2007.4　横浜市

下を向いて咲くモミジイチゴの花　2007.5　山梨県富士山麓

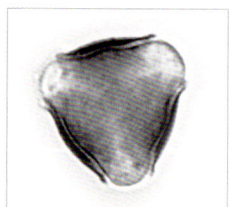

ニガイチゴの花粉

モミジイチゴに近い一種　2008.5　広島市

ニガイチゴ (Acj)　2007.5　山梨県富士山麓

キイチゴ類　木苺, 野苺 (バラ科)
Rubus spp.; Bramble 【NP : Good】

まだ早春の芽吹きのころ，林内や林縁でいち早く白い花を付けるのがモミジイチゴ *R. palmatus* var. *coptophyllus* だ。ミツバチも好むが，ちょうど同じころマルハナバチの女王バチが越冬から目覚め，この花を好んで訪れるので，競争になると譲ってしまう。クサイチゴ *R. hirsutus* も春の早い時期から咲き始めるが，こちらはもっと長期間咲き続ける。ハチは好んでこれを訪れ，蜜も花粉も集める。ほかにもキイチゴ類は種類が多く，主なものはニガイチゴ *R. microphyllus*, バライチゴ *R. illecebrosus*, クロイチゴ *R. mesogaeus* などだ。紅花のナワシロイチゴ *R. parvifolius* はほとんど開花しないままに終わるような咲き方をし，蜜は花弁の付け根の間から採るしかない。花をこじ開けることが苦手なミツバチには向いていない。カジイチゴ *R. trifidus* は大形のキイチゴで，大きな白い花を付けるが，数が少ないので，蜜・花粉源としては補助的にすぎない。

ヘビイチゴ *Duchesnea chrysantha* もイチゴの仲間ではあるが，こちらはあまり訪花を見ない。

ナワシロイチゴ (ニッポンヒゲナガハナバチ)　2007.4　東京都世田谷区

ミヤマニガイチゴの果実　2008.7　長野県湯ノ丸高原

ナワシロイチゴの花の断面

ナワシロイチゴの果実　2008.7　長野県東御市

シロバナヘビイチゴの花　2007.7　長野県八ヶ岳山麓

ヘビイチゴの果実　2007.6　東京都世田谷区

バラ科 Rosaceae　115

セイヨウヤブイチゴ
(バラ科)
Rubus armeniacus; Blackberry
【NP：Good】

全国の山地に自生するものがクロイチゴ *R. mesogaeus* であるが、北アメリカからのブラックベリーも栽培されるようになっており、棘はやっかいものだが、良蜜を産するので、もっと普及したいところ。著者がシアトルのワシントン大学で過ごしていた間、周囲にこのブラックベリーがたくさんあり、真っ黒に熟れた実をよく摘んではジャムにした。酸味が強いが野性的な味がよかった。「ブラックベリー蜜」はフランスやニュージーランドなどからの輸入品を楽しむしかないが、アイスクリームやヨーグルトに添えるとよく合う。

交配種のボイセンベリーもよく栽培されるようになっている。

ラズベリー
(ヨーロッパキイチゴ) (バラ科)
Rubus idaeus subsp. *idaeus*; Raspberry 【NP：Good】

もともとは外国の野生のキイチゴだが、改良されて導入、栽培されているものに、ラズベリー、ブラックベリー、ボイセンベリーなどがある。いずれもジャムなどで馴染みにはなっているが、日本ではまだ広く栽培されているわけではない。したがって、たとえば「ラズベリー蜜」もアメリカやフランスなどからの輸入蜜ということになってしまう。「ラズベリー蜜」には独特の清涼感が残る不思議な魅力がある。著者はイギリスの国際ミツバチ科学研究所 (IBRA) の創始者で今は亡きEva Crane女史の自宅に招かれたとき、広い庭にミツバチがたくさん飼われていたのと、畑にこのラズベリーがたくさん真っ赤な実を付けていて、これを摘んで食べさせていただいたことが忘れられない。

ブラックベリーの仲間の花 2007.5 東京都町田市

ブラックベリーの仲間の果実 2008.8 長野県東御市

ラズベリーの果実 2008.7 町田市 (玉川大学)

バラ科 Rosaceae

ハウス栽培のイチゴ　2008.3　横浜市

「ラズベリー蜜」（カナダ産）

花粉媒介するセイヨウミツバチ　2008.3　静岡県御前崎市

バラ科 Rosaceae

イチゴの花上でくるくる回りながら受粉するミツバチ (Am)　2008.3　静岡県御前崎市

イチゴの葯の拡大写真

受粉がうまくできなかった場合の奇形果の例

バラ科 Rosaceae

オランダイチゴ（イチゴ）　苺（バラ科）
Fragaria × ananassa; Strawberry
【P(n) : Temporary】　■24　■48

最も普通に栽培されるイチゴで，冬季出荷のハウス物の結実は，ほとんどが導入ミツバチによる受粉頼りだ。しかし最近の育成品種は花粉量が少なく，蜜に至ってはほとんど出ない場合もあるから，ミツバチにとっては嬉しい状況とはいえない。品種改良の際には，ミツバチによる受粉の場面も念頭においてほしいものだ。オランダイチゴは八倍体のバージニアイチゴと同じく八倍体のチリイチゴとの交雑種とされ，日本には江戸時代末期にオランダから入った。

外来種に指定され，使用が制限されているセイヨウオオマルハナバチによる受粉

ミツバチによる受粉できれいに実ったイチゴ。赤くなる部分は花托で，表面のツブが種子

水耕栽培。ここでも受粉はミツバチ　2008.3　千葉県館山市 　　露地栽培のイチゴ。ここではポリネーターは自然の虫たち　2007.5　横浜市

バラ科 Rosaceae　　119

ボケ　木瓜（バラ科）
Chaenomeles speciosa; Flowering quince
【NP：Good】　160　11

日本にすっかり定着しているが，原産は中国で渡来は平安時代といわれる。花期はウメに続いて3〜4月と早く，早春の蜜・花粉源として重要。一方，日本にも野生種のクサボケ *C. japonica* があり，小形の低木であることから草を冠したもの。果実は秋に黄色くなり，ゆがんだナシのように見える。果肉は固くて酸味も強いが，香りがよく，果実酒や塩漬けにするととてもよい。

地に這うようにして咲くクサボケ　2006.4　東京都世田谷区

意外に大きくなるクサボケの果実　2007.6　長野県軽井沢町

ボケ　2007.4　東京都世田谷区

ボケ　2007.4　東京都町田市

寒さへの適応だろうか，ボケの花はしっかりした作りだ (Acj)　2007.4　岐阜県揖斐川町谷汲

バラ科 Rosaceae

まだ寒いなか，梅園に咲く満開のウメ　2007.3　町田市 (玉川大学)

ボケの花粉 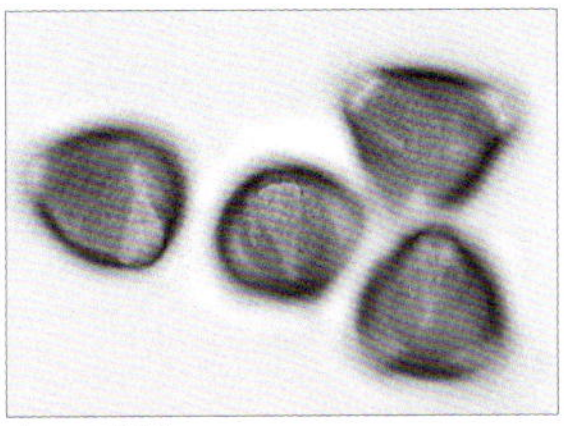　　　　ウメの花粉

ウメ　梅 (バラ科)
Armeniaca mume; Ume 【NP：Good】■15 ■4

早春を代表する蜜源樹で，越冬明けのミツバチにとってきわめて重要な蜜・花粉源となる。ただし，暖かさに刺激されて早期に産卵が盛んになってしまい，他の蜜源が続かないとなると，群にとってはかえって厳しい。梅干や梅酒のためのウメの実の生産 (全国で約12万トン，2008年) にとってミツバチは重要な存在だが，寒すぎると十分に働けず問題となる。ニホンミツバチのほうが寒さには強い傾向がある。以前の学名はサクラ類とともに *Prunus* 属であったが，*Armeniaca* 属に変更となっている。

紅梅での吸蜜 (Am)　2007.3　東京都世田谷区

ウメ。日が回るとさっそく花粉集め (Am)　2007.3　町田市 (玉川大学)

アンズ　杏, 杏子 (バラ科)
Armeniaca vulgaris var. *ansu*; Apricot 【NP：Good】■8

日本では安曇野 (長野県) などでよく栽培され，ウメやモモ同様ミツバチは好んで訪れる。アーモンドとも大変近く，容易に交雑する。2006年ころからアメリカでミツバチがいなくなってしまうCCD症候群が問題となり，とくにカリフォルニア州のアーモンド栽培は大きな打撃を受けた。種子 (仁) は薬用になるほか (杏仁)，甘味のある甜杏仁はベンズアルデヒドの芳香があり「杏仁豆腐」としても親しまれている。中国原産。

アンズでの花粉集め (Acj)　2007.3　広島大学構内

バラ科 Rosaceae　**121**

①ハチがあまりこないので，羽毛を使ってスモモの人工受粉　2008.4　山梨県甲州市 　　ベニスモモに訪花したニホンミツバチ

スモモの果実　2007.7　山形県寒河江市 　　スモモの蜜腺。蜜がキラキラ光っている

白いスモモに加えてピンクのモモが咲き始めた「桃源郷」　2007.4　山梨県甲州市

122　バラ科 Rosaceae

スモモではせっかく訪花しても長居はしない (Am)

スモモ 李 (バラ科)
Prunus salicina; Japanese plum, Prune
【P(n) : Temporary】
🟧 77　🟩 15

春になるとバラ科の果樹が次々に咲く。ウメが真っ先で，少し遅れてこの白いスモモが続き，次いでモモへとバトンタッチされる。スモモは蜜，花粉ともに出してはいるが，いずれの品種も流蜜量は少なめで，ミツバチはあまり行きたがらない。そのため農家では先行して咲き始めるベニスモモを受粉樹として植えたり，羽根毛を付けた竿などで人工受粉 (アンズやモモの花粉でも代用可) を行う (写真①)。中国原産。

モモ 桃 (バラ科)
Amygdalus persica; Peach
【NP : Good】🟩 40

果実用のモモと鑑賞用のハナモモがある。いずれにも流蜜はあるが，八重咲きのモモの場合，蜜にアクセスするのは難しい。花粉も採取できるが，ミツバチはアンズやリンゴほどには行かない。栽培モモの場合も，結実を確実に確保するために，産地では人工受粉を行う場合が多い。中国原産。

果樹園のモモ　2007.4　山梨県甲州市

バラ科 Rosaceae　123

谷川岳をバックに咲くモモ　2007.4　群馬県みなかみ町

モモの花粉

甲府盆地を見下ろすモモ園。遠景は南アルプス　2007.4　山梨県甲州市

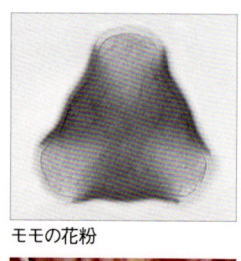

ハナモモの蜜腺

ハナモモでの吸蜜 (Am)　2008.5　埼玉県秩父市

完熟したモモ　2007.7　山形県寒河江市

バラ科 Rosaceae

カリンの花は葉が出てから　2008.4　東京都町田市

中央アジア原産でカリンにごく近縁のマルメロの果実　2007.9　福島市

強い香りを放つウワミズザクラの花　2007.5　長野県大町市

ウワミズザクラの果実　2007.7　町田市 (玉川大学)

カリン　榠樝，花梨 (バラ科)
Chaenomeles sinensis
【NP : Temporary】

中国原産で，果実はすばらしい香りだが，石細胞が多く，硬くて食べられない。砂糖漬けやジャムにするほか，喉飴などに利用されている。東北地方や長野県の諏訪地方では同属のマルメロ *C. oblonga* (こちらは中央アジア原産) も栽培されている。

ウワミズザクラ　上溝桜
(バラ科)
Padus grayana
【N(p) : Good】　■16　■62

コップを洗うブラシのような形の花序に真っ白い花を多数付ける。全国の平地から山地に広く分布する重要な蜜源樹。庭木として植栽されることもある。花にはクマリンを含む強い香りがあり，ミツバチは好んで訪花する。シウリザクラ *P. ssiori*，イヌザクラ *P. buergeriana* もほぼ同様。材は用途が広く，樹皮は桜皮細工に使える。新潟県では蕾や若い実を塩漬けにして食べる。山にもっと積極的に植栽したい樹だ。

バラ科 Rosaceae　125

斜面に広がるサクランボのハウス　2007.4　山梨県甲州市

人工受粉用の花粉を確保するために摘んだ蕾。これを乾かして花粉を分離する　2008.4　山梨県甲州市

訪花中のニホンミツバチ　2006.4　東京都町田市

訪花中のセイヨウミツバチ　2008.4　山梨県甲州市

ハウス内に設置された受粉用の巣箱

バラ科 Rosaceae

食べごろに熟したサクランボ　2008.6　山梨県甲州市

ユスラウメに訪花したセイヨウミツバチ　2007.5　群馬県みなかみ町

ユスラウメの果実。木からとって食べるのは楽しい　2007.7　横浜市

サクランボ (セイヨウミザクラ)　黄桃, 桜桃 (バラ科)
Cerasus avium; Cherry
【NP : Good】　■ 62　■ 46

「サクランボ蜜」は香りに多少の癖はあるが，ほのかな酸味があり味もよい。サクラの仲間には違いないが，1カ所に付ける花の量はずっと多く，ボールのように咲く。カナダやアメリカでは受粉をミツバチに頼っているが，日本ではまだ人工受粉を行うことが多い。リンゴの場合同様，蕾か若い花を摘んで脱穀機のような装置で葯を分離し，これを花粉用の乾燥機で開葯させて花粉を得る。これを梵天を用いて花に付けたり，花粉銃のような装置で散布する。増量剤には赤く染色したヒカゲノカズラの胞子 (通常「石松子」と呼ぶ) を用いるのが普通だ (*Prunus* 属としていたのはシノニム)。

ユスラウメ　梅桃 (バラ科)
Cerasus tomentosa
【P(n) : Temporary】　■ 184　■ 42

スモモに先立つくらい春の早い時期に開花する。蜜，花粉ともに提供するが，果実が果物屋に並ぶことはなく，たくさん栽培されることは稀なので，補助蜜源の域を出ない。中国原産。

バラ科 Rosaceae　127

カンヒザクラ　寒緋桜
(バラ科)
Cerasus campanulata
【NP：Good】　■33　■22

中国南部から台湾の原産だが，近年では庭や公園などに多く植栽される。春早く，しかも葉が出る前に，濃い紅色の鐘形の花を多数付けるので，よく目立つ。蜜の量がきわめて多く，メジロやヒヨドリも盛んにこの蜜を求める。

最近カワヅザクラが有名になり，発祥地の伊豆半島以外でもよく植栽されるようになってきたが，これは片親がカンヒザクラであり，濃い紅系の花色だけでなく，豊富な蜜量の性質も受け継いでおり，早春の蜜源樹として大いに期待できる(*Prunus* 属としていたのはシノニム)。

カンヒザクラの花 (2007.4　埼玉県秩父市)と吸蜜中のメジロ (2007.4　町田市・玉川大学)

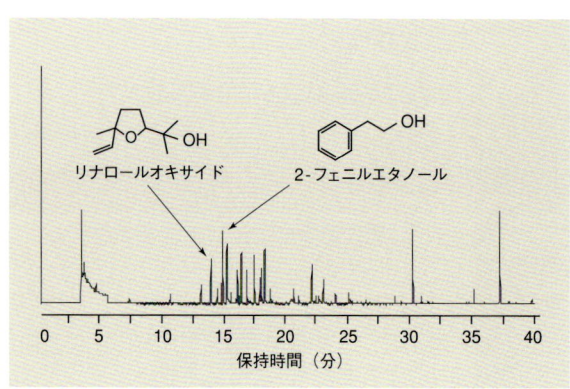

リナロールオキサイド　　2-フェニルエタノール

保持時間（分）

「ヤマザクラ蜜」の香りの分析例

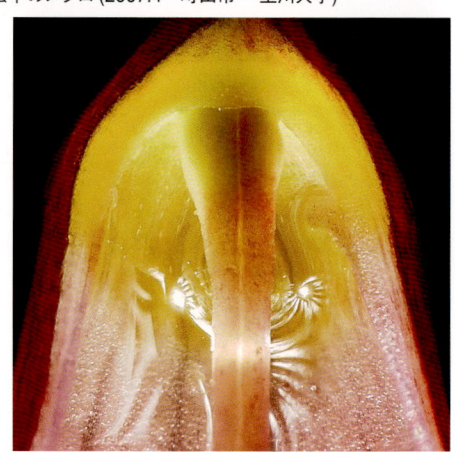

花の中を見ると美味しそうな蜜がたっぷり

バラ科 Rosaceae

カワヅザクラ。蜜量が多く蜜源としても普及したい (Acj)　2007.3　静岡県河津町

カワヅザクラは花期が長い　2007.3　静岡県河津町

山のフジザクラの仲間を訪れたコツバメ　2006.5　山梨県本栖湖

彼岸のころに咲くヒガンザクラの一種 (Am)　2007.4　東京都町田市

バラ科 Rosaceae　129

咲き競うヤマザクラ類。画面右手はソメイヨシノ　2005.4　町田市 (玉川大学)

ヤマザクラ　山桜 (バラ科)
Cerasus jamasakura　【NP : Good】

赤みがかった新葉と花がほぼ同時に展開する独特の美しさは，ソメイヨシノが空をバックにしたときによいのとは違い，芽吹きの山の銀緑や岩場をバックにしたときに映える。関東北部以南の全国の里山や，あまり標高の高くない山地に普通で，蜜源としても有力。

サクラ類　桜 (バラ科)
Cerasus spp.; Cherry tree　【NP : Good】

植物学的にはサクラ *Cerasus* (旧 *Prunus*) 属の分類は研究者によって異説があるところだが，亜属のレベルで大きくサクラ，ウワミズザクラ，バクチノキ，スモモおよびモモの仲間に分かれる。サクラ亜属はさらに，カンヒザクラ，エドヒガン，マメザクラ，チョウジザクラ，ヤマザクラ，ミヤマザクラなどのグループに分けられる。

いずれのサクラも蜜源，花粉源として有効で，里，山それぞれの地で，重要な位置づけになっている。なかでも葉を発酵させて桜餅に使うオオシマザクラ *C. speciosa* の系統は，花色が白に近く，ハチが好んで訪花する。また，サクラの仲間では葉柄部などにも蜜腺があって，そこか

ハチが好むオオシマザクラ　2006.4　町田市 (玉川大学)

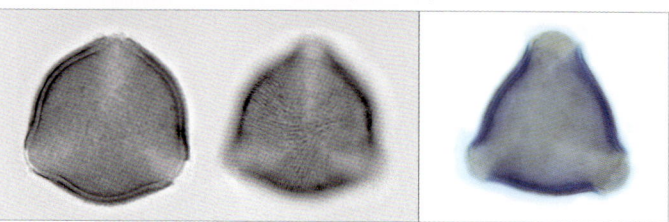

ソメイヨシノの花粉

130　バラ科 Rosaceae

らも蜜が分泌されるので，ときおりこれを覚えて通うハチも見かける。ただしこれらの蜜腺からの蜜の分泌は葉が若いころに限られ，本来の目的はこれにより「ガードマン」役のアリにパトロールをさせ，若いときの葉を害虫の食害から守るためと思われる。

ソメイヨシノ 染井吉野 (バラ科)
Cerasus × yedoensis
【NP：Good】 ■82 ■16

日本を代表するサクラ。エドヒガンとオオシマザクラの交雑品種といわれ，その花期は「桜前線」として毎年春の大きな関心事となっている。春早く咲くので，越冬中の蜜と混じってしまいがちだが，これを分けて採蜜すれば，桜の香りがする上品な蜜を手にすることができる。樹皮にはサクラニン，サクラネチンなどが含まれ，エキスを鎮咳などに用いる (*Prunus* 属としていたのはシノニム)。

日本のサクラを代表するソメイヨシノ　2007.4　①東京都町田市　②甲府市

ソメイヨシノの蜜は花管の壁から汗のように吹き出してくる。下は葉柄にある花外蜜腺。こちらは主にアリ用

ひときわ色艶やかなオオヤマザクラ　2008.4　山梨県甲州市

バラ科 Rosaceae　131

ヤマナシ　山梨 (バラ科)
Pyrus pyrifolia var. *pyrifolia*　【P(n)：Temporary】

本州以南の山地や人家に近い山中で見られるが，中国からの渡来説もある。栽培品種のナシはこのヤマナシから改良されたと考えられているだけあって，まさに小形のナシがなる。高さ15m近い高木になり，4～5月に純白の花が樹冠を覆う姿は美しい。

ナシ　梨 (バラ科)
Pyrus pyrifolia var. *culta*; Pear
【P(n)：Temporary】　■ 104　■ 52

春に咲くバラ科の果樹のなかでは蜜の糖濃度が低めで，ハチは主に花粉を集めに行く。したがって，「リンゴ蜜」はあっても「ナシ蜜」というのは難しい。花は白色で，まだ開葯していない葯は美しい赤紫色。花粉ダンゴもグレーがかったウグイス色で美しい。受粉は長十郎などの受粉樹を植えてハチやアブに任せる場合もあるが，人工受粉に頼ることも多い。最近では中国から輸入した花粉が使われるケースが増えている。

野生のヤマナシ　2007.4　山梨県甲州市

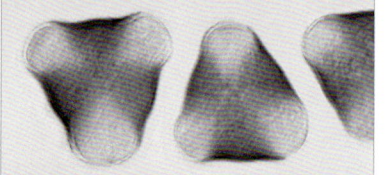

管理された梨園　2007.4　横浜市

ナシの蜜腺と花粉

訪花中のセイヨウミツバチ。赤紫色の葯が目立つ　2007.4　横浜市

果実。摘果していないので実は小型　2007.8　横浜市

132　バラ科 Rosaceae

ズミの花。真っ白く美しいがハチにとってはそれほど魅力的ではない　2007.6　長野県湯ノ丸高原

ズミ (コリンゴ，コナシ)　(バラ科)
Malus toringo　【NP：Rarely】

6月ころ，山地の林縁などによく目立つ真っ白な花を咲かせる。花期は短いが花付きはとてもよく，時折ニホンミツバチが訪れる。小さなナシ状果を多数付け，秋には赤く熟する。かつてはリンゴの台木として使われた。

ハナカイドウ　花海棠 (バラ科)
Malus halliana　【NP：Incidentally】

八重のものが多く植栽されるが，一重のものでは訪花も見られる。花形はかなり異なるがリンゴに近縁で，この花粉の人工受粉でリンゴをならせることもできる。中国原産。

ヒメリンゴ (イヌリンゴ)　姫林檎 (バラ科)
Malus prunifolia　【NP：Temporary】

果実は親指の頭大と小さいが，花は普通のリンゴとほとんど見分けがつかない。ヒメリンゴは食用にはならないが，花付きがよく，庭木や盆栽としてよく利用される。リンゴ同様ハチは好んで訪花する。

園芸用によく植栽されているハナカイドウ　2006.4　東京都世田谷区

ヒメリンゴの果実　2008.10　埼玉県狭山市

白花のヒメリンゴの仲間　2006.4　山梨県八ヶ岳山麓

リンゴそっくりのヒメリンゴの花　2006.4　東京都町田市

バラ科 Rosaceae

リンゴ (セイヨウリンゴ)　林檎 (バラ科)
Malus asiatica; Apple
【NP：Excellent】　■189　■106

「リンゴ蜜」はほのかにリンゴの香りがあり，わずかにリンゴの酸味が感じられる。味もすっきりしていて美味しい。ただリンゴの果実が褐変するように，蜜も着色しやすい。

リンゴの花は総状に咲くが，初めに「中心花」と呼ばれる中央の花が開花し，それに続いて後から数個の花がまとまって開花する。よい実をならすには中心花がよく，以降の花は実がなっても摘果をしなければならないので，リンゴ農家としては中心花だけ受粉してくれるのが望ましい。一方ミツバチや養蜂家にしてみれば，満開になったときのほうが蜜も花粉もたくさん採れるので，花期の後半が勝負どころとなる。難しいところだ。

原産地は中央アジアの山岳地帯だが，世界中で広く栽培されている。明治の初めにアメリカからセイヨウリンゴが導入される以前に中国から導入されていたワリンゴは，今ではほとんど見ない。

リンゴは流蜜量が多く，1花当たり1日で2〜7mg，1日1群当たりの収蜜量では1.3〜3.6kg (アメリカ) などのデータがある。ヘクタールあたりの収量では20〜40kg (ヨーロッパ)。

リンゴの栽培法は1975年ころから大きく様変わりし，樹高を低く抑える矮化栽培が主流となった。ここに採録したような伝統的樹形の栽培は減って，風景としては寂しくなってしまった。

品種により花の形，色はさまざま (Am)　2007.5　群馬県みなかみ町

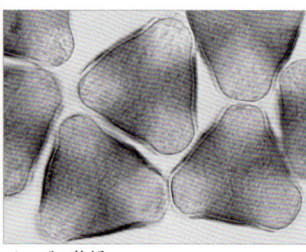

リンゴの花粉

バラ科 Rosaceae

昔ながらの仕立て方のリンゴ畑。背景は谷川連峰　2007.5　群馬県みなかみ町

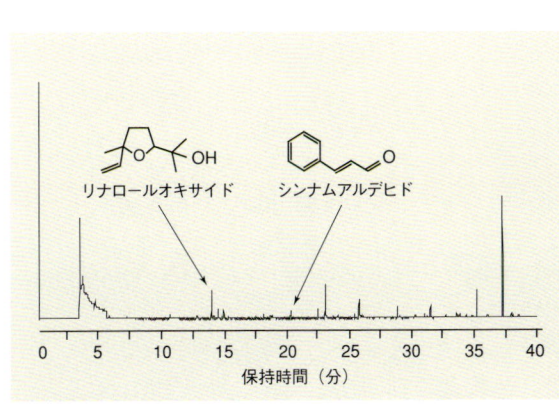

「リンゴ蜜」の香りの分析例

リナロールオキサイド
シンナムアルデヒド
保持時間（分）

真っ赤に実った果実　2007.10　群馬県みなかみ町

バラ科 Rosaceae　135

春咲きのセイヨウバクチノキ　2008.4　昭和薬科大学薬用植物園

秋咲きで在来種のバクチノキ　2008.9　昭和薬科大学薬用植物園

バクチノキ　博打の木 (バラ科)
Laurocerasus zippeliana　【N(p) : Good】

ほとんどのサクラの仲間が落葉樹であるなか，この暖帯のバクチノキ，リンボクは常緑だ。バクチノキは秋に咲くが，近縁のセイヨウバクチノキ *L. officinalis* は春に咲く。いずれもサクラ属同様よい蜜・花粉源になる。見た目にも美しいので，自生種ではあるが，蜜源樹として積極的に植栽したい木の一つである。名の由来は樹皮が鱗片状に剥がれる様を，人がバクチに負け裸にさせられるのに例えたものといわれる。分布は本州 (関東以西)，四国，九州。

ユキヤナギ　雪柳 (バラ科)
Spiraea thunbergii　【N(p) : Incidentally】　■41

花が小さいせいか，よほど他によい蜜源が見つからないときでもなければ訪花はしない。

カナメモチ類　要黐 (バラ科)
Photinia spp.; Chinese hawthorn　【N(p) : Temporary】　■83

葉も花もそれらしく見えないがバラ科に属する。とくに近年ではレッドロビン (カナメモチ *P. glabra* とオオカナメモチ *P. serratifolia* の雑種) が生け垣用によく用いられている。くすんだ白色の花はよく目立ち，ハチはそれほど好みではないが訪花はする。

シャリンバイ　車輪梅 (バラ科)
Phaphiolepis indica var. *umbellata*　【NP : Temporary】　■91

宮城・山形以南の海岸に多く，耐潮性がある。5月ころの花が梅に似ていて，輪生することからこの名がついた。白花のほかに淡紅色の園芸品種もあり，庭木としてもよく植えられている。ハチの訪花は時折といった程度。

雪のように真っ白く咲いたユキヤナギ　2007.4　山梨県甲州市

珍しいユキヤナギへの訪花 (Am)　2009.3　岡山市 (by 内田)

カナメモチの花はアオスジアゲハが大好き　2005.5　東京都世田谷区

ミツバチ以外の昆虫の訪花も少ないシャリンバイ　2007.5　横浜市

富士山をバックに咲くカマツカ　2007.5　静岡県御殿場市

トキワサンザシ　2006.6　町田市 (玉川大学)

サンザシの仲間 (Am)　2007.4　群馬県伊勢崎市

カマツカ　鎌柄 (バラ科)
Pourthiaea villosa var. *villosa*　【NP : Rarely】

山地の日当たりのよい林縁などに生える落葉小高木。4〜6月に白い花を多数付ける。庭木や盆栽に利用されるほか，鎌の柄 (名の由来)，ウシの鼻輪などに使われた。ハチの訪花は見られるが，それほど好まれるというわけではない。

サンザシ類　山査子 (バラ科)
Crataegus spp.　【P(n) : Temporary】　■78

中国原産の落葉低木で，古く1700年代に薬用として導入されたという。果実を健胃，消化，止血などに用いる。日本の野生種としてはクロミサンザシがあるがやや稀。ピラカンサスの名で総称される植栽種のトキワサンザシ類 (*Pyracantha*属) にはハチはほとんど行かない。セイヨウサンザシ *C. laevigata* はアメリカでは hawthorn の名で親しまれ，よく植栽されているが，日本ではあまり普及していない。

シモツケ類　下野 (バラ科)
Spiraea spp.; Japanese spiraea　【P(n) : Temporary】

シモツケ属は日本に10種ほどが自生するが，このなかで訪花を確認しているのは，シモツケ *S. japonica* とホザキシモツケ *S. salicifolia* など。コデマリにはまず行かない。

一見園芸品種に見えるシモツケ　2007.6　東京都世田谷区

バラ科 Rosaceae

ヤマブキで雄しべの束と戯れるようにして花粉を集める (Am)　2006.4　町田市 (玉川大学)

ヤマブキの花粉

ナナカマド。吸蜜 (Am)　2009.4　岡山県苫田郡 (by 内田) 　　くすんだ色のせいでナナカマドの花はあまり目立たない　2007.6　長野県浅間山麓

ヤマブキ　山吹 (バラ科)
Kerria japonica; Japanese kerria
【P(n) : Temporary】　183　58

全国の春の山を黄色く彩る存在として親しまれている。いつもハチが来ているわけではないが，かなりの訪花があるのも事実で，とくに花粉をよく集める。花弁が4枚のシロヤマブキにも訪花が見られる。

ナナカマド　七竈 (バラ科)
Sorbus commixta; Japanese rowan　【P(n) : Temporary】

高山帯や北海道のものというイメージだが，標高の低いところでも街路樹などとして植えられている種類もある。安曇野などではよく流蜜し，ハチもよく行く。近縁種にアズキナシやウラジロノキがあり，山でニホンミツバチの蜜源になっているものと思われる。名の由来は7回かまどに入れても燃えないことからとされるが，実際には燃える。ローワンと呼ばれるセイヨウナナカマドの実はビタミンCが豊富で，タルト用のゼリーにしたり，ワインにもする。

ナナカマドの紅葉　2007.10　福島県磐梯山麓

キンミズヒキ　金水引 (バラ科)
Agrimonia pilosa var. *japonica*　【P(n) : Temporary】　47

夏から秋にかけて全国の山野で広く見かけるが，群生することはない。少量の蜜のほか，鮮明な橙色の花粉が集められる。果実にはかぎ形の棘があり，動物に付いて運ばれる。

花粉ダンゴの色が美しいキンミズヒキ　2008.9　長野県戸隠森林植物園

バラ科 Rosaceae

ノイバラの蜜は赤みをおびるともいわれる　2005.4　東京都世田谷区

落葉後に残る赤い実が美しい　2007.10　福島県磐梯吾妻高原

もっと普及させたいサンショウバラ　2007.6　町田市 (玉川大学)

ノイバラ (ノバラ)　野茨 (バラ科)
Rosa multiflora　【P(n) : Good】　■118　■99

野生のバラで全国にごく普通。花蜜，花粉の両方を提供する。常連の訪花昆虫は花粉を食べるハナムグリの仲間。変種のツクシイバラは全体にやや大形で，品のいいピンクの花を付ける。葉が少し厚くて表面に光沢があるテリハノイバラ *R. luciae* 同様ミツバチは好んで訪れる。訪花は確認していないが，ヤブイバラ，モリイバラなども同様と思われる。

サンショウバラ　山椒薔薇 (バラ科)
Rosa hirtula　【P : Temporary】　■145

自生は箱根付近のみといわれるサンショウに似た葉の清楚で格調高い野生バラ。

ハマナス (ハマナシ)　(バラ科)
Rosa rugosa　【P(n) : Temporary】　■132

自生は茨城県以北だが，もっと南にもけっこう植栽されている。6〜8月に直径5〜8cmと大輪の紅紫色の花を付ける。花はバラ油の原料に。8月から9月にかけて赤く熟す果実は美しいばかりでなく，甘く酸味があり美味しい。マルハナバチ，ミツバチともに花粉を集めに訪花する。牧野富太郎博士はハマナシ (浜梨) が正しいとしている。

ハマナス。花粉量が多く魅力的　2009.6　松本市

ハマナスの果実　2008.9　岡山市半田山植物園

バラ科 Rosaceae　139

バラ類 薔薇 (バラ科)
Rosa spp.; Rose
【P(n) : Temporary】 ■133

園芸品種のバラ類には八重咲きのものが多く、それらは当然花粉源にはならないが、花粉を多く出すものではハチは喜んで行く。蜜の有無は品種によりさまざま。

野生種に近いバラ　2008.9　長野県北アルプス山麓

バラの一種　2008.9　長野県北アルプス山麓

赤の部分は鮮明でもハチには見えない　2005.6　東京都世田谷区

雪に埋もれても耐えるビワの花　2006.2　町田市 (玉川大学)

140　バラ科 Rosaceae

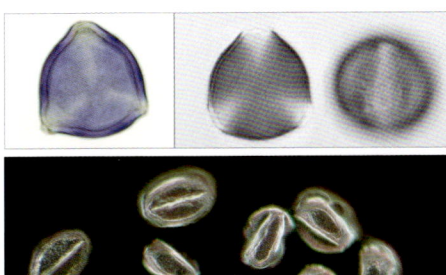

ビワの花粉

少しずつ長期にわたり咲く　2005.12　東京都町田市

暖かい日の訪花　2008.11　岡山県苫田郡 (by 内田)

色づいたビワの実　2008.6　東京都町田市

珍しい「ビワ蜜」。この香川県の例では他に花がない時期に採蜜しているので，純度はきわめて高い

ビワ　枇杷 (バラ科)
Eriobotrya japonica; Loquat 【N(p) : Good】　148　276

晩秋から冬にかけての貴重な蜜源植物。暖地には自生しているが，中国原産らしい。もう秋の花もなくなったころに咲き，晴れれば久しぶりの賑やかな羽音が響く。越冬に入る時期なので普通は採蜜は考えない。しかしこれを採蜜すれば，むせるようなビワ独特の強い香りで，少し渋味のある個性的で逸品の蜜が楽しめる。

寒さのなかで咲くことへの適応であろう，花はしっかりした毛に深く包まれて寄り添うように付く。また開花期は11月から3ヶ月間にも及び，この間偏ることなく少しずつ花を開いていく。ときには雪に埋もれることもある。寒くて結実しない花があってもどれかが当たるようにとの，真冬に咲く花ならではの戦略なのであろう。葉は咳止めや下痢止め，利尿用に服用され，あせもや皮膚病によいとして浴用にも使われる。

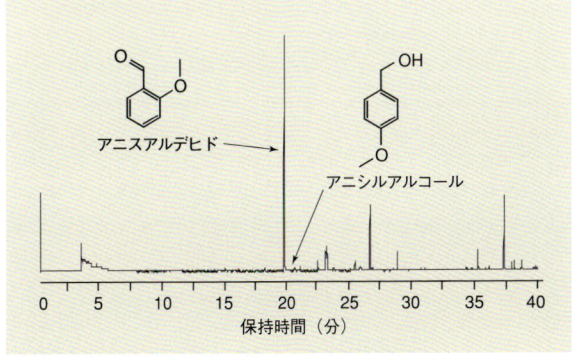

「ビワ蜜」の香りの分析例。アニスアルデヒドが特徴的

バラ科 Rosaceae

ネムノキ類　合歓木 (ネムノキ科)
Albizia spp.; Mimosa, Persian silk tree　【NP : Good】

ネムノキ *A. julibrissin* はおよそマメ科らしくない形状の花で，花と見える部分は雄しべの束。名のとおり夜間葉を閉じるので，夕方に見ると花が浮き立って美しい。アオスジアゲハなどのチョウが吸蜜しているので，蜜がよく出ていることは間違いないが，蜜を分泌するのは中央付近の花に限られるという。日本にはネムノキ1種であるが，ネムノキ亜科は熱帯で大変繁栄しており (世界では3,000種)，ミツバチの訪花もよく見る。

オジギソウ　(ネムノキ科)
Mimosa pudica; Sensitive plant　【P(n) : Good】

手で触れると素早く運動して葉を閉じるほか，ネムノキのように夜間も眠る。フランスの天文学者ド・メラン (de Mairan) により，生物のリズムが自律的に繰り返される時計機構によることが最初に発見された植物でもある。オジギソウは夏の早朝に開花し，蜜と花粉を出す。熱帯アジアでは広く自生し，まだ薄暗いうちから，オオミツバチやトウヨウミツバチが好んで訪花する。原産はブラジル。

ネムノキの花粉。16粒が塊になった特殊な構造をしている

ネムノキ。花期はかなり長い　2006.7　山梨県甲州市

花弁がないネムノキの花　2006.7　山梨県甲州市

花に潜り込んでの吸蜜　2008.7　岡山県苫田郡 (by 内田)

熱帯から導入されたネムの一種　2006.5　東京都世田谷区

オジギソウ。ボルネオ島の高地にしか棲息しない珍しいキナバルヤマミツバチが訪花している貴重な写真　2000.3　ボルネオ島

142　ネムノキ科 Mimosaceae

ギンネム（ギンゴウカン） 銀合歓（ネムノキ科）
Leucaena leucocephala 【P(n)：Good】

沖縄の高速道路を走ると，車窓に多くのギンネムが繁茂しているのが見える。しかもほぼ一年中咲いて花粉を供給してくれるので，雑木ではあるがローヤルゼリーの採乳などには有難い。小笠原でも野生化している。原産地は熱帯アメリカ。

エンジュ 槐（マメ科）
Styphonolobium japonicum; Chinese scholar tree, Japanese pagoda tree 【N(p)：Temporary】 ■ 219

街路樹などに多く植栽されている。ハキリバチ類などは好んで訪花するが，花の構造上ミツバチには利用しにくい。エンジュのハチ蜜は香りが強く味も渋味がある。学名は *japonicum* となっているが，原産地は中国。ケルセチンが含まれることから黄色染料として使われるほか，茶剤として飲用もされる。蕾にはルチンが多く，今でもルチンの製造原料となっている。

イヌエンジュ 犬槐（マメ科）
Maackia amurensis 【NP：Good】

中部以北の山地に自生。夏に枝先に10cmほどの穂状花序を付け，乳黄白色の小さめの蝶形花を密生する。旗弁が反り返ってくれるので，ハチにとっては蜜や花粉へのアクセスが楽。北海道では街路樹などにも利用される。補助蜜源。中部以西ではよく似たハネミイヌエンジュ *M. floribunda* になる。いずれも日本固有種。

サイカチ 皂莢（マメ科）
Gleditsia japonica 【NP：Excellent】

水辺の原野などに自生する落葉高木で，初夏に淡黄緑色の蝶形花を総状に付ける。いわゆるマメ科形の花ではなく，雄花，雌花，両性花がある（雌雄同株）。同じ木でも年によって雄花や雌花ばかりになったりする不思議な性質があるようだ。雄花は雄しべが露出していて花粉が集めやすく，雌花は流蜜も盛んなので，ミツバチはとてもよく訪花する。果実は刀状で，長さ30cmにもなる大きな鞘がぶら下がった様は壮観。サポニン含量が高く，泡立つので，昔は石鹸代わりに用いたという。日本固有種。

花粉源として貴重なギンネム　2008.9　沖縄県本部町

花が固いエンジュ　2008.8　福島県猪苗代町

街路樹のイヌエンジュ　2007.8　北海道屈斜路湖

よい蜜源となるサイカチ　2008.6　昭和薬科大学薬用植物園 (by 高野)

ネムノキ科 Mimosaceae，マメ科 Fabaceae

北アルプス高瀬川沿いのニセアカシア　2008.5　長野県大町市

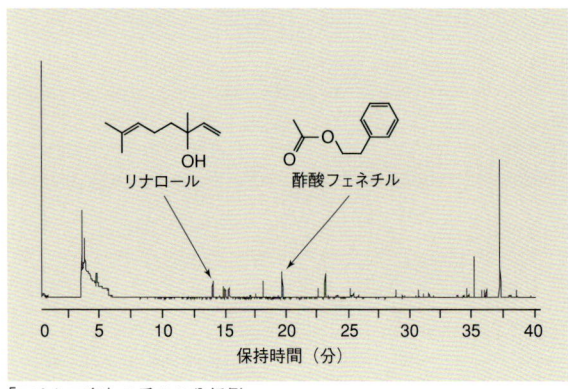

リナロール　酢酸フェネチル

保持時間（分）

「アカシア蜜」の香りの分析例

吸蜜状況　2009.5　横浜市

マメ科 Fabaceae

ニセアカシア（アカシア，ハリエンジュ）（マメ科）
Rhobinia pseudoacacia; False acasia, Locust tree
【N(p)：Excellent】　■112　■98

和名は，学名の*pseudoacasia*（pseudo はニセの意）をそのまま和名にしたもの。北アメリカから明治初期に渡来。花は純白に近く，まとまって咲いた場合は壮観だ。ニセアカシアのハチ蜜は日本ではレンゲに次いで人気があり，収量も多い優良蜜源樹。蜜は薄い色に特徴があり，味はまろやかで癖がなく，適度な芳香もあって美味しい。

よく根を張ること，また根粒菌との共生で窒素分の少ない土壌でも育つことなどから，治水事業の一貫で大切にされてきた。しかし最近では外来種で繁殖力が旺盛すぎることから，本来の生態系に影響を及ぼすとして，外来種規制法(2007年施行)で「別途総合的な検討を進める緑化植物」の一つとされた。

ハンガリーでは，第二次世界大戦後政府の主導で増殖が進められ，1976年には国土の森林面積の19%（27.1万ヘクタール）がニセアカシア林となり，全ハチ蜜生産量の2/3（1万トン）がニセアカシア由来であったという。2005年にはこの面積はさらに23%に達しているというから，すごい数字ではあるが，ニセアカシアを「外来種」として問題視する見方は日本だけではなく，ヨーロッパでもドイツなどでは厳しいものとなっている。

日本には導入からすでに120年以上もたっており，蜜源樹としての評価も高いことから，急いで伐採するところまでの必要があるのかについては慎重な検討が必要であろう。

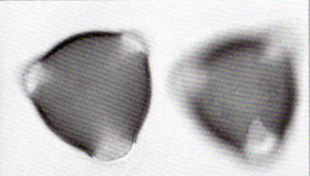

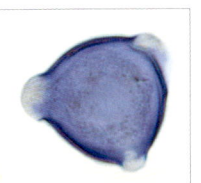

ニセアカシアの花粉

ニセアカシアは川沿いに広がる　2006.5　神奈川県相模川上流域

マメ科 Fabaceae　145

ヨーロッパでの移動式巣箱によるニセアカシアの採蜜 (山田養蜂場提供)

ピンクのニセアカシア　2005.5　町田市 (玉川大学)

満開のニセアカシア。訪花しているのはコマルハナバチ　2007.5　横浜市

写真のピンクのアカシアは，著者らが40年ほど前，玉川大学の学生だったころに，ニセアカシアの台木に穂を継いだものが大木に育ったもので，毎年見事な花を咲かせている。棘がなく，花付きも流蜜もよい。ぜひもっと広めたいところだ。

「アカシア蜜」は人気が高い

フサアカシア （マメ科）
Acacia dealbata; Silver wattle
【P(n)：Incidentally】

本来はオジギソウの仲間をさすが，近年では俗称としてフサアカシアやギンヨウアカシア *A. baileyana* の仲間をミモザと呼ぶことが多い。日本では訪花を見ることはほとんどないようだ。

クロヨナ （マメ科）
Millettia pinnata 【NP：Temporary】

沖縄の海岸に多いマメ科の常緑高木。5〜11月と花期が長い。ハチはよく行くので沖縄では重要な蜜源になっていると思われる。香りもよい。本部半島で写真を撮っていると (9月)，何頭かのオオゴマダラが悠々と訪れて吸蜜していった。

オオゴマダラが訪花中のクロヨナ　2008.9　沖縄県本部町

146　マメ科 Fabaceae

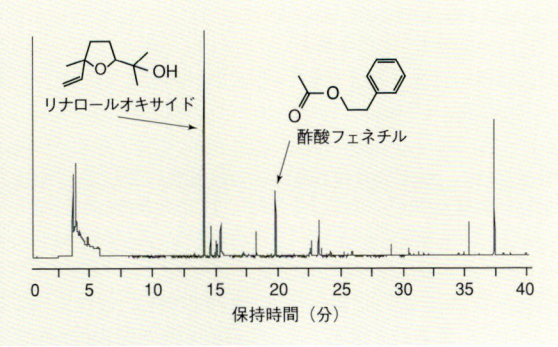

「イタチハギ蜜」の香りの分析例

イタチハギ　鼬萩 (マメ科)
Amorpha fruticosa
【NP：Good】■151

高速道路の法面などに植えられることが多く，河原，崩壊地などにも野生化している。花期は5～6月で，花蜜，花粉ともに多いことからハチは好んで訪花。花はハギのイメージからはほど遠く，花弁は黒紫色の旗弁だけで，紫の花糸と濃い黄色の葯(花粉も)ばかりが目立つ。蜜の色はピンクがかるといわれる。北アメリカ原産で導入は大正初期。

ムラサキウマゴヤシ
(アルファルファ，ルーサン)
紫馬肥やし (マメ科)
Medicago sativa; Alfalfa
【NP：Excellent】■238

アルファルファの呼び名が有名で，通常紫の花を付ける牧草(ウマゴヤシは本来黄色の花のもの)。芽出しの「もやし」はアルファルファ・スプラウトの名でサラダなどに使われる。柔らかな甘さの良質の蜜が採れ，世界的にも有名な蜜源植物。輸入ものの蜜ではアルゼンチン，アメリカ，カナダ，フランス産などがポピュラー。暑さが苦手なので，日本での栽培は中部以北が主で，流蜜具合も気象条件により振れがある。良好な蜜源であると同時に，ミツバチの訪花で種子ができるので，牧草にとっても重要。現在日本でレンゲに大害を与えているゾウムシは，アメリカではこのアルファルファの害虫。

イタチハギ。高速道路の脇などに多い　2009.6　長野県北アルプス山麓

ムラサキウマゴヤシ。花色や草形は品種によりさまざま　2008.8　長野県東御市

マメ科 Fabaceae　147

レンゲ(ゲンゲ)　紫雲英 (マメ科)
Astragalus sinicus; Chinese milk vetch
【NP：Excellent】　■193　■74

　原産は中国だが，名実ともに日本を代表する蜜源植物。岐阜県の県花。花期が長く，初めのうちは畑がピンクに見えるが，次第に赤みをおび，最後は紫がかって見えるように変わっていく。蜜がよく採れるのはこの最後のころだ。「レンゲ蜜」の色は薄く，香りは上品で，日本人が最も好む蜜といってよい。清涼感が強く，一度にたくさん舐めると喉にむせるような刺激を覚えることがある。

　レンゲは明治から昭和にかけ，共生細菌による窒素固定能力から，水田の「緑肥」として日本の近代稲作の発展に大きく貢献してきた。しかし化成肥料の発達や田植え時期の早期化などで，一時は30万ヘクタールもあった作付け面積が，1960年ころから急速に減ってしまった。最近ではこれに追い打ちをかけるように，アルファルファタコゾウムシ (*Hypera postica*；p.150の写真参照) という害虫の蔓延も重なって，日本での「レンゲ蜜」の生産は厳しい状態が続いている。晩秋のころに産み付けられた卵からかえったアルファルファタコゾウムシは，若い幼虫期をレンゲの芽の中で過ごし，ちょうど蕾が上がってくる4月中旬ころに大きくなって食害も目立つようになる。対策として，寄生バチの放飼・定着化による生物的防除の試みが続いてはいるが，1995年ころにはほぼ全国に蔓延してしまい，しかもどこにでもあるカラスノエンドウ (p.157) でも発生していることから，防除は難航している。

　レンゲ研究の第一人者である安江多輔氏によれば，レンゲの花蜜の分泌は適温が平均気温で15℃，最低が10℃，最高が20℃であるという。レンゲは花期が長いだけでなく，1花の寿命も長く，開花後の低温や雨などでハチが訪花しない場合，1週間も咲き続けて花内に蜜を保持している。これは花がよく咲いてもその数日の天候が悪いと蜜が採れないアカシアなどの場合と異なり，蜜源植物としてのレンゲの大きな優位性といえる。レンゲの復活をはかる試みは各地で行われており，ぜひ実現したいところではあるが，一方で，レンゲ一辺倒ではなく，もっと豊かで変化に富んだハチ蜜の世界も楽しみたいものだ。

いまや貴重になってしまったレンゲ畑　2006.5　横浜市

山あいのレンゲ畑　2006.5　山梨県市川三郷町

田に水を引く前の刈り取り　2007.5　横浜市

トリッピングを受けているニホンミツバチ　2005.5　東京都町田市 　　　　すがすがしい香りが強い「レンゲ蜜」

マメ科 Fabaceae　　149

レンゲの蜜腺　　　　　生育中の種子　　　　「レンゲ蜜」の香りの分析例

リナロールオキサイド　2-フェニルエタノール
保持時間（分）

レンゲの大害虫アルファルファタコゾウムシ。① 被害状況，② 卵，③ 終齢幼虫，④ 成虫，⑤ 繭，⑥ 天敵寄生バチの繭

野生のクサフジ　2007.8　長野県八ヶ岳山麓

山地のクサフジの仲間　2007.8　福島県磐梯山麓

150　マメ科 Fabaceae

クサフジ 草藤 (マメ科)
Vicia cracca; Hairly vetch 【NP：Excellent】 ■51

野生のマメ科植物で山野に自生するものが何種かある。北半球に広く分布し, 中国では重要な蜜源。日本ではまとまって栽培されることがなく,「クサフジ蜜」を採るのは難しいが, 花期も5～7月と長く, もっと注目してよい。そんななか, 最近イギリス産のクサフジの仲間 (和名：ビロードクサフジおよびナヨクサフジ) が, ヘアリーベッチの英名で, 果樹園の下草やヒマワリなどの混播用として使われるようになった。全国で20万ヘクタールともいわれる休耕田の土壌保全にもよいのではないかと考えられている。岡山や静岡ではレンゲに代わる蜜源として使えないかとの試験栽培が行われているので, こちらのほうも結果が待たれる。蜜の味はレンゲに似ている。

導入品種のヘアリーベッチで蜜を集めるセイヨウミツバチ ⑦ 2008.5 岡山市 ⑧ 2009.5 岡山県苫田郡 (ともにby 加藤)

「クサフジ蜜」(中国産)

山田養蜂場で試験栽培中のヘアリーベッチ (⑨, ⑩, ⑪) 2007.6 岡山県苫田郡 (by 加藤)

マメ科 Fabaceae 151

シロツメクサ (クローバ)　白詰草 (マメ科)
Trifolium repens; White clover
【NP : Excellent】　■75　■76

広大な面積に咲くのは牧草地だが，各地の路傍や芝地などにも多い。世界的に第一級の蜜源とされ，とくにアメリカやアルゼンチンのクローバは有名。ただし日本では北海道など冷涼な気候下ではよく流蜜するものの，暖地ではあまり期待できない。花粉はほとんど無色に見えるが，なぜか花粉ダンゴになると茶褐色を呈する。蜜も色が濃いめになることもあるようで，「リンゴ蜜」と同様褐変化酵素の働きが強いのかもしれない。香りはスパイシーで多少強めだが癖はなく，味は甘味が強い感じ。ツメクサの名の由来は江戸時代，オランダから来たガラスの梱包材 (詰め草) に使われていたことから。

適地でのシロツメクサの流蜜量は多く，一つひとつの花からの分泌量は少ないものの，たとえばニュージーランドでは1群当たり1シーズンに50kgの採蜜が可能とされている。ただし日本では北海道といえども，見渡すかぎり一面のクローバ畑といった光景はないので，ここまでの採蜜は望めない。

シロツメクサ。日本では広大な面積での栽培地はほとんどないのが寂しい　2008.6　長野県白馬岳山麓

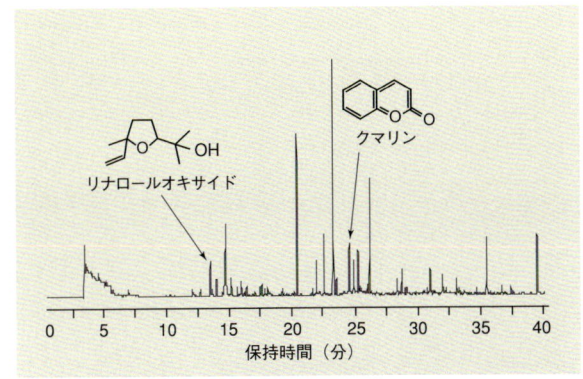

「シロツメクサ（クローバ）蜜」の香りの分析例

リナロールオキサイド
クマリン

蜜を集めるセイヨウミツバチ　2007.6　東京都世田谷区

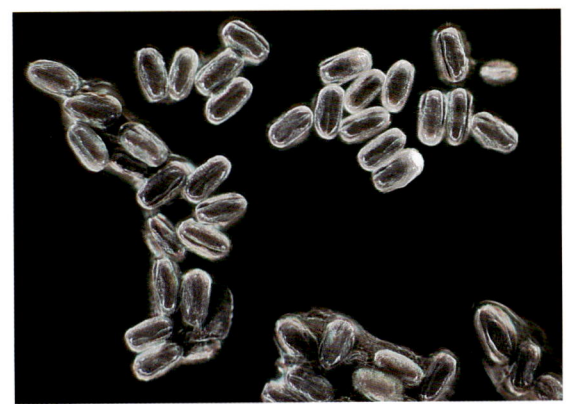

シロツメクサの花粉（暗視野撮影）

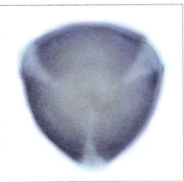

シロツメクサの花粉

「シロツメクサ（クローバ）蜜」（カナダ産）。クリーミーに結晶化していてとても美味しい

マメ科 Fabaceae

クリムソンクローバの試験栽培　2005.5　岡山県真庭市蒜山 (by 加藤)

クリムソンクローバだが①とは少し品種が異なる　2007.4　横浜市

クリムソンクローバ (ベニバナツメクサ)
(マメ科)
Trifolium incarnatum; Crimson clover, Italian clover　【NP：Excellent】　■ 53

派手な赤い花とその形から，「ストロベリー・キャンドル」とも呼ばれる。ハチは普通のクローバにも増して喜んで訪花するので，もっと普及させたい花だ。原産地はヨーロッパで，本来は牧草として栽培されている。写真①は岡山県にて山田養蜂場が試験栽培しているところ。

アカツメクサ (ムラサキツメクサ, レッドクローバ)
(マメ科)
Trifolium pratense; Red clover
【NP：Temporary】　■ 1　■ 43

昔ニュージーランドに牧草として持ち込まれたレッドクローバの種子ができず，マルハナバチの導入で初めて種子ができるようになった話は有名。ミツバチはマルハナバチに比べて口吻が短いので，蜜の採取は難しいといわれるが，実際には場所や気候，品種によりかなり訪花する場合もある。

アカツメクサの花粉

シャジクソウ　車軸草 (マメ科)
Trifolium lupinaster　【NP：Rarely】

山地の草原や岩の上などに自生するが多くない。

シャジクソウ　2007.8　長野県湯ノ丸高原

アカツメクサで蜜と花粉の両方を集めるセイヨウミツバチ　2005.9　東京都世田谷区

154　マメ科 Fabaceae

カワラケツメイ　河原決明 (マメ科)
Chamaecrista nomame　【NP：Temporary】

初秋のころに黄色の花を付けるマメ科草本。茎葉は茶の代用ともされる。河原や原野などによく群落を作っていたが，これを食草としているツマグロキチョウとともに，あまり目にしなくなってしまった。タンニンを多く含み，利尿，整腸などの薬効も知られる。マメ茶，ハマ茶，ネム茶などは本種のこと。

クララ　(マメ科)
Sophora flavescens　【NP：Incidentally】

各地の高原などに自生するが，多くはない。花粉，花蜜ともに産する。根にはマトリンなどのアルカロイドなどを含み，漢方では皮膚病などに処方される。名の由来は，根がクラクラするほど苦いとの意で眩草と呼ばれたことからとされる。

ルピナス類 (ハウチワマメ類)　(マメ科)
Lupinus spp.; Lupin, Lupine　【P(n)：Temporary】　■190

南北アメリカや南アフリカ，地中海沿岸域などに200種ほどが知られる仲間。ルピナス *L. polyphyllus* の交雑種などがよく植えられており，ミツバチに対しては主に花粉源となる。フジに似た花が下から咲き上がっていくので，ノボリフジとも呼ばれる。

カワラケツメイ　2008.9　昭和薬科大学薬用植物園

クララ　2008.7　昭和薬科大学薬用植物園

大形なのでミツバチ向きではないルピナス　2008.6　長野県大町市

マメ科 Fabaceae

山肌を紫色に染めるフジ　2006.5　長野県八ヶ岳山麓　　　　　　　　　特徴的にぶら下がるフジの果実

フジ(ノダフジ)　藤 (マメ科)
Wisteria floribunda　【N(p) : Good】　■149　■70

野生のフジが咲いているところは山肌の所々が紫に染まり，とても美しい。栽培品種も花が立派なくらいでそれほど大きく違わない。いずれにもミツバチは訪花するが，花がしっかりしているとちょっと扱いづらいようだ。その点，一度キムネクマバチが訪花して花をほぐしてくれると，その後は吸蜜しやすくなる。日本固有種で，分布は本州から九州まで。西日本には蔓が右巻き (上から見たときにではなく，巻き上がる方向が) のヤマフジ *W. barachybotrys* (フジは左巻き)も自生する。

常連のキムネクマバチに混じってのミツバチの訪花 (Am)　2007.4　町田市 (玉川大学) 　　フジの蜜腺

マメ科 Fabaceae

カラスノエンドウの ① 花外蜜腺と，② そこで蜜を集めるハチ (Am)　2006.5　町田市 (玉川大学)

エビスグサ。花は目立たない　2007.8　昭和薬科大学薬用植物園

文字どおり浜に咲くハマエンドウ　2008.5　神奈川県真鶴町

場所によっては蜜源になるといわれるエンドウ　2005.5　横浜市

カラスノエンドウ (ヤハズエンドウ)　(マメ科)
Vicia sativa subsp. *nigra*　【N : Extrafloral】　■ 31

花を訪れるのはミツクリヒゲナガハナバチやニホンヒゲナガハナバチなどで，ミツバチが訪れるのは複葉の付け根にある花外蜜腺。これは本来，アリにパトロールしてもらうためにアリ用に用意した蜜だから，ミツバチはカラスノエンドウにとっては「盗蜜者」といえる。中国では野豌豆と呼ばれている。

エビスグサ　胡草，恵比須草 (マメ科)
Senna obtusifolia　【P(n) : Rarely】　■ 227

北アメリカ原産で，種子を薬用とするために栽培する。補助蜜源とされるが，まだ訪花を確認していない。種子を利用する「ハブ茶」(名のように，もともとは同じマメ科のハブソウの種子が使われていた) は健康茶のなかでも人気が高い。近縁のハブソウ *S. occidentalis* は北アメリカからメキシコ原産の薬草。名のとおりマムシなどに噛まれたときにこの草の汁を付けると効くといい，虫刺されにも効果があるという。花粉源となるが有力ではない。

ハマエンドウ　浜豌豆 (マメ科)
Lathyrus japonicus　【P(n) : Rarely】

日本各地の海岸で見られる海浜植物の一種。4〜7月の長期にわたり濃い紫色の花を付ける。

エンドウ　豌豆 (マメ科)
Pisum sativum; Pea　【N(p) : Rarely】

流蜜は土壌条件や地方によるといわれる。気をつけて見ているが，少なくとも関東地方ではまだ訪花を確認できないでいる。メンデルが遺伝の実験材料としたことで有名。

さらに大形の花を付けるスイトピーも蜜源になると紹介されている。

マメ科 Fabaceae

ソラマメ　蚕豆，空豆 (マメ科)
Vicia faba; Broad bean 【NP : Good】　■83　■35

マメの大きさに見合って花も大柄で，一見ミツバチによる利用は無理そうに見えるが，そこは意外で，ミツバチは好んで訪花し，実際に蜜も花粉も採取している。中国ではローヤルゼリー採乳用の花粉源として重要な位置づけ。花粉ダンゴの色は少し水色をおびた薄いグレーで，このような色は他にあまり例がない。

アズキ　小豆 (マメ科)
Vigna angularis var. *angularis*; Azuki bean
【P(n) : Temporary】

夏の花粉源として評価されているが，訪花は未確認。東アジア原産。

ナンキンマメ (ラッカセイ)　南京豆，落花生 (マメ科)
Arachis hypogaea; Peanut 【NP : Temporary】

花は黄色で普通のマメ科のものと変わらないが，落花生の名のとおり，受精すると子房柄が真下に伸びて土に潜り，地下で結実する。花粉源。中国経由で日本に入ったが原産は南アメリカ。

ダイズ　大豆 (マメ科)
Glycine max subsp. *max*; Soybean, Soya bean
【NP : Temporary】

枝豆として食べるほか，ミソ，醤油，豆腐の原料として，きわめて重要な作物である。花は小形で目立たない。確認したことはないが，北海道などでは流蜜する場合があるという。この違いが品種によるのか，土壌や気候要因によるのかはまだよくわかっていない。中国でも流蜜は不規則とされていることから考えると，品種よりは環境の影響が大きいのではないか。

ソラマメの花粉

あまり見ない濃い紫色のソラマメの花　2007.3　千葉県館山市

ソラマメで蜜と花粉を集めるAm　2008.5　埼玉県秩父市

アズキ。花数は多い　2008.9　岡山市半田山植物園

葉陰に咲くナンキンマメの花　2007.9　町田市 (玉川大学)

ダイズ。花は小形で目立たない　2007.7　山梨県八ヶ岳山麓

マメ科 Fabaceae

インゲンマメ 隠元豆 (マメ科)
Phaseolus vulgaris; Common bean 【NP：Temporary】

通常インゲンマメと呼ばれているものは中南米原産で，中国を経て日本に伝えられた。その際，隠元禅師が持ち込んだとされるが，それはフジマメとの説もあり，真相はよくわからない。関西ではこのフジマメのことをインゲンマメ（インゲンのことはフジマメ）と呼ぶのでややこしい。

ベニバナインゲン (ハナマメ) 紅花隠元 (マメ科)
Phaseolus coccineus; Scarlet runner, Flower bean
【N(p)：Temporary】

信州から東北の少し標高の高いところを中心に昔からよく栽培されており，「花豆」といったほうが通りがよいかもしれない。濃い朱色の花が特徴的だ。ハチはよく行き，蜜源価値も高いとされるが，正面からはなかなか蜜腺に届きにくく，横から潜り込むようにしたり，側面から盗蜜するハチが多い。白花もあるが，こちらは豆も白い。

インゲンマメ 2007.8 長野県八ヶ岳山麓

盛んな訪花が見られるベニバナインゲン 2008.8 長野県蓼科高原

種子は「花豆」として馴染み深い

蜜へのアクセスは楽ではなく個体ごとに工夫をしている (Am) 2008.8 長野県蓼科高原

マメ科 Fabaceae

ミヤギノハギ。花は目立つがあまり訪花を見ない　2006.9　東京都世田谷区

ハギ類　萩 (マメ科)
Lespedeza spp.; Bush clover, Japanese clover
【N(p) : Good】■ 252

ハギの仲間はたくさんあり種の識別が難しいが，ヤマハギ *L. bicolor* は全国の山野に自生していてハギのなかでも園芸品種に近い美しい花を咲かせる。流蜜はその年の気候に左右され，不安定ではあるが，秋の蜜源のなかではトップクラスの重要な位置を占めている。これより少し遅れ気味に咲くマルバハギ *L. cytobotrya* も花は小形だがよくミツバチが行く。ほかには花が黄と紫紅色のキハギ *L. buergeri*，庭園に植えられるミヤギノハギ *L. thunbergii* など。園芸品種では春から咲く早咲きのものもある。メドハギ *L. cuneata* は花が小さく，ミツバチは好まない。

ハギのなかで最も好まれるマルバハギ (Acj)　2007.9　神戸市立森林植物園

キハギ　2007.9　神戸市立森林植物園

アレチヌスビトハギ　2008.9　岡山県苫田郡 (by 内田)

メドハギ。訪花は稀　2005.9　東京都世田谷区

160　マメ科 Fabaceae

コマツナギ 駒繋ぎ (マメ科)
Indigofera pseudotinctoria 【NP：Temporary】 ■242

濃いピンクで小形のマメ科らしい花を付け，夏から秋にかけての長い間咲き続ける。草丈は高くならないが，多年生で木本のようにしっかりしていることから，ウマ(駒)を繋いでおくこともできるとした命名。ただしミツバチの訪花はあまり多くはない。

ナンテンハギ (フタバハギ) 南天萩 (マメ科)
Vicia unijuga 【NP：Incidentally】 ■111

夏から秋にかけての野の花。木本になるハギが多いなかでこれは草本。名の由来は葉がナンテンに似ていることから。

マルバハギの花粉

紫色が美しいナンテンハギの花　2008.9　鳥取県大山山麓

訪花 (Am)　2008.9　岡山県苫田郡 (by 内田)

一番普通に見られるヤマハギ (Acj)　2007.9　兵庫県六甲山

コマツナギ　2006.9　福島県須賀川市

ヤマハギなどが茂る秋の山道　2008.9　長野県戸隠山麓

マメ科 Fabaceae　**161**

天ぷらなどにして食べても美味しいクズの花。下から咲き上がっていくので花期も長い　2008.9　鳥取県大山山麓

クズ　葛 (マメ科)
Pueraria lobata; Kudzu　【NP : Temporary】■ 257

山野に繁茂し，林縁の木を覆って枯らしてしまうほど勢力がある。高原を走る鉄道の線路脇では，架線にクズの蔓が登るのを防ぐために開発されたネズミ返しならぬ「クズ返し」が見られる。花は赤紫色に黄が入って美しいが，作りがしっかりしているので，大形ハナバチにはよいがミツバチには厳しい。したがって普通は大形ハナバチが去った後の「おこぼれ頂戴」的な訪花がある程度。少し標高の高いところのほうが流蜜が多い。花期は8～9月。秋から冬に根を掘り上げ，砕くか臼で突き，水でさらしたものがクズ粉 (デンプン粉)。漢方の「葛根湯」は有名。

地味なアメリカホドの花。　2008.8　昭和薬科大学薬用植物園

アメリカホド (アピオス) 　(マメ科)
Apios americana　【P(n) : Incidentally】■ 205

地中にできるイモがきわめて高栄養価だとして，最近注目されている。ただし美味しいわけではない。

ミヤコグサ　都草 (マメ科)
Lotus corniculatus var. *japonicus*　【P(n) : Incidentally】

マメ科の花では，レンゲやエニシダのようにハチが乗ったとき，蕊をしまってある船弁が破裂するように割れて蕊が出てくるものがあるが，このミヤコグサでは筒状になった船弁の先の孔から花粉が絞り出されるように出てくる。花期は4～10月と長い。

ミヤコグサ。花期の長さは群を抜いている　2008.7　横浜市

ムレスズメ　群雀 (マメ科)
Caragana sinica; Chinese peashrub　【P(n) : Incidentally】

中国南部の原産で，江戸時代に渡来。花が比較的硬質なので，ミツバチの訪花は難しそうにも見えるが，中国では蜜・花粉源として有用と評価されている。

樹形がメギに似たムレスズメ　2007.4　東京都町田市

ハナズオウ　2006.4　東京都世田谷区

花がマメ科には見えないオウゴチョウ　2008.9　那覇市

ハナズオウ　花蘇芳 (マメ科)
Cercis chinensis　【P(n) : Temporary】　■ 36

春に咲くマメ科の木本で，家庭の庭によく植栽されている。紫の花はよく目立ち，花粉も少なくないが訪花昆虫は少なく，ミツバチもあまり好んでは訪れない。中国原産。

オウゴチョウ　黄胡蝶 (マメ科)
Caesalpinia pulcherrima　【P(n) : Temporary】

南国に行くと，長い雄しべの先で小形のハリナシバチが器用に花粉を集めるのが見られる。ミツバチの訪花はまだ確認していないが，利用はするものと思われる。熱帯アメリカの原産で，バルバドスの国花。沖縄の3大名花の一つ。

デイゴ類　(マメ科)
Erythrina spp.　【NP : Temporary】

熱帯から亜熱帯に広く植栽される。この属は大輪の真っ赤な花で，旗弁 (中央上部の花弁) が飛び抜けて大きい特徴がある。アピール度は高いが，赤は主に鳥たちを相手とした色だ。ミツバチも行くが，実際，鳥たちが好んで訪花している。インド原産の *E. variegata* が普通だが，南アメリカ原産のアメリカデイゴ，交配種のサンゴシトクなども暖地の庭や並木などによく植えられる。

デイゴ。鳥たちに混じってミツバチも訪花　2009.7　南アフリカ

蜜量が多いアメリカデイゴ。花は6〜9月に何度か咲く (Am)　2009.7　横浜市 (右の2枚は渡邊)

マメ科 Fabaceae　**163**

満開のナツグミ　2006.4　町田市 (玉川大学)

ナツグミの花粉

蜜量は多いが (左)，筒が深いので全部は飲めない (Am)　2006.4　東京都町田市

グミ科 Elaeagnaceae

アキグミの果実　2008.9　福島県磐梯山麓

グミの一種　2007.6　山梨県甲州市

熟したトウグミ（改良種）の果実　2008.6　東京都多摩市

グミ類　茱萸，胡頽子（グミ科）
Elaeagnus spp.; Silverberry, Oleaster 【N(p)：Temporary】

多くの種類があるが，アジアを中心に分布する。いずれも全体に鱗状毛や星状毛があるのが特徴。花の萼筒（花弁はない）が長い種では吸蜜が厳しい。それでも蜜量が多いためか，かなりの訪花がある。花粉も集められるが主に蜜源。

グミ類は，中国の西北地方では主要蜜源の一つとして扱われている。ドイツやルーマニアでは，ヘクタール当たり100kgの採蜜が可能との報告もある。

ナツグミ *E. multiflora* f. *oribiculata* は夏に果実がなることからで，花期は4〜5月，淡黄色の花が垂れ下がるように咲く。萼筒の長さは約8mm。トウグミ *E. multiflora* var. *hortensis* も同様。アキグミ *E. umbellata* も，花期は同じく春だが，果実が赤く熟すのは9〜11月。こちらの萼筒の長さは5〜7mmと少し短い。果実に渋味があることが多いが，これはタンニンを含むため。

グミは根に空中窒素の固定を行う放線菌の一種が共生することから，海岸近くなどのやせた土地でも育つ。

グミ科 Elaeagnaceae　**165**

サルスベリの花粉

夏の太陽のもとで咲き続けるサルスベリ　2007.7　ワシントンD.C.

① 真ん中の黄色い花粉を目当てに訪花するミツバチ (Am)　③, ④ 雄しべの2型　② と ④ の左側は稔性のない花粉を出す雄しべ　④ の右側が生殖用の花粉を出す雄しべで，花粉本体の色はほとんど違わないが，葯の色が濃く，黄色が目立たない　2006.7　横浜市

166　ミソハギ科 Lythraceae

サルスベリ 百日紅 (ミソハギ科)
Lagerstroemia indica; Crape myrtle
【P : Excellent】 ■64 ■231

百日紅の別名のとおり，夏の一番暑い盛りに1ヶ月以上の長期にわたり咲くことから，ミツバチにとってはきわめて貴重な花粉源。花の中央部の黄色く目立つ花粉は誘引用のいわば囮の花粉で，ミツバチはこれを集める。生殖用の花粉は長い雄しべの先についたウグイス色に見える花粉で，これがミツバチの背部に付き，気がつかないうちに受粉をしていることになる。名の由来は木肌が滑らかで，サルも滑り落ちるとの意から。西南諸島に自生するシマサルスベリもほぼ同様。

シマサルスベリ　2008.9　岡山市半田山植物園

ミソハギ 禊萩 (ミソハギ科)
Lythrum anceps 【NP : Good】 ■168 ■215

エゾミソハギ *L. salicaria* とともに各地の原野や湿地に見られる。ミソハギの花もサルスベリ同様，雄しべに2型があり，囮の花粉は黄色，生殖用の花粉はグレーだ (写真⑤)。庭先などに植えられている場合も多く，ハチは好んで訪花する。

ミソハギ。⑤では雄しべの2型がはっきりわかる (葯の色に注目)　2008.9　福島県磐梯山麓

ミソハギ (Am)。サワギキョウなどとともによく湿地に見られる　2008.9　福島県磐梯山麓

ミソハギ科 Lythraceae　167

満開のミツマタ　2007.4　東京都町田市

訪花は比較的稀 (Am)　2009.3　岡山市 (by 加藤)

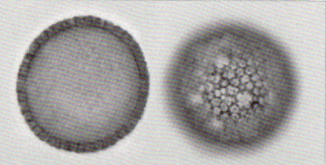

ミツマタの花粉

ミツマタ　三椏
（ジンチョウゲ科）
Edgeworthia chrysantha;
Oriental paperbush
【N : Rarely】　169　38

和紙の原料としてコウゾとともに有名。明治12年以降は紙幣の原料にもされ，その優秀性は世界に誇れるものとなっている。最近では観賞用に花付きのよいものや，花色が濃い橙色のアカバナミツマタなども植栽されるようになった。花期は4月。ミツバチの訪花は認められるが，補助蜜源の域は出ない。名前の由来は枝が必ず三つに分かれて出ることから。オオミツマタもほぼ同様。

ザクロ　石榴（ザクロ科）
Punica granatum; Pomegranate
【P : Temporary】　166

6月ころ，枝先に大形の朱赤色の花を付ける。萼は筒状で肉質，あまり訪花昆虫を見ないが香りがある。適期にはかなりの花粉が出ており，これを求めてミツバチも訪花する。ザクロは石榴の音読み，榴は瘤の意で，実がこぶ状をしていることから。日本には古く平安時代に入ったといわれる。果実は独特の酸味と爽快感があって美味しい。原産地はペルシャ（現在のイラン）。

ザクロの果実　2007.10　横浜市

ザクロ。山懐の農家の庭先から都会まで広く植えられている　2007.7　山形県寒河江市

ジンチョウゲ科 Thymelaeaceae，ザクロ科 Punicaceae

グアバの花 (Am) と果実。果肉がピンクのものは花も赤い　2008.6　町田市 (玉川大学)

雄しべの赤が目をひくフェイジョア　2008.6　東京都世田谷区

ギンバイカ (Acj)　2009.5　昭和薬科大学薬用植物園

グアバ(バンジロウ)　(フトモモ科)
Psidium guajava; Guava 【P(n) : Good】

熱帯アメリカ原産の果樹。沖縄では露地栽培が可能。白花と赤花があり，花期は初夏が中心。花には芳香があり，ハチは花粉を求めて盛んに訪花する。果実にはビタミンCと鉄分が豊富で，生食のほかジュースなどに利用される。葉にはポリフェノール類が豊富で，健康飲料の材料として近年とくに注目されている。

フェイジョア　(フトモモ科)
Feijoa sellowiana; Feijoa 【P(n) : Temporary】

夏に花弁が白，雄しべ (花糸の部分) が赤い花を付ける常緑低木。もともとはブラジルからアルゼンチンのものだが，露地でも十分に育つ。果実は美味で，家庭で植えるにもよい。

ギンバイカ　銀梅花 (フトモモ科)
Myrtus communis; Myrtle 【NP : Good】　■ 46

名のように澄んだ白色の花だが，葯は金色に見え，ミツバチはこの花粉を好んで集める。園芸用によく植えられるようになったが，ハーブとしても利用される。地中海地方が原産。

フトモモ科 Myrtaceae

マキバブラシノキ。東京でもよく花をつけるので植栽も増えている　2008.6　都立夢の島公園

ブラシの中に潜り込んで蜜を吸うハチが多い。右はティーツリーの仲間　2007.5, 6　東京都町田市

ティーツリーの一種 (Am)　2007.6　神奈川県松田山ハーブガーデン　　マヌカの仲間　1993.8　クインズランド (by Dr. Paul Forster)

フトモモ科 Myrtaceae

マキバブラシノキ （フトモモ科）
Callistemon rigidus; Callistemon, Bottle brush
【NP：Good】　■149

ブラシのように見えるのは濃赤色の長い雄しべ。その先の花粉を集めるハチもいるがブラシの中深くに潜りこんで，蜜を吸うハチが多い。それだけの労力をかけて潜り込み，なかなか出てこないところをみると，かなりの量の蜜を吹いているものと思われる。和名のマキバは葉がマキに似ていることから。花期は春から夏。オーストラリア原産で，渡来は明治中期といわれる。

ティーツリー （フトモモ科）
Melaleuca alternifolia; Tea tree
【NP：Good】　■95

日本ではあまり植えられていないが，ハチは好んで訪れる。フトモモ科の植物は世界には4,000種近くあり，ブラシノキやユーカリに見るように，とくにオーストラリアに多い。アボリジニの間では昔から葉を怪我の治療などに使っていたといわれるが，事実強い殺菌力があり，最近ではアロマテラピーやアロマオイルとして脚光をあびている。

マヌカ （フトモモ科）
Leptospermum scoparium; Manuka
【N(p)：Excellent】

オーストラリアやニュージーランド産の「マヌカ蜜」の抗菌作用は地元では古くから知られていた。これが近年になって科学的な裏付けがなされ，ピロリ菌にも有効だとして有名になった。「マヌカ蜜」は濃い褐色で，味もスパイシーでかなり強い。日本でもニュージーランドから多くを輸入している。日本ではギョリュウバイ*L. scoparium*として園芸用に売っているものがこれに相当するが，原産地のものとは異なり，ハチはほとんど行かない。ニュージーランドではマオリ族の言い方にならってマヌカだが，オーストラリアではティーツリーと呼ばれ，実際に古くから飲まれていたという。

ギョリュウバイ。マヌカに近い　2008.5　東京都町田市

ニュージーランドで採蜜されているマヌカの花　コンビタジャパン提供

「マヌカ蜜」。抗菌活性の強さでグレード分けされているものもある

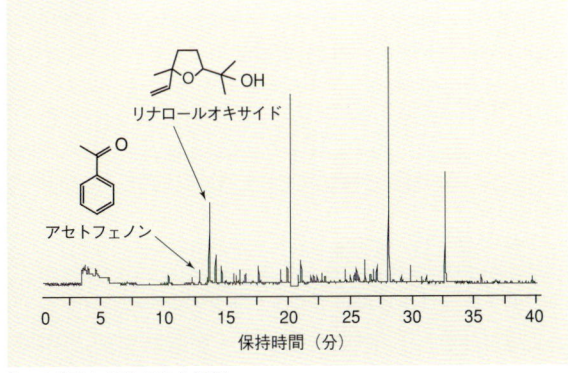

「マヌカ蜜」の香りの分析例

フトモモ科 Myrtaceae　171

ユーカリの森。日本ではここまでの状況は他にないかもしれない　2008.6　都立夢の島公園

ユーカリ類　(フトモモ科)
Eucalyptus spp.; Eucalyptus tree 【NP：Good】

ユーカリはオーストラリアを中心に世界に600種ほどが知られる。オーストラリアでは主要蜜源となっている。しかしオーストラリア大陸にはもともとミツバチがいなかったことから，本来の生態系からするとミツバチの訪花は不自然ということになってしまう。日本でも植栽が増えており，種類によっていろいろな季節に咲いているが，まだ「ユーカリ蜜」が採蜜できるほどではない。ショップで入手できる「ユーカリ蜜」は，オーストラリア産はもちろん，イタリア，スペインなどのものもある。ハーブを思わせる甘い香りがあり，悪くない。葉や小枝を蒸留して得られる精油には多くの薬理作用があり，アロマテラピー，香水などに人気がある。

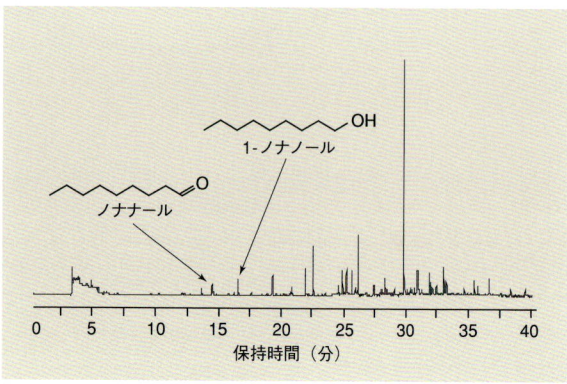

「ユーカリ蜜」の香りの分析例

フトモモ科 Myrtaceae

ユーカリの花　2008.6　都立夢の島公園

ユーカリの花粉　　ユーカリの仲間　2008.9　鳥取県米子市近郊の「とっとり花回廊」

フトモモ科 Myrtaceae　**173**

マツヨイグサ類 (ツキミソウ)
待宵草 (アカバナ科)
Oenothera spp.; Evening primrose, Sundrops
【NP : Temporary】 ■94

いわゆるツキミソウ類で、通常黄色い花を夜開花させる。最もよく見かけるメマツヨイグサ *O. biennis* は北アメリカ原産で、明治期にはすでに渡来していたとされるが、全国に繁茂するようになったのは戦後である。オオマツヨイグサ *O. glazioviana* もよく見かけるが、これはヨーロッパで一度園芸種として育成されたものが広がったようだ。この仲間の花粉は糸で繋がっており、訪花した昆虫の体にくっつきやすいようになっている。ヒルザキツキミソウ *O. speciosa* は名のとおり昼間に咲くが、不思議なことにこれにはミツバチはほとんど行かない。

メマツヨイグサ。しばしば荒地で群落となる　2007.9　福島県磐梯山麓

繋ぎ糸が見えるオオマツヨイグサの花粉

大輪の花をつけるオオマツヨイグサ　2008.8　長野県湯ノ丸高原

ヒルザキツキミソウ。ツキミソウ類の花粉は右の写真のように糸で連なっている　2006.5　東京都世田谷区

アカバナ科 Onagraceae

スキー場のゲレンデ一面に咲くヤナギラン。毎夏ニホンミツバチが訪れている　2007.8　長野県湯ノ丸高原

ヤナギラン （アカバナ科）
Chamerion angustifolium
【NP : Temporary】　■180　■245

　花期は夏。マツムシソウ同様高原の花であるが，もう少し標高の低いところにもある。少々荒れたような土地に強く，土が肥えてくるとかえってなくなってしまう。かなりの群落になって咲くことから，そういうところでは採蜜も可能そうだ。

　本州の中部地方では最近，霧ヶ峰の1,700 m付近，湯ノ丸高原の1,800 m付近でニホンミツバチの訪花を確認している。長らくニホンミツバチの棲息高度の限界は1,000 m付近といわれてきたし，上高地の近くでずっと飼育と保護に携わってきた佐藤一二三氏の見解でも，飼育可能な標高は1,200 mまでとのことであった。これも地球温暖化の影響であろうか。花粉ダンゴの色は青みをおびたグレーで珍しい。

蜜，花粉どちらも集められるヤナギラン (Acj)　2007.8　長野県湯ノ丸高原

ヤナギランの蜜腺からあふれ出た蜜

アカバナ科 Onagraceae

ウリノキ (ウリノキ科)
Alangium platanifolium var. *trilobatum*
【NP：Rarely】

全国の山地の林内に生える落葉低木。アジア東南部に20種ほどを産する。6月に葉の付け根に数個の白い花を付ける。クマバチやマルハナバチの訪花は確認しているが，ミツバチの訪花はまだ未確認。

サンシュユ (アキサンゴ)　山茱萸 (ミズキ科)
Cornus officinalis　【NP：Rarely】　■34

ダンコウバイ，アブラチャンは早春の山を黄色く彩るが，サンシュユは民家の庭先で黄色が目につく。しかし目立つわりには昆虫類の訪花は少なく，補助蜜源程度。秋に真っ赤に色づく果実は滋養強壮薬として用いられる。ただし東京のように温度差の乏しいところでは実はほとんどならない。

ミズキ　水木 (ミズキ科)
Swida controversa; Giant dogwood
【NP：Temporary】　■166　■104

5月に山を歩くと，ミズキの白い花がひときわ目をひく。そのミズキの花が終わると1ヶ月ほどを隔てて，今度は大変よく似たクマノミズキ *Cornus macrophylla* が咲く。2度咲くように錯覚しがちだがこれらは別種。ミツバチのミズキへの依存度はそこそこで，それほど好んで訪花する対象ではない。名の由来は春先に枝を切ると水が滴り出ることから。分布は日本全国。

クロウリノキ　2006.7　東京都小石川植物園

サンシュユ。葉が出る前の開花なので黄色が目立つ　2006.3　東京都町田市

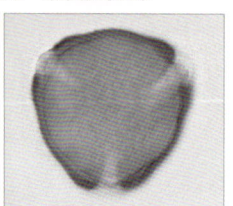

ミズキの花粉

ミズキ (Am)　2005.5　町田市 (玉川大学)

176　ウリノキ科 Alangiaceae，ミズキ科 Cornaceae

ハナミズキの果実　2007.10　広島市森林公園

ハナミズキ。派手なわりには訪花昆虫は少ない (Am)　2007.5　群馬県赤城山麓

ハナミズキ (アメリカヤマボウシ)
花水木 (ミズキ科)
Benthamidia florida; Dogwood
【P(n) : Temporary】　■ 128　■ 60

北アメリカ原産で, Dogwoodの名で親しまれており, 近年では日本でも都市部を中心にきわめてよく植栽されている。白や紅色で花弁のように見えるのは総苞片で, 本当の花はその中心部に黄緑色のものが10〜20個集まって付く。花は日本に自生するヤマボウシに似るが, 果実はヤマボウシが集合果になるので一見して区別がつく。ミツバチは花粉を求めて訪花するが, 量が少ないこともあり好んで行くというほどではない。

ヤマボウシ　山法師 (ミズキ科)
Benthamidia japonica; Japanese flowering dogwood　【P(n) : Incidentally】

ハナミズキと似るが, こちらは本州以南の山野に自生する。やはり白い4枚の花弁に見えるのは総苞。ミツバチの訪花はむしろ稀。果実は秋に熟し, 花はハナミズキに似るが実はずいぶん違う。サルが好んで食べるがヒトも食べられる。

ヤマボウシ。下は花の拡大　2007.4　町田市 (玉川大学)

ヤマボウシの果実　2007.10　広島市森林公園

ミズキ科 Cornaceae

ツリバナ 吊花 (ニシキギ科)
Euonymus oxyphyllus
【N(p) : Incidentally】

全国の落葉広葉樹林の中などに自生し，初夏に目立たない吊られたような形の花を付ける。写真①の花はオオツリバナ *E. planipes*。ニシキギ科の花は色をもった色素がないものがほとんどで，白か，わずかな葉緑素で緑がかったものが多い。

ツルウメモドキ 蔓梅擬 (ニシキギ科)
Celastrus orbiculatus 【N : Good】

全国の山野の林縁などに普通に見られる落葉の蔓性木本。5〜6月に薄い緑色の目立たない花を付ける。しかしミツバチはこれを好み，とくにセイヨウミツバチがよく行く。橙色の種子を付けた蔓は冬の生け花用素材やリース用として人気がある。

ニシキギ 錦木 (ニシキギ科)
Euonymus alatus 【N(p) : Temporary】

小枝にコルク質の羽が付くのが特徴。花は黄緑色で目立たない。ハチは行くが補助蜜源の程度。名の由来は秋の紅葉が錦のように美しいことによる。ニシキギ科としては，世界に約800種，日本には24種が知られる。

薄緑色のオオツリバナの花　2005.6　長野県湯ノ丸高原

ツリバナ。紅葉の末期で葉が白い　2007.10　福島県五色沼

ツルウメモドキの花の拡大とセイヨウミツバチの訪花　2005.5　町田市 (玉川大学)

ニシキギの花　2005.5　東京都町田市

ニシキギの果実　2008.10　山梨県甲州市

マサキ 柾 (ニシキギ科)
Euonymus japonicus; Japanese spindle
【N(p) : Temporary】■175

以前はよく生け垣用として使われたが，最近はレッドロビンなどに取って代わられ，少なくなっている。全国にあるが暖地の海岸近くにはとくに多く，6～7月に緑白色の花を付ける。ただし訪花は盛んではない。同じ仲間のツルマサキ *E. fortunei* のほうが，花数が多くミツバチの訪花も盛ん。

マユミ 檀，真弓 (ニシキギ科)
Euonymus sieboldianus
【N(p) : Temporary】■102

秋の紅葉と赤く熟した実が美しい。花は他のニシキギ科同様わずかの葉緑素を含んだ緑白色で目立たない。この仲間の花の匂いは魚臭系で，ハエ類や一部のアブ類が好んで訪れる。ハチも訪花するが蜜量が少なく，せいぜい補助蜜源。名の由来は，材が緻密で弾力性に富み，弓の材料として使われたからだという。

マサキの ② 花と，③ その拡大　2007.7　山形県寒河江市　よく訪花するツルマサキ (Am)　2007.5　山梨県富士山麓

マユミ。④ 花の拡大と ⑤ ハエやアブに混じって訪花したニホンミツバチ　2005.5　町田市 (玉川大学)

ニシキギ科 Celastraceae　179

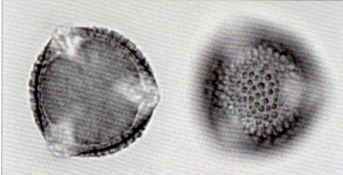

イヌツゲの花粉

イヌツゲ　犬黄楊 (モチノキ科)
Ilex crenata; Japanese holly, Box-leaved holly
【N：Good】■154

ツゲの名はあるがモチノキ科に属し，庭や垣根によく植栽される。花期は5～6月。よほど気をつけていないと見過ごしてしまうほど小さい花だが，花数が多く，ハチは好んでこれを訪れる。花粉も集めるが主に蜜源。名はツゲに似る（ツゲ科のツゲは葉が対生）が材が役立たないことによる。分布は本州以南。

シナヒイラギ　(モチノキ科)
Ilex cornuta; Chinese holly　【N(p)：Good】

垣根などに植栽される。花は緑白色で目立たないが，かなりの流蜜があり，ハチは好んで訪れている。花期も4～6月と長い。名のとおり，原産国は中国。

イヌツゲで吸蜜中のセイヨウミツバチ　2005.5　町田市 (玉川大学)

シナヒイラギ。とくにニホンミツバチが好んで訪れる　2006.5　町田市 (玉川大学)

ウメモドキの果実　2007.10　群馬県みなかみ町

葉陰に咲くシロウメモドキの花　2006.6　東京都町田市

ウメモドキ。分泌された大量の蜜が光っている

ウメモドキ　梅擬 (モチノキ科)
Ilex serrata　【N : Good】　■159

大木にはならず，花も目立たないが，ハチはこの花を大変好み，盛期にはうなるような羽音が響く。花蜜・花粉の両方が得られる。花色は紅または紫で，花や実が白いものはシロウメモドキ。日本海側のミヤマウメモドキ *I. nipponica* も同様によく訪花する。名の由来は葉がウメの葉に似ていることから。雌雄異株。紅い果実は葉が落ちてからも残る。いずれも日本固有種。

モチノキ　黐の木 (モチノキ科)
Ilex integra　【N(p) : Rarely】　■197

モチノキ科にはミツバチが好む重要な蜜源樹が多いが，なぜかこの元祖モチノキは，花が咲いてもシーンとしていて，ほとんど昆虫の訪花がない。蜜は出ているようであるが，流蜜量が少ないのが理由だろうか。材は緻密で細工によく，樹皮からは名前のとおり「鳥もち」を作った。分布は宮城，山形以南。

モチノキの雄花　2006.4　東京都世田谷区

モチノキの雌花の拡大

モチノキ科 Aquifoliaceae　181

クロガネモチ　黒鉄糯, 鉄冬青 (モチノキ科)
Ilex rotunda; Round leaf holly
【NP：Excellent】■142

関東以南の常緑樹林内に自生するが，養蜂家の努力もあり，近年街路樹として多く植栽されるようになった。花期は6月で，雌花(雌木)からは良質の蜜が採れ，雄花も花粉源として優良。冬の赤い果実は見た目にも美しい。ヒヨドリなどの野鳥がこれを食べるが，真っ先には食べず，2月ころになってから食べるところを見ると，味はそこそこなのであろう。樹皮からはやはり鳥もちが採れる。名の由来は枝が紫色をおびることから。近縁のナナミノキ *I. chinensis* も同様に良いと思われるが，こちらは庭木としての利用はあるものの，街路樹などへの利用は行われていない。

愛知県の一宮市ではこのクロガネモチを市の木とし，蜜は「福来蜜」として売り出している。この木がフクラとも呼ばれることからで，味はとても良い。

クロガネモチの雌木で採蜜中の ① ニホンミツバチと ② セイヨウミツバチ　2007.5　東京都世田谷区

クロガネモチの雄花

クロガネモチの雌花の拡大

182　モチノキ科 Aquifoliaceae

「クロガネモチ蜜」

「クロガネモチ蜜」の香りの分析例

何日かにわたり集団でやって来ては果実を食べるヒヨドリ　2007.1　東京都町田市

暖地系なので雪は苦手　2007.12　横浜市

モチノキ科 Aquifoliaceae　183

ソヨゴ。開花期の遠景，花は目立たない　2009.6　松本市

雄花 (雄木) に訪花中のセイヨウミツバチ　2005.5　町田市 (玉川大学)

雄花の拡大

雌花の拡大。蜜は雌花のほうが多い

ソヨゴ (フクラシバ)　(モチノキ科)
Ilex pedunculosa　【NP：Excellent】　■147

花は目立たない白い小花だが，暖地の山には多く自生していて，自然の蜜源樹のなかではきわめて重要。蜜質もよいとされる。雌雄異株で，雄木の花はとくに小さく，数は多いとはいえ，これでよくそれほどの蜜が出ると感心してしまう。花期は5〜6月。赤い実は野鳥にも役立っているはずだが，翌春まで残っているところをみると，あまり美味しくないのであろう。名の由来は，硬質の葉が風にそよいで音がすることによる。別名のフクラシバ (膨葉) は，葉を火に入れると膨らむからという。分布は本州中部以西。

雪を耐える果実　2008.2　町田市 (玉川大学)

「ソヨゴ蜜」

アカメガシワの花粉

モチノキ科 Aquifoliaceae

フッキソウ　富貴草（ツゲ科）
Pachysandra terminalis; Japanese spurge　【N(p)：Rarely】

木本植物なのだが背丈が低く，草本のように見える。日本庭園や公園に好んで植えられる。花期は春で，花序の先には雄花が，基部には雌花が付く。名の由来は常緑で繁殖力が強く，縁起がよいことによる。

アカメガシワ　赤芽柏（トウダイグサ科）
Mallotus japonicus; Japanese mallotus
【NP：Excellent】　■ 2　■ 177

梅雨の最中から梅雨明けにかけて咲き，越夏用蜜・花粉源として重要。雌雄異株で雄木にのみ訪花するから，雌木を植えても無駄だ。かなりの大木になり，成長も花が付くのも早い。花期も比較的長い。葉柄の付け根近くに一対の花外蜜腺があるが，これはもっぱらアリ用。本州から九州の山野に普通に自生する。名のとおり若葉や芽が赤い。別名の「菜盛葉」は昔，葉を食器代わりに用いたところから。

オオバギ　大葉木（トウダイグサ科）
Macranga tanarius　【Propolis】

熱帯アジア産だが，沖縄には普通に自生している。3〜5月に雄花がよく目立つそうで，訪花しているはずだがまだ確認はしていない。柔らかい棘のある緑色の果実の表面は蝋質の分泌物で覆われ，最近沖縄のミツバチはこれをプロポリス源として集めていることが確認された。葉柄が丸い葉の中から出ている形は珍しい。

フッキソウ　2006.4　神奈川県箱根町

アカメガシワで蜜と花粉を集める (Am)　2007.6　東京都世田谷区

葉の基部両側にあるアカメガシワの花外蜜腺

オオバギの実からプロポリス源の樹脂を採集中のセイヨウミツバチ　2008.7　那覇市 (by 中村)

ツゲ科 Buxaceae，トウダイグサ科 Euphorbiaceae

アブラギリ 油桐
(トウダイグサ科)
Vernicia cordata
【NP：Good】■137

本州中部以西に見られる落葉高木であるが，伊豆半島にも多く見られる。原産地は中国で，雌雄異株。蜜源としての知名度は高くないが，同じトウダイグサ科のアカメガシワやイイギリ同様，ハチは好んで訪花する。種子からは上質の油が採れ，樹皮は染料に。同属のシナアブラギリ(別名：オオアブラギリ *V. fordii*) も植栽されているが少ない。

トウゴマ (ヒマ)
唐胡麻 (トウダイグサ科)
Ricinus communis; Castor bean
【P：Rarely】■225

種子からヒマシ油を採るために栽培されるが(世界で年間100万トン)，熱帯・亜熱帯では帰化して野生状態になっているところも多い。一年生の草本だが，大柄で2mにも達する。雄花と雌花はまったく形状が異なり，雄花から花粉が集められる。ヒマシ油は日本薬局方にも収録され，下剤などとして用いられるが，毒性の強いリシンも含まれているので注意が必要。アフリカ原産。

アブラギリの花　2008.5　昭和薬科大学薬用植物園

トウゴマの花粉

トウゴマ。赤く見えるのが雌しべ，クリーム色の小花が雄花　2007.7　昭和薬科大学薬用植物園

トウダイグサ科 Euphorbiaceae

まばゆいほどにたくさんの花を付けたナンキンハゼ (Am)　2007.7　昭和薬科大学薬用植物園

ナンキンハゼ　南京黄櫨 (トウダイグサ科)
Triadica sebifera; Chinese tallow tree
【P(n) : Temporary】　■109　■226

中国原産だが江戸時代に日本に入り，庭木，街路樹として各地に植栽される。分類学的にはハゼとは関係ないが，ハゼ同様果実から油が採れ，やはりロウソクが作れる。7月に総状花序の黄色い小花を多数付け，花粉源となる。秋には赤く紅葉した葉と白銀の蝋質の実のコントラストが絵になる。

ポインセチア類　(トウダイグサ科)
Euphorbia spp.; Poinsettia etc.【P(n) : Temporary】

トウダイグサ科のハツユキソウ *E. marginata*，ショウジョウソウ *E. cyathophora*，ポインセチア (猩猩木) *E. pulcherrima* の花は独特の構造をしていて，まるで唇のような蜜腺が特徴的だ (写真②)。とくにショウジョウソウはクリスマスに飾るポインセチアを雑草にしたような格好で，訪花が多い。

ハナキリン　花麒麟 (トウダイグサ科)
Euphorbia milii var. *splendens*　【NP : Incidentally】　■126

マダガスカル原産で，棘があり，サボテンの仲間のようにも見える。ほぼ年間を通じて花を付けており，蜜の量はけっこう多い。花粉も採れる。傷つけたところから出る乳液にはジテルペン系の毒が含まれる。

① ショウジョウソウ　2007.9　世田谷区　② ポインセチア　2008.11　町田市 (玉川大学)　③ ハナキリン (Am)　2008.9　沖縄県本部町　④ ハツユキソウ　2006.9　世田谷区　⑤ トウダイグサの一種　2008.5　群馬県赤城山麓 (②～⑤は栽培品)

トウダイグサ科 Euphorbiaceae　187

クマヤナギ　熊柳 (クロウメモドキ科)
Berchemia racemosa　【N(p)：Rarely】

蔓性で夏に緑白色の総状花序を付ける。赤い実は開花の翌年に熟す。蔓は「かんじき」に用いられた。分布は全国。

ケンポナシ　玄圃梨 (クロウメモドキ科)
Hovenia dulcis; Japanese raisin tree
【N(p)：Excellent】　■ 56　■ 182

山の蜜源樹を代表する一種で，6～7月にかけて開花。山腹を見渡すと，ミズキより少しくすんだ白い花で，慣れれば遠くからでもわかる。ミツバチは群がって訪花し，花が多ければ木の下にいても羽音がうなりを立てて聞こえるほどだ。蜜腺部分は露出しているが，毛が生えていて乾燥を防いでいる（走査電顕写真④）。果実の形状には特徴があり，表面がナシの実の肌にそっくりなことからの命名。その肥厚した果実は食べると美味しい。蜜源樹として第一級であるほか，材も木目が美しく狂いも少ないので，もっと植栽したいところだ。分布は全国。

東京付近ではめっきり少なくなってしまったクマヤナギ　2008.6　昭和薬科大学薬用植物園

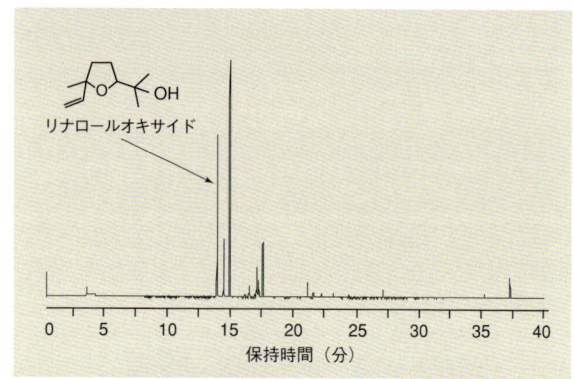

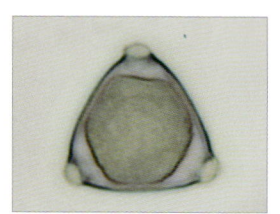

ケンポナシの花粉

「ケンポナシ蜜」の香りの分析例

ケンポナシ　① 開花時の遠景と　② 訪花 (Acj)　2006.7　東京都小石川植物園　③ 花の拡大　④ 走査電顕写真。蜜腺上の毛がよく見える

クロウメモドキ科 Rhamnaceae

大量のミツバチが訪れているケンポナシの木　2007.6　神奈川県山北町

ネコノチチ　猫の乳 (クロウメモドキ科)
Rhamnella franguloides　【N(p) : Good】　■170

神奈川県以西の暖地の林内に自生する落葉樹。5～6月に葉の付け根にきわめて小形の黄緑色の花を付ける。花期は短いものの、花時にはうなるようにミツバチが訪花する。森の中にはこのように、人知れず蜜を出してくれている木が少なくない。命名は、小さな長楕円形の果実をネコの乳首に見立てたもの。

ネコノチチ。花は小さく目立たないが蜜の分泌は旺盛　2008.6　町田市 (玉川大学)

クロウメモドキ科 Rhamnaceae

ナツメ　棗 (クロウメモドキ科)
Ziziphus jujuba; Jujube
【N：Good】

クロウメモドキ科の木本で，6〜7月に薄緑色の目立たない花を付ける。日本では補助蜜源となる程度だが，純度の高い「ナツメ蜜」は色が濃く，わずかに緑がかるとのこと。中国では主要蜜源の一つで，日本で手に入る「ナツメ蜜」もたいていは中国産。フルーティーな香りとわずかな渋みが特徴。ナツメの材は硬く，彫刻，細工によく，果実は甘く，生食のほか干したり砂糖漬けにする。利尿，強壮の薬効があるとされ，薬用酒としての人気も高い。原産地はアジア西南部からヨーロッパ南部にかけて (中国北部とする文献もある)。名の由来は夏になって芽を吹くことによる。

この科には薬用成分を含むものが多く，世界では900種ほどが知られている。クロウメモドキ *Rhamnus japonica* var. *decipiens* は高原の美しい蝶，ヤマキチョウの食樹。夏に咲いて花蜜を産する。

① ナツメ。満開だが目立たない　② 花粉　③ 花の拡大　④ ニホンミツバチの訪花　2006.7　横浜市

ナツメの果実　2007.10　松本市

「ナツメ蜜」

クロウメモドキ科 Rhamnaceae

ツタの花。緑色の花弁は開花後ほどなく落ちてしまう　2006.7　山梨県長坂町

ツタ (ナツヅタ)　蔦 (ブドウ科)
Parthenocissus tricuspidata; Boston ivy, Japanese ivy　【N：Good】　■90　■211

木や岩に絡む蔓性のツタ類にはいろいろな種類があるが、蜜・花粉源として重要なのはこのブドウ科で落葉性のナツヅタと、ウコギ科で常緑のキヅタ (フユヅタ) である。ナツヅタは先端が吸盤になった巻きひげを伸ばし樹幹や岸壁をよじ登り、6～7月の梅雨明けのころ、葉陰に隠れるように黄緑色の花を付ける。開花流蜜するのは、午後3時前後の短い時間帯に限られる特徴がある。ミツバチも体内時計でその時間帯を学習し、それ以外の時間帯にはまず訪花しない。アマヅラの別名もあるが、これは日本で昔、ツタの樹液をアマヅラと呼ばれる甘味料として利用していたことによる。

午後3時になるとツタの花を訪れるニホンミツバチ　2006.7　東京都町田市

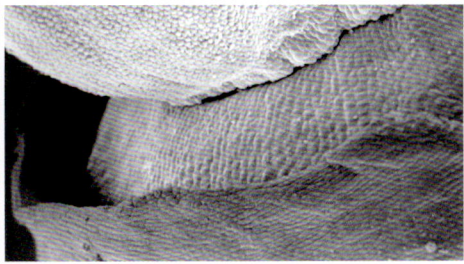

ツタの蜜腺の走査電顕写真

ツタの果実と紅葉　2007.11　東京都世田谷区

蜜腺の強拡大図。孔はおそらく花蜜の分泌口

ブドウ科 Vitaceae

ノブドウの花とセイヨウミツバチ　2006.7　町田市 (玉川大学)

ノブドウの果実　2006.10　山梨県八ヶ岳山麓

ノブドウの蜜腺

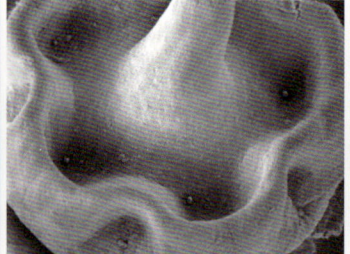

分泌部分の拡大

走査電顕写真

ノブドウ　野葡萄 (ブドウ科)
Ampelopsis glandulosa var. *heterophylla*　【N：Good】　■172

北海道から九州までの山野に広く自生。7月から8月まで長期にわたり開花するので、同じブドウ科のヤブガラシと並び、夏の重要な蜜源。果実は紫色や碧色に色づいて目に眩しいが、これはブドウタマバエやブドウトガリバチの幼虫が寄生して虫えい化したことによる発色で、自然の妙を感じさせられる。

ブドウ類　(ブドウ科)
Vitis spp.　【NP：Rarely】　■150　■128

栽培種のブドウには、スペインなどではミツバチがかなり行くというが、日本では果実が食用になるブドウは蜜源としては有力ではない。行ったとしても主に花粉を集める程度。ブドウ科全体としては、熱帯と亜熱帯を中心に世界に500種ほどが知られる。*Vitis* 属としては北半球の温帯と暖帯に約60種。

ヤマブドウ　山葡萄 (ブドウ科)
Vitis coignetiae　【NP：Rarely】

山地に自生する日本のブドウで、果実は秋の山の味覚であり、最近ではジュースやワインとしても利用される。主にニホンミツバチの花粉源。

中国産のブドウの花での花粉集め (Acj)　2008.5　東京都世田谷区

栽培品種のブドウの花　2007.5　東京都世田谷区

ヤマブドウ。紅葉後落葉しても実は残る　2007.10　福島県磐梯吾妻高原

ブドウ科 Vitaceae

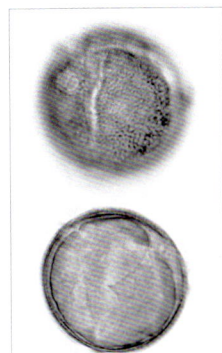

ヤブガラシの花粉

ヤブガラシでの吸蜜 (Acj)。ピンク色になった花は無視する　2005.7　町田市 (玉川大学)

ヤブガラシ　藪枯らし (ブドウ科)
Cayratia japonica　【NP：Good】　■181　■198

普通は実がならないのでイメージがわかないが，ブドウ科に属し，越夏のための重要な蜜源である。実を付けないのになぜあんなに一生懸命花を付け，貴重な光合成産物である糖を蜜として無駄に昆虫に供給するのかと思っていたが，最近それが三倍体だからであることが判明した。関東地方のものはほとんどがこの三倍体らしいのだ。咲いたばかりでは花弁と雄しべがあり，花粉を供給してくれるが，じきに花弁と雄しべは落ちてしまい，その後盤状の花托からたっぷりの蜜が分泌される。2日目になると花托はピンク色に変わり，もうほとんど蜜は出ない。ミツバチはそれをいち早く学習し，橙色の花だけを選んで着地するようになる。

関東地方では珍しいヤブガラシの果実　2007.10　群馬県みなかみ町

アオスジアゲハ。アシナガバチもよく来る　2005.7　東京都世田谷区

開花途中。花弁のように見える緑の部分はすぐに脱落してしまう

開花当日の橙色のほうはたっぷり蜜が出ているが，ピンク (前日開花) のほうは蜜が出ていない

ブドウ科 Vitaceae　193

ミツバウツギ 三葉空木
(ミツバウツギ科)
Staphylea bumalda
【N(p)：Temporary】

ちょうどアカシアが咲くのと前後して，山懐ではこのミツバウツギも白い花を付ける。マルハナバチもミツバチも好んでこの花を訪れる。蜜も供給するが，花粉利用の場合のほうが多いようだ。若芽は山菜として親しまれる。名の由来は小葉が3枚でウツギに似た花を付けることによる。日本全国と中国に分布。ミツバウツギ科は小さな科で，世界に30種ほどしかない。

ゴンズイ 権萃
(ミツバウツギ科)
Euscaphis japonica
【N(p)：Temporary】 ■143

関東以西の日当たりのよい林地に生える。5～6月にくすんだ白色の花を付け，とくにニホンミツバチはよく訪花する。果実は9～11月に赤く熟し，中から真っ黒い光沢ある種子が顔を出した様は印象的だ。名の由来だが，材が役立たないので，同様に役に立たない魚のゴンズイと同じ名がついたという説がある。

華奢なつくりのミツバウツギの花 (Am) 2007.5 神奈川県山北町

ゴンズイの花 2006.6 静岡県東伊豆町

ゴンズイの花の拡大写真。蜜が光って見える

種子が実ったところ 2007.9 東京都町田市

ムクロジ　無患子 (ムクロジ科)
Sapindus mukorossi; Soapberry　【N(p) : Good】■196

南方系で，中部以西の暖地での重要な蜜源。色素のないクリーム色に近い目立たない花を付けるが，ハチは梅雨の合間を縫うように訪花する。咲き終えた花が落下して地面が絨毯のようになるのも美しい。日本では神社によく植えられている。果皮はサポニンを多く含み，昔は石鹸代わりに使われた。核は「羽根突き」の羽根の球に使われる。

リュウガン　竜眼，龍眼 (ムクロジ科)
Dimocarpus longan; Longan　【N(p) : Good】■188

タイなどではロンガンと呼ばれ，南方での重要な蜜源樹。ミツバチは好んでこの花を訪れる。蜜は南方のものにしては癖がなく食べやすい。日本では八重山諸島と九州南部で一部に植えられている程度。

レイシ (ライチ)　荔枝 (ムクロジ科)
Litchi chinensis; Lychee　【N(p) : Good】■191

中国南部から東南アジア原産の果樹で，ライチの呼び名のほうが有名。鹿児島県の大隅半島あたりではよく見られる。中国や台湾では大規模に栽培されていて，重要な蜜源となっている。熱帯産の蜜は，味に癖のあるものが多いが，「ライチ蜜」は口当たりもよく，とくに女性のファンが多いようだ。ライチはアロエヨーグルトの香り付けに使われるので，アロエの香りだと思い込んでいる人もいる。

開花中のムクロジの木　2006.6　東京都小石川植物園

ムクロジ。訪花中の花 (Acj)　2006.6　東京都小石川植物園

リュウガン。全景とセイヨウミツバチの訪花　2008.6　鹿児島県指宿市 (by 深澤)

赤みが強い「リュウガン蜜」

レイシ。訪花しているのはニホンミツバチ　2008.5　鹿児島県南さつま市 (by 深澤)

ムクロジ科 Sapindaceae　**195**

モクゲンジ （ムクロジ科）
Koelreuteria paniculata; Golden rain tree
【N(p)：Good】　217

Golden rain tree とはよくいったもの。黄色の小花がまさに雨のようにハラハラと散る。硬い種子は数珠に利用され，寺院にもよく植えられる。本種の花期は6月中旬から7月にかけてだが，9月には近縁のオオモクゲンジ *K. bipinnata* が咲く。いずれも珍しいが，ともに花の少ない時期に咲くこともあり，多くの昆虫が狂ったように訪れる。ミツバチも例外ではない。美しい木だし，花期は短いものの，ぜひもっと増やして蜜源としたいところだ。ただし蜜の味は未確認。

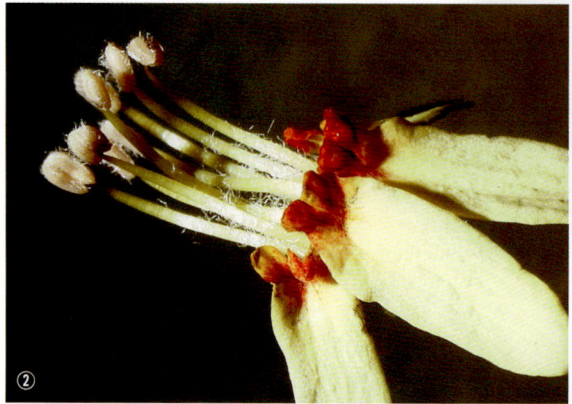

① 開花盛期のモクゲンジ　2007.7　② 落下した花　2007.7　③ 種子が出来たところ　2007.8　ともに東京都町田市

オオモクゲンジの花は秋　2007.9　神戸市立森林植物園

ムクロジ科 Sapindaceae

ニワウルシ (シンジュ) (ニガキ科)
Ailanthus altissima; Tree of heaven
【N(p) : Rarely】■167

初夏から夏に，高い梢に目立たない花を付ける。ムクロジなどと同様，地面に落ちた花殻から上空の開花に気づくことが多い。翼果を付けるので，花期が終わって種になったときのほうが目立つ。成長が早いので戦時中には植栽が奨励された。花蜜，花粉ともに産するが，ミツバチはそれほど好まない。蜜質もあまりよいとはいえないようだ。中国原産。明治時代，シンジュサン (野蚕の一種) を飼うのに植えたものが各地で野生化した。

ニワウルシ。花は蜜腺と雄しべから出来ているようなものだ。④ 花にルリシジミの卵が産み付けられている　2005.6　町田市 (玉川大学)

センダン　栴檀 (センダン科)
Melia azedarach; Chinaberry
【N(p) : Temporary】■146

暖地に自生し，アカシアの後，梅雨前のちょうどカキの花と同時期に咲く。ハチは比較的好んで訪花するが群がるほどではない。果実や樹皮は苦味成分を含み，駆虫剤などに用いられる。名の由来は樹皮の灰汁で一時に「千段」もの白布を染められたことからという。センダン科にはマホガニーなど有用材が多く，世界的には熱帯・亜熱帯を中心に50属1400種も知られる。なお，「栴檀は双葉より芳し」といわれる栴檀はビャクダンのことで，本種には芳香はない。

センダン。よく風にそよぐ花で訪花しにくい。落葉後に残る果実はよく目立つ (Am)　2006.6　東京都世田谷区

ニガキ科 Simaroubaceae，センダン科 Meliaceae

爺が岳を背景にそびえ立つ満開のトチノキ　2008.6　長野県北アルプス山麓

谷あいに多くの巨木が残る貴重な産地　2005.9　山形県朝日岳山麓

大きくなった果実　2008.8　長野県北アルプス山麓

198　トチノキ科 Hippocastanaceae

トチノキ　栃の木 (トチノキ科)
Aesculus turbinate;　Japanese horse chestnut
【NP : Excellent】　■95

　日本の山の蜜源樹のなかで，蜜の量，質ともに筆頭にあげられる。「トチ蜜」は香りは強いが味にコクがあり，結晶化しにくい。当たり年には，蜂屋さんの表現で「夕立のように入る」といわれるほどの流蜜がある。そのような年には，1群当たり1斗缶 (24 kg) 1本の採蜜も夢ではない。

　花粉が紅色をしているため，時として蜜も赤みをおびる。樹は山の，とくに谷筋にそって分布し，見事な巨木になるが，材が美しいこともあってかなり伐採されてしまった。混交林を重視，復元する施策のなかで，最重要樹種として計画的に増やしたいものだ。ヨーロッパのマロニエ (セイヨウトチノキ *A. hippocastanum*) とは近縁だが，日本に自生するトチノキのほうが蜜源樹としては優れている。種子にはデンプンが多く，あく抜きして栃餅にする。

花穂の長さは30 cm を超える

トチノキの花粉は赤い　2009.6　長野県松本近郊

果実はあく抜きをして餅やせんべいに　2008.9　福島県阿武隈山地

「トチ蜜」。これでなくてはというファンも多い

トチノキ科 Hippocastanaceae

トチノキは渓流沿いが好き　2008.6　長野県北アルプス山麓

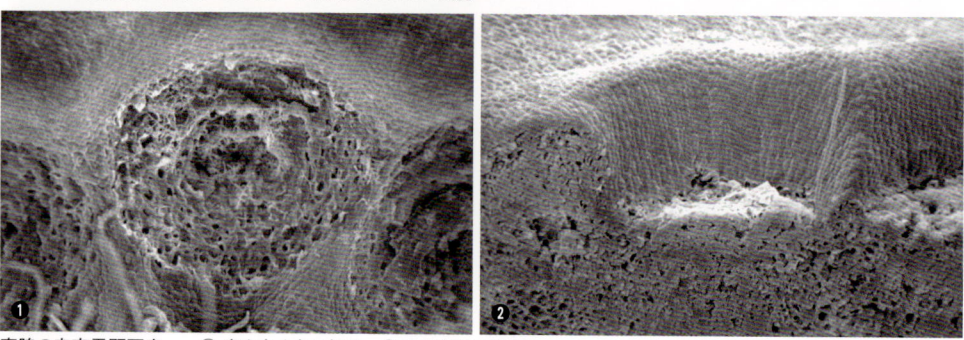

蜜腺の走査電顕写真。　①蜜を吹く底の部分　②底の部分の断面

最近では園芸用に赤花のベニバナトチノキ A. × carnea も普及している。これにもハチは行くが、蜜の質がどうかはわからない。トチノキ科は世界で約15種と多くない。トチノキの窪地のような蜜腺部分（写真①）を固定して電子顕微鏡で観察してみると、断面はスポンジのようになっており（写真②）、花蜜はここから分泌されるのであろうと思われる。

大木となったベニバナトチノキ　2006.5　東京都町田市

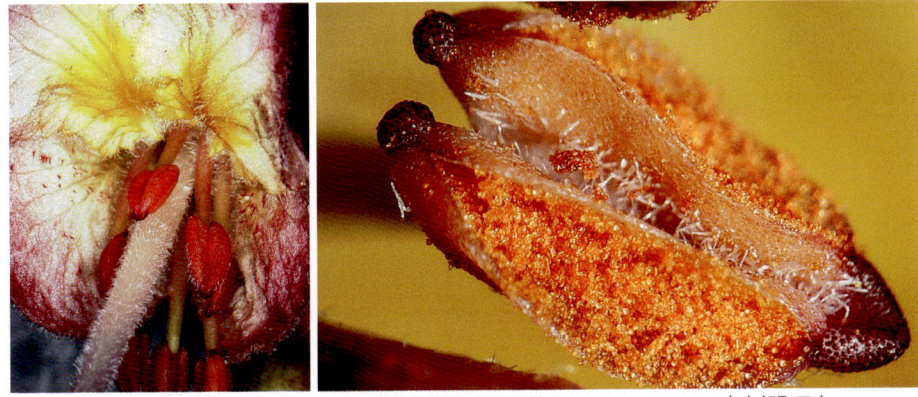

ベニバナトチノキの花の拡大と葯が開いて濃い橙色の花粉がのぞき始めたところ　2006.5　東京都町田市

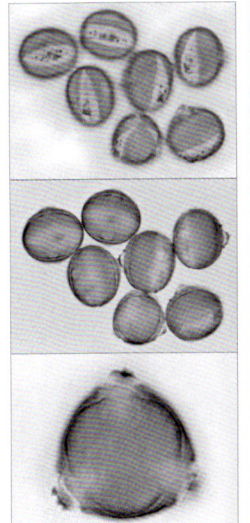

トチノキの花粉

訪花したニホンミツバチ　2006.5　東京都町田市

トチノキ科 Hippocastanaceae　201

イロハモミジ。訪花しているニホンミツバチは花粉ダンゴもつけているが，蜜もかなり採れる　2008.5　埼玉県秩父市

カエデ類　楓（カエデ科）
Acer spp.; Maple tree, Acer tree　【N(p)：Good】【Honeydue】

　モミジ，カエデの類には多くの種類があるが，何種かにはハチは好んで訪花する。いずれも蜜，花粉の両方を出し，知名度は高くないが，実態は重要な蜜・花粉源といえよう。イロハモミジ（別名：イロハカエデ）*A. palmatum* はモミジを代表する一種。春の花時には，目立たないながらかなりの訪花が見られる。ちょうど花が開花するころ，新芽上ではアブラムシも繁殖することから，その甘露を集めるハチも見かける。分布は本州以南。庭木，公園，盆栽など多様な用途がある。

　区別が難しいヤマモミジ *A. amoenum* var. *matsumurae* もおそらく同様だろう。オオモミジ，日本固有種のハウチワカエデ *A. japonicum* やコハウチワカエデも大形の花で，訪花がある。ウリハダカエデ *A. rufinerve* のように総状に垂れ下がって咲くカエデ類も多いが，これらにハチがどの程度訪花しているのかは把握できていない。

山のカエデ類　①，② ウリカエデ　③ ハウチワカエデ　④ おそらくミネカエデ　いずれも5月（富士山麓，八ヶ岳山麓）

202　カエデ科 Aceraceae

⑤ トウカエデとともに好まれるオオモミジの仲間　⑥ イロハモミジ　2008.5　埼玉県秩父市

カエデ類のなかでもトウカエデ (唐楓 *A. buergerianum*) は特別かもしれない。花は目立たないが4～5月の花の盛期にこの木の下を通ると，ウォーンというハチのうなり声 (羽音) が聞こえてくる。それほどよく訪花するのだ。中国から江戸時代 (享保年間) に導入されたとされ，街路樹などとしてよく植栽されている。蜜・花粉源として高く評価すべきであろう。

⑦ 芽だし (=開花) が赤いカエデ (種名不詳) もよく蜜が出る　⑧ はその拡大で蜜が見える　⑨ 芽だしのころにはアブラムシも付くので，その甘露を集めるハチも少なくない　2005.4　町田市 (玉川大学)

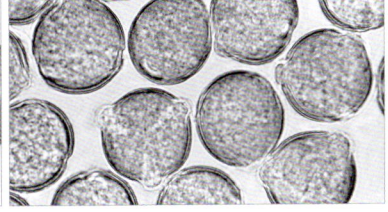

ハウチワカエデの花粉

トウカエデへの訪花 (Am)　2008.5　東京都町田市

カエデ科 Aceraceae　203

ウルシ 漆 (ウルシ科)
Toxicodendron vernicifluum; Lacquer tree
【N(p) : Temporary】

ウルシ科の何種かは，外見からは見分けがつきにくいが，いずれもハチは好んで訪花する。花期は初夏から夏。ウルシのハチ蜜でかぶれたという話は聞かない。ただしウルシの花の蜜腺から分泌されている蜜を観察すると，黒く着色している場合があるから(ウルシオールがラッカーゼの作用で酸化されると黒色の樹脂状物に変化する)，注意が必要かもしれない。ウルシの原産は中央アジアの高原地帯。マンゴーや身近なナッツ類のカシュウナッツ，ピスタチオがウルシ科だということは案外知られていない。ウルシ科全体では世界に600種ほどがある。ツタウルシ *T. orientale* は蔓性なのでわかりやすいが，ヤマウルシ *T. trichocarpum*，ヤマハゼ *Rhus sylvestris*，それに次項のハゼノキとの区別は難しい。

①，② ウルシと思われる花への訪花 (Acj) ③ 蜜の一部が褐変している 2006.6 東京都世田谷区

ツタウルシ。花は目立たないが，山には多い 2006.5 神奈川県箱根町

ツタウルシの紅葉 2007.9 神奈川県箱根町

204　ウルシ科 Anacardiaceae

④,⑤ ヤマハゼ　2006.5　東京都町田市　⑥ ヤマウルシ　2007.10　福島県磐梯吾妻高原

ハゼノキ (タイワンハゼ)　櫨の木，黄櫨の木 (ウルシ科)
Rhus succedanea　【NP：Excellent】■155

栽培もされてはいるが，野生状態のものも多く，西南日本や静岡県では重要な蜜源植物となっている。東南アジアの原産で，日本には木蝋を採るために，当時の琉球王国から導入された。流蜜量が多く，ハチは喜んで訪花する。「ハゼ蜜」は香りは強めだが味は比較的淡白。ハゼの実はその20〜30％がパルミチン酸を主成分とする脂質で，上述のように，ロウソクの蝋は主にこのハゼの実から採取されてきた。

「ハゼ蜜」の香りの分析例

木蝋を採るハゼノキの実　2008.8　静岡県東伊豆町

ハゼノキの花　2008.6　静岡県東伊豆町

ウルシ科 Anacardiaceae

ヌルデ　白膠木 (ウルシ科)
Rhus javanica 【NP：Good】 ■114 ■255

夏の終わりころ，ウルシ科にしては目立つ黄色みをおびた乳白色の花を咲かせる。まだ秋の花たちが咲く前の時期の貴重な蜜および花粉源。ただし，この蜜がたくさん入ったときには，蜜が黒っぽく着色するという。ヌルデは，樹皮は染料に，果実は蝋の原料として使われる。葉にしばしばできる虫こぶはヌルデシロアブラムシによるもので五倍子（ごばいし）と呼ばれ，薬用となる。

ヌルデの花粉

① ヌルデの花での吸蜜 (Acj) と ②，③ 花粉集め (Am)　2006.9　長野県八ヶ岳山麓

ヌルデの大木。アブやハエなど多くの他の昆虫たちも集まる　2008.9　長野県大町市

ウルシ科 Anacardiaceae

マンゴー 檬果, 芒果 (ウルシ科)
Mangifera indica; Mango 【N(p) : Rarely】

熱帯アジアの原産だが，近年人気の高まりとともに沖縄，鹿児島，宮崎，和歌山県などでビニールハウスを利用した栽培が盛んになりつつある。原産地の熱帯では樹高40mにもなる常緑高木で，防火用に植えることもある。花はおよそ花らしくなく，花粉が水に弱く，ハウスで栽培するのも，温度の確保と同時に花を雨に当てないためだといわれる。花にはまた腐敗臭のような匂いがあり，ポリネーション用にはハエを使う場合が多いが，ミツバチの利用も進みつつある。

日本ではハチ蜜の生産は望めないが，産地では少し暗色の，相当個性的な香りの蜜が採れるようである。これはもしかすると，傷んだ果実からの液体を集めてきてしまうからかもしれない。ネパールでは「甘露蜜」か花外蜜腺の蜜を集めているのではないかとの報告もあるが，真相はわからない。

果実は生で食べるほかに，ジュースやアイスクリームなどにも向くし，乾果としてもよい。東南アジアなどでは，まだ緑色の未熟果実を野菜のようにして食べる習慣もある。

マンゴーの花　2008.5　町田市 (玉川大学温室内)

花の拡大

マンゴーの果実　2009.7　沖縄県西表島 (by 河野)

ウルシ科 Anacardiaceae　　**207**

葉に先立って棘の中に咲く様が美しいカラタチの花　2007.4　東京都世田谷区

カラタチ　枳殻, 枸橘 (ミカン科)
Poncirus trifoliata; Bitter orange
【N(p) : Temporary】　■32

ミカン類には多くの種類があるが、花はどれも5月ころに集中して咲く。そんななか、このカラタチは花期が早く、ソメイヨシノと同じか少し遅れるくらい。清楚な美しさがあり、補助蜜源ともなる。生け垣としてあまり見なくなってしまったと思っていたが、棘が面白いとして、最近観葉植物的価値が見直されつつある。果実は英名のとおり生で食べるには酸味と苦味がきつすぎるが、果実酒や砂糖漬けにはよい。原産地は中国。

カラタチの花の拡大

コクサギ　小臭木 (ミカン科)
Orixa japonica　【N(p) : Incidentally】

一見ミカンの仲間には思えないが、名のとおり特有の臭い匂いがし、葉にはミカン科特有の油点がある。山野の谷間などに普通。雌雄異株で、花期は春。

果実酒にもよいカラタチの果実　2008.9　東京都町田市

コクサギ　2006.4　埼玉県秩父市

コクサギの花の拡大

208　ミカン科 Rutaceae

ミヤマシキミ。右は花の拡大　2006.4　東京都町田市

ミヤマシキミ　深山樒（ミカン科）
Skimmia japonica　【N(p)：Rarely】　■39

関東以西の低山地の林内に自生するが，生け垣や庭木としても使われる。葉はアルカロイドを含み有毒。花は補助蜜源の域を出ないものと思われるが，香りがよい。

ミカン類　（ミカン科）
Citrus spp.　【N(p)：Excellent】　■81

次々に新品種が作られているが，*Citrus* 属の野生種はアジアに10数種，日本には3種しかない。ユズまでは*Citrus*属だが，キンカンとカラタチは別属。ミカン科に広げていえば，熱帯・亜熱帯を中心に世界で約1,500種，日本には24種。代表的なウンシュウミカン*C. unshiu*（温州蜜柑。Mikan, Satsuma）をはじめ，カンキツ類はいずれも蜜源となる。

満開のウンシュウミカン。背景は相模湾　2007.5　神奈川県湯河原町 (by 浅田)

ミカン科 Rutaceae

「ウンシュウミカン蜜」の甘い柑橘系の香りはきわめて特徴的で，一度味わうとファンになる人が多い。

ウンシュウミカンは花粉が少ないので，ハチは主に蜜を採取し，花粉源としては期待できない。ちなみに「ウンシュウミカン蜜」の場合，蜜中の花粉に占めるミカン花粉の割合が30％以上もあれば，十分に純度の高い「ミカン蜜」とみてよい。ウンシュウミカンは日本で生まれた品種で，日本で栽培されているミカンの90％近くを占める。地球温暖化で栽培地が北に拡大，あるいは移動しつつある。右ページの写真①，②は神奈川県で最近作出された湘南ゴールドという品種で，こちらは花粉量が多く，受粉が必要。

ナツミカン *C. natsudaidai* は山口県が発祥地。ウンシュウミカンほど多くの花は付けないが，良蜜を産する。果実は収穫しなければ，前年のものが翌年の花期まで残る。

強い香りがたちこめるミカン園で，ウンシュウミカンへ訪花する Am　2007.5　神奈川県小田原市

ウンシュウミカンの蜜腺から分泌された蜜(左)と花の断面(右)。花粉はごく少ない

ウンシュウミカンの果実　2006.12　神奈川県湯河原町

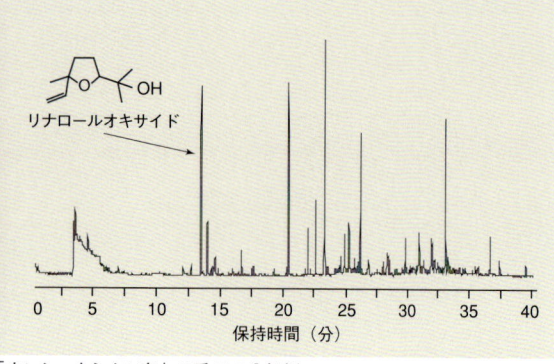

「ウンシュウミカン蜜」の香りの分析例

ミカン科 Rutaceae

ウンシュウミカンは蜜量が多く，花粉はとても少ない (Am)　2007.5　神奈川県小田原市

キミカン (品種：湘南ゴールド) への訪花。種もできるが花粉は多い (Am)　2007.2　神奈川県根府川農業試験場温室

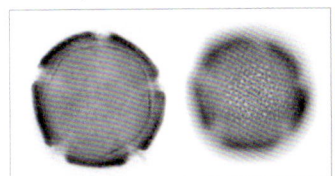

ナツミカンの花粉

ナツミカン。花の断面を見ると，白い台座のような大きな蜜腺の上にミカンになる部分が乗った形になっているのがよくわかる
2006.5　東京都世田谷区

ミカン科 Rutaceae　211

ザボンは果実も大きいが花も大形だ。ヒュウガナツ (日向夏) *C. tamurana* は 1820 年に宮崎県で，ハッサク (八朔) *C. hassaku* は 1860 年に広島で生まれた栽培品種。一方，ポンカン *C. poonensias* はインド原産で，ポンはインド西部の地名。デコポンは最近の品種で，ポンカンに劣らぬ人気がある。

レモン *C. limon* も原産地はインドだが，現在の主産地はアメリカのカリフォルニアやシシリー島などの地中海地方。ネーブルオレンジ *C. sinensis* var. *brasiliensis* はブラジルが原産でオレンジの変種とされる。オレンジは日本ではまとまった栽培地はないので，「オレンジ蜜」はイタリア，スペイン，アメリカなどからの輸入品となる。

ユズ *C. junos* は中国原産で，実の香りがよいので料理用に，また庭木としてもよく植えられる。有力蜜源といわれているが，現実には訪花はそれほど多くないようだ。

ザボン。果実は巨大だが花も大きい　2007.3　山梨県甲州市 (温室内)

グレープフルーツ　2005.4　山梨県甲州市 (温室内)

ライム　2007.3　山梨県甲州市 (温室内)

レモン　2007.3　山梨県甲州市 (温室内)

絶品の「シトラス蜜」(イタリア産)

ユズの花　2007.5　東京都世田谷区

ユズの果実　2007.1　東京都世田谷区

キンカン。隠れていたクモに捕らえられてしまったハチ (Am)
2007.8　東京都町田市

他のミカン類と異なり夏に咲くキンカンの花　2007.8　東京都町田市

キンカンの果実　2008.8　神奈川県箱根町

キンカン　金柑 (ミカン科)
Fortunella japonica; Kumquat, Cumquat
【N(p) : Good】　■221

中国原産でミカン科ではあるが，属は*Citrus*ではない。江戸時代に渡来し，関東以南でよく栽培されている。主な開花は7月ころであるが，年に2〜3回開花結実する珍しい性質をもっている。果皮に甘味があり，生食にもジャムや砂糖煮にもよい。純粋な「キンカン蜜」の採蜜は難しいが，ハチ蜜としての人気も高まりつつある。有力な蜜源として，もっと増やしたい。

ミカン科 Rutaceae　213

サンショウの雄花 (Am)。左は 2006.4　東京都世田谷区，右は 2009.4　岡山県苫田郡 (by 内田)

サンショウ (ハジカミ)　山椒 (ミカン科)
Zanthoxylum piperitum; Japanese pepper
【N(p) : Rarely】　■ 66

すがすがしい香りから若芽は食用に，若い果実や雄花も佃煮とする。果実はリモネン，シトロネラールなど多くの香り成分を含む。熟した果実を粉末にした粉山椒はウナギの蒲焼きなどに欠かせない。辛味の成分はサンショオールなどの酸アミド。サンショウの材は堅く，昔から擂粉木として愛用されている。全国の丘陵や山地の林内に普通で，雌花（株）からは蜜が，雄花からは花粉が集められる。こうした個性的な花たちが「山の蜜」の味や香りに豊かさと多様度を与えているものと思われる。同属でもイヌザンショウ *Z. schinifolium* のほうは香りが劣り，ハチもあまり好まない。

サンショウの雌花 (Acj)　2007.4　埼玉県秩父市
サンショウの果実 (種子)　2007.10　群馬県みなかみ町 

カラスザンショウ　烏山椒 (ミカン科)
Zanthoxylum ailanthoides var. *ailanthoides*;
Japanese prickly-ash　【NP : Good】　■ 240

普通のサンショウとは似つかない大形の木本で，海辺に多い。夏に大柄な緑白色の花を付け，よく目立つ。雌雄異株。西南日本では重要な蜜源樹で，良蜜を産する。ただ流蜜状況は条件により異なり，花は咲いていても訪花がないこともある。パイオニア植物的な性質があり，崩壊地などに真っ先に侵入する。モンキアゲハなどのアゲハ類が好んで産卵する。

吸蜜 (Am)　2008.8　岡山県苫田郡 (by 内田)
カラスザンショウ (Am)　2008.8　愛媛県佐田岬 

ミカン科 Rutaceae

キハダ （ミカン科）
Phellodendron amurense; Amur corktree
【NP：Excellent】■114

九州から北海道まで広く分布し，日本の山の蜜源樹を代表する一種。雌雄異株。大木になるため，樹冠部の花の位置が高く，下からは見えにくいが，ハチはキハダの花が大好きだ。養蜂家はシコロの名で呼ぶ。「キハダ蜜」は透明感のある薄い黄色で，質もよいが結晶しやすい。葉には吸汁性半翅目と思われる幼虫が付くが，そこから甘露を集めるハチもいる。キハダの名の由来は木の皮をむくと黄色い肌をしているからで，噛むとベルベリンのやや甘味をおびた苦い味がする。昔から健胃，整腸，消炎薬にしたり，沢庵(たくあん)を染めるのに使われてきた。最近では肥満に対する抑制効果が注目されている。近年北海道ではエゾシカが増え，この樹皮を好んで食害するので，「環状剥離」状態となり，木が枯れてしまうケースも出ている。

キハダの雄花 (Acj)　2008.6　長野県大町市

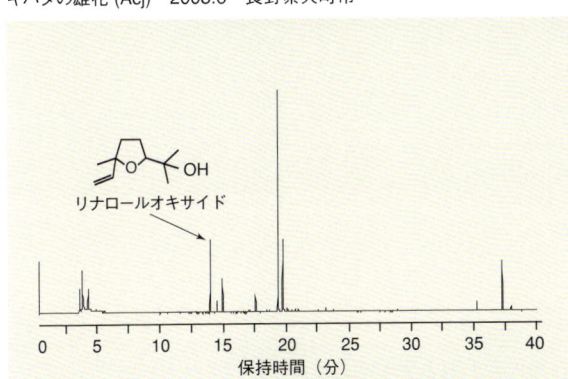

「キハダ(シコロ)蜜」の香りの分析例

キハダの木 (開花期) 2008.6 長野県大町市

キハダの雌花とその拡大 (Acj)　2008.5　昭和薬科大学薬用植物園

甘露を出す半翅目幼虫の拡大

キハダから甘露を集める Am　2009.6　東京都町田市 (by 山村)

ミカン科 Rutaceae　215

樹齢30年を超えるビービーツリー (雌木)　2008.7　つくば市畜産草地試験場

ビービーツリー (イヌゴシュユ, チョウセンゴシュユ)
(ミカン科)
Tetradium daniellii; Bee bee tree
【NP : Excellent】　137　228

中国原産で, 日本の山の蜜源樹キハダに近い。ハチがよく行くことからビービーツリーの名がつき, アメリカ経由で日本に紹介された。その名のとおりミツバチはきわめてよく訪花する。蜜の味も悪くないようだ。夏枯れの時期に咲き, 花期も長いことから第一級の蜜源樹であることは疑いない。雄木と雌木があるので, 両方植えておかないと稔性のある種はできない。暖地の海岸に自生するハマセンダン *T. glabrifolium* var. *glaucum* や, 中国から薬用に入れたゴシュユ *T. rutaecarpum* も近い仲間。

雌花で吸蜜する2種のミツバチ (Am, Acj)　2008.7　つくば市畜産草地試験場

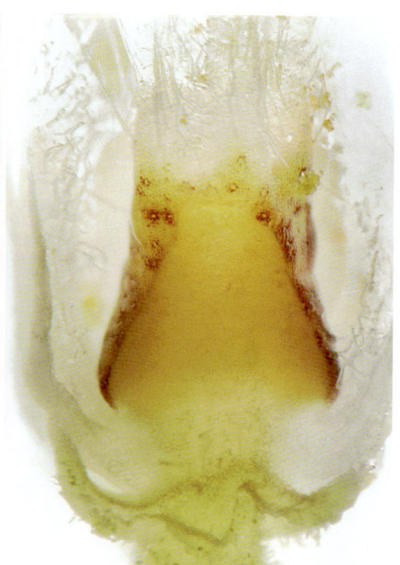

ビービーツリーの雌花の断面

216　ミカン科 Rutaceae

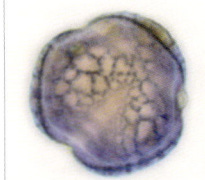

ビービーツリーの花粉

ビービーツリーの雄花で花粉を集めるセイヨウミツバチ　2008.7　つくば市畜産草地試験場

ルー (ヘンルーダ)　(ミカン科)
Ruta graveolens; Herb of grace, Rue　【N(p)：Temporary】

常緑の亜低木で，夏に黄色い花を付けるハーブ。確かにミカンの仲間かなと思わせる強い香りがある (主成分はメチルノニルケトン)。いろいろな薬効もあり，ダビンチやミケランジェロも使用したといわれる。花をよく見ると，蜜がしたたるように出ているのが見える。原産は地中海地方。

ルーでの蜜集め (Acj)　2007.6　東京都町田市

ルーの蜜腺からあふれ出る花蜜　2007.6　東京都町田市

ミカン科 Rutaceae　217

しばしば群落になるゲンノショウコ (著者の庭にて) 2008.9 東京都世田谷区

ゲンノショウコ。関東で普通の白花 2008.9 東京都世田谷区

赤花のゲンノショウコ 2009.9 東京都町田市 (by 山村)

雑草として繁茂するアメリカフウロ　(左) 花　2007.5　東京都世田谷区　(右) 種子が実ったところ　2007.7　山梨県甲州市

フウロソウ科 Geraniaceae

ゲンノショウコ　現の証拠 (フウロソウ科)
Geranium thunbergii
【NP : Temporary】　■ 55　■ 253

日本に自生するフウロソウの一種で，赤，白の花色があり，関東では白系が多い。都会では少なくなり，代わりに目立たない小花を付ける帰化植物のアメリカフウロ *G. carolinianum* などが路傍に繁茂するようになった。民間薬として健胃などによく使われ，「イシャイラズ」の別名をもつ。和名は「実際に効く証拠」の意。補助蜜源。

フウロソウ類　(フウロソウ科)
Geranium spp.; Cranesbill　【N(p) : Rarely】

ハクサンフウロ *G. yesoense*，グンナイフウロ *G. onoei*，アサマフウロ *G. soboliferum* などがあるが，これらはいずれも少し標高が高いところのものなので，最近棲息高度を上げているニホンミツバチがたまに訪れる程度だ。北欧を夏に旅行すると一面にフウロソウが咲いている場面に出会うことがあるが，そういうところでは蜜も採れるだろう。白夜のノルウェーでマルハナバチの日周活動性と花の流蜜時刻の関係を調査し，24時間にわたり流蜜具合を記録したことがある。

ハクサンフウロ　2008.8　長野県湯ノ丸高原

グンナイフウロ　2007.9　長野県北アルプス山麓

ジョンソンブルー (園芸品種)　2007.5　東京都町田市

グンナイフウロ。訪花しているのはハイイロマルハナバチ　2007.8　長野県湯ノ丸高原

アサマフウロで吸蜜するトモンハナバチ　2006.8　栃木県日光植物園

フウロソウ科 Geraniaceae　**219**

アフリカホウセンカ。右は花の拡大で，蜜はこの孔の奥にある　2006.8　東京都町田市

アフリカホウセンカ　(ツリフネソウ科)
Impatiens walleriana　【N(p) : Rarely】

日本では属名をそのままにインパティエンスの名で呼ぶことも多い。名のとおりアフリカ原産。雄しべと雌しべが癒合したような出っ張りの下に割れ目のような孔が開いていて，蜜はその奥にある。この花の花粉は雌しべに付けたり，培地に播くと10分程度で花粉管を伸ばすので，学校での観察などには大変よい。

ホウセンカ　鳳仙花 (ツリフネソウ科)
Impatiens balsamina; Rose balsam　【N(p) : Temporary】

ツリフネソウに近い仲間で，インドから中国南部の原産。他の花があまり咲いていない真夏に咲くので，補助蜜源として役立つ。

キンレンカ　(ノウゼンハレン，ナスタチウム)
金蓮花 (ノウゼンハレン科)
Tropaeolum majus; Nasturtium　【P(n) : Temporary】

原産地がアンデス山地など熱帯の高地なので，暑さ，寒さに少し弱い。花や若葉はサラダなどに加えて食べられる。ミツバチの訪花はときどき。

アフリカホウセンカ (Am)　2006.8　東京都町田市

ツリフネソウ　吊舟草 (ツリフネソウ科)
Impatiens textorii; Touch-me-not
【P(n) : Temporary】　92　251

この花は，独特の長い距の先端部に蜜が詰まっていることから，マルハナバチのなかでも長舌種のトラマルハナバチがポリネーターとなるマルハナバチ媒花の代表格。口吻の短い短舌種のマルハナバチは穴を開けて盗蜜するので，ミツバチはそのおこぼれを頂戴する。花粉は前に開いた筒状花の天井部にあり，この花粉集めに熟練したハチたちは，体をひねって回転しながら花から去っていくのが印象的だ。この花は和名も英名もしゃれている。キツリフネ *I. noli-tangere* にも行くと思われるが，こちらはまだ確認していない。

ホウセンカ。群生するとけっこう壮観　2007.9　宮崎県高千穂

陽光のもと，輝きがまぶしいキンレンカ　2006.8　長野県八ヶ岳山麓

220　ツリフネソウ科 Balsaminaceae, ノウゼンハレン科 Tropaeolaceae

ツリフネソウ。時折白花も混じる　2006.9　宮城県作並温泉

ツリフネソウ。①, ② セイヨウミツバチの訪花　③ トラマルハナバチの訪花　2007.9　長野県八ヶ岳山麓

全体に華奢なキツリフネ　2008.9　福島県五色沼

ツリフネソウ科 Balsaminaceae　**221**

カタバミへの訪花　2008.10　岡山県苫田郡 (by 内田)

ムラサキカタバミ　2006.10　長野県八ヶ岳山麓

カタバミ類　(カタバミ科)
Oxalis spp.【N(p)：Incidentally】■171　■54

カタバミ *O. corniculata* はどこにでもある雑草で，春から夏にかけて小形の黄色い花を付ける。シュウ酸を含むため葉や茎は酸っぱい。花が小さいため主にコハナバチ類などの小型のハナバチが訪花する。補助蜜源とされているが，ミツバチはめったに行かない。これに対しムラサキカタバミ *O. debilis* subsp. *corymbosa* のほうには，ある程度訪花が見られる。

ゴレンシ (スターフルーツ)　五斂子 (カタバミ科)
Averrhoa carambola; Star fruit【PN：Temporary】

サラダなどで黄色い星形のしゃれた形の果物が出てくることがあるが，これがスターフルーツだ。前述のカタバミの仲間だとは信じにくいが，花は確かにムラサキカタバミに似ているし，カタバミの実もよく見ると五角形をしているので納得する。酸味も同じだ。ゴレンシの花は花期が長く，栽培地ではミツバチがポリネーターとして重要らしい。熱帯アジアの原産だが東京の露地でも何とか栽培できる。

ゴレンシの花と果実　2009.10　町田市 (玉川大学)

ウコギ類　(ウコギ科)
Eleutherococcus spp.
【N(p)：Temporary or Good】■176

ウコギ科にはウド，キヅタ，ハリギリなど，山の重要な蜜源樹が多い。ウコギ属にはヤマウコギ *E. spinosus*，ヒメウコギ *E. sieboldianus* など何種かがあり，いずれも目立たない花だが，ハチはよく行く。根皮を薬用とするほか，若葉はおひたしにして食べられる。

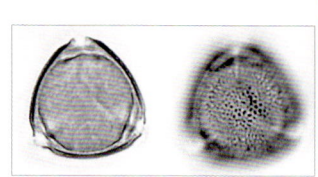

ヤマウコギ　2008.6　町田市 (玉川大学)

ヤマウコギの花粉

トチバウコギ　2007.8　北海道屈斜路湖畔

カタバミ科 Oxalidaceae，ウコギ科 Araliaceae

カクレミノ 隠蓑 (ウコギ科)
Dendropanax trifidus
【N(p)：Good】 ■ 27　■ 220

関東以西の照葉樹林内，とくに海岸地方に多い常緑樹。7～8月の暑い盛りに枝先に球形の花序を付け，うす緑色の花を咲かせる。目立たない花だが，ミツバチはこれを大変好み，よく訪花する。2回に分けて咲く場合もあり，花期は長いほう。古くから庭木として植栽されているほか，ヒヨドリがこの実を好んで食べることから，排泄された種子で広まっている。

カクレミノ　2007.9　神戸市立森林植物園

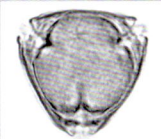

カクレミノの花粉

カクレミノ。① ツマグロヒョウモンの訪花　②，③ ニホンミツバチの訪花　2006.8　東京都世田谷区

ウコギ科 Araliaceae　223

タラノキ 楤木 (ウコギ科)
Aralia elata
【NP：Temporary】 ■87 ■243

山野に自生し，春の芽出しのころには山菜として人気が高い。花は夏で，大きく花枝を張り，多数の薄いアイボリー色の花を付ける。ミツバチの訪花はムラで，個体，場所，年などによって，とてもよく行くときもあれば，ほとんど行かないときもある。

よく蜜が出ているときには，多様な昆虫がやって来てにぎわう一方，キイロスズメバチもそれらを狙って狩りに来るので，なかなか落ち着いて蜜を集めることができない場合も多い。

棘の少ない変種はメダラと呼ばれる。

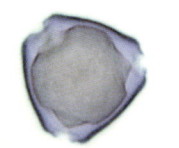

タラノキの花粉

タラノキ。正面は朝日岳　2005.9　山形県朝日町

ニホンミツバチの訪花　2006.10　栃木県日光市

ヒメアカタテハの訪花　2006.10　栃木県日光市

224　ウコギ科 Araliaceae

ウド。畑での栽培ものもあるが，これは野生のもの　2008.8　埼玉県秩父市

栽培種のウド。右はニホンミツバチの訪花　2006.8　長野県八ヶ岳山麓

ウド　独活 (ウコギ科)
Aralia cordata　【NP：Good】　14　247

夏から初秋にかけて咲き，チョウ，ハチ，ハエ，アブ，カミキリムシ類など多様な昆虫が訪れる。本来は山野のものであるが，栽培地ではまとまった蜜源となる。

カミヤツデ　紙八手 (ウコギ科)
Tetrapanax papyrifer　【N(p)：Rarely】

中国，台湾原産だが，暖地では野生化して群生しているところもある。直径70cmにもなる大形の葉に加え，11～12月に付ける淡黄白色の大形花序も目立つ。茎の髄からは通草紙と呼ばれる紙を作る。ハチの訪花はあるようだが未確認。

カミヤツデの花は冬　2006.12　神奈川県小田原市

ウコギ科 Araliaceae　225

コシアブラの花　2007.9　福島県磐梯吾妻高原

コシアブラ　漉油（ウコギ科）
Chengiopanax sciadophylloides
【N(p)：Good】　■248

香りがよいことから若葉が山菜として珍重される落葉高木。8〜9月に枝先に黄緑色の小さな花を多数付ける。山の蜜・花粉源としてきわめて貴重な存在だ。コシアブラは夏には目立たないが、秋の紅葉時には葉が独特の乳白色に近い黄色に色づくことから、遠目にもよくわかる。変わった名前の由来は、昔、樹脂から作った塗料が錆止めに使われたことからという。タカノツメも近縁だが、こちらは花がコシアブラほど目立たない。

山菜として売られている新芽

コシアブラ独特の乳白色の紅葉　2007.10　福島県五色沼付近

226　ウコギ科 Araliaceae

紅葉の谷。所々に乳白色のコシアブラが見える　2007.10　福島県五色沼付近

ハリギリ。木が高いので普段は目につきにくい　2005.8　東京都町田市

秋に咲くハリギリの花　2008.10　東京都町田市

ハリギリの花の拡大

ハリギリ (センノキ，栓の木)　針桐 (ウコギ科)
Kalopanax septemlobus　【N(p) : Good】

かなりの大木になる山の7〜8月の蜜源樹だが，平地では流蜜しない場合もあるようだ。不思議なことに秋に開花する木もあり，そのような木にはうなるほどのハチが訪花する。名前は材がキリに似ていて棘があることから。分布は日本全国。

ウコギ科 Araliaceae

重厚感のあるキヅタ。冬の落葉期にも緑なので目立つ　2006.11　東京都町田市

キヅタ（フユヅタ）　木蔦
（ウコギ科）
Hedera rhombea
【NP：Excellent】　■40　■278

　このウコギ科のキヅタは，もう大半の花が終わった晩秋に咲くので，暖かい日には久しぶりにミツバチのうなるような訪花が見られる。ハチの興奮度が高いせいか，オオスズメバチなどの捕食者が狩りをしていても夢中になっている。蜜もよく出るし，大量の花粉も供給してくれる貴重な存在だ。ただし大きな開花があった翌年には花を付けない傾向が強い。

　フユヅタの呼び名はブドウ科のツタとは違い，常緑で冬も葉があることから。他の樹木に這い上がり，ずいぶん高いところまで行くが，巻き付くわけではないので殺すようなことはないようだ。

肌寒いなか，花期には多様な昆虫が集まる (Acj)　2007.11　東京都世田谷区

ウコギ科 Araliaceae

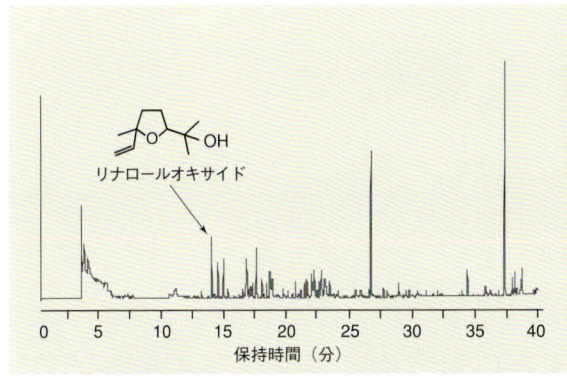

「キヅタ蜜」の香りの分析例

キヅタで蜜を舐めるハエの仲間　2007.11　東京都世田谷区

蜜腺から吹き出した蜜が光る

キヅタの果実　2008.4　東京都世田谷区

育児期の最後を迎えたオオスズメバチにとっても絶好の狩り場となる　2007.11　東京都世田谷区

ウコギ科 Araliaceae　229

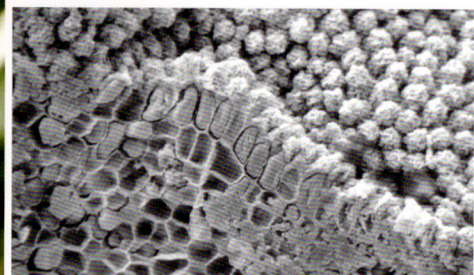

自生のヤツデと訪花 (Am)　2006.11　神奈川県真鶴岬

蜜腺。分泌された蜜が宝石のように光っている

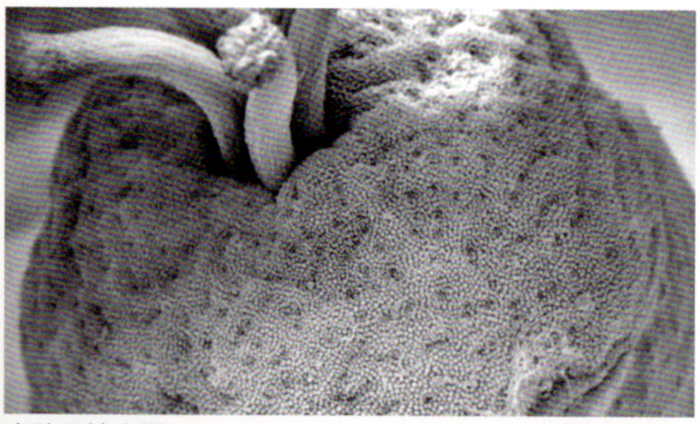

蜜腺の拡大図

腺部の断面 (走査電顕写真)

ヤツデ　八つ手 (ウコギ科)
Fatsia japonica; Japanese aralia 【N(p)：Rarely】　■179　■281

関東以南に自生，晩秋に咲き，他に競合する花が少ないときに咲くという意味では貴重。ただし訪問者のほとんどはハエとアブの仲間で，ミツバチは主な訪問客ではない。花は雄と雌の機能が熟するタイミングに合わせ，2度にわたって流蜜する。

トチバニンジン　栃葉人参 (ウコギ科)
Panax japonicus　【N(p)：Rarely】

朝鮮人参に近い薬用植物で，山地の木陰に生育する。根茎が去痰，解熱，健胃に用いられるほか，最近では育毛剤にも使われることがあるようだ。かなり暗いところに多いので，基本的に明るいところを好むミツバチには見つけにくいものと思われる。

トチバニンジンの花　2008.6　昭和薬科大学薬用植物園

トチバニンジンの赤い果実　2008.6　栃木県日光植物園

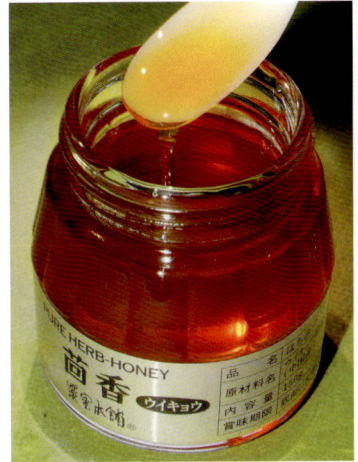

「ウイキョウ蜜」はかなりの薬草臭がする 　　ウイキョウの畑　2008.8　長野県八ヶ岳山麓

ウイキョウに訪花しているセイヨウミツバチとアカスジカメムシ　2007.8　横浜市

ウイキョウ　茴香 (セリ科)
Foeniculum vulgare; Fennel 【N(p)：Temporary】　13　158

ヨーロッパ原産で，フェンネルの名で知られる。若い葉と種子は独特の甘い香りと苦味があり，スパイス，ハーブとして古くから香味料に用いられてきた。香りの主成分はアネトールやアニスアルデヒドなど。ミツバチの訪花はほどほどだが，日本のファーブルとも呼ばれたハチ類研究家，岩田久二雄氏の自宅を訪ねたとき，玄関横に多様なハチ類を誘引・訪花させるため，このウイキョウを庭に植えていたのが印象的であった。

ニンジン　人参 (セリ科)
Daucus carota subsp. *sativus*; Carrot 【N(p)：Temporary】

よく栽培されるが，根菜なので畑では花までは置いておかないのが普通。F$_1$雑種利用の野菜や花卉が全体の70％を占めるようになった現在，このニンジンをはじめとした種子生産の現場では，ミツバチがますます重要な貢献を果たしつつある。

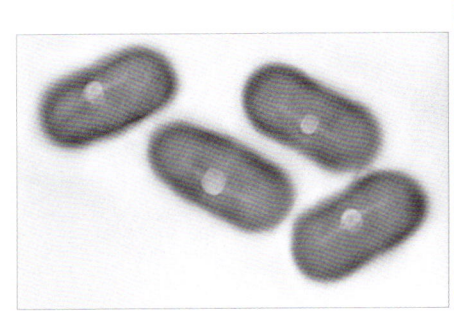

食用ニンジンの花粉 　　　　　　　　食用ニンジンの花　2007.6　横浜市

セリ科 Apiaceae　**231**

シシウドは高原の花。ニホンミツバチの棲息圏の高度化で、これからはミツバチの姿がもっと増えるかもしれない　①,② 2008.9　鳥取県大山山麓　③ 2008.9　長野県湯ノ丸高原

シシウド　猪独活 (セリ科)
Angelica pubescens; Angelica
【NP : Temporary or Incidentally】■ 68

高原の草地などで目立つ大形のセリ科の多年草。訪花の常連はヒョウモンチョウ類，アブやハエ，それにカミキリムシ類だ。ミツバチはたまに訪れる程度で，主に花粉を集める。シシウドに近い仲間には，ハマボウフウ *Glehnia littoralis*，アシタバ *A. keiskei*，ホッカイトウキ *A. acutiloba* var. *sugiyamae*，ハナウド *Heracleum sphondylium* var. *nipponicum* など40種類ほどがあるが，これらもシシウド同様，ミツバチの訪花はむしろ稀といってよい。

ヒョウモンチョウの仲間が入れ替わり立ち替わり訪れる　2008.9　長野県戸隠山麓

セリ科 Apiaceae

ホッカイトウキ。常連のアカスジカメムシが見える　2008.6　昭和薬科大学薬用植物園

ボタンボウフウに飛来するイシガケチョウ　2008.10　沖縄県本部町

ボウフウに産卵するキアゲハ　2007.9　昭和薬科大学薬用植物園 　　ハナウドへの訪花 (Am)　2009.5　岡山県苫田郡 (by 内田)

リンドウ類　竜胆 (リンドウ科)
Gentiana spp.【NP : Incidentally】

早春にはフデリンドウ *G. zollingeri*，ハルリンドウ *G. thunbergii* が，秋の野にはリンドウ *G. scabra* var. *buergeri* が咲くが，いずれもミツバチの訪花を見ることは稀。

アケボノソウ　曙草 (リンドウ科)
Swertia bimaculata【N(p) : Temporary】

蜜腺の場所は花によりいろいろだが，花弁のそれも先のほうから蜜を出すのは珍しい。蜜の出る部分は黄緑色く染められていて，ハチは一目でそれとわかる。黒紫の点刻とともに覚えやすいようにとの意味があるに違いない。花期は9〜10月。全国の山地の湿地に生える。同属のセンブリ *S. japonica* も蜜・花粉源となるとされる。

トウワタ類　唐綿 (ガガイモ科)
Milkweed【N(p) : Rarely】

ガガイモ科は熱帯から温帯に世界で2,850種ほどが知られるがアフリカにとくに多い。フウセントウワタ *Gomphocarpus physocarpus* は南アフリカ原産の常緑低木で，実際にアフリカのサバンナを歩いたときにはよく目にした。夏に変わった構造の白い花を付け，いろいろな種類の昆虫が訪花する。果実は風船のようで面白く，日本でも鑑賞用や生け花用に栽培される。ヤナギトウワタ *Asclepias tuberosa* は北アメリカ原産で，花の朱色と黄色のコントラストが美しく，鑑賞用に植えられる。副花冠をもつ変わった構造で，この中から湧くように蜜が出てくる。トウワタ類は有毒で，北アメリカで有名なモナーク (蝶) はこの葉を食べ，毒を濃縮して体内にもつことにより鳥などの捕食から身を守っている。

マルハナバチが訪れているリンドウ　2008.9　長野県戸隠森林植物園

春咲くフデリンドウ　2007.4　町田市 (玉川大学)

花弁からの蜜分泌が珍しいアケボノソウ。普段はアリがよく訪れている　2007.10　広島市森林公園

ヤナギトウワタは流蜜量が多い　2008.5　昭和薬科大学薬用植物園

フウセントウワタ　2007.9　神戸市立森林植物園

リンドウ科 Gentianaceae，ガガイモ科 Asclepiadaceae

ガガイモ 蘿藦, 鏡芋 (ガガイモ科)
Metaplexis japonica 【N：Rarely】

最近, 田中肇氏らが興味深い受粉生物学的な研究をまとめた植物。なかなか訪花を確認できないでいたが, 2008年の夏に北アルプスの山麓で, 日本種, 西洋種ともによく訪花しているのを確認した。ガガイモの仲間の花粉は特殊な構造をしていて, 花粉ダンゴにして持ち帰るようなことはできない。茎や葉を切ったときに出る白い汁はヘビやクモに噛まれたときの腫れによいとされ, 種子の白毛は綿の代用として使われたこともある。

写真①は同じくガガイモ科のリュウキュウガシワ *Cynanchum liukiuense* で, スジグロカバマダラの食草。ガガイモに行くことからこれも蜜源になるものと思われるが, 未確認。

ガガイモを訪れたセイヨウミツバチ　2008.9　長野県北アルプス山麓

コケの上に降り立って輝いているガガイモ種子の羽毛　2007.1　山梨県富士山麓

トウワタに近い仲間　2008.10　沖縄県本部町

リュウキュウガシワ　2007.10　広島市森林公園 (温室内)

ガガイモ科 Asclepiadaceae　235

クコはとても花期が長くミツバチも好んで訪花する (Am)　2006.9　横浜市

花の縦断面。細かい毛で蜜へのアクセスが制限されている

クコ　枸杞 (ナス科)
Lycium chinense; Chinese wolfberry
【NP：Good】■48　■233

ナス科には，ナスやトマトのように蜜を出さない花が多く，花粉もミツバチにとっては採りにくいものが多い。そんななか，このクコは花粉が集めやすく，蜜腺にも口吻が届くので，好んで訪花する。川沿いなどに普通に見られ，梅雨期から秋まで花期が長いのもありがたい。中国では葉，果実，根皮ともに薬用にし，「クコ蜜」にも薬用効果が高いとされる。日本産では純度の高いものは望めないが，中国産の「クコ蜜」は香りがしっかりしていて味にも張りがある。

「クコ蜜」 　　クコの花粉

タバコ　(ナス科)
Nicotiana tabacum; Tobacco　【N(p)：Temporary】■224

葉の生産用に畑で栽培されるタバコは芯を止めてしまうので，普通花は付けない。しかし花を付ければミツバチは盛んに訪れて蜜を集める。ニコチンはいわゆる食毒で，通常の昆虫は食べれば死んでしまうから，蜜の中にはニコチンは入っていないのであろう。ニコチンは根で合成され，導管の中を流れて葉に蓄積する。タバコに付くアブラムシはタバコの茎や葉から養分を吸って生活しているが，導管ではなく，師管の中の液だけを選択的に吸うので，ニコチンに接することはない。ハナタバコは鑑賞用に品種改良されたもので，赤や白などがある。原産地は熱帯アメリカ。

タバコ畑　2007.7　山形県寒河江市

ハナタバコ　2008.8　町田市 (玉川大学)

タバコの花の拡大

236　ナス科 Solanaceae

ジャガイモ。ハチはほとんど行かない　2008.5　東京都町田市

ワルナスビに訪花したクロマルハナバチ　2007.9　長野県八ヶ岳山麓

ピーマン　2005.5　町田市 (玉川大学)

トウガラシの一種　2008.10　那覇市

センナリホオズキ　2005.8　町田市 (玉川大学)

ジャガイモ （ナス科）
Solanum tuberosum; Potato　【P : Suspicious】■90

後述のナスと同様，花蜜は分泌せず，花粉も筒状の雄しべの中にあって，開葯することはないので，マルハナバチと違って「振動」を与えることにより花粉を出させる術を知らないミツバチにとっては，利用することが難しい。実際，畑で開花しているジャガイモを多くの機会に見てきたが，ミツバチの訪花は一度も見たことがない。ただし文献的には行くとされているから，品種や気候によるのかもしれない。原産地はアンデス山脈の高地とされる。

ワルナスビ　悪茄子 (ナス科)
Solanum carolinense　【P : Rarely】

花はジャガイモと似た構造に見えるが，写真①のように，マルハナバチたちはよく花粉を集めている。ミツバチも稀には訪花することがあるようだ。北アメリカ原産。

トウガラシ類　唐辛子 (ナス科)
Capsicum annuum; Chile pepper　【NP : Temporary】

ピーマンやトウガラシ (いずれも *C. annuum*) をはじめ，多くの品種がある。トウガラシはかなり流蜜し，余蜜が得られる場合もあるという。全般的にはそれほど重要な蜜源とはいえないように思われるが，まだ観察の機会が十分でないのかもしれない。原産地はアメリカ大陸。

ホオズキ類　酸漿，鬼灯 (ナス科)
Physalis spp.【NP : Rarely】

頻度は高くないがセンナリホオズキ (別名：ヒメセンナリホオズキ)に行っているところは確認している。普通のホオズキにも行くものと思われる。

ナス科 Solanaceae　　237

トマト (ナス科)
Lycopersicon esculentum; Tomato 【P：Incidentally】 ■102

これもナスと同じで，露地ではまずミツバチが行くことはない。しかし，ハウス栽培の温室内に巣箱を置いて，他に利用できる花がないとなれば，ミツバチは何とかして花粉を得ようとして訪花するようになる。その花粉集め行動は興味深く，歯（大あご）で雄しべの束をこじ開けるようにし，舐めとるように集める。経験を基にしたり工夫を重ねるので，個体ごとに微妙に行動が違う点も面白い。トマトは中南米の原産。

加工用トマト　2006.10　町田市 (玉川大学)

トマトを受粉中のセイヨウミツバチ　2007.4　群馬県農業技術センター

トマトの花の拡大と縦断面。雄しべと子房の構造がわかる

ナス科 Solanaceae

ナス 茄子 (ナス科)
Solanum melongena; Eggplant
【P : Incidentally】 ■ 105

本来露地栽培で夏から秋にかけての果菜であるが，ハウスの促成的栽培では受粉をミツバチに任せる方法も普及しつつある。この方法は，他に行くところがなければ，ハチは花粉集め行動を工夫して対処する能力をもっていることを利用した技術だ。露地でも花粉を集めることはあるようだが，葯を振動させて花粉を出させる「特殊技術」(振動受粉) をもっているマルハナバチにはかなわない。原産地はインド。

ナスの雄しべ先端の様子

露地ナスを訪れたトラマルハナバチ　2007.9　福島県磐梯吾妻高原

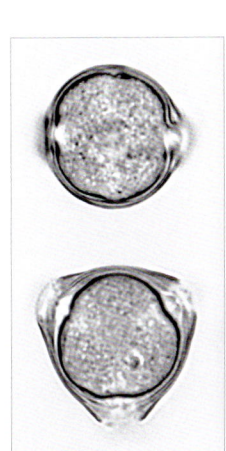

ナスの花粉

ナスを受粉するセイヨウミツバチ　2007.4　群馬県農業技術センター

ナス科 Solanaceae

アサガオ (品種：ヘブンリーブルー)。訪問者としては小形のハナバチたちが常連　2007.9　横浜市

アサガオ類　朝顔 (ヒルガオ科)
Ipomoea spp.; Japanese morning glory　【N(p)：Temporary】

いろいろな種類があり、花期は長期に及ぶ。ヒルガオ類とともに花粉は純白で、ミツバチにとっては魅力が小さく、たまに訪花する程度。アサガオ *I. nil* の渡来は古く、平安遷都のころ、遣唐使が薬用に種子を持ち帰ったといわれる。マルバルコウ *I. quamoclit* も同様と思われる。

サツマイモ *I. batatas* は分類学的にはアサガオに近いが、中国南部では重要な蜜源との扱いになっている。関東地方などでは開花自体をほとんど見ないが、九州、沖縄では花が付き、ミツバチが訪花する。

秋遅くまで咲くアサガオ　2008.10　東京都町田市

ハマヒルガオ　2006.6　静岡県東伊豆町

サツマイモ (Am)　2010.2　沖縄県久高島 (by 市川)

モミジバヒルガオ (タイワンアサガオ)　2008.10　横浜市

240　ヒルガオ科 Convolvulaceae

ネナシカズラ。橙色の花粉も採れるが蜜もたっぷり吸っている　2008.10　長野県北アルプス山麓

シバザクラ。ビロウドツリアブがホバリングしながら長い口吻で吸蜜している　2007.3　広島大学構内

ぜひもっと増やしたいアンチューサ　2007.5　神奈川県松田山ハーブガーデン

ネナシカズラ (ネナシカズラ科)
Cuscuta japonica
【NP：Temporary】　■117

名前のように根がないばかりか，葉も葉緑素もない寄生植物だ。他の植物を覆うように蔓が密生し，夏の終わりころに花を付ける。ごく目立たない花だがミツバチは行き，蜜を集めるほか濃い朱色の花粉も採取する。

シバザクラ　柴桜
(ハナシノブ科)
Phlox subulata; Moss phlox
【N(p)：Temporary】

園芸種として普通に見かける花で，ふだんあまり耳にしないハナシノブ科に属する。個々の花の蜜量は多くないが，広い面積に植えられていれば補助蜜源になる。原産地は北アメリカ。

アンチューサ (アルカネット)
(ムラサキ科)
Anchusa officinalis; Italian bugloss, Alkanet
【N(p)：Good】　■9　■108

ハチは非常によく訪花し，近縁の仲間のワスレナグサ類がよく栽培されているにもかかわらず，ほとんど訪花しないのと対象的。同じムラサキ科のViper's buglossはブルーウィードとも呼ばれ，ニュージーランド産のハチ蜜がショップで入手できる。ヨーロッパ中部の原産。

ネナシカズラ科 Cuscutaceae，ハナシノブ科 Polemoniaceae，ムラサキ科 Boraginaceae

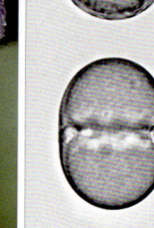

コンフリー。トラマルハナバチが花粉を集めている　2007.7　東京都町田市

蜜腺まではけっこう奥が深く，ミツバチにはちょっと苦しい

コンフリーの花粉

コンフリー（ヒレハリソウ）　鰭玻璃草（ムラサキ科）
Symphytum officinale; Comfrey　【NP : Incidentally】　■60

かなりの流蜜があるが，ベル形の花の構造上，マルハナバチには何の問題もないが，ミツバチにはつらい。ヨーロッパ原産。昭和40年代に健康食品としてブームになったが，アルカロイド系の毒を含むので食べないほうがよい。

ボリジ（ルリジサ）　（ムラサキ科）
Borago officinalis; Borage　【N(p) : Good】　■100

ヨーロッパ原産の一年草ハーブ。花はサラダやケーキの飾りなどに用いる。毛に覆われた葉や茎はつぶすとキュウリのような香りがする。花期も春から夏にかけてと長く，蜜，花粉ともに大量に集められるのでミツバチは大変好む。見た目にも美しく，蜜源としてぜひもっと植えたい。

ボリジで吸蜜中のセイヨウミツバチ　2005.5　町田市（玉川大学）

一度腹部に花粉を落としてから器用に集める

ボリジの蜜腺（花弁を取って撮影）

「ボリジで蜜」

ムラサキ科 Boraginaceae

モンパノキ　紋羽の木 (ムラサキ科)
Heliotropium foertherianum　【NP : Temporary】

熱帯から亜熱帯の海岸に多く、葉は多肉質。白色の小花からは少量の蜜、花粉が採れる。沖縄では年間を通じて開花が見られるので、補助蜜源として重要だという。葉は食用にもなる。

ニンジンボク　人参木 (クマツヅラ科)
Vitex negundo var. *cannabifolia*　【N(p) : Good】

庭園に植栽される中国原産の落葉低木。夏、穂状花序に淡紫色の花を多数付け、目立たないわりにはハチは好んで訪花する。主に花粉源。この属は熱帯を中心に世界に約1,000種があり、南欧原産のセイヨウニンジンボク *V. agunus-castus* も比較的よく植栽されている。海辺でよく見かけるハマゴウ (別名：ハマボウ) *V. rotundifolia* もこの属。

デュランタ (タイワンレンギョウ)　(クマツヅラ科)
Duranta erecta　【N : Temporary】

南アメリカ原産の常緑低木で、蜜の量は多くないが、6～10月と花期が長い点で補助蜜源となる。

レモンバーベナ　香水木、防臭木 (クマツヅラ科)
Aloysia triphylla; Lemon verbena　【N(p) : Temporary】

やはり南アメリカ原産のハーブで、サラダや飲料に愛用される。

モンパノキとウラナミシジミの仲間　2008.10　沖縄県本部町

ニンジンボク　2007.9　神戸市立森林植物園

セイヨウニンジンボク。花はずっと派手だがハチはニンジンボクほどには行かない　2006.9　東京都町田市

セイヨウニンジンボクの花の断面

花期が長いデュランタ　2005.9　東京都世田谷区

レモンバーベナ　2008.9　鳥取県大山山麓

ムラサキ科 Boraginaceae，クマツヅラ科 Verbenaceae

イワダレソウ。ハマゴウとともに海岸の蜜源植物
2007.8　神奈川県葉山町

イワダレソウ （クマツヅラ科）
Phyla nodiflora
【NP : Temporary or Good】■142

暖地の海岸に自生する多肉の蔓性草本。花期は夏で長い。目立たない花だが，良蜜を産するという。最近になって同じクマツヅラ科のヒメイワダレソウ *Lippia canescens* を，畦管理植物として，あるいは屋上緑化などの目的でマットとして栽培する方法が注目されている。繁殖力が強く，ハチも好んで訪花するので，一石二鳥かもしれない。開花は6〜7月。

ムラサキシキブ類　紫式部 （クマツヅラ科）
Callicarpa spp.; Japanese beautyberry
【P(n) : Rarely】■183

この属は熱帯から温帯にかけて約140種が知られ，日本には11種がある。ムラサキシキブ *C. japonica* は全国の山野に普通で，花期は6〜8月，紫色の実が美しい。白い実のものはシロバナムラサキシキブ *C. japonica* f. *albibacca*。本種の名でよく植栽されている実がたくさん付くのはコムラサキ，他にも近似種が何種かあり区別が難しい。ハチの訪花はたまに花粉を集める程度。

蜜，花粉ともに採れるヒメイワダレソウ　2007.6　神奈川県松田山ハーブガーデン

ケムラサキシキブ。コマルハナバチが花粉を集めている
2006.6　東京都多摩市

ムラサキシキブ　2006.6　町田市 (玉川大学)

クマツヅラ科 Verbenaceae

クサギ。クロアゲハが吸蜜中　2007.9　神奈川県山北町

花粉ダンゴも紫色 (Am)　2008.7　岡山県苫田郡 (by 内田)

派手な色のクサギの果実　2007.10　横浜市

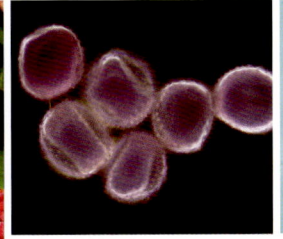

紫色の花粉は珍しい 　　　　クサギの葯

クサギ　臭木 (クマツヅラ科)
Clerodendrum trichotomum; Harlequin glory bower, Peanut butter shrub　【P(n)：Temporary】　■50

夏の暑い盛りに咲いて，クロアゲハやモンキアゲハなどの口吻の長いアゲハ類が好んで訪れる。補助蜜源とされているが，ほんとうにミツバチが蜜にアクセスできるのか未確認。花粉は紫色で美しく，花粉ダンゴも黒紫色となる。名のとおり，葉に強い臭気があるが，若葉は山菜として食べられる。材は黄白色で軽いことから下駄に使われたほか，葉の煎汁は牛馬のシラミ駆除に使われたこともある。同属のボタンクサギ *C. bungei* は中国南部の原産だがよく植栽され，暖地では野生化しているものもある。

ダンギク　段菊 (クマツヅラ科)
Caryopteris incana　【NP：Temporary】　■88

九州西部には自生もするが，花壇でよく栽培されている。夏の終わりから秋にかけて紫色の花が「段状に」下から咲き上がっていくことから，この名がついた。芳香がありミツバチは大変好んで訪花する。青い花粉は珍しい。純粋な蜜は味わったことがないが，花期も長く，蜜源価値は大きいはず。同じ科のバーベナ類はよく栽培されているがハチは好まない。

ダンギクと吸蜜するセイヨウミツバチ　2007.9　兵庫県六甲山麓

ダンギクの花粉。青色に見えて美しい

クマツヅラ科 Verbenaceae　　245

アジュガ (別名セイヨウジュウニヒトエ) 2006.4　東京都多摩市 　　　カキドオシ　2005.4　町田市 (玉川大学)

ホトケノザ。群生していると見事な花の絨毯となる　2005.4　町田市 (玉川大学)

アジュガ （シソ科）
Ajuga spp. 【N(p) : Incidentally】

早春の山路に咲くジュウニヒトエ *A. nipponensis*, キランソウ *A. decumbens*, それにヨーロッパ産で近ごろよく栽培されているセイヨウジュウニヒトエ *A. reptans* など本属の花は，主に小形のハナバチ類に受粉を頼っているが，稀にはニホンミツバチもこれに加わる。

カキドオシ （シソ科）
Glechoma hederacea subsp. *grandis*; Ground ivy, Field balm
【N(p) : Incidentally】　■ 28

野山にごく普通で，ランナーで延びることから「垣根通し」の意で命名された。訪花はするがほかにも花が多い時期に開花することもあり，好んで行くことはない。

ホトケノザ　仏の座 (シソ科)
Lamium amplexicaule
【P(n) : Incidentally】

よく春の野辺を一面の紅紫色に染めているわりには訪花する昆虫類は少なく，ミツバチもほとんど行っていない。ごく稀に花粉を集めたり，花冠が落ちた後に残り蜜を舐めているのを見かける。

ハナトラノオ (カクトラノオ)
角虎の尾 (シソ科)
Physostegia verginiana　【N(p) : Rarely】

茎が四角いことからカクトラノオとも呼ばれる。品種により花期が異なるが，だいたい夏から秋。ハチは好んで訪れるわけではないが，花粉，蜜ともに採れる。アメリカ原産。

タツナミソウ　立浪草 (シソ科)
Scutellaria indica　【P(n) : Incidentally】

近縁のラショウモンカズラもそうであるが，花管が長くて口吻が蜜まで届かないので，通常ミツバチは行きたがらない。

ハナトラノオ　2006.8　東京都世田谷区 　　　シソバタツナミ　2005.5　長野県八ヶ岳山麓

246　シソ科 Lamiaceae

ヒメオドリコソウ。蜜で濡れた花粉ダンゴは濃い朱色で美しい　2007.4　町田市(玉川大学)

花管の天井部。雄しべには花粉の付着を助けるためと思われる毛がある

ヒメオドリコソウ　姫踊り子草 (シソ科)
Lamium purpureum
【NP : Temporary】　■144　■37

大形のオドリコソウにはあまり行きたがらないミツバチだが，この外来種のヒメオドリコソウには好んで訪れる。頭をレンガ色の花粉だらけにして訪花している様は，その一生懸命の仕草とともに愛らしい。原産地はヨーロッパ。

オドリコソウ　踊り子草 (シソ科)
Lamium album var. *barbatum*
【P(n) : Rarely】　■63

山野に自生し，マルハナバチ類はよく行くが，ミツバチはたまに花粉を集める程度。花色はピンクが普通だが，日本海側では白花のものが多い。

薄ピンクの花のオドリコソウ　2007.4　横浜市

ヨーロッパ原産の黄花のもの　2007.4　東京都世田谷区

シソ科 Lamiaceae

ラベンダー類 （シソ科）
Lavandula angustifolia; Lavender
【NP : Excellent】 ■186

　富良野のラベンダー畑が有名だが，最近では本州でもかなり広大な面積を一面紫のラベンダー畑にしているところが増えている。もちろんミツバチは大好きだから，そのようなところでは純度の高い「ラベンダー蜜」の採蜜も可能であろう。蜜はあのラベンダーの香りをかなり豊かに含んだ逸品で，ショップで本場フランスやスペイン産のものが入手できる。

　ラベンダーは地中海沿岸などの原産で，多くの種や品種がある。日本で最もよく見るのは写真①，②のような*angustifolia*種のもので，このなかでも多くの品種がある。写真③，④のように苞があるのは*L. stoechas*で，フレンチラベンダーと呼ばれる。ハチが蜜を採取しなければ写真⑤のように，あふれんばかりの蜜の球ができる。花は各種料理の香味づけに用いられるほか，ポプリとすればいつまでもよい香りが楽しめる。精油は香水のほか，強い殺菌力があり薬用としても広い用途が知られる。

ラベンダー。香りがよい*angustifolia*種の仲間で，蜜，花粉ともに採れる (Am)
2006.7　長野県諏訪市

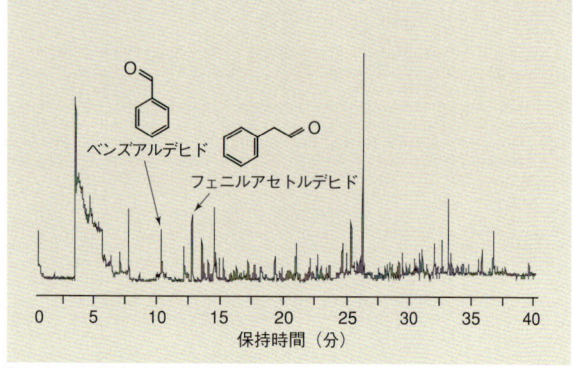

「ラベンダー蜜」の香りの分析例

248　シソ科 Lamiaceae

1 花の拡大と卵形の蜜腺　　　　　ハチの訪花を制限してみたところ。すごい量の蜜が溜まって光っている

フレンチラベンダー (Am)　2007.5　神奈川県松田山ハーブガーデン

シソ科 Lamiaceae　249

ローズマリー　2008.5　静岡県伊豆市

「ローズマリー蜜」（フランス産）

ローズマリー(マンネンロウ)　(シソ科)
Rosmarinus officinalis; Rosemary
【N(p) : Good to Excellent】■6

地中海沿岸地方の原産。いかにも乾燥に強そうな頑丈な茎葉の間に，目立ちはしないが青紫の美しい花を付けるハーブの代表格。ポリフェノールが多いほか，ロズマリン酸には花粉症を和らげる作用が，カルノシン酸には神経細胞の活性化作用が報告されており，アロマセラピー用として，また調理用ハーブとして広く用いられる。そのハチ蜜は，ほのかな酸味と苦味を感じさせ，ヨーロッパできわめて人気が高い。日本でもスペインやイタリア，フランス産のものが入手できる。開花は初夏が中心だが，夏を休むほかはほぼ一年中咲いている。

弓なりに曲がった雄しべの花粉がミツバチの胸部に付く　2008.5　群馬県赤城山麓　右は花の奥に光る蜜と蜜腺

250　シソ科 Lamiaceae

「タイム蜜」（イタリア・シチリア島産）

タイム。花が小さいのでハチは花上をせわしなく這いずり回る (Acj)　2006.7　長野県諏訪市

多くの栽培品種があり，品種により色や香りも微妙に異なる (Acj)　2008.7　神奈川県松田山ハーブガーデン

タイム類 （シソ科）
Thymus spp.; Creeping wild thyme, Garden thyme
【N(p)：Good】　■118

南欧原産の有力なハーブで，ギリシャ時代から蜜源にされていたという。多くの種や品種があるが，いずれも花は紫系が多く，芳香があり，ハチ蜜も強いハーブ臭を宿している。スペインやフランス産の「タイム蜜」が入手できる。日本の山地から高山帯に自生するイブキジャコウソウ *T. quinquecostatus* はこれに近い仲間だ。これを園芸用に改良したものは平地でも植栽されている。

ベルガモット （タイマツバナ）（シソ科）
Monarda didyma; Bergamot, Bee balm
【N(p)：Temporary】　■159　■214

英名のBee balmが示すようにマルハナバチが好んで訪れる。ミツバチは短舌種のマルハナバチが開けた穴から盗蜜することも多い。北アメリカ原産のハーブで，香りはベルガモットオレンジに似る。新鮮な葉を中国茶に入れるとアールグレーの香りがする。花と葉はポプリによい。

ベルガモット。訪花している　① セイヨウミツバチと　② クロマルハナバチ　2006.7　長野県八ヶ岳山麓

シソ科 Lamiaceae　251

セージ類 （シソ科）
Salvia spp.; Sage
【N(p)：Temporary】　■117

　秋の山野を歩くと紫色のアキギリや薄黄色のキバナアキギリ(野生種)に出会うが，セージ類はこの仲間。重要なハーブ類の一角を占め，蜜源となるものも多い。まずはラベンダーセージ。宿根で耐寒性も比較的強く，夏から秋までの花期も長い。蜜腺までの距離がミツバチが届くか届かないかのギリギリで，ハチは苦労はするが，蜜量が多いのでいったん届けば報酬も多い。花色は青紫から濃い紫まで。もう少しピンクがかった花のメキシカンセージは樹形は似ているが，訪花はまずない。

　真っ赤な花色のものにパイナップルセージとチェリーセージがあるが，これらでは普通，花粉しか集められない。空色のボッグセージ *S. uliginosa* (写真③) は花管部が比較的短く，採蜜が可能なセージの一つだ。

満開のラベンダーセージ　2008.9　山梨県甲州市

工夫しながらの吸蜜。① では完全にぶら下がってしまっている (Acj)　2006.10　横浜市

パイナップルセージでの花粉集め (Am)　2007.7　東京都世田谷区 　　ボッグセージでの盗蜜 (Am)　2007.7　東京都町田市

シソ科 Lamiaceae

セージ。花側の花粉を背中に付ける戦略がよくわかる　④ 2007.5　神奈川県松田山ハーブガーデン　⑤ キムネクマバチ　2007.5　昭和薬科大学薬用植物園

いわば真正のセージともいえるのがCommon sage (*S. officinalis*, 写真④, ⑤)で，葉を茶として楽しんだり，肉の臭みとりに用いたりする。一名オニサルビアとも呼ばれるのがヨーロッパ原産のクラリセージ *S. sclarea* (写真⑥)。

濃い青と先端の尖った形が美しいのが南アメリカ原産のガラニティカセージ (*S. guaranitica*, 写真⑦〜⑨)。最近とくによく植えられていて，園芸店ではメドウセージの名で扱われていることが多い。花管が長いので，ミツバチにとってそのままでの吸蜜は相当困難で，それでも体をよじりながら何とか蜜にアクセスするハチもいるが，クマバチが盗蜜で開けた穴から吸うものも多い。

大形のクラリセージ　2006.7　長野県諏訪市

ガラニティカセージ　⑦ 常連のホシホウジャク　⑧ 盗蜜中のキムネクマバチ　⑨ クマバチの盗蜜跡から蜜を集めているセイヨウミツバチ　2008.7 東京都町田市

シソ科 Lamiaceae　253

セイヨウハッカ　2008.9　長野県北アルプス山麓

ハッカ類　薄荷 (シソ科)
Mentha and *Ocimum* spp.; Mint, Basil
【N(p)：Temporary】　■124　■235

　ハッカの仲間には野生のものからハーブとして栽培されるものまで，多種がある。本来ハッカを特徴づけるメントール（精油の70〜90％）は食植性の昆虫を寄せつけないための成分だが，訪花昆虫には大丈夫なようで，多様な昆虫が訪れる。

　まず，セイヨウハッカ (別名：コショウハッカ) *Mentha* × *piperita*。丸く小さめの葉をもむと，強いメントール臭がするが，大きな群落が開花していても，そばに行っただけではほとんど匂わない。真っ白い小さな花を穂状に密生する。花期は長く，もちろんミツバチも訪花するが，どちらかといえばチョウのほうが好むようである。

　ヨーロッパから西アジア原産のハナハッカ (オレガノ *Origanum vulgare*，写真①) は古代エジプト時代から治療・消毒効果があることが知られていた。ミツバチはとくにこのハナハッカには好んで訪れる。バジル (*Ocimum basilicum*) にも行く。

グレープフルーツミント　2008.9　岡山市半田山植物園

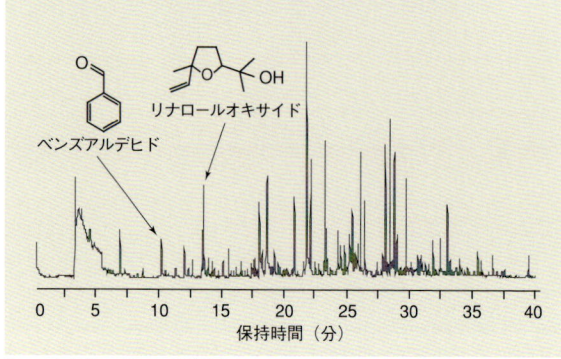

「ハッカ蜜」の香りの分析例。メントール臭がするわけではない

シソ科 Lamiaceae

ハッカ。真正のハッカといってよい　2008.8　昭和薬科大学薬用植物園 　　　ハッカの一種　2008.10　岡山県苫田郡 (by 内田)

ハナハッカ　2007.7　東京都町田市 　　　ハッカの一種　2008.9　岡山市半田山植物園

バジルの仲間　② 2007.7　山梨県甲州市　③ 2007.9　岩手県二戸市

シソ科 Lamiaceae　255

アキノタムラソウ。山野に普通だが群生することはない (Am) 2006.9
山梨県甲州市

種名はわからないがシソ科でハチが大変好んで訪れていた (Am) 2006.9
山梨県甲州市

スタキス (Am) 2007.6 神奈川県松田山ハーブガーデン

メハジキ 2007.8 昭和薬科大学薬用植物園

メハジキの花粉

ハーブティー。加えるハチ蜜でも味わいは変わる 2008.9 鳥取県大山山麓のハーブ園

256 シソ科 Lamiaceae

ウツボグサ。珍しく群生している　2007.7　長野県湯ノ丸高原

カラミンサ。ハチにとってはとても魅力的らしい (Am)　2008.9　東京都世田谷区

ラムズイヤー。植物全体が銀色に見えるが、背についた花粉も銀色 (Am)
2008.6　東京都町田市

ネコノヒゲ　2008.9　那覇市

アキノタムラソウ　(シソ科)
Salvia japonica 【N(p) : Good】　■ 3

山野の草地や道ばたに生えるサルビアの仲間で，夏から秋にかけてミツバチたちは人知れずこうした野草を求めて飛び回っている。

スタキス　(シソ科)
Stachys monieri 【N(p) : Good】

蜜の量も多く，花筒の長い花が多いシソ科のハーブのなかにあってハチには都合のよい種だ。とても好んで訪花している。栽培も容易なので増やしたいところだ。

メハジキ　(シソ科)
Leonurus japonicus 【NP : Temporary】　■ 229

本州以南の原野に自生する越年性の草本。夏から秋にかけてと花期が長く，よい蜜・花粉源となる。同属でヨーロッパ原産のマザーワートも各地に野生化しているが，こちらは少し花期が早い。

ウツボグサ　靫草 (シソ科)
Prunella vulgaris subsp. *asiatica* 【NP : Incidentally】

初夏の補助蜜源。しかしマルハナバチのほうが好んで訪れ，ミツバチはあまり行かない。名の由来は茎が中空だからという説と，花穂が矢を入れるうつぼに似ているからという説がある。

カラミンサ　(シソ科)
Calamintha nepeta; Lesser calamint
【NP : Good or Excellent】　■ 31

ヨーロッパから中央アジア原産のハーブ。白い小形の花がまばらに付く程度で，決して目立つ存在ではないが，ミツバチは強く選好して訪花し，蜜や花粉を集める。花は6月から咲き出し，寒さにも強く秋遅くまで咲いている。陽光を好むが日陰でも育つ。雑草なみに強いことから，広く蜜源として利用したい。

ラムズイヤー　(シソ科)
Stachys byzanthina; Lambs ears, Stachys 【NP : Good】

葉は子羊の感触のような銀色の毛で覆われ，常緑。花粉も銀色に輝いており，訪花したハチはこれを頭や背に付けながら無心に蜜を吸っている。花期も初夏から秋までと長い。南欧原産。

ネコノヒゲ (クミスクチン)　猫の髭 (シソ科)
Orthosiphon aristatus
【P(n) : Incidentally】

名前のとおり，まるでネコのヒゲのような雄しべをしている。花粉はその先端にあるので，これを集めるにはかなりアクロバティックな動作をしないと集められない。こういうとき，ミツバチはそれぞれに経験と工夫を重ね，自分なりのやり方を体得していく。

シソ科 Lamiaceae　　257

ヒソップ類 (ヤナギハッカ) (シソ科)
Hyssopus sp.; Hyssop 【NP : Temporary】 ■213

ヤナギハッカとも呼ばれ，葉をハーブティーなどで楽しむほか，殺菌作用や抗ウィルス作用もある。花期は夏の終わりからで長い。原産は北アメリカから中央アメリカにかけて。アニスヒソップ *Agastache foeniculum* は花蜜が豊富でアニスの芳香がある。北アメリカ原産のハーブで，これをヨーロッパに紹介したのは養蜂家だ。

マウンテンミント (シソ科)
Pycnanthemum pilosum; Mountain mint
【NP : Temporary】

ミントとはいうがサルビアに近い。花期は7〜9月で，写真①のセイボウ（青蜂）をはじめ多くの種類のハチたちが訪れる。北アメリカ原産。

コリウス (キランジソ) (シソ科)
Coleus scutellarioides 【N(p) : Temporary】

赤や黄の斑入りの葉を鑑賞するために栽培されるシソ科の一年草。花は薄紫色で目立たないが他のハナバチとともにミツバチも訪花する。ジャワ島の原産。

シソ (アオジソ) 紫蘇 (シソ科)
Perilla frutescens var. *crispa* f. *viridis*; Red shiso
【NP : Temporary】 ■69 ■261

夏から秋の長期にわたって咲く。栽培ものもあるが，空き地や路傍で自然に繁殖して咲いているものも多い。青ジソ，赤ジソともに補助蜜源。シソは抗菌性，防腐力が強く，これを薬味や食品の保存に役立ててきた昔からの知恵がある。香りの成分はペリルアルデヒド，リモネンなど。原産地は中国。近縁のエゴマ *P. frutescens* var. *frutescens* も夏から秋の開花。種子から油を採るために栽培されているところでは，採蜜も可能だろう。蜜の質もよいとされる。

ヒソップ　2008.9　昭和薬科大学薬用植物園

マウンテンミントを訪れたセイボウの一種。青緑に輝くメタリックな色は印象的
2008.9　鳥取県大山山麓

コリウス。右で訪花しているのは珍しいルリモンハナバチ　2008.9　鳥取県大山山麓

258　シソ科 Lamiaceae

シソ。蜜，花粉ともに集められる (Am)　2008.9　東京都町田市

シソに訪花したニホンミツバチ　2008.9　東京都町田市

ナギナタコウジュ　薙刀香薷 (シソ科)
Elsholtzia ciliata　【N(p)：Good】　■103

秋の野山に咲くシソ科の花はいずれも補助蜜源になるが，そのなかでもこのナギナタコウジュは重要なほうだ。ハチの選好性も高い。少なくなってしまったのが残念。

ヒゴロモソウ (サルビア)　緋衣草 (シソ科)
Salvia splendens; Scarlet sage　【N(p)：Temporary】　■202

ヒゴロモソウの蜜は長い筒状部の奥にあるので，潜り込むのに時間もかかり，ミツバチにとっては手間がかかるが，1花の蜜量が多いことから，これを覚えたハチの執着度はとても高い。品種によっては，体の小さいニホンミツバチは潜り込めるがセイヨウミツバチは入れない，という状況もよく起こる。南アメリカ原産。

ナギナタコウジュ (Acj)　2006.10　長野県八ヶ岳山麓

ヒゴロモソウ。これだけ大面積となるとよい蜜源となる　2008.9　鳥取県大山山麓

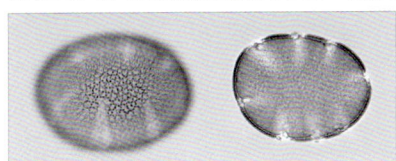

ヒゴロモソウの花粉

時間をかけてじっくり吸蜜 (Am)　2008.9　鳥取県大山山麓

シソ科 Lamiaceae　259

ヘラオオバコ　2007.4　東京都世田谷区 (多摩川河畔)

オオバコ (Am)　2008.10　岡山県苫田郡 (by 内田)

ヘラオオバコ　箆大葉子 (オオバコ科)
Plantago lanceolata　【P(n)：Rarely】

ヨーロッパ原産の外来種であるが，河川敷や土手などに広く見られる。基本的には風媒花と思われるが，時としてミツバチの訪問を受ける。花期は春から夏。ただし雄しべが風に揺らぐので，花粉を集めるのには苦労する。同属のオオバコ *P. asiatica* は全国の，とくに人が踏みつける道路や草地に多い。中国では蜜源植物にあげられているが，これも訪花はあまり見ない。

オオイヌノフグリ　(ゴマノハグサ科)
Veronica persica　【NP：Temporary】　■18　■5

春の野や路傍に青いかわいらしい花を咲かせる。早春のまだ他の花が少ないうちはかなりの訪花が見られ，蜜も花粉も得られる。とくに花粉は純白で，この時期，ほかに真っ白な花粉ダンゴはないので，巣門で見ていてすぐにそれとわかる。和名は実が「犬の陰嚢」に似ているからで，確かにそっくりだ。ヨーロッパ原産。

サギゴケ *Mazus miquelii* も春の野に咲くが，こちらは少し湿気たところに群落を作る。

オオイヌノフグリの群落　2008.5　群馬県赤城山麓

260　オオバコ科 Plantaginaceae，ゴマノハグサ科 Scrophulariaceae

オオイヌノフグリの花粉　オオイヌノフグリ　①花　②雄しべの拡大。花粉は濃い紺色の台座の上でよく目立つ

ハチの重さで花が垂れてしまうなか，真っ白い花粉を集めるニホンミツバチ　2008.5　群馬県赤城山麓

キリ　桐 (ゴマノハグサ科)
Paulownia tomentosa; Empress tree, Princess tree, Foxglove tree 【N(p) : Good】　■86

世界に3,000種もあるゴマノハグサ科のなかで唯一大木になる。5月から6月にかけ，山の中を紫色に染める蜜源が2種ある。先にこのキリが咲き，フジが後に続く。いずれも重要な蜜源樹だ。キリの花は大きく，ミツバチはキリにとっては盗蜜者といえる。もとは中国原産だがほとんど野生化していて，相当な山の中にもある。材はきわめて軽く，また狂いがないので，今でもタンス，下駄，琴，標本箱などに使われている。

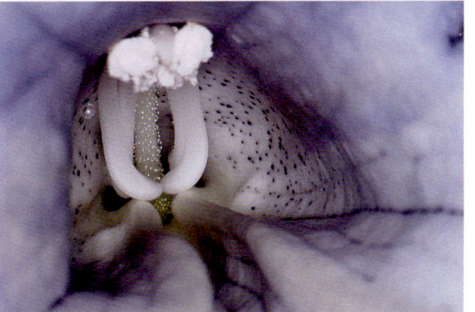

キリの花粉　　キリ。多量の蜜があり魅力的。右は花筒の天井部に位置する花粉　2008.5　群馬県赤城山麓

ゴマノハグサ科 Scrophulariaceae　**261**

クガイソウ 九蓋草 (ゴマノハグサ科)
Veronicstrum japonicum 【N(p) : Temporary】

野生のクガイソウは高原の花で、ミツバチが普段訪れることはないが、平地に植えられている近縁の園芸種には普通に行く。ルリトラノオ *Pseudolysimachion subsessile*，トウテイラン *P. ornatum* もそんな仲間だ。トウテイランは自生地 (近畿から山陰地方の北部) では絶滅が心配されているが、園芸店での入手が可能。

高原の花クガイソウ　2009.8　長野県湯ノ丸高原

ルリトラノオ　2006.9　栃木県日光植物園

大規模に植栽されたトウテイラン　2008.9　鳥取県「とっとり花回廊」

ビロードモウズイカ 天鵞絨毛蕊花 (ゴマノハグサ科)
Verbascum thapsus; Mullein 【P(n) : Incidentally】

葉は軟毛に覆われて特徴的、蜜の香りがする花はリキュールの香り付けに使われる。葉、花、種子ともに薬用に用いられる。ヨーロッパからアジアに分布。日本でも一部野生化している。

ジギタリス (キツネノテブクロ)　(ゴマノハグサ科)
Digitalis purpurea; Digitalis 【NP : Incidentally】　67　185

庭園などに植えられていて、初夏から夏にかけて独特の斑点模様の大きな筒状花がよく目立つ。強心配糖体 (ジギトキシン、ギトキシン、ギタロキシン) など特異な成分を多く含み、有毒植物として有名だが、送粉昆虫には害はないようだ。薬効もあるが素人療法は危険、葉はコンフリーと似るので要注意。ヨーロッパ原産。

よく見るようになったビロードモウズイカ　2007.6　東京都世田谷区

有毒植物として有名なジギタリス　2006.6　東京都世田谷区

ネズミモチを訪花中のセイヨウミツバチ。梅雨時の貴重な蜜源　2006.6　東京都世田谷区

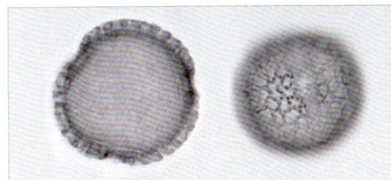

ネズミモチの花粉

ネズミモチで蜜を吸っているコマルハナバチの雄　2006.6　横浜市

ネズミモチ　鼠黐 (モクセイ科)
Ligustrum japonicum　【NP：Good】■116　■171

本州中部以西の山野に自生。蜜も花粉も供給し、どこにでもあることから初夏の貴重な蜜源。ただし花粉の粘着度が高く、ミツバチは花粉ダンゴに丸めるのに苦労する。うまく集められずに花粉を落としてしまう場合も少なくない。名の由来は黒紫色に熟れた実がネズミの糞にそっくりで、葉はモチノキに似ていることから。実は健胃強壮用や薬用酒にされる。

トウネズミモチ　唐鼠黐 (モクセイ科)
Ligustrum lucidum; Glossy privet, White wax tree
【NP：Good】■99　■212

以前は日本産のネズミモチが垣根などに植栽されたが、最近では塩害や大気汚染に強いこともあり、中国産で高木となる本種のほうがよく植栽される。中国ではイボタロウ (アブラムシが分泌する蝋) を採るために栽培しており、wax tree の名はここから。花が少なくなった梅雨前後に咲くこともあり、ネズミモチ同様有力蜜源。

トウネズミモチの花　2006.7　東京都世田谷区

トウネズミモチの果実　2006.10　東京都世田谷区

モクセイ科 Oleaceae　**263**

園芸用に改良されたイボタノキ　2005.5　東京都世田谷区 　　野生種のイボタノキ (Am)　2005.6　長野県北アルプス山麓 　　イボタノキの花粉

野生のライラックともいえるハシドイ　2007.6　長野県軽井沢町植物園 　　ヒメライラックでの花粉集め (Am)　2009.5　岡山県苫田郡 (by 内田)

イボタ類　水蝋樹，疣取木 (モクセイ科)
Ligstrum spp.　【NP：Temporary】

野生のイボタノキ *L. obtusifolium* は山野にごく普通に自生しているが，最近では花付きのよい園芸品種が植栽されることも多い。花期は春で短いが良蜜を産し，訪花もかなり認められる。仲間にオオバイボタ *L. ovalifolium*，ミヤマイボタ *L. tschonoskii* があり，ハチはこれらにも好んで訪れる。イボタロウカイガラムシが付いてできる蝋は，障子の滑りをよくするのに，あるいは床のつや出しなどに珍重された。セロチン酸を多く含み薬用にも使われる。

ハシドイ　丁香花 (モクセイ科)
Syringa reticulata　【NP：Good】

モクセイ科ではトネリコ類，レンギョウ，キンモクセイの仲間が有名であるが，これらにはミツバチはほとんど行かない。そうしたなかでイボタの仲間とこのハシドイの花にはミツバチもよく行く。北海道に多い。

　近縁のムラサキハシドイはライラックとしてあまりにも有名。しかしこちらは花管が長くミツバチの口吻では届かない。花粉だけを集めることがあるのと (写真①)，マルハナバチなどが盗蜜するとそのおこぼれをもらう程度。

最近植栽が増えているヒトツバタゴ　2007.5　横浜市 　　ヒトツバタゴの花の拡大

モクセイ科 Oleaceae

ヒトツバタゴ （モクセイ科）
Chionanthus retusus
【N(p) : Suspicious】 ■126

ナンジャモンジャノキとも呼ばれ、珍しいとされるが、最近では街路樹としてよく植栽されている。花は白く美しいが、蜜源価値はほとんどないようだ。まだ訪花を確認したことがない。中国原産だが、日本にも一部に隔離分布している。

オリーブ （モクセイ科）
Olea europea; Olive 【N(p) : Rarely】

「オリーブ蜜」というのがあったら魅力的だと思うが、残念ながらオリーブの花には小形のハナバチたちは行くものの、ミツバチはほとんど興味を示さない。乾燥地への適応で蜜量が少ないためだろうか。自家受粉では実がならないのだから、ポリネーターは必要なはずなのに。

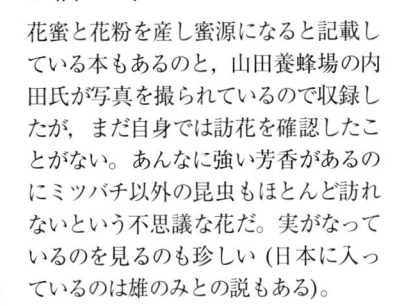

キンモクセイ　金木犀 (モクセイ科)
Osmanthus fragrans var. *aurantiacus*
【N(p) : Suspicious】 ■265

花蜜と花粉を産し蜜源になると記載している本もあるのと、山田養蜂場の内田氏が写真を撮られているので収録したが、まだ自身では訪花を確認したことがない。あんなに強い芳香があるのにミツバチ以外の昆虫もほとんど訪れないという不思議な花だ。実がなっているのを見るのも珍しい（日本に入っているのは雄のみとの説もある）。

ヒイラギモクセイ　柊木犀
(モクセイ科)
Osmanthus × fortunei
【N(p) : Rarely】 ■271

ギンモクセイと似るが交雑種で、近年では垣根などとしてよく植栽される。花期は9～10月で、清々しく品のいい香りなので、これの単花ハチ蜜が採れるものなら賞味してみたいところだ。

レンギョウ　連翹 (モクセイ科)
Forsythia suspense; Golden bell
【NP : Rarely】 ■192

レンギョウは日本産、ヨーロッパ産のものもあるが、普通に見られるのは中国産またはその園芸品種。

満開のオリーブの花　2007.5　都立夢の島公園

訪花を見ることは珍しいキンモクセイ　2006.11　東京都世田谷区

キンモクセイ　2008.10　岡山県苫田郡 (by 内田)

ヒイラギモクセイ　2008.11　東京都多摩市

レンギョウを訪れるミツバチ(Am)　2009.3　岡山県苫田郡 (by 内田)

モクセイ科 Oleaceae

キツネノマゴ　狐のまご (キツネノマゴ科)
Justicia procumbens var. *procumbens*　【N(p) : Temporary】

秋の補助蜜源で，ちょっとした空き地や路傍に普通に生えている。しかしミツバチはときどきしか見かけない。

ゴマ　胡麻 (ゴマ科)
Sesamum orientale; Sesame
【NP : Temporary】【Extrafloral】　■ 59　■ 222

ゴマは健康志向で近年ますます人気が高く，栽培も盛んだ。ミツバチやマルハナバチの受粉があってはじめて種子ができることを意識したい。白，またはピンクの花にはもちろん訪花するが，ゴマにはこのほかに黄色く目立つ花外蜜腺があり，この花外蜜腺ばかりを訪れるミツバチも見かける。原産地はインド，エジプトなどとされているが，定かでない。

キツネノマゴの花の拡大

秋の野路に普通のキツネノマゴ　2005.11　横浜市

黄色くてよく目立つゴマの花外蜜腺。この花外蜜腺のみを求めるハチもいる (Acj)　2005.8　横浜市

ゴマ。潜り込んで蜜を吸う　2005.8　横浜市

ゴマの果実。種子は果実の中にきれいに並んでいる　2008.9　横浜市

266　キツネノマゴ科 Acanthaceae，ゴマ科 Pedaliaceae

ノウゼンカズラ。葯にぶら下がって花粉を集めるニホンミツバチ　2007.7　栃木県日光市

ノウゼンカズラの蜜を吸うクロアゲハ　2006.8　東京都世田谷区

カレーカズラ　2005.5　東京都世田谷区

ヒメノウゼンカズラ　2008.5　東京都世田谷区

ノウゼンカズラ　凌霄花 (ノウゼンカズラ科)
Campsis grandiflora; Chinese trumpet vine
【P(n) : Temporary】　■119　■200

ミツバチは訪花しないとする文献もあるが、実際にはよく訪花し、花粉を集める。中国原産のものだけでなく、北アメリカ原産のアメリカノウゼンカズラにも行く。比較的近縁の種にカレー粉の匂いがするカレーカズラ *Bignonia capreolata* (やはり北アメリカ原産) があり、気にして見ているが匂いが強すぎるためか、まだ訪花を確認していない。

キササゲ　木大角豆 (ノウゼンカズラ科)
Catalpa ovata　【P(n) : Temporary】

中国南部の原産だが、各地で栽培され、一部は野生化している。実がササゲに似て木であることからの命名だが、マメ科ではない。この木には雷が落ちないとの言い伝えがあり、神社や寺にも植えられる。同類のアメリカキササゲは北アメリカ原産で、これも植栽されている。

薄黄色のキササゲの花　2008.6　昭和薬科大学薬用植物園

キササゲ。マメ科と見間違える果実　2008.10　昭和薬科大学薬用植物園

ノウゼンカズラ科 Bignoniaceae

コーヒーノキ （アカネ科）
Coffea arabica; Coffee 【N(p) : Good】

熱帯アフリカの原産だが，コーヒー豆として世界各地で栽培される。日本では温室内での鑑賞用程度で採蜜はできないから，市販の「コーヒー蜜」はブラジル，コロンビアなどの外国産。蜜はとくにコーヒーの香りがするわけではない。色は濃いのが普通だが，新鮮なものもそうかどうかは未確認。

クチナシ　梔子，巵子 （アカネ科）
Gardenia jasminoides; Common gardenia
【P(n) : Suspicious】　■180

補助蜜源と記載した本もあるが，一重の花でも，まだ訪花を確認したことがない。一般に八重に改良した花では，雄しべが花弁になってしまうから，花粉はなくなるし，蜜腺も退化する場合が多い。クチナシは暖地の山中に自生し，芳香が強い。橙色の果実は栗きんとんや沢庵の着色，薬用に用いられる。

ハクチョウゲ　白丁花 （アカネ科）
Serissa japonica; Snowrose
【N(p) : Temporary】　■125

コーヒーノキと同じアカネ科で，5月から梅雨前にかけて白い花を付ける。美しいウグイス色のコマルハナバチの雌とともに，ミツバチもよく訪花する。

コーヒーノキの花　2008.5　静岡県熱川バナナワニ園温室

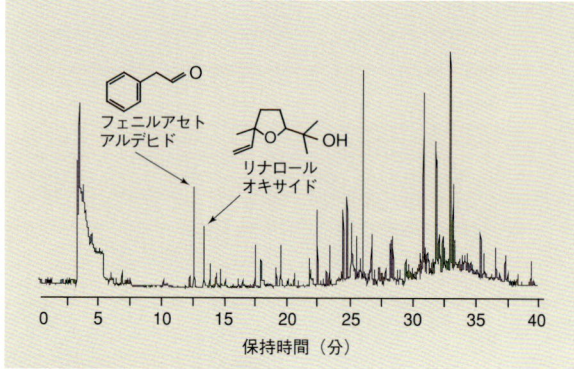

「コーヒー蜜」の香りの分析例

コーヒーノキの果実

「コーヒー蜜」

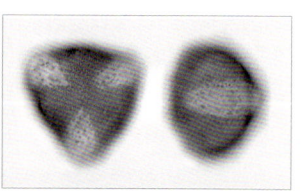

ハクチョウゲの花粉

垣根などでよく見るハクチョウゲ　2008.5　東京都世田谷区

強い芳香を発するクチナシ　2008.6　東京都世田谷区

268　アカネ科 Rubiaceae

ホタルブクロ ①，② 花に入り込むと外からは見えないので目立たないがハチはよく行く (Am) ③ ホタルブクロの蜜腺。かなり大量の蜜が隠されている 2008.6 町田市(玉川大学)

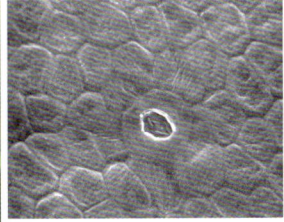

蜜腺の拡大図。分泌口と思われる孔も見える

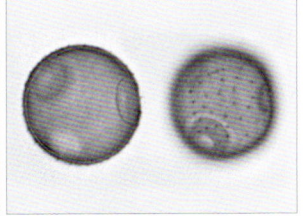

ホタルブクロの花粉

ホタルブクロ 蛍袋 (キキョウ科)
Campanula punctata 【N(p) : Good】 ■174

全国の山野にごく普通に見られ，ちょうど6〜7月の梅雨時に花を付ける。大きな袋状の花が下向きになっているため出入りは苦しいが，ミツバチはよく訪れる。開花中に雄から雌へと性転換をする種類は少なくないが，キキョウやこのホタルブクロはその好例である。ホタルブクロの場合，開花前に雄しべの花粉が雌しべの花柱表面に渡され，開花すると花に潜り込むハチの背中に付く雄性期が3日ほど続く。その後雌しべの柱頭が開いて花粉を受け取る雌性期となる。

キキョウ 桔梗 (キキョウ科)
Platycodon grandiflorus; Balloon flower
【N(p) : Temporary】 ■36 ■207

キキョウは全国の日当りのよい山野に自生しているが，栽培しているものも多い。キキョウの仲間は高山帯に種類が多いが，ソバナ，ツリガネニンジンは標高の低いところでも普通に見られる。ただしミツバチがよく行くのはキキョウに限られているように思われる。

キキョウ。雄しべと雌しべの成熟期を変えて自家受粉を防いでいる (Am) 2006.7 川崎市

キキョウ科 Campanulaceae

タニウツギ 谷空木 (スイカズラ科)
Weigela hortensis 【N(p)：Temporary】

長野県北部など，とくに本州の日本海側の山地などに多い。花の色が濃い紅色の園芸品種はベニウツギ *W. hortensis* f. *unicolor* と呼ばれ，庭や公園に植栽される。この属は東アジア特産だが，似た仲間にニシキウツギ *W. decora* やハコネウツギ *W. coraeensis*，ヤブウツギ *W. floribunda* などがあり，変異や自然交雑も多いので見分けにくい。いずれも花期は5～6月で，ミツバチの訪花は中程度。

タニウツギ (Acj)　2007.5　長野県大町市

渓流沿いに咲くベニウツギの仲間　2007.5　神奈川県山北町

ハコネウツギ　2007.5　神奈川県山北町

ベニウツギ　2007.5　町田市 (玉川大学)

キバナウツギ　2007.6　神奈川県箱根町

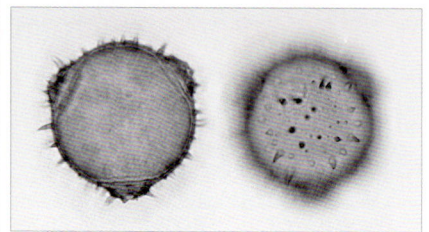

ハコネウツギの花粉

スイカズラ科 Caprifoliaceae

サンゴジュ。満開の大木とセイヨウミツバチの訪花　2006.6　町田市 (玉川大学)

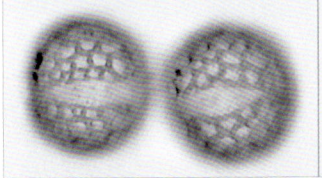

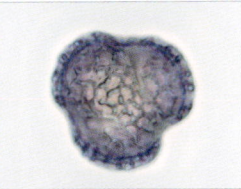

サンゴジュの花粉

サンゴジュ　珊瑚樹 (スイカズラ科)
Viburnum odoratissimum　【NP：Good】　■65　■184

関東以西に自生するが，植栽ではもっと北の地でも問題なく，防火，暴風垣としてよく使われる。黄色い花粉はネズミモチ同様油性の粘着物質を多く付けており，見ているとべとべとしていて花粉ダンゴを作るのに手間取っている。ダンゴ作りの飛翔中に花粉を落としてしまうハチも少なくない。

カンボク　肝木 (スイカズラ科)
Viburnum opulus var. *sargentii*; Crampbark
【N(p)：Temporary】

本州中部以北の湿潤な地に多い。花序の中心部の両生花が蜜・花粉源になるが，目立つのは周りの白い装飾花。秋に赤く熟した実は美しい。材には香気があり，楊枝に使われる。

ガマズミ類　莢迷 (スイカズラ科)
Viburnum spp.【NP：Rarely】　■112

ガマズミの仲間は日本に15種ほどあるが，ガマズミ*V. dilatatum*は日本固有種で，全国の丘陵や山地に一番普通に見られる。5～6月に，枝先に白い小花がまとまった花序を付ける。

　常連の訪問者はハナムグリ (甲虫) やハエだが，ミツバチもこれらに混じってときどきやってくる。赤く熟した果実は見た目に美しいが，果実酒にもできる。山地に見られるムシカリやヤブデマリなども同様と思われる。

カンボクの花。このときはウスバアゲハが盛んに吸蜜していた　2007.5　長野県大町市

山の谷合のガマズミの仲間　2007.10　福島県五色沼

葉も実も真っ赤になるガマズミ　2007.10　町田市 (玉川大学)

スイカズラ科 Caprifoliaceae　271

ハナツクバネウツギ (アベリア，ハナゾノツクバネウツギ) (スイカズラ科)
Abelia × grandiflora 【N(p)：Good】 ■135, 136

常連はキムネクマバチやイチモンジセセリ，ホシホウジャクやウワバ類で，ミツバチにとって蜜を採りやすい花ではない。しかし初夏から秋遅くまでと花期が長く，総合的に見れば重要な蜜・花粉源植物といえる。中国原産で落葉性の *Abelia chinensis* と常緑性の *A. uniflora* との交雑種といわれる。野生のツクバネウツギ *A. spathulata* は日本固有種で，日当たりのよい丘陵や山地に自生。最近多く植栽されるようになったピンクの園芸種の花は，大柄で一見入りやすそうに見えるが，内部にしっかりした長い毛がありやはりハチは苦労させられる。

スイカズラ (ニンドウ 吸い葛) (スイカズラ科)
Lonicera japonica; Japnese honeysuckle
【N(p)：Rarely】 ■115

どこにでもあり，初夏にこの科の特徴でもある白と黄色の花を付ける。開花当日の花は白く，2日目になると橙色に変わる。花蜜，花粉ともにあるが，筒の部分が細長く，潜り込んで吸蜜することはできない。ミツバチが蜜を利用できるのは，クマバチが筒に切り傷をつけて盗蜜した傷跡から吸う場合のみだ。蔓状の姿はいわゆる「からくさ模様」のモデルといわれる。和名，英名ともに，花をくわえて蜜を吸ったことから。別名のニンドウは「忍冬」で，蔓先の一部の葉が冬を耐えて残ることから。同属でもキンギンボク *L. morrowii* は筒部が短く，ミツバチでも容易に吸蜜できる。

ウグイスカグラ (スイカズラ科)
Lonicera gracilipes var. *glabra*
【P：Incidentally】 ■13

早春の野辺や山路にくすんだピンクの花を咲かせる低木。サケの卵のような大形で金色をおびた花粉を出すが，ミツバチの訪花は稀。

ピンクのアベリア。花筒の中には硬質の長毛がある　2005.6　東京都世田谷区

ハナツクバネウツギで盗蜜するセイヨウミツバチ　2005.7　東京都世田谷区

野生のツクバネウツギ　2006.5　山梨県大菩薩峠山麓

ウグイスカグラ。花粉はまるで金色の粒　2005.3　町田市 (玉川大学)

スイカズラ　2008.5　東京都世田谷区

キンギンボク　2009.5　岡山県苫田郡 (by 内田)

272　スイカズラ科 Caprifoliaceae

オミナエシ。これは栽培しているところで，野生では群落にはならない　2006.8　川崎市

オトコエシ　2005.10　町田市 (玉川大学)

秋風に揺れるマツムシソウ　2008.9　鳥取県大山山麓

花粉がピンクの園芸種　2006.9　長野県八ヶ岳山麓

オミナエシ　女郎花 (オミナエシ科)
Patrinia scabiosifolia
【N(p) : Temporary】　■23　■239

秋の七草の一つで，小さいがよく目立つ黄色の花を付ける。野山に自生するが，切り花用に栽培もされている。各種のハチ類が好み，ミツバチも訪花する。蜜・花粉両方を出すが，いずれも量的には多くない。オトコエシ *P. villosa* も同じく秋に真っ白な花を付ける。分布は両種とも日本全土。

マツムシソウ　松虫草 (マツムシソウ科)
Scabiosa japonica; Pincushion flower
【NP : Rarely】　■164

本来は高原の花で，ミツバチが利用することはなかったと思われるが，最近では地球温暖化のためか，ニホンミツバチの分布上限が，標高1,600 mくらいまで広がったので，ニホンミツバチはこれを利用する可能性が出てきた。園芸品種はもっと標高の低いところにもある。花粉ダンゴはピンク色で珍しい。

オミナエシ科 Valerianaceae，マツムシソウ科 Dipsacaceae

フキ 蕗, 苳, 款冬 (キク科)
Petasites japonicus; Fuki, Giant butterbur 【N(p)：Rarely】■9

蕾はフキノトウで，春を知らせる山菜として親しまれている。花にはいろいろな昆虫が訪れるが，それほど賑やかにはならず，ミツバチもたまに訪れる程度。ノブキ*Adenocaulon himalaicum*は早春の2月頃から咲くので，ハチは寒さの和らいだときに早業で訪れる。ヒレノブキもほぼ同様。

ノブキ　2008.2　東京都世田谷区

フキ。残雪が溶けた後に花を咲かせるフキノトウ。山菜として馴染み深い　2007.5　長野県北アルプス山麓

タンポポの花粉

春早くに日向で咲くセイヨウタンポポはとても背が低く，花は地面すれすれ (Am)　2006.4 町田市 (玉川大学)

タンポポの種子。種子が実るころには遠くに飛ばすために背が高く伸びる

キク科 Asteraceae

タンポポ類　蒲公英 (キク科)
Taraxacum spp.; Dandelion
【NP : Good】　■ 80　■ 10

モモ畑で,「羽音がするのにハチが見あたらない」と思っていると, 実は足下のタンポポにきていた, というようなことがよくある。花蜜, 花粉ともに供給するので, ミツバチはよく行く。「タンポポ蜜」は味も香りも強く, かなり癖がある。色は黄色みが強く, 時に褐色。北海道では比較的純度の高い「タンポポ蜜」が採れる。リンゴ園では, ミツバチに受粉してもらいたいときにハチがタンポポに行ってしまうと困る。そこでカナダのデリシャス産地では, 受粉用のミツバチを導入する際, タンポポを徹底的に刈り取るよう指導しているくらいだ。

ハルジオン　春紫苑 (キク科)
Erigeron philadelphicus
【N(p) : Good】　■ 136　■ 44

ハルジオンが春にまず咲き, それが終わると入れかわるようにヒメジョオン *E. annuus* が咲き出す。ハルジオンのほうがハチはよく行く。

ジシバリ類　地縛り (キク科)
Ixris spp.【N(p) : Rarely】

春の野辺を黄色く彩るキク科植物は多いが, ジシバリ類は花が小形なため, ミツバチは普通は訪れない。しかし他によい蜜源がないとなれば, もちろん行く。

典型的な日本の春の野辺の風景　2007.4　山梨県甲州市

ハルジオンで花粉を集めるセイヨウミツバチ　2005.4　町田市 (玉川大学)

田圃の畔を彩るオオジシバリ　2008.4　横浜市

キク科 Asteraceae　275

谷戸田の草地に咲くノアザミ　2006.6　東京都町田市

アザミとキシタギンウワバ　2009.7　長野県湯ノ丸高原

アザミ類　薊 (キク科)
Cirsium spp.　【NP：Good】　■80

日本だけでも100種を超える種類がある。アザミの花はハチが触ると，その刺激で雄しべがみるみるうちに伸び，雌しべに花粉を付けようとする。ミツバチも大好きだが，野山で一番よく訪れるのはマルハナバチ類だ。アザミの葉は酸化酵素に富んでいて，つぶすとすぐに褐変するが，「アザミ蜜」も色が変わりやすいようだ。「アザミ蜜」は若干の渋みを感じることもあるが，味は美味しい。日本ではアザミを主蜜源とする蜜は北海道でしか採れない。輸入物ではニュージーランド産などが入手できる。

　普通に見られるのはノアザミ *C. japonicum*，ツクシアザミ *C. suffultum*，ナンブアザミ *C. nipponicum*，タイアザミ *C. nipponicum* var. *incomptum*，タカアザミ *C. pendulum* など。

東京都心の空き地で見かけるアザミの一種　2008.5　東京都港区

キツネアザミ　狐薊 (キク科)
Hemistepta lyrata　【NP：Good】　■85

野原や休耕田によく見られるアザミの類で，花期は初夏。農耕とともに渡来した史前帰化植物と考えられている。

休耕田などに多いキツネアザミ　2008.5　川崎市

大柄の花を下向きに咲かせるフジアザミ　2007.7　長野県浅間山麓

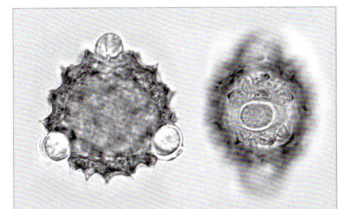

ノアザミの花粉

高原のアザミの一種　2008.8　長野県湯ノ丸高原

高原の林地に生える地味なタカアザミ　2007.8　福島県五色沼付近

葉がヒレのようなヒレアザミ　2007.6　栃木県日光植物園

繁殖力旺盛な帰化種のアメリカオニアザミ。訪れているのはハラアカハキリバチヤドリ　2007.7　栃木県那須町

林道脇のアザミにはいつもヒョウモンチョウの仲間が訪花している　2008.8　長野県軽井沢町

キク科 Asteraceae　277

アーティチョーク(チョウセンアザミ)（キク科）
Cynara scolymus; Artichoke 【NP : Good】

草丈2m，頭花の直径が10〜15cmにもなる巨大なアザミ。花床部や若い蕾(つぼみ)は食用となり，とても美味しい。ミツバチは大きな頭状花の中に潜り込むようにして蜜を飲む。

ヒゴタイ 平江帯，肥後躰 (キク科)
Echinops setifer 【NP : Good】

球形にルリ色の花を付ける独特の形が印象的。西南日本には自生地もないではないが，ほとんどは植栽されたものを見る。花期は8〜10月。

アーティチョーク。小形の種類　2005.7　東京都世田谷区

品種が違うがいずれもアーティチョーク。ミツバチは花の頭状花の奥深くまで潜り込んで蜜を吸う (Am)　2007.6　① 東京都世田谷区　② 神奈川県松田山ハーブガーデン　③ 町田市 (玉川大学)

ヒゴタイ。ボール状の花序に青い花を少しずつ咲かせていく　2006.8　山梨県八ヶ岳山麓

278　キク科 Asteraceae

チコリ (キクニガナ) (キク科)
Cichorium intybus; Chicory 【N(p)：Temporary】■120

インド原産といわれるチコリと，同属で地中海地方原産のキクニガナはよく似ている。ともに葉をサラダにして食べるが，花はミツバチも花粉源として利用する。

ムラサキカッコウアザミ (アゲラータム) (キク科)
Ageratum houstonianum; Flossflower, Bluemink
【P(n)：Temporary】■172

薄紫色の花は美しく，乳白色の花粉を多く提供してくれるので，ミツバチも好んで訪れる。南アメリカ原産。

ストケシア (ルリギク) (キク科)
Stokesia laevis 【NP：Temporary】

北アメリカ原産で5月から9月ころまで咲く。ルリギクの名のように紫系が多いが，白やピンク，黄色などの花色もある。

ヤグルマギク (ヤグルマソウ) 矢車菊 (キク科)
Centaurea cyanus; Cornflower, Bluebottle
【P(n)：Temporary or Good】■177 ■12

栽培種で，初夏から秋まで植栽されたものが咲く。ミツバチは好んで訪花し，蜜も花粉も集める。同時期には他にも多くの種や品種のキクの仲間が咲くが，それらのなかでもミツバチにとってヤグルマギクの評価は高いほうといえる。ヨーロッパ原産でドイツの国花。

チコリ (Am) 2007.6 神奈川県松田山ハーブガーデン

ムラサキカッコウアザミでの花粉集め (Am) 2008.9 群馬県赤城山麓

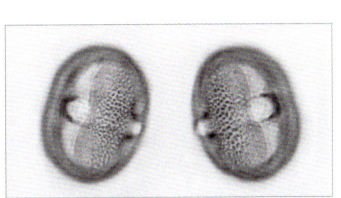

ヤグルマギクの花粉

ストケシア (Am) 2006.6 東京都世田谷区

蜜と花粉を同時に集めるハチが多いヤグルマギク (Am) 2007.5 東京都世田谷区

キク科 Asteraceae

ハチミツソウ(ハネミギク)　羽実菊 (キク科)
Verbesina alternifolia【NP : Good】■244

名のとおり，ハチは好んでこの花に訪花する。北アメリカ原産の多年草で，花期は8～10月と長い。1960年代初頭に蜜源植物として，北海道農業試験場で試作され，全国の養蜂家に配布された。和名のハネミギクは種の周りに膜状の羽が取り巻いていることから。

ヒャクニチソウ(ジニア)　百日草 (キク科)
Zinnia elegans【N(p) : Temporary】

花壇に植栽されるメキシコ原産のキクで，舌状花が硬質で何時までも萎れないことからの命名。主に花粉源となるが，蜜も出ないわけではない。

ダリア(テンジクボタン)　(キク科)
Dahlia × hortensis; Dahlia
【P(n) : Temporary】■210

メキシコ原産の鑑賞用ギクで，実にさまざまな品種が作られている。完全な八重のものでは訪花はないが，通常のものではハチはよく行く。バンガロール (インド) のホテル前のダリアに多数のオオミツバチがきていた光景は忘れられない。

残念ながらあまり普及していないハチミツソウ　2007.8　長野県軽井沢植物園

ヒャクニチソウとセイヨウミツバチ　2008.9　町田市 (玉川大学)

オオミツバチとコミツバチ　1990.8　インド・バンガロール

ダリアを訪れるオオミツバチ　1990.8　インド・バンガロール

ダリア　2008.10　山梨県甲州市

キク科 Asteraceae

コウリンタンポポ (キク科)
Pilosella aurantiaca 【NP : Good】

明治中期にヨーロッパから渡来。庭園に植えられるが，それほど見ない。北海道では野生化しているというが，蜜源としても良いようで，もっと増やしてもよいのではないか。

カモミール (カミツレ) 加密列 (キク科)
Matricaria recutita; Chamomile
【N(p) : Temporary】　■ 29

ハーブティー用としてよく栽培される。蜜・花粉量ともに多くないので，ミツバチにとってはそれほど魅力的ではない。薬草の歴史上最も古く，4000年以上も前にすでにバビロニアで民間薬にされていたといわれる。

シュンギク　春菊 (キク科)
Glebionis coronaria; Crown daisy 【N(p) : Rarely】

特有の香気を楽しむ緑葉野菜。花は意外に美しく，黄色いものや白が混じったものがあるが，ハチはあまり行かない。原産地は地中海沿岸。

ゴボウ　牛蒡 (キク科)
Arctium lappa; Edible burdock
【N(p) : Rarely】　■ 208

良質の蜜を出すといわれるが，根菜類のため，ゴボウ畑があっても花まで咲かせることは稀だ。株や葉が大きくなるわりには花数が少なく，アザミのような花だが，蜜源としてはあまり期待できない。縄文時代，すでに渡来していたといわれる。

ウスバアゲハが吸蜜しているコウリンタンポポ　2008.6　栃木県那須町

花形が異なるがいずれもカモミール (Am)　2007.6　神奈川県松田山ハーブガーデン

シュンギクの花は意外と美しい　2007.5　川崎市

目立たないゴボウの花　2007.7　川崎市

キク科 Asteraceae　281

ヒマワリ　向日葵 (キク科)
Helianthus annuus; Sunflower 【NP : Excellent】　■141　■201

中国，ウクライナ，フランス，イタリア，アルゼンチンなどでは重要な蜜源植物で，蜜の収量も多い。これらの国では種からリノール酸含量の高いヒマワリ油を採るための栽培が基本だが，日本では観光用にかなり広大な面積に咲かせることが増えた。副産物的に「ヒマワリ蜜」が採れるところもあるようだ。黄色みの強い「ヒマワリ蜜」の味は濃厚で，舌触りが気になる人もいるかもしれない。油をバイオディーゼル用に，蜜はハチ蜜に，多量の花粉からはローヤルゼリーを採取するというような総合利用，リサイクル系への利用をもっと考えたいところだ。原産地は北アメリカ。

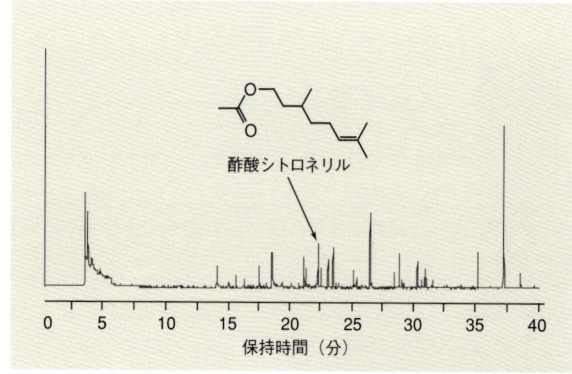

酢酸シトロネリル

「ヒマワリ蜜」の香りの分析例

ヒマワリ蜂場　2005.8　岡山県真庭市 (by 加藤)

広大なヒマワリ畑。ところどころに見える紫の花は混植のヘアリーベッチ

蜜も花粉も採れるヒマワリ　2006.8　東京都町田市

花粉ダンゴ作り　2008.8　愛媛県北宇和郡

282　キク科 Asteraceae

2006.8　北海道屈斜路湖周辺

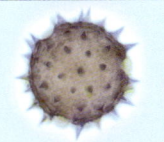

「ヒマワリ蜜」。花粉を多く含み，とてもリッチな味わい 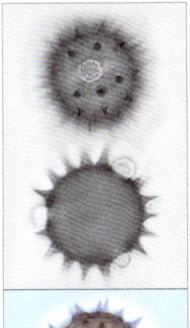　　ヒマワリの花粉 　　イラクサギンウワバが吸蜜にきているヒメヒマワリの仲間
2008.10　東京都世田谷区

キク科 Asteraceae　283

ヨモギ類　蓬 (キク科)
Artemisia spp.; Mugwort 【P：Temporary】　■185

ヨモギは山野や荒れ地に自生し，春にはモチグサとして親しまれるほか，モグサとしても利用される。花は夏から秋に咲くが，およそ目立たない。夏の花粉源として役立つとされてはいるが，好んで行くわけではない。一目では識別が困難な多くの種類がある。

ベニバナ　紅花 (キク科)
Carthamus tinctorius; Safflower
【NP：Excellent】　■156　■194

大形の頭状花は，初め鮮黄色で次第に紅色に変わる。ハチは蜜，花粉ともに集める。花は煎薬として，あるいはお茶代わりに服用して婦人病，冷え性などによいといわれる。染料，化粧料，食品用の着色料としても使われる。種子からの紅花油はリノール酸を多く含み，サラダ油として定評がある。アメリカやメキシコでは，その副産物として「ベニバナ蜜」が採れる。近年，山形県などを中心に栽培が復活してきているので，日本でも「ベニバナ蜜」が採れる日が望まれる。原産地はエジプト。

ヨモギの仲間の花　2008.9　長野県戸隠山麓

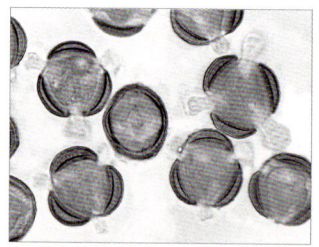

ヨモギの花粉

ヨモギでの花粉集め (Am)　2008.9　岡山県苫田郡 (by 内田)

ベニバナの畑。観光用に各地で植栽が増えている　2007.7　山形県寒河江市

284　キク科 Asteraceae

ベニバナ (右) とそれに訪花するニホンミツバチ　2007.7　山形県寒河江市

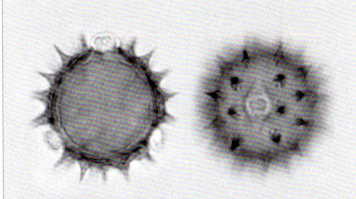

コスモスの花粉

コスモス　秋桜 (キク科)
Cosmos bipinnatus; Cosmos
【NP：Good】　■ 57　■ 258

その美しさ，花色の多様さから観賞用に広大な畑に植栽されることが多い。近年，玉川大学でこれまでになかった黄色い品種が育成され，ますます彩りが美しくなった。秋の蜜・花粉源として有力。大面積に栽培して楽しむことが増えてきたので，「コスモス蜜」というのも採れるようになるかもしれない。原産地はメキシコの高原地帯。

黄色のコスモスが生まれた研究用のコスモス畑　2006.10　町田市 (玉川大学)

キク科 Asteraceae

キバナコスモス （キク科）
Cosmos sulphureus
【NP : Good】　■ 41　■ 260

観光用のためコスモスが各地で大規模に植栽されるようになるとともに、キバナコスモスも彩りを添えるようになった。メキシコ原産で、コスモスの名はついているが、縁は近くないので掛け合わせはできない。ハチはコスモス同様好んで訪花し、蜜・花粉を集める。

オオハンゴンソウ　大反魂草 （キク科）
Rudbeckia laciniata
【N(p) : Good】　■ 21

花壇や切り花用として北アメリカから導入されたが、今では野生化もしている。夏から秋までと花期が長く、まとまった面積で栽培されているところでは貴重な蜜・花粉源となる。

ウィンターコスモス
（キンバイタウコギ）　（キク科）
Bidens aurea　【NP : Temporary】

コスモスに似て晩秋に開花するのでこの名があるが、実は別名のとおりセンダングサの仲間。センダングサ同様、ハチはよく訪花する。北アメリカ原産。

色，形ともに多様なコスモスの品種　2006.10　町田市 (玉川大学) ほか

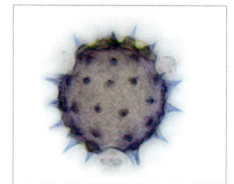

キバナコスモスの花粉

オオハラナガツチバチ　2005.10　群馬県みなかみ市

コスモスの頭状花の拡大。星形が美しい

キバナコスモスの畑と訪花中のニホンミツバチ　2006.10　宮城県作並温泉付近

キク科 Asteraceae

半ば野生化している オオハンゴンソウの群落　2007.9　福島県磐梯山麓

コスモスの仲間に見えるウィンターコスモス　2008.10　山梨県甲州市　　賑わいをみせるオオハンゴンソウ　2007.9　山梨県八ヶ岳山麓

キク科 Asteraceae

8月初旬に咲くオオアワダチソウ (Acj)　2007.8　群馬県嬬恋村

オオアワダチソウ　大泡立草 (キク科)
Solidago gigantean subsp. *serotina*
【NP : Good】　237

Goldenrodの名で呼ばれ，一見したところセイタカアワダチソウと似るが，花期が夏で，大きな群落を作ることもないので，間違うことはない。原産地の北アメリカから鑑賞用に入れられたものが雑草化した。ハチはセイタカアワダチソウ同様，好んで訪花する。

オオブタクサ (クワモドキ)　(キク科)
Ambrosia trifida　【P : Temporary】

北アメリカ原産の高さ2m以上にもなる帰化植物。戦後日本に侵入し，河原や荒れ地に群生。

ブタクサ　豚草 (キク科)
Ambrosia artemisiifolia　【P : Temporary】

オオブタクサ同様北アメリカ原産だが，渡来は明治初期とずっと古い。花粉症の原因植物としても有名。確かに大量の花粉を出すが，ミツバチの好みではないようだ。花粉は多くが下に落下し，それほど多く空中に飛散するという感じはしない。

ベニバナボロギク　2007.10　岡山県真庭市 (by 内田)

増えつつあるオオブタクサ　2006.9　長野県茅野市

最近では姿を見なくなってきたブタクサ　2005.9　東京都世田谷区

キク科 Asteraceae

フジバカマ　藤袴 (キク科)
Eupatorium japonicum; Thoroughwort
【N(p) : Rarely】

秋の七草として有名だが，ミツバチにとってはそれほど魅力ある蜜源ではない。長く咲いているように見えるが，実際に花粉，花蜜が採取できる期間は短いからだろうか。本来の野生のものは絶滅が危惧されている。よく植えられているのは，雑種または同属の他種。

ヨツバヒヨドリ　四葉鵯 (キク科)
Eupatorium makinoi　【N(p) : Rarely】

高原の野原や林地に普通。アサギマダラが大変好み，よく訪れている。

シオン　紫苑 (キク科)
Aster tataricus　【NP : Good】

夏から秋にかけては多くのキクの仲間が咲き競い，種を特定するのが難しいが，シオンは特徴的で間違えにくい。しっかりした大きな株に1mを超える真っ直ぐな茎を立て，紫の舌状花を付ける。切り花用に栽培されることもある。多くの種類の昆虫たちが訪れており，ミツバチもその仲間に加わる。原産地が寒いシベリアというのはちょっと不思議な気がする。

植栽種のフジバカマ　2008.10　山梨県甲州市

ヨツバヒヨドリとクジャクチョウ　2006.8　北海道屈斜路湖近く

ヨツバヒヨドリとアサギマダラ　2008.8　長野県湯ノ丸高原

シオン (Acj)　2005.10　川崎市

シオン (右) と花上で交尾する糸のように細いニトベハラボソツリアブ　2008.10　山梨県甲州市

キク科 Asteraceae　**289**

セイタカアワダチソウ　2005.11　川崎市

セイタカアワダチソウの花粉ダンゴ

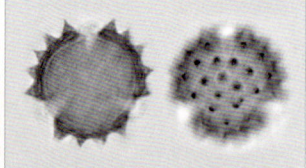

セイタカアワダチソウの花粉

セイタカアワダチソウ　背高泡立草 (キク科)
Solidago altissima; Goldenrod 【NP：Excellent】 78　274

北アメリカからの帰化植物で、荒れ地や河原などに大量に繁殖して秋の野を金色に染める。蜜には強い香りがあり、日本人は好まないがアメリカでは人気がある。ミツバチにとっては越冬前の貴重な蜜・花粉源となる。河原や休耕田などを真っ黄色に染めることから、遠くからでも一目でわかるが、拡大して観察してみると、一つひとつの花はきわめて小さく、蜜の存在を確認しようとしても、肉眼では不可能に近い。ここからあれだけの蜜を集めてしまうミツバチの能力には改めて敬服させられる。

冬枯れの景色。羽毛のついた種子が見える　2006.1　東京都世田谷区

ミツバチがはち合わせ　2005.10　町田市 (玉川大学)

花粉源としても重要 (Am)　2007.10　山梨県甲州市

吸蜜 (Acj)　2005.11　東京都世田谷区

オオカマキリに捕まったAm　2005.11　東京都世田谷区

290　キク科 Asteraceae

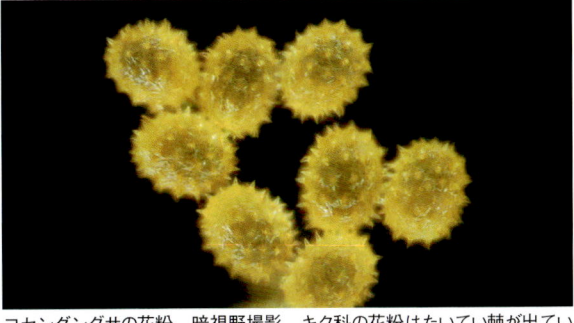

コセンダングサの花粉。暗視野撮影。キク科の花粉はたいてい棘が出ていて、虫の体毛にくっつきやすくなっている

コセンダングサ。目立たない花だがハチの選好性はきわめて高い　① Acj　②, ③ Am　2006.10　東京都世田谷区

センダングサ類　栴檀草 (キク科)
Bidens spp.【NP : Excellent】■ 266

帰化植物のアメリカセンダングサ *B. frondosa* が優位になってきているが、近縁のものが何種かあり、いずれも河川敷や荒れ地などに繁茂している。白い舌状花を残しているものはタチアワユキセンダングサと呼ばれ、舌状花の部分がなくなってしまった黄色いだけの花を付けるのがアメリカセンダングサかコセンダングサ *B. pilosa* var. *pilosa* だ。いずれも目立たないが、ミツバチはこれらの花を大変好み、喜んで訪花する。沖縄ではこの蜜を単花蜜として売っている養蜂場もある。

タチアワユキセンダングサ (Am)　2008.9　那覇市 (by 宮川, 上の写真も) 　　タチアワユキセンダングサ　2010.2　沖縄県久高島 (by 市川)

キク科 Asteraceae　　291

河原で繁殖しているキクイモ　2006.9　長野県八ヶ岳山麓

キクイモ。ハチは花粉でほとんど複眼が覆われてしまっている。これでも飛べるのはすごい　2006.9　長野県八ヶ岳山麓

キクイモ　菊芋 (キク科)
Helianthus tuberosus　【NP : Good】　■37　■241

北アメリカ原産で，江戸時代末期に渡来。イモ (塊茎) に果糖やイヌリンを多く含み，戦時中の食糧難の時代にはよく植えられた。各地の川沿いなどに野生化，最近ではイヌキクイモも混じる。ミツバチにとっては主に花粉源。

ヤクシソウ　薬師草 (キク科)
Crepidiastrum denticulatum　【N(p) : Rarely】　■176

秋の路傍に咲く雑草だが，黄色い花は目立つ。ミツバチが訪花したい順位としては低く，他に有望な蜜源がある場合にはほとんど訪花しない。

ノゲシ類　(キク科)
Sonchus spp. and *Lactuca indica*
【N(p) : Temporary】　■4　■263

オニノゲシ *S. asper*，ハルノゲシ (ノゲシ) *S. oleraceus*，アキノノゲシ *L. indica* の3種がある。いずれも補助的蜜源としての価値はあるが，ハチは好んで訪花するほどではない。

ヤクシソウ　2007.11　横浜市

アキノノゲシ　2006.10　東京都町田市

アキノノゲシ (Am)　2008.8　岡山県苫田郡 (by 内田)

キク科 Asteraceae

ノコンギク 野紺菊 (キク科)
Aster ageratoides var. *ovatus*
【NP：Temporary】　■120　■277

路傍に咲く野菊の一種。その他の野生の小菊類も栽培品種のキクも，ミツバチにとってはそれほど魅力的ではないようだ。熱心に通う様を見ることはまずない。

ツワブキ 石蕗 (キク科)
Farfugium japonicum 【NP：Good】　■94　■280

もともとは海辺に多いが庭園にもよく植栽される。初冬から咲き出すが花期が長く，年を越えるまで残る。蜜や花粉の供給量は多くないが，他の花がない季節に咲くので，成虫で冬を越すハナアブやミツバチにとっては貴重な存在。初夏には葉柄を茹でて食用にできる。葉はフグ毒の解毒や虫さされに効くという。

バッカリス (アレクリン)　キク科
Baccharis dracunculifolia 【Propolis】

ブラジル原産の小低木となるキク科の木で，ハチがこの芽や葉をかじり取ってきたものが，プロポリスとなる。アルテピリンCなどの成分を含み，その製品はブラジルを代表するプロポリスとして人気がある。

栽培種の小菊　2006.10　東京都町田市

ノコンギクで吸蜜するマルハナバチ　2006.10　長野県八ヶ岳山麓

ツワブキの花粉。暗視野撮影

ツワブキ (Am)　2006.11　町田市 (玉川大学)

バッカリスの芽をかじる (Am)　2003.3　ブラジル・ミナスジェライス州 (by 中村)

キク科 Asteraceae

ヤタイヤシの花穂と果実　2005.9　町田市 (玉川大学)

夏の花の少ない季節に咲くのでハチの執着度はきわめて高い (Acj)
2006.7　町田市 (玉川大学)

ヤシ類　椰子 (ヤシ科)
Arecaceae; Palm tree　【NP : Good】　■178

ココナッツでなじみ深いココヤシ *Cocos nucifera* は日本での栽培は難しいが，東南アジアからアフリカまでの熱帯では広く栽培されている。花蜜の分泌量は多く，タイやマレーシアなどでは花の房に缶をあてがって滴り出た蜜を集め，花蜜からの製糖も行われているほどだ (写真④,⑤)。もちろんミツバチも好んで訪花する。

　ヤシ科に属する植物は，熱帯を中心に230属3,500種に及ぶが，ココヤシ以外にも，世界には果実をドライフルーツにするナツメヤシ，パームオイルを採るアブラヤシ，幹からデンプンを採るサゴヤシ，特徴あるカルナウバワックスが採れるロウヤシなど有用なものが数多くある。そのほかのヤシを含め，大半のものが蜜・花粉源として大いに役立っているものと思われる。日本で植栽されているものでも，花が咲けば多くのミツバチが群がるように訪花する。なかでもヤタイヤシ *Butia yatai* は寒さにも強く，よく訪花が見られる。熱帯で複数種のミツバチ (オオミツバチ，トウヨウミツバチ，コミツバチなど) が同時期に訪花する場合には順位がつくことが観察されていて，興味深い。

ヤシの仲間の果実　2008.7　南アフリカ

ココヤシの果実　2008.7　南アフリカ

294　ヤシ科 Arecaceae

①, ②, ③ ヤタイヤシへの訪花　2006.7　町田市 (玉川大学)

製糖用にココヤシの花から流れ出る蜜を缶に集めている

④, ⑤ ココヤシの花蜜からの製糖風景。大鍋で熱して水分を蒸発させていくシンプルな方法　1990.4　タイ国・サムイ島

ヤシ科 Arecaceae

ミズバショウ　①群落　②花のクローズアップ　③花粉を集めるニホンミツバチ　2008.3　栃木県日光植物園

ミズバショウ　水芭蕉 (サトイモ科)
Lysichiton camtschatcense; Asian skunk cabbage
【P(n)：Temporary】　167

中部以北の湿原に自生し，雪どけとともに純白の花 (白い部分は正確には苞) を付ける。まだ寒いなか，ニホンミツバチが花粉を集めに訪花する。根はツキノワグマの好物だ。清楚なイメージの和名に比べ，英名はスカンクの匂いがするキャベツと趣がない。

ザゼンソウ　座禅草 (サトイモ科)
Symplocarpus foetidus var. *latissimus*; Eastern skunk cabbage
【P(n)：Rarely】

ミズバショウに近く，やはり早春の水辺にチョコレート色の花を付ける。僧が座禅を組んでいる様に見立てた命名。花は発熱によってハエなどを誘引する珍しい性質をもっている。

ザゼンソウ　2008.3　栃木県日光植物園

ホテイアオイ　2006.9　町田市 (玉川大学)

川崎市の水田で見つけたミズアオイ　2007.8　川崎市

個性的なツユクサの花粉

ツユクサでの花粉集めは早朝　④ Am　⑤ Acj　2006.10　福島県猪苗代湖周辺

ムラサキツユクサの蕊の上で踊るようにしながらの花粉集め (Am)。今では大形のオオムラサキツユクサが多くなっている　2008.6　長野県大町市

ホテイアオイ　袋葵 (ミズアオイ科)
Eichhornia crassipes; Common water hyacinth
【N(p) : Rarely】

南アメリカ原産の水草だが，花が美しいので観賞用に広められ，世界各地で野生化している。富栄養化した水中から窒素やリンを吸収してくれる。葉柄が膨らんで空気をため，浮き輪のような機能を発揮する。花期は夏で，果実は水中で成長するという珍しい性質をもつ。増えすぎて，世界の侵略的外来種のワースト100のなかにも入っている。

ミズアオイ　水葵 (ミズアオイ科)
Monochoria korsakowii　【P(n) : Temporary】

かつては水田の雑草だったが，除草剤で激減した。蜜はなく花粉だけだが，6本ある雄しべのうち5本は葯が黄色で，1本だけが大きくて紫色。見つければミツバチは喜んで行く。

ツユクサ　露草 (ツユクサ科)
Commelina communis; Asiatic dayflower
【P : Good】　■ 91　■ 199

良蜜を産するとしている本もあるが，吸蜜行動は見たことがない。全国どこにでもあり，夏の早朝，花粉集めには熱心に通う。どの花でも見られることであるが，少し時間が遅くなると，もう目につくところの花は誰かが蜜や花粉を集めてしまった後であることを知っていて，茂みの奥深くのアクセスしにくい花ばかりを探して訪花するようになる。ミツバチの学習能力の高さを見せつけられる。昔はツユクサの花弁から採った青い色素が友禅染の下絵に用いられた。

ムラサキツユクサ　紫露草 (ツユクサ科)
Tradescantia ohiensis【P : Good】　■ 174　■ 150

北アメリカ原産のツユクサで，晩春から夏一杯咲く。朝に開花する一日花で，花粉を集めにくるハチも午前中に限られる。雄しべの花糸にはたくさんの毛が生えていて，学校ではこれが原形質流動の観察用教材となる。葉裏の表皮は孔辺細胞を見るのにもよい。花粉は濃い黄色。

ミズアオイ科 Pontederiaceae，ツユクサ科 Commelinaceae　　297

イネ　稲（イネ科）
Oryza sativa; Rice 【P：Good】 ■11 ■246

　他の多くのイネ科植物同様，風媒花だが，夏の花粉の乏しい時期に咲くことから，条件によってはミツバチもよく訪花する。栽培面積が広いので，トウモロコシと並んで重要な花粉源となる。ただし1花当たりの花粉量は多くないうえ，すぐに風に舞って散ってしまうので，花粉集めの作業は楽ではない。開花の時間帯が限られているので，この花粉集め行動を観察するなら，午前11時から昼ころまでの間に水田に行く必要がある。

　ミツバチがイネに訪花する事実，あるいは夏の暑い盛りには巣の冷房用に水田の水を持ち帰る現象は意外に知られておらず，開花期の農薬散布によりハチが被害を受ける場合も少なくない。

イネ。風で散っていく花粉粒が見える　2006.8　町田市（玉川大学）

日本の原風景ともいえる美しい棚田　2007.9　宮崎県高千穂付近

イネの花の拡大。周りに出ているのが雄しべ，中央の短いのが雌しべ

刈り取り　2008.10　川崎市

秋の実り　2006.10　福島県猪苗代湖周辺

イネ科 Poaceae

帰化植物のセイバンモロコシ (Acj)　2005.9　東京都世田谷区 (多摩川河川敷)

チモシー　2008.8　長野県東御市

ススキ　2008.9　長野県大町市

ススキの仲間で花粉を集めるセイヨウミツバチ　2008.10　岡山県苫田郡 (by 内田)

ソルガムの全景と花のクローズアップ　2007.9　町田市 (玉川大学)

セイバンモロコシ （イネ科）
Sorghum halepense var. *pinquum*　【P：Temporary】　■79

熱帯アジアから1940年代に帰化したと考えられているイネ科の雑草。関東以西の河原，堤防，道ばたなどに勢力を伸ばしている。ススキより花粉を集めやすいらしく，かなりの頻度で訪花を見る。花期も7〜10月と長い。

チモシー (オオアワガエリ)　（イネ科）
Phleum pratense; Timothy　【P：Incidentally】

ヨーロッパ原産のイネ科の牧草で花粉量が多い。ただし実際の訪花は未確認。

ススキ　薄 (イネ科)
Miscanthus sinensis　【P：Incidentally】　■76

花粉源になるとされているが，よほどほかに行くところがない，という状況でなければ訪花しない。アブラススキなども同様。

ソルガム (モロコシ)　（イネ科）
Sorghum bicolor; Sorghum　【P：Good】

日本では家畜の飼料用作物だが，トウモロコシ同様花粉量が多く，役に立つ。穀物としての栽培面積では世界で第5位を占めるという。中国名はコウリャン。南アフリカ原産。

サトウキビ (イネ科)
Saccharum officinarum; Sugarcane 【P：Temporary】

茎からの砂糖生産用にブラジル，インドなど熱帯・亜熱帯で広く栽培される。日本では沖縄県と奄美諸島で「黒糖」用に，四国では*sinense*種が「和三盆」用に作られている。花は大形のススキといったところ。

アズマネザサ　東根笹 (イネ科)
Pleioblastus chino; Sasa, Bamboo 【P：Incidentally】 ■45

いわゆる篠竹を代表する一種で，関東，東北地方に多い。本種に限らず，タケやササの花は毎年咲くわけではなく，数年に一度，しかも枯れる前に一斉に咲くというのは有名。訪花することは確かだが，そのようなときにどの程度行くのかはまだ確かめていない。

トウモロコシ　玉蜀黍 (イネ科)
Zea mays; Maize, Corn 【P：Excellent】 ■100 ■187

夏の花の少ない時期に多量の花粉が入手できるので，イネと並んで重要な花粉源植物。花粉量が多いため，集めるのにイネほどには苦労しなくてすむ。

サトウキビ　2010.2　沖縄県久高島 (by 市川)

アズマネザサの花　2009.5　町田市 (玉川大学)

トウモロコシの花粉

トウモロコシ畑　2006.6　東京都世田谷区

トウモロコシ (Acj)　2006.6　東京都世田谷区

花粉集めの標準的スタイル (Am)　2006.6　東京都世田谷区

葉上に落ちた花粉も集める (Am)　2006.6　町田市 (玉川大学)

イネ科 Poaceae

ガマの雄花。2段に見える穂の上の部分が雄花で，ここから花粉が出る。右は拡大　2007.7　東京都町田市

ガマ　蒲（ガマ科）
Typha latifolia　【P : Incidentally】　■206

今では花粉の代用となるミツバチ用飼料が市販されていて，花のない時期に利用することができる。しかし昔は天然の花粉を給餌するしかなく，大量に得られるガマの花粉が売られていた。そのような目的で実際に養蜂用に使われてきたガマではあるが，自然状態ではあまり訪花することはないようだ。円柱形でビロード様の感触があるいわゆる「ガマの穂」は雌の部分で，肝心の雄花穂はそのすぐ上部にでき，黄色。花粉中にはイソラムネチンやルチンなどを多く含み，消炎，利尿，止血などによく効く。因幡の白兎の話は有名。

雄花が枯れた後に見慣れたこの形となる　2006.10　東京都世田谷区

リュウキュウバショウ　（バショウ科）
Musa balbisiana　【N : Good】

沖縄原産で，栽培バナナの原種の一つといわれる。バナナは特殊な作りの花だが，蜜の量はきわめて多く，これを求めてミツバチもよく訪花する。栽培種のバナナ *Musa × paradisiaca* にももちろんハチは行く。蜜量が豊富なので，群がるようになることも珍しくない。本州でもよく植えられているのは，近縁のバショウ *M. basjoo*。

各地で普通に見られるバショウの花　2005.7　東京都世田谷区

温室内でのバナナの花

302　ガマ科 Typhaceae，バショウ科 Musaceae

バナナ ① 多数のミツバチが群がっている　② 蜜が流れ出ている
2008.7　南アフリカ

リュウキュウバショウ。手で支えているので花の向きは自然ではない
2008.10　那覇市

ウコン　鬱金（ショウガ科）
Curcuma longa; Turmeric　【NP：Incidentally】

香料，着色料（根からカレーになくてはならない黄色色素が採れる，成分はクルクミン），生薬として重要。写真③はいわゆる秋ウコンで，春ウコンは包葉部分がピンク。ショウガ科では沖縄に多いゲットウ *Alpinia zerumbet* も蜜源としてあげられている。

カンナ（ハナカンナ）　（カンナ科）
Canna × generalis　【P：Incidentally】

花粉源とされており，確かにかなりの量の花粉がアクセスできる状態にある。ただ，もともと6本あったはずの雄しべのうち，5本は花弁のように見える部分に変化してしまっている。カンナ科の野生種は熱帯に50種以上ある。

③ ウコンの花　2007.9　町田市（玉川大学）

カンナ　2007.8　神奈川県葉山町

バショウ科 Musaceae，ショウガ科 Zingiberaceae，カンナ科 Cannaceae

見事なカタクリの群落　2007.4　岐阜県揖斐川町谷汲

カタクリの花粉は紫色。右はコハナバチが花粉を採集しているところ。ミツバチの花粉ダンゴも紫色となる　2007.4　岐阜県揖斐川町谷汲

304　ユリ科 Liliaceae

カタクリ 片栗 (ユリ科)
Erythronium japonicum; Katakuri, Dogtooth violet
【NP：Temporary】■ 30

春の山路で木漏れ日を浴びて咲くカタクリは美しく，野草のなかでも我々を魅了してやまない。昔は球根から「片栗粉」(乾燥地下茎の40〜50％がデンプン)を採っていたくらいで，どこにでもあったが，最近では自生地は減っている。花粉は紫色で，ミツバチの花粉ダンゴも濃い紫色となる。「春の女神」と称されるギフチョウはちょうどカタクリの花にタイミングを合わせたように出現し，この花をとくに好む。

カタクリに訪花しているギフチョウ　2007.4　岐阜県揖斐川町谷汲

ネギの花の花粉

ネギの花の縦断面

ネギ 葱 (ユリ科)
Allium fistulosum; Scallion
【N(p)：Good】■ 115 ■ 69

タマネギに対してナガネギと呼ばれることも多い。花期は初夏で，タマネギのことはあまり好まないミツバチが，ナガネギには好んで訪花する。ウスバアゲハなどのチョウ類も大好きでよく訪れる。花もかなりネギ臭いのに，チョウ，ハチなど多様な虫を誘因するのは不思議だ。中央アジアの原産。

かなりの流蜜があるようで，ミツバチはネギの花が大好き　2006.5　山梨県市川三郷町

ユリ科 Liliaceae　305

豪快なヤマユリの花　2005.7　町田市 (玉川大学)

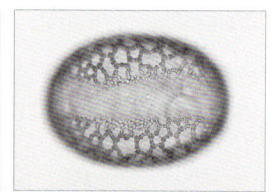

ヤマユリの花粉

ユリズイセン (Am)　2006.7　山梨県甲州市

バイモ　2006.3　東京都世田谷区

ユリ類　百合 (ユリ科)
Lilium spp.; Lily　【P(n) : Incidentally】

野生種のヤマユリ *L. auratum* のほか，多くの種や園芸品種があり，白のほかに赤や黄色系のものなど花色も多様。多くの種で花粉はくすんだ朱色。花粉源になるといわれているが，ミツバチの訪花はほとんど目にしない。

ユリズイセン (アルストロメリア)　百合水仙 (ユリ科)
Alstroemeria pulchella　【N(p) : Incidentally】

独立した科とする説もあるだけあり，変わったユリだ。属の名前はリンネの友人だったAlstroemer男爵にちなんだもの。ハチは好んで訪花する。南アメリカ原産。

バイモ　(ユリ科)
Fritillaria thunbergii　【P(n) : Incidentally】

バイモの類は不思議な魅力を感じさせるユリで，自身で訪花を確認したことはまだないが，中国では蜜源とされている。

ショウジョウバカマ　猩々袴 (ユリ科)
Helonias orientalis　【P(n) : Rarely】

雪がとけたばかりのような，春の早い時期に咲き，薄い青色の美しい花粉を用意してハチの訪花を待っている。

チューリップ　(ユリ科)
Tulipa gesneriana　【P : Rarely】

花粉量が多いわりには，あまり訪花を見ない。原産国とされるトルコをはじめ，オランダ，ベルギーが国花としている。

雪どけ後まもなく咲くショウジョウバカマ　2007.3　埼玉県秩父市

チューリップ　2006.4　東京都世田谷区

ユリ科 Liliaceae

クロッカス (Am)　2006.3　町田市 (玉川大学)

クロッカス（ハナサフラン）（ユリ科）
Crocus vernus; Crocus 【P(n) : Temporary】

庭園などに植栽される栽培品種であるが，かなりの花粉量があるので，ミツバチはよく行く。早春のまだ花が少ないときの花粉源として貴重。黄色の品種は*C. chrysanthus*を原種としたもの。

ムスカリ類（ユリ科）
Muscari spp. 【N(p) : Incidentally】

いくつかの種や品種があるが，写真①，②は*M. almenicum*。ヨーロッパでは蜜源とされている。西アジアから地中海沿岸の原産。

ヒアシンス（ヒヤシンス）（ユリ科）
Hyacinthus orientalis 【N(p) : Temporary】 ■25

園芸植物ではあるが，そのさわやかな香りに誘われ，ミツバチは好んで訪花する。花を開いて見ると，雌しべの途中から蜜を分泌する変わった構造であることがわかる (写真③)。

オオツルボ（シラー・ペルビアナ）（ユリ科）
Scilla peruviana 【P(n) : Incidentally】

青紫の派手な花弁をバックに真っ黄色の花粉が目立つ。春の花が多い時期に咲くためか，そのわりにはあまり訪花を見ない。

① ムスカリ。日本では訪花を見ることは稀　2005.4　東京都世田谷区

③ 蜜腺の位置は千差万別だが，ヒアシンスでは雌しべから球のように蜜が出る　2006.3　東京都町田市

オオツルボ。濃い青と花粉の黄のコントラストがまぶしい　2006.5　東京都世田谷区

ユリ科 Liliaceae　**307**

タマネギ畑。真ん中にはハチの巣箱が並んでいて，タマネギの蜜が採れる　2007.6　高松市 (by 中田)

① 珍しい「タマネギ蜜」

タマネギ　玉葱 (ユリ科)
Allium cepa; Onion　【N(p)：Temporary】

採種用にミツバチを利用したいという要望は強いが，ミツバチはこれをあまり好まない。採れた蜜も若干ながらタマネギ特有の含硫化合物の匂いがするので，採蜜用にはあまり適さないものと思われる。したがって愛媛県の中田養蜂場が生産している純度の高い「タマネギ蜜」は貴重品といえよう (写真①)。中央アジアの原産と考えられている。

タマネギの花に訪花するAm　2008.6　香川県三豊市 (by 伊藤)

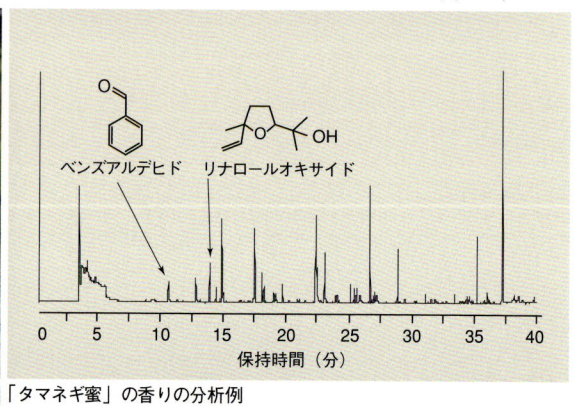

ベンズアルデヒド　リナロールオキサイド

「タマネギ蜜」の香りの分析例

ニラ (Am)　2007.9　東京都町田市

ニラの常連ヒメアカタテハ　2007.9　宮崎県高千穂付近

ハチの選好度でランクが高いツルボ (Acj)　2005.9　町田市 (玉川大学) 　　日陰を好むヤブラン　2007.10　東京都世田谷区

ニラ　韮 (ユリ科)
Allium tuberosum; Garlic chives
【NP : Temporary】　113　262

中国原産だが，秋に畑などで普通に見られる。白い花は多くの訪花昆虫でにぎわう。イネの害虫であるイチモンジセセリやヒメアカタテハが常連だが，最近では急速に北に分布を広げているツマグロヒョウモンもよく見かける。ミツバチは普通に訪花はするが，とくに好きという様子ではない。

ツルボ　蔓穂 (ユリ科)
Scilla scilloides　【NP : Temporary or Good】　93　254

初秋の野の花を代表する一種で，適当に手入れがされた畑の脇などに多い。ピンクがかった紫がよく目立つ。量的にはそれほど多くないがハチはよく行くので，補助的な蜜源として重要。

ヤブラン　薮蘭 (ユリ科)
Liriope muscari　【NP : Temporary】

本州以南の木陰に自生し，晩夏から初秋にかけて薄い紫色の花を付ける。ランの名はあるがユリ科だ。葉に黄白色の斑が入ったものはフイリヤブランと呼ばれる。ともに花粉源。

ホトトギス　(ユリ科)
Tricyrtis hirta　【N(p) : Rarely】　272

花は非常に複雑な構造をしており，蜜は花弁の一部が変化した距の中に溜まっている。ミツバチはこれを何とか吸おうと，横から口吻を差し込もうとしたり随分と苦労する。名は花弁の紫斑がホトトギス (鳥) の胸の斑紋に似ていることから。ヤマジホトトギス *T. affinis* とともに山野に普通だが，園芸店で市販のものは台湾産の雑種の場合が多い。

とても凝った作りのホトトギスの花　2005.10　東京都世田谷区

一生懸命蜜のありかを探るセイヨウミツバチ　2006.9　町田市 (玉川大学) 　　膨らんだ距の中に溜まっている蜜

ユリ科 Liliaceae　**309**

ギボウシ類 (ユリ科)
Hosta spp. 【P(n) : Temporary】 ■ 192

花の奥行きが深いものが多いのでマルハナバチ向きだが、花粉だけならミツバチにも容易に集められる。

オルニソガルム類 (オオアマナの仲間) (ユリ科)
Ornithogalum spp.
【NP : Temporary】 ■ 25

あまり一般的ではないが、切り花用に畑で栽培されているところでは、よく訪花を見る。園芸用や切り花用に多くの種や品種がある。写真④，⑤は信州にて，おそらく *O. saundersiae*。

スイセン類　水仙 (ユリ科)
Narcissus tazetta; Narcissus
【P(n) : Rarely】 ■ 1

花にはかなりの量の花粉がある。とくにニホンズイセンは，暖地のとくに海岸近くに多く，花の少ない晩秋から早春にかけて咲くので，貴重な花粉源になりそうなものだが，どうしてもっとハチが行かないのか不思議だ。

ギボウシ類　① 2008.8　北海道根室市　② 2007.7　山形県寒河江市　③ 2007.9　東京都世田谷区

オルニソガルム　2006.10　長野県北アルプス山麓

ニホンズイセン　2007.12　神奈川県真鶴岬

ユリ科 Liliaceae

カンゾウ類　萱草 (ユリ科)
Hemerocallis spp.　【NP : Incidentally】　■203

ノカンゾウ *H. fulva* var. *disticha* やニッコウキスゲ (別名：ゼンテイカ) *H. dumortieri* var. *esculenta* の常連の訪問者は写真⑥のようにアゲハ類などだ。ミツバチはまだ訪花しているのを確認したことがない。

ニッコウキスゲで吸蜜中のキアゲハ　2006.7　栃木県日光植物園

ノカンゾウ　2008.9　岡山市半田山植物園

ノカンゾウ　2007.8　神奈川県真鶴岬

アスパラガス (オランダキジカクシ)　(ユリ科)
Asparagus officinalis　【P(n) : Rarely】　■107

食用として馴染みのアスパラガスで，花は初夏から夏にかけて咲く。ユリ科には見えない小さな花だが，花期が長く，まとまって栽培されていれば蜜源としても役立つ。細かい葉に見えるのは実は細い茎，葉は鱗片状に退化してしまっている。

アスパラガスの花の拡大

満開のアスパラガスの花　2007.5　横浜市

アスパラガスの果実　2007.9　横浜市

ユリ科 Liliaceae　**311**

見渡す限りのラッキョウの花　2008.11　鳥取市 (by 渡邉)

ラッキョウ　辣韭 (ユリ科)
Allium chinense; Rakkyo
【N(p) : Temporary】 ■275

鳥取砂丘などの砂地で栽培されており，11月の花時には一面の紫が美しい。訪花もかなり見られる。主に蜜源。野生のヤマラッキョウ*A. thunbergii*にも行くと思われるが，こちらは群生することは稀なので蜜源価値は低かろう。

ラッキョウに訪花するニホンミツバチ　2008.11　鳥取市 (by 渡邉) 　　野生のヤマラッキョウ　2006.10　長野県八ヶ岳山麓

ユリ科 Liliaceae

ショウブ・アヤメ類　菖蒲・文目 (アヤメ科)
Iris spp.; Sweet flag　【P(n)：Rarely】■38

ショウブやアヤメ類のポリネーターはもっぱらマルハナバチ類で，ミツバチはめったに行かない。写真①のキショウブ *I. pseudacorus* は訪花者が潜り込む雄しべの下の空間が比較的広く，ミツバチでも花粉にアクセスしやすい。

シャガ　射干，著莪 (アヤメ科)
Iris japonica　【P(n)：Rarely】■66

野生状態のものが普通に見られるが，原産地は中国。シャガは三倍体のため種子はできない。つまり全国に広がってはいるものの，いわばクローンともいえるのだ。ハチの訪花は稀。

グラジオラス　(アヤメ科)
Gladiolus × *colvillii*; Gladiolus　【N(p)：Rarely】

アヤメの類にはめったに訪花しないミツバチだが，花壇のグラジオラスからは蜜や花粉を採取する。Park (1928) は，糖濃度は低いものの蜜量は豊富だとしている。花粉はアクセスしやすい。原産地はアフリカから地中海にかけて。

ジャーマンアイリス　2008.6　長野県大町市

ジャーマンアイリス　2006.5　東京都世田谷区

① キショウブ (Am)　2008.5　神奈川県城山町 (by 山村)

グラジオラス　2008.8　長野県東御市

シャガの群落　2006.4　神奈川県山北町

シャガ (Am)　2009.5　岡山県苫田郡 (by 内田)

グラジオラス。雄しべの拡大

アヤメ科 Iridaceae　313

冬が花期のキダチアロエは2月ではもう盛期を過ぎている　2008.2　静岡県東伊豆町

アロエ類　(アロエ科)
Aloe spp.【NP : Excellent】■39　■282

アロエは本来アフリカに自生する多年生の草本または樹木で，200種以上が知られる。ほとんどが冬に咲くことから，寒期の貴重な蜜・花粉源植物。日本で栽培されているのは主にキダチアロエ*A. arborescens*で，花期は11月から3月初めまで。最近では温暖化のせいか東京でも野外植えで花を付けるようになった。肉厚の葉の液汁はやけど，ひび，あかぎれなどによいほか，胃腸病や神経痛，リュウマチなどにも著効があるとされる。ただし本来の薬用アロエはアフリカ産のケープアロエである。有効成分はバルバロインほか。

　南アフリカに行ってみると，ほかにもミツバチが好んで訪花するいろいろなアロエがあり，南半球でも冬季の貴重な蜜源となっていることを実感する。ただしアロエに訪花したハチは荒くなるともいわれる。

キダチアロエでの吸蜜 (Am)　2008.2　静岡県東伊豆町

キダチアロエの花粉。暗視野撮影

アロエの一種に訪花中のアフリカミツバチ。南半球でも冬を代表する蜜源　2008.7　南アフリカ

南アフリカのアロエは種類が豊富。背景のサボテンに見えるのは猛毒のユーフォルビア　2008.7　南アフリカ

アツバキミガヨラン　(リュウゼツラン科)
Yucca gloriosa　【NP：Incidentally】　134

北アメリカ南部の原産で，固く厚い葉をもち，高さも2〜3mに達する。花期は5〜6月と10〜12月の2回。本来のポリネーターはYucca mothと呼ばれる小形のガで，それ以外では種子ができず，その代わり種子の一部をガの幼虫に提供する。蜜もあるが鳥が目当てではないかとされており，採蜜できるほどではない。

ニオイシュロラン　匂棕櫚蘭 (リュウゼツラン科)
Cordyline australis　【NP：Temporary】

ユリ目の仲間でもこんな木になるものがあるのかと驚く。日本では4〜6mくらいだが，原産地ニュージーランドでは15mにも達するという。花期は5〜6月で，名のごとく芳香があり，流蜜量も少なくない。ミツバチも比較的よく訪れる。

アツバキミガヨラン　2006.6　東京都小石川植物園

ニオイシュロラン　2005.5　横浜市

リュウゼツラン　竜舌蘭(リュゼツラン科)
Agave americana　【NP：Incidentally】

蘭とはいってもラン科に近いわけではなく，むしろ繊維植物として広く栽培されているサイザル麻の仲間。成長が遅く，花を咲かせた株は原則として枯れるので，花はいつでも見られるわけではない。葉も巨大だが，とくに花を咲かせる茎は8mにも及ぶのでよく目立つ。小笠原では夕方から夜にかけてオオコウモリが訪花する。

リュウゼツラン　2008.6　都立夢の島公園

リュウゼツランの仲間の花。こちらは小形　2008.9　岡山市半田山植物園温室

リュウゼツラン科 Agavaceae　315

ネジバナ （ラン科）
Spiranthes sinensis var. *amoena*
【N : Rarely】■189

別名モジズリ。いずれの名も花がらせん状にねじれて付くことから。学名の*Spiranthes*も同様の意。ラン科といえば稀少植物のイメージがあるが、本種は庭先の芝生の中などにもよく生える。ミツバチは案外好んで訪れ、蜜を吸っている。実を結ぶのを助けているが、花粉塊の運搬は動きが早くてなかなか見届けられない。

シラン　紫蘭 （ラン科）
Bletilla striata　【P : Incidentally】

シランの群生しているところで見張っていても、なかなか訪花は見れないが、ミツバチの巣箱の中を見ていると、多くのハチがシランの花粉を背中に付けて帰ってきていることがわかる。しかし、シランに蜜腺はなく、ミツバチはいわば騙されて、花粉媒介の「ただ働き」をさせられていることになる。

キンラン　金蘭 （ラン科）
Cephalanthera falcata　【P : Incidentally】

長らくポリネーター不明のままであったが、ごく最近何種かの小形ハナバチによる送粉の事実が確認された。ミツバチの訪花も確認はされたが稀。

ネジバナ。蜜は少量しかないのでゆっくりすることはない　2006.6　東京都世田谷区

シラン。唇弁は両脇が壁のように立ち上がり天井部の蕊柱とともにハチを導き入れる筒を形成する　2005.5　町田市（玉川大学）

キンラン　① 一度体に付いた花粉塊が落ちてしまうところ　② 蕊柱の先端部に二つの白い花粉塊が見える　2007.5　町田市（玉川大学）

316　ラン科 Orchidaceae

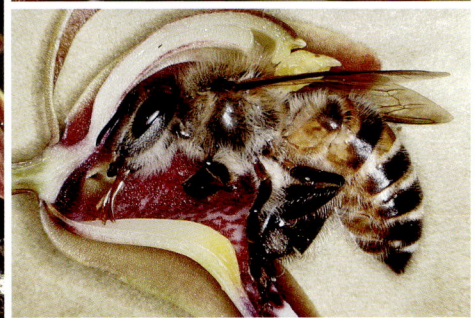

花とニホンミツバチの構造。位置関係を示す (ハチは人工的に置いたもの)

花粉塊は背中にゴム状の糊で付く

キンリョウヘンの花に塊状に群がるニホンミツバチの雄　2000.5　町田市 (玉川大学)

シュンラン。花期は長いが強く香りを発する時期はごく限られる　2008.4　町田市 (玉川大学)

キンリョウヘン　金陵辺 (ラン科)
Cymbidium floribundum
【P : Incidentally or Attracted】　■87

ニホンミツバチが，働きバチのみならず，雄バチや分蜂群まで誘引されることから有名となったラン。セイヨウミツバチは見向きもしない。原産地は中国から台湾にかけてだが，日本各地で昔から栽培されてきた。花の付け根にある花外蜜腺からは蜜が出るが，花内には蜜腺はない。ハチは花に潜り込み，もがきながら出てくるときに背中に花粉塊が付き，次に訪花した花に塊ごと受粉する結果となる。シランが視覚的に騙すのに対し，これらは匂いで騙している。

シュンラン　春蘭 (ラン科)
Cymbidium goeringii　【P : Incidentally】

文字どおり早春に丘陵地帯の林床でひっそりと咲く。花はとても美しく，梅酢漬けや蘭茶として楽しむこともできる。昆虫が訪花する頻度はきわめて低く，ミツバチも花粉塊を付けたものを巣箱内で稀に見る程度。古くは唇弁の赤紫色の斑点を「ほくろ」に見立て，ホクロと呼ばれていた。

ラン科 Orchidaceae　**317**

花粉ダンゴの色

　ここに収録されているのは「生」の花粉ダンゴの色であり，食用などの目的で乾燥させた場合には微妙に色調が変わることが多い．352～353ページにRGBの数値データとしても収録してあるので，コンピュータ上で何時でもこの色を再現することができる．

#	名称	#	名称	#	名称
1	アカツメクサ (p.154)	20	オオバコ (p.260)	39	キダチアロエ (p.314)
2	アカメガシワ (p.185)	21	オオハンゴンソウ (p.286)	40	キヅタ (p.228)
3	アキノタムラソウ (p.257)	22	オオモミジの仲間 (p.202)	41	キバナコスモス (p.286)
4	アキノノゲシ (p.292)	23	オミナエシ (p.273)	42	キミカン (p.211)
5	アレチウリ (p.80)	24	オランダイチゴ (p.119)	43	キュウリ (p.82)
6	アレチヌスビトハギ (p.160)	25	オルニソガルム (p.310)	44	キンギンボク (p.272)
7	アワブキ (p.35)	26	ガクアジサイ (p.110)	45	キンシバイ (p.72)
8	アンズ (p.121)	27	カクレミノ (p.223)	46	ギンバイカ (p.169)
9	アンチューサ (p.241)	28	カナムグラ (p.45)	47	キンミズヒキ (p.138)
10	イタドリ (p.60)	29	カモミール (p.281)	48	クコ (p.236)
11	イネ (p.298)	30	カラマツソウの一種 (p.33)	49	クサイチゴ (p.115)
12	イロハモミジ (p.202)	31	カラミンサ (p.257)	50	クサギ (p.245)
13	ウイキョウ (p.231)	32	カワヅザクラ (p.129)	51	クサフジ (p.151)
14	ウド (p.225)	33	カンヒザクラ (p.128)	52	クリ (p.51)
15	ウメ (p.121)	34	キウイフルーツ雄花 (p.70)	53	クリムソンクローバ (p.154)
16	ウワミズザクラ (p.125)	35	キウイフルーツ雌花 (p.70)	54	ケムラサキシキブ (p.244)
17	エゴノキ (p.106)	36	キキョウ (p.269)	55	ゲンノショウコ (p.219)
18	オオイヌノフグリ (p.260)	37	キクイモ (p.292)	56	ケンポナシ (p.188)
19	オオシマザクラ (p.130)	38	キショウブ (p.313)	57	コスモス (p.285)

#	名称	#	名称	#	名称
58	コセンダングサ (p.291)	81	セツブンソウ (p.30)	104	ナシ (p.132)
59	ゴマ (p.266)	82	ソメイヨシノ (p.131)	105	ナス (p.239)
60	コンフリー (p.242)	83	ソラマメ (p.158)	106	ナタネの一種 (p.95)
61	サカキ (p.66)	84	ダイコン (p.93)	107	ナツグミ (p.164)
62	サクランボ (p.127)	85	タイサンボク (p.23)	108	ナツハゼ (p.100)
63	サザンカ (p.68)	86	タケニグサ (p.39)	109	ナンキンハゼ (p.187)
64	サルスベリ (p.167)	87	タラノキ (p.224)	110	ナンテン (p.36)
65	サンゴジュ (p.271)	88	ダンギク (p.245)	111	ナンテンハギ (p.161)
66	サンショウ (p.214)	89	チャノキ (p.65)	112	ニセアカシア (p.145)
67	ジギタリス (p.262)	90	ツタ (p.191)	113	ニラ (p.309)
68	シシウド (p.232)	91	ツユクサ (p.297)	114	ヌルデ (p.206)
69	シソ (p.258)	92	ツリフネソウ (p.220)	115	ネギ (p.305)
70	シャクナゲの一種 (p.102)	93	ツルボ (p.309)	116	ネズミモチ (p.263)
71	シュウカイドウ (p.88)	94	ツワブキ (p.293)	117	ネナシカズラ (p.241)
72	シュウメイギク (p.34)	95	ティーツリー (p.171)	118	ノイバラ (p.139)
73	ショカツサイ (p.97)	96	トウカエデ (p.203)	119	ノウゼンカズラ (p.267)
74	シロザ (p.58)	97	トウガン (p.85)	120	ノコンギク (p.293)
75	シロツメクサ (p.152)	98	トウテイラン (p.262)	121	ハクウンボク (p.107)
76	ススキ (p.300)	99	トウネズミモチ (p.263)	122	ハコベの一種 (p.58)
77	スモモ (p.123)	100	トウモロコシ (p.301)	123	ハス (p.28)
78	セイタカアワダチソウ (p.290)	101	トサミズキ (p.43)	124	ハッカ (p.255)
79	セイバンモロコシ (p.300)	102	トマト (p.238)	125	ハナウド (p.233)
80	セイヨウタンポポ (p.275)	103	ナギナタコウジュ (p.259)	126	ハナキリン (p.187)

花粉ダンゴの色 **319**

#	名称	#	名称	#	名称
127	ハナスベリヒユ (p.38)	150	ブドウの一種 (p.192)	173	ムラサキケマン (p.42)
128	ハナミズキ (p.177)	151	ブルーベリー (p.101)	174	ムラサキツユクサ (p.297)
129	ハナモモ (p.124)	152	ブロッコリー (p.93)	175	モッコク (p.65)
130	ハボタン (p.93)	153	ヘアリーベッチ (p.151)	176	ヤクシソウ (p.292)
131	ハマダイコン (p.96)	154	ベゴニア (p.88)	177	ヤグルマギク (p.279)
132	ハマナス (p.139)	155	ベニスモモ (p.122)	178	ヤタイヤシ (p.294)
133	バラの一種 (p.140)	156	ベニバナ (p.284)	179	ヤツデ (p.230)
134	バライチゴ (p.115)	157	ベニバナトチノキ (p.201)	180	ヤナギラン (p.175)
135	ハルザキクリスマスローズ (p.31)	158	ベニバナボロギク (p.288)	181	ヤブガラシ (p.193)
136	ハルジオン (p.275)	159	ベルガモット (p.251)	182	ヤマハギ (p.161)
137	ビービーツリー (p.217)	160	ボケ (p.120)	183	ヤマブキ (p.138)
138	ヒガンザクラ (p.129)	161	ボタン (p.64)	184	ユスラウメ (p.127)
139	ヒサカキ (p.66)	162	マツバギク (p.56)	185	ヨモギ (p.284)
140	ヒナゲシ (p.41)	163	マツバボタン (p.38)	186	ラベンダー (p.248)
141	ヒマワリ (p.282)	164	マツムシソウ (p.273)	187	ラベンダーセージ (p.252)
142	ヒメイワダレソウ (p.244)	165	マルバハギ (p.160)	188	リュウガン (p.195)
143	ヒメウツギ (p.111)	166	ミズキ (p.176)	189	リンゴ (p.134)
144	ヒメオドリコソウ (p.247)	167	ミズバショウ (p.296)	190	ルピナス (p.155)
145	ヒメライラック (p.264)	168	ミソハギ (p.167)	191	レイシ (p.195)
146	ビヨウヤナギ (p.72)	169	ミツマタ (p.168)	192	レンギョウ (p.265)
147	ヒレアザミ (p.277)	170	ムベ (p.35)	193	レンゲ (p.148)
148	ビワ (p.141)	171	ムラサキカタバミ (p.222)		
149	フジ (p.156)	172	ムラサキカッコウアザミ (p.279)		

花粉ダンゴの色

第 **2** 部
解説編

1
日本の蜜源植物の起源と全体像

　第1部では，現実にミツバチが訪花し，蜜か花粉，あるいはプロポリスを集めている植物であれば，日本原産種も外来種も区別なく取り上げた。ここでは，それらを原産地別に分類してみることにより，日本のミツバチの原産植物と外来種への依存度がどのようになっているのかなどについて見てみたい。

（1）外来種への依存度の現状

　今回収録した蜜・花粉源植物のうち，原産地が特定できないものなどを除いた計647種について，その原産地を集計してみたのが図1である。その結果，日本に自生しているものは368種で全体の56.9％を占めていた。中国原産（60種）を含むアジア大陸産のものは106種（16.4％）であった。アジアとヨーロッパ原産の境界は微妙だが，ここは大ざっぱにみて，ヨーロッパ原産のものは66種（10.2％），一方，新大陸（南北アメリカ）原産のものは85種で13.1％，アフリカとオーストラリア大陸はかなり少なく，それぞれ17種（2.6％）および5種（0.8％）であった。

　海外からますます多くの園芸植物が導入されつつある現在，そういったものにも行くことはあるので，それらを積極的，網羅的に加えれば，外来種の割合はもう少し高くなるに違いない。しかし，日本産のものが6割近くを占めるとの数値は，集計前の著者の予想よりも高かった。これはわが国の在来植物相の豊かさ，生物多様度の高さをミツバチが教えてくれたといってもよく，嬉しくなるデータである。

　ここで，ハチ蜜の生産上重要な蜜源植物について，その原産地をお隣の中国の場合と比較してみよう。日本の重要蜜源植物について，『日本の蜜源植物』（日本養蜂はちみつ協会編，2005）から，主要蜜源とされた16種＋有力蜜源21種，中国については『中国蜜粉源植物』（徐万林，1992）による44種を，一覧の形で並べたのが表1である。

　日本の重要蜜源のなかでは，在来のものが17種，外来種が20種（*付きで示した，54％）で，重要種については外来のものへの依存度が高い現実が見えてくる。一方，中国の重要蜜源を見ると，国土の南への広がりを反映し，レイシ，リュウガンなど日本には自生，あるいは植栽されていないものが17種（※付き，38.6％）含まれている。

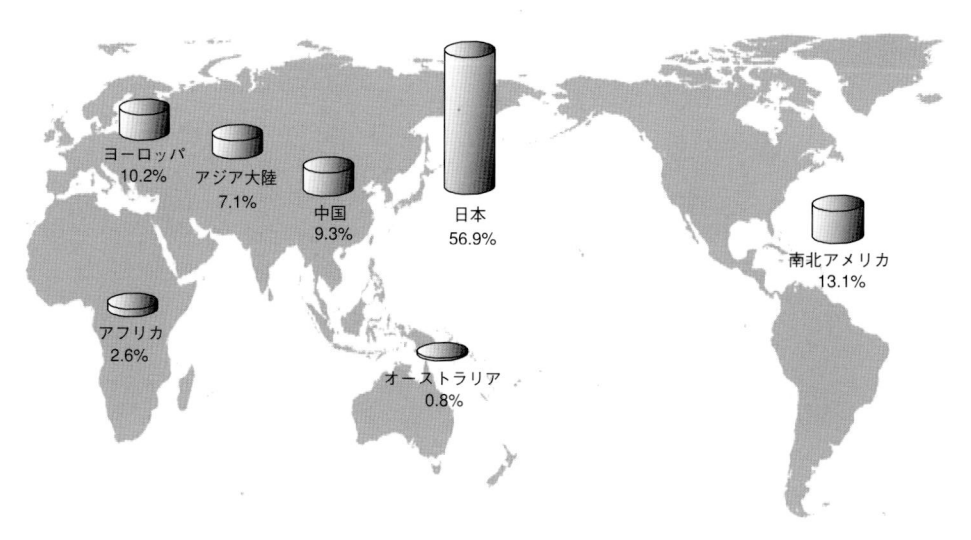

図1　本書に収録した蜜・花粉源植物のうち外来種の占める割合　ここでは日本固有種も含め，たとえば主たる分布域が中国であっても日本に自生が認められるものは日本産として扱った

表1　日本と中国の主要蜜源植物の比較

日本	中国
■春■	■春■
ナタネ (アブラナ)*	ナタネ (アブラナ)
レンゲ*	レンゲ
ウンシュウミカン*	レイシ (ライチ)※
エゴノキ	リュウガン (ロンガン)※
キハダ	マングローブ※
ニセアカシア*	パラゴムノキ※
リンゴ*	ホソグミ※
サクラ類	■夏■
サクランボ*	ニセアカシア
タンポポ (*)	ナツメ
ヘアリーベッチ*	カキノキ
ユリノキ*	ポンカン
■夏■	ユーカリ※
クロガネモチ	*Sophora viciifolia* マメ科の一種※
シロツメクサ*	キリの一種
ソヨゴ	*Baeckea frutescens* (Myrtaceae)※
ハゼノキ*	*Sapium discolor* (Tallow tree)
トチノキ	ナンキンハゼ
シナノキ	カクレミノの一種
コシアブラ	*Cynanchum komarovii* ガガイモ科※
ソバ	ニンジンボクの一種※
アザミ	アムールシナノキ
イタチハギ*	シロバナシナガワハギ
イタドリ	ムラサキウマゴヤシ
カキノキ	クサフジ
カラスザンショウ	シロツメクサ
カンキツ類 (*)	*Thymus mongolicus* シソ科※
クリ	ツルニンジンの一種※
ケンポナシ	ウイキョウ
ハリギリ (センノキ)	■秋■
トウネズミモチ*	ヒマワリ
ベニバナインゲン (ハナマメ)*	ヤマハギ
ビービーツリー*	イヌゴマ
ベニバナ*	ナギナタコウジュの仲間
インゲンマメ*	*Microula sikkimensis* ムラサキ科※
リョウブ	*Saussurea nigrescens* キク科草本※
■秋■	ゴマ
タチアワユキセンダングサ*	ワタの一種
セイタカアワダチソウ*	サツマイモ
	ソバ
■冬■	■冬■
	フカノキ
	ナギナタコウジュの仲間
	ヒサカキの仲間
	ユーカリ2種※
	ビワ

日本 16 種 (太字) + 有力蜜源 21 種の計 37 種 (日本の蜜源植物, 2005 による)
*は外来種 (外来種率 20/37)。

中国 44 種 (中国蜜源植物, 1992 による)
※は日本にないもの。

しかし見方によっては中国の重要蜜源種の6割は日本と共通 (ごく近縁の代替種的なものは同じとして扱った) ともいえる。面白いのはサツマイモで、これは日本でも栽培されてはいるが、少なくとも関東地方では開花を見ることさえできない。これが中国南部では主要蜜源の一つにあげられているのだ。

(2) どれくらいの種類が蜜・花粉源となっているのか

日本、中国、アメリカの蜜・花粉源植物について、これまでに出版されてきたものと本書で取り上げた種の収録種数を比較してみると、以下のようになる。

日本	関口喜一 (1949)『日本の養蜂植物』	342 種
	井上丹治 (1971)『新蜜源植物綜説』	390 種
	日本養蜂はちみつ協会 (2005)『日本の蜜源植物』	501 種
	本書	680 種
中国	徐 万林 (1992)『中国蜜粉源植物』	534 種
アメリカ	Pellett (1976 Dadant 版) "American Honey Plants"	495 種*

*まとめて記載してあるものもあるので、種数としてはもう少し多い。

国際ミツバチ研究協会 (IBRA) の創設者でもある Crane 女史 (1990) は、世界で約 4,000 種の蜜・花粉源植物があるとしている。表1に見るように、日本の場合も中国の場合も収録数 500 種前後であるのに対し、重要なものは 10 分の 1 の 50 種弱だから、この数値をもとに推察するならば、世界の重要蜜源植物は 400 種前後とみてもよさそうである。

日本養蜂はちみつ協会編の『日本の蜜源植物』(2005) と本書を比較すると、前者があげた 501 種のうち 82 種については本書では収録しておらず、逆に本書では前者に収録していないものを 260 種ほど含んでいる。収録しなかった理由のほとんどは自身で確認ができていないからだが、南北や標高の高低、あるいは数年に一度しか流蜜を見ない場合もある。同時期に他に利用できる良い花があるかぎり行かない種類も少なくない。したがって今回収録を避けた種についても、蜜・花粉源にならないと主張するものではない。

ミツバチの花粉集め行動の見事さを世に紹介した Hodges 女史の観察のフィールドはイギリスだが、その著書 "The Pollen Loads of the Honeybee" を見ると、「本当か？」と疑いたくなるような種が花粉源としてあがっている。ニレやカバノキ、ハシバミなどだ。日本でこれらにミツバチが行っているところを見た者はまずいないのではないか。その理由は、おそらく日本では「それらに頼らずとも、もっと良い花粉源が他にあるから」だろう。これは日本の植物相の「豊かさ」を物語っているといって

よい。同様の比較のため，よく研究されているチョウとトンボの例をあげると，日本とイギリスでは面積はあまり違わないにもかかわらず，生息種数はともにイギリスが約50種であるのに対し，日本は約200種と，4倍も豊かなのである。

（3）蜜・花粉源植物の構成

本書で取り上げた日本の蜜・花粉源植物680種は，132の科に属しているが，これらのなかでもとくに利用されている科は比較的限られている。図2からわかるように，一番種数が多いのはバラ科で57種，次いでキク科の49種，マメ科の42種，シソ科の37種，ユリ科の25種と続いている。つまりこの上位5科（132科の3.8％）だけで，全種中の約30％を占めていることになる。ただし，ここでの種のカウントの仕方については，たとえばミカン科を18種としているが，種数を細かめにカウントしたので，これは過大評価ぎみになっているのに対し，ツツジ科やアブラナ科では細かく分けてカウントしていないので，逆に過小評価ぎみになっている。このように主要な蜜・花粉源植物がバラ科，マメ科，シソ科，キク科，アブラナ科など少数の科に集中的に属している状況は，少なくとも温帯域では共通的に見られる特徴のようである。

次に，本書で収録（言及）した709種の植物が木本に属するのか草本類に属するのかを見てみたのが図3である。蔓性のものなど分類に迷うものもあるが，ここは大ざっぱに仕分けを行った。結果は双方が約半分ずつを占めていたが，前述の主要蜜源16種に限ってみると，その70％近くが木本類であった。単位面積当たりで可能な流蜜量を考えると，木本類は空間を三次元的な広がりをもって多数の花をつけることができるので有利である。予想採蜜可能量（kg/ha）をあげてみると，木本の場合ニセアカシアで200～1,600，シナノキ類で560～1,200，これに対し，草本ではナタネで35～500，シロツメクサで16～200，多いムラサキウマゴヤシ（アルファルファ）でも15～1,060という数値があがっている（Ciesla, 2002）。土地利用効率の面からの木本類の優位性が伺われる。ただ，その代わり木本類は，草本類に比較して振れも大きい場合が多く，当たり年には大流蜜があるが，外れ年が続くこともある。

なお，第1部でもこの章の分析にあたっても，とくにニホンミツバチとセイヨウミツバチを区別して扱ってこなかったが，これは長く観察してきて，基本的に大きな違いは見られなかったからだ。また，区別して扱って統計的に有意差があるかを吟味できるだけのデータを集めきれていないこともある。しかし洋の東西で独立に分布圏を獲得した東洋と西洋種の間で嗜好性にまったく違いがないわけではない。両者の嗜好性の違いについては第10章で述べる。

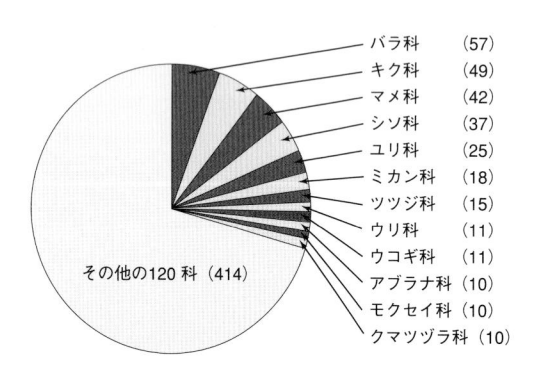

図2　蜜・花粉源となる種が多い科には偏りがある　1科に10種以上が含まれる科と，それ以下の科を分けてみた。（ ）内は種数

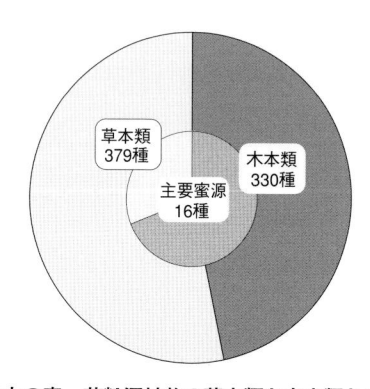

図3　日本の蜜・花粉源植物の草本類と木本類との組成比

2
蜜源植物の四季 — 開花フェノロジー

　日本ではサクラの花については特別な関心事で，スギの花粉情報と並んで，毎春テレビで「開花前線」が放映される (図4)。重要な蜜源であり，広域に分布または栽培されているナタネとニセアカシアの2種について，中国大陸のデータも加えて示したものが図5と図6である。ナタネの開花盛期でみると，早いところでは1月の初めから，遅いところでは8月まで半年にわたって咲いている様相がわかる。ナタネの仲間には種類が多く，種類や品種によっては日本でも前年末から咲いている場合もあるが，ここでは盛期の大まかな推移を示している。ニセアカシアのほうはいろいろな種類があるわけではなく，地域ごとに花期はずっと限定される。ここでも標高差などによる細かい違いは無視している。この2種の開花特性を比較してみると，ほぼ同様の範囲に分布しているにもかかわらず，ナタネは1月から7月まで半年にわたって咲いていくのに対し，ニセアカシアでは，ずれるといっても3〜4ヶ月の範囲内に収まっている。性質の違いが見えてくる。

　ソメイヨシノなら「開花は4月の頭」(東京地方の場合) とイメージもわくが，他の多くの花の開花時期となると，思い起こそうとしてみても，なかなか正確にはいえない。また実際，花期は気象状況により大きく振れるし，表年と裏年があったりもする。ただ一方で，季節を追って次々に咲いてくる種類ごとの「順序」はかなり安定していて，あまり狂うことがない。

　そこで，日本の中央に位置する関東圏の場合を例に，1年間の蜜源植物の開花順序を記録してみたのが図7 (主要蜜源植物) と図8 (調査した全種の記載) である。関東圏は植生の特徴からみて，ちょうど常緑広葉樹を主とする南部日本から落葉広葉樹を主とする北部日本へ移り変わ

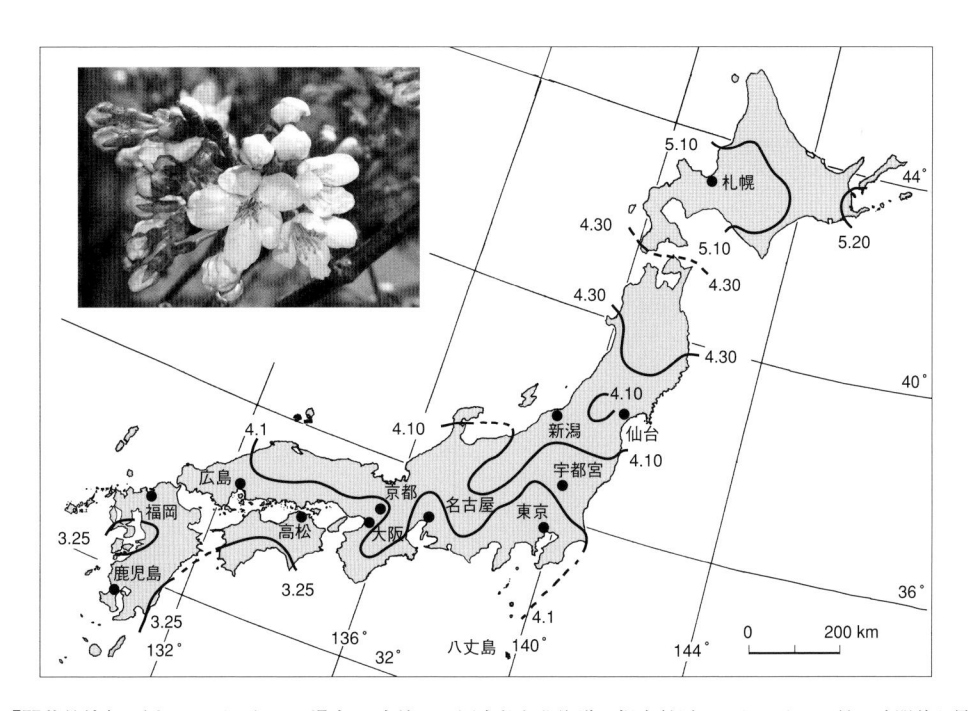

図4 「開花前線」の例 (ソメイヨシノの場合)　宮崎，四国南部と北海道の根室付近ではおよそ2ヶ月の時間差が見られる。これに標高差によるずれも組み合わさって実際の開花時期が決まる。また年によりかなりずれることもある (海游舎「2010カレンダー」より)

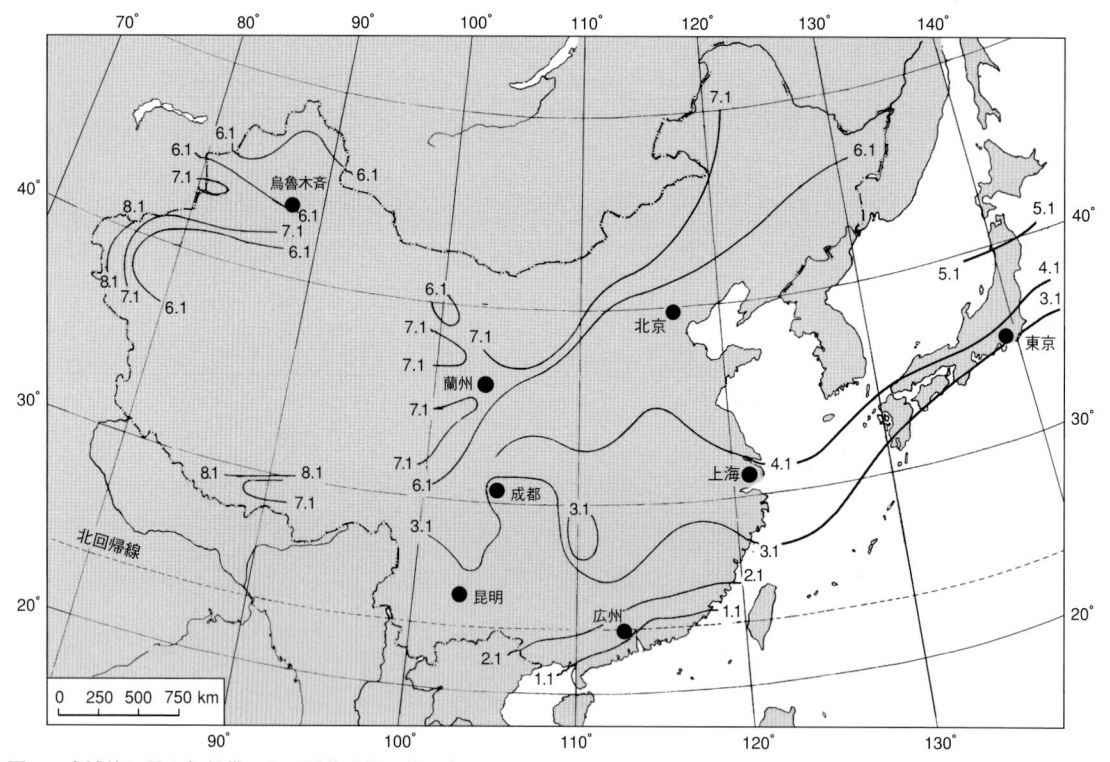

図5 広域的に見た気候帯による開花時期の移り変わり (ナタネの場合)　中国南部の海南島では1月の初めに咲き始め，内陸北部や西端部では7月から8月にかけての開花となっており，その開きは半年にわたる。早咲きなどの特別な品種の場合は除く (徐万林, 1992 に日本のデータを加筆)

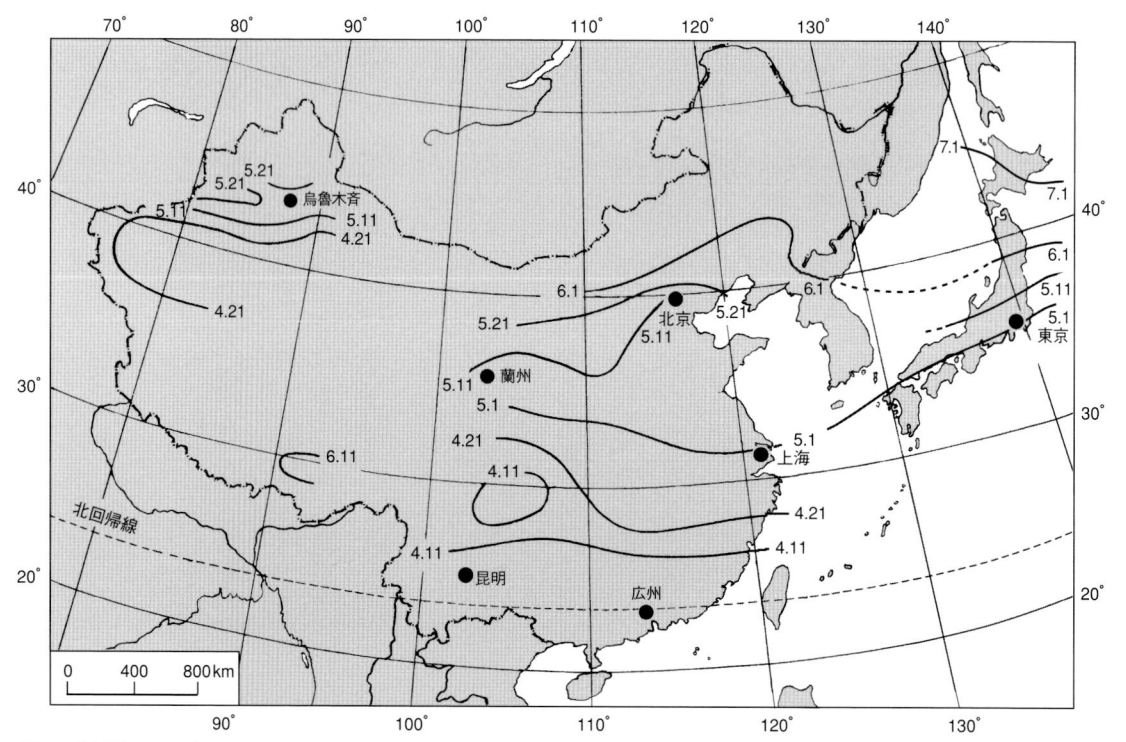

図6 広域的に見た気候帯による開花時期の移り変わり (ニセアカシアの場合)　ナタネの場合と比較し，同じ地域での移り変わりを見ているが，こちらの場合は開きは2.5ヶ月程度で，どの種類でも平行的に移行していくというものでもないことがわかる (徐万林, 1992 に日本のデータを加筆)

る地域であり，その両方の要素が混在している地域でもある．図8には，第1部に写真あるいは解説を収録してあるページを付して，参照しやすいようにしてある．

図9は，図8のデータを，花が咲いている種数の年間の推移としてまとめたものである．これを見ると，春，3月末ころから花が一斉に咲き始め，一番花が多いのが5月で，夏から秋にかけては減っていく一方であることがよくわかる．また，夏の間も花が咲き続けているように見えるが，これは夏も比較的涼しい高原の花も含めているからである．花があっても雨で利用が制限される梅雨に続き，平地の夏はいわゆる「夏枯れ」状態で，暑さのため，花はあっても流蜜量は少ない場合が多い．真夏は，晴れているのにハチの出入りが少ないことが多いが，これはハチがサボっているわけではなく，採餌に出ても無駄なことを知っているからである．

同グラフで黒く塗りつぶしてあるのは，主要蜜源16種に限って表したもので，やはり5月がピークで，夏は大きな流蜜がないことを示している．ここで養蜂上重要なことは，大きな流蜜が期待できるような蜜源はごく限られている事実と，それが採蜜できるためのハチの状態を維

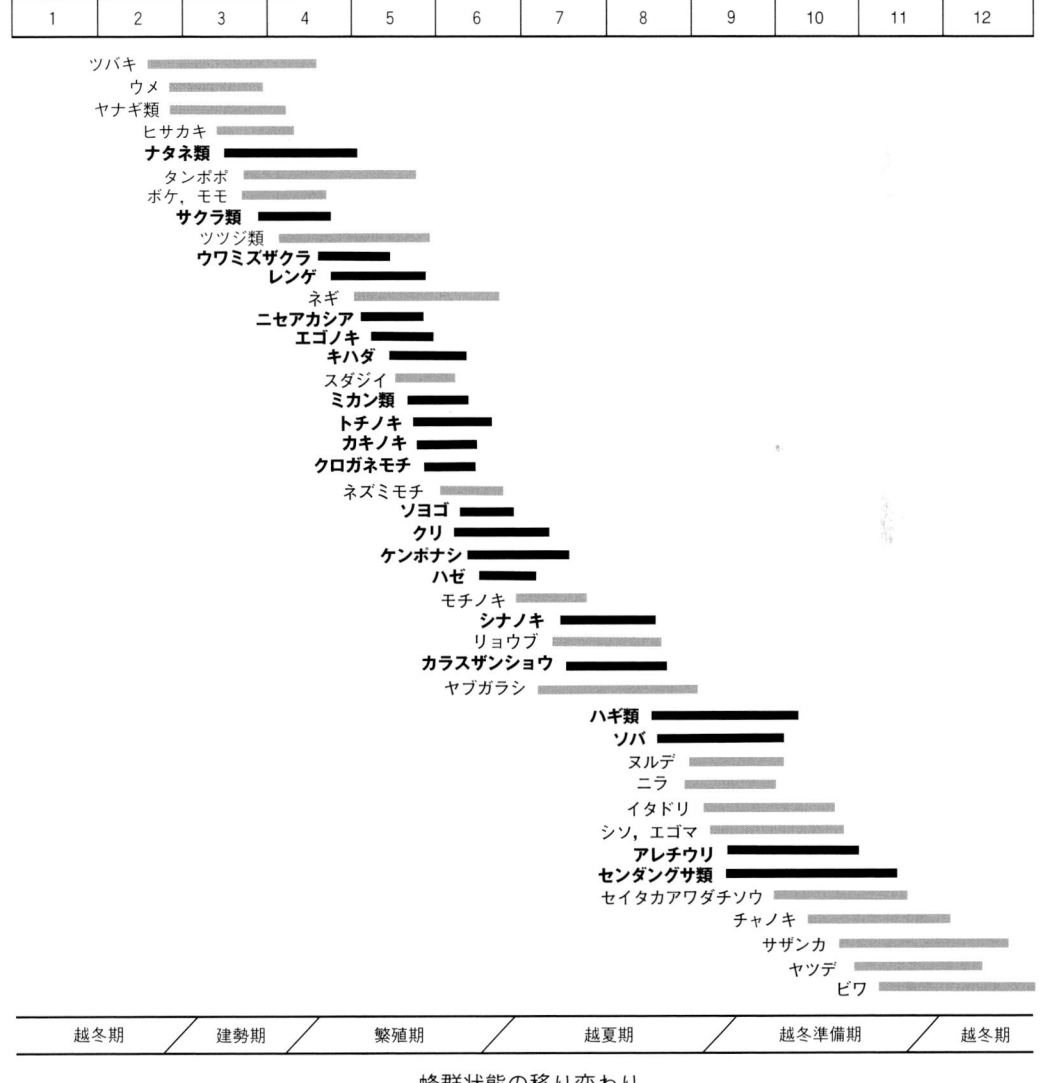

図7 主要な蜜・花粉源植物のフローラルカレンダー とくに重要な蜜源については太い字で表記，関東圏での場合を想定して描いてある

図8 日本の蜜・花粉源植物282種の開花フェノロジー 1月から12月までに咲いていく順番と期間を順番に並べたもの。何年かにわたり実際に観察・記録したものをもとにしているので,調査が不十分なものでは実態にあっていない場合もないとはいえない。1ヶ月を上,中,下旬の3期に分け,開花状態も三つのグレードに分けてある。盛期を一番濃い色で表している。右端は第1部の写真あるいは説明のページ

No.	植物名	掲載頁
1	スイセン	310
2	ナタネ類	95
3	ヒメツルソバ	61
4	ウメ	121
5	オオイヌノフグリ	260
6	ローズマリー *調査不足だが花期長い	250
7	アイスランドポピー	41
8	ハマダイコン	96
9	フキ	274
10	セイヨウタンポポ	275
11	ボケ	120
12	ヤグルマギク	279
13	ウグイスカグラ	272
14	フクジュソウ	32
15	スモモ *ベニスモモも含む	123
16	ソメイヨシノ	131
17	ネコヤナギ	91
18	ハクモクレン	22
19	ヒイラギナンテン	37
20	ハナモモ	124
21	カワヤナギ	90
22	カンヒザクラ	128
23	シダレヤナギ	90
24	ヒサカキ	66
25	ヒアシンス	307
26	アセビ	100
27	オオシマザクラ	130
28	カキドオシ	246
29	カジイチゴ	115
30	カタクリ	305
31	カラスノエンドウ	157
32	カラタチ	208
33	クサイチゴ	115
34	サンシュユ	176
35	ソラマメ	158

図8　日本の蜜・花粉源植物282種の開花フェノロジー（続き）

No.	植物名	開花時期	掲載頁
36	ハナズオウ	3月下～4月下	163
37	ヒメオドリコソウ	3月下～5月上	247
38	ミツマタ	3月中～4月中	168
39	ミヤマシキミ	4月上～4月下	209
40	モモ	3月下～4月中	123
41	ユキヤナギ	3月下～4月中	136
42	ユスラウメ	3月下～4月中	127
43	アカツメクサ	4月中～7月上	154
44	ハルジオン	4月中～6月上	275
45	アズマネザサ	4月下～5月中（*地域や年により振れる）	301
46	サクランボ	4月上～4月下	127
47	オニグルミ	4月中～5月上	48
48	オランダイチゴ(露地)	3月下～5月上	119
49	クサボケ	4月上～4月下	120
50	クヌギ	4月中～5月上	49
51	コナラ	4月中～5月上	49
52	ナシ	3月下～4月下	132
53	バライチゴ	4月中～5月上	115
54	ムラサキカタバミ	5月上～7月下、10月上～11月上	222
55	ムラサキケマン	4月上～5月上	42
56	ショカツサイ	4月上～5月上	97
57	シモクレン	4月上～5月上	22
58	ヤマブキ	4月上～5月上	138
59	アケビ	4月上～4月下	35
60	ハナミズキ	4月上～5月上	177
61	イロハモミジ	4月上～4月下	202
62	ウワミズザクラ	4月中～5月上（*イヌザクラは数日遅れ）	125
63	オドリコソウ	4月中～5月上	247
64	クサノオウ	4月中～5月上	40
65	ゲッケイジュ	4月中～5月上	27
66	シャガ	4月上～5月上	313
67	シラカンバ	4月中～5月上	54
68	シロヤマブキ	4月中～5月上	138
69	ネギ	5月上～6月上	305
70	フジ	4月下～5月中	156
71	ブルーベリー	4月中～5月上	101
72	ムベ	4月中～5月上	35
73	メギ	4月下～5月中	36

図8　日本の蜜・花粉源植物282種の開花フェノロジー (続き)

No.	植物名	1月	2月	3月	4月	5月	6月	7月	8月	9月	10月	11月	12月	掲載頁
74	レンゲ													148
75	クスノキ													26
76	シロツメクサ													152
77	ヒルザキツキミソウ													174
78	サンザシ													137
79	ホオノキ													23
80	ノアザミ													276
81	ウンシュウミカン													209
82	オオムラサキ													103
83	カナメモチ													136
84	カルミア													102
85	キツネアザミ													276
86	キリ													261
87	キンリョウヘン													317
88	カザグルマ類													34
89	サツキ													103
90	ジャガイモ													237
91	シャリンバイ													136
92	タイサンボク													23
93	タブノキ													27
94	マツヨイグサ類									*種毎にピーク異なる				174
95	トチノキ							*山地はピーク初夏にずれ込む						199
96	ベニバナトチノキ													201
97	ニシキウツギ							*ハコネウツギも同様						270
98	ニセアカシア													145
99	ノイバラ													139
100	ボリジ													242
101	マツバギク									*場所によってはほぼ一年中				56
102	マユミ													179
103	マルバウツギ													111
104	ミズキ													176
105	ユリノキ													24
106	リンゴ													134
107	アスパラガス													311
108	アンチューサ													241
109	イイギリ													87
110	エゴノキ						*ハクウンボクの後に続く							106
111	カキノキ													104

図8　日本の蜜・花粉源植物 282 種の開花フェノロジー (続き)

No.	植物名	1月	2月	3月	4月	5月	6月	7月	8月	9月	10月	11月	12月	掲載頁
112	ガマズミ													271
113	カリフォルニアポピー													40
114	キハダ													215
115	スイカズラ													272
116	スダジイ							*ツブラジイも同様						52
117	セージ類						───	*種・品種により異なる						252
118	タイム類						───	*種・品種により異なる						251
119	ゼニアオイ													76
120	チコリ													279
121	トウカエデ													203
122	トキワサンザシ													137
123	ナス (露地)													239
124	ハクウンボク													107
125	ハクチョウゲ													268
126	ヒトツバタゴ													265
127	ヒメウツギ													111
128	ブドウ(栽培種)													192
129	フレンチラベンダー													249
130	ボタン													64
131	メキシコマンネングサ													112
132	ニセアカシア (ピンク)													146
133	ユキノシタ													113
134	アツバキミガヨラン							*木によりバラツキが大きく，秋に咲くこともあり						315
135	ハナツクバネウツギ(白)		*都心ではしばしば冬にも開花											272
136	ハナツクバネウツギ (ピンク)													272
137	アブラギリ													186
138	イボタノキ													264
139	ウツギ													111
140	ガラニティカセージ													253
141	キウイフルーツ													70
142	クロガネモチ													182
143	ゴンズイ													194
144	サルナシ							*山ではもっと遅くまで						71
145	サンショウバラ													139
146	センダン													197
147	ソヨゴ													184
148	ヒナゲシ													41
149	マキバブラシノキ													171

2　蜜源植物の四季－開花フェノロジー

図8　日本の蜜・花粉源植物282種の開花フェノロジー (続き)

No.	植物名	開花期	掲載頁
150	ムラサキツユクサ	5月中～6月中	297
151	イタチハギ	5月上～6月中	147
152	ヒメジョオン	5月上～7月下	275
153	マツバボタン	5月下～8月中	38
154	イヌツゲ	5月下～6月下	180
155	ハゼノキ	5月下～6月下	205
156	マメガキ	5月下～6月下	105
157	ワタ	5月下～6月下	79
158	ウイキョウ	5月下～7月下	231
159	ウメモドキ	5月下～6月下	181
160	オオバイボタ	5月下～6月下	264
161	ガクアジサイ	5月下～7月上	110
162	ニホンカボチャ	5月下～9月下	84
163	キュウリ	5月下～9月下　*露地栽培もの	82
164	キンシバイ	6月上～7月下	72
165	クリ	6月上～6月下	51
166	ザクロ	6月上～7月上	168
167	ニワウルシ	6月上～7月上	197
168	タチアオイ	6月上～7月下	77
169	ナツツバキ	6月上～7月上	67
170	ネコノチチ	6月上～7月上	189
171	ネズミモチ	6月上～7月上	263
172	ノブドウ	6月上～8月上	192
173	ビヨウヤナギ	6月上～7月上	72
174	ホタルブクロ	6月上～7月上	269
175	マサキ	6月上～7月上	179
176	ヤマウコギ	6月上～6月下	222
177	アカメガシワ雄花	6月中～7月上	185
178	イブキジャコウソウ	6月中～7月下　*山では8月まで	251
179	ウチワサボテン	6月中～7月上	56
180	クチナシ	6月中～7月上	268
181	クマノミズキ	6月中～7月上	176
182	ケンポナシ	6月中～7月上	188
183	ムラサキシキブ	6月中～7月上	244
184	サンゴジュ	6月中～7月上	271
185	ジギタリス	6月中～7月下	262
186	タケニグサ	6月下～7月下	39
187	トウモロコシ	6月下～8月下	301

図8 日本の蜜・花粉源植物282種の開花フェノロジー (続き)

No.	植物名	開花期	掲載頁
188	ナンテン	6月	36
189	ネジバナ	6月-7月	316
190	ヒメシャラ	6月-7月	67
191	マテバシイ	6月-7月	53
192	ギボウシ類	6月-7月	310
193	シナノキ	6月-7月	74
194	ベニバナ	6月-7月 *山形では7月上中旬が最盛期	284
195	ボダイジュ	6月-7月	75
196	ムクロジ	6月-7月	195
197	モチノキ	6月-8月	181
198	ヤブガラシ	6月-8月	193
199	ツユクサ	6月-8月	297
200	ノウゼンカズラ	6月-8月	267
201	ヒマワリ	7月-8月 *品種や作付けにより異なる	282
202	ヒゴロモソウ	7月-9月	259
203	ノカンゾウ	7月-8月	311
204	アオギリ	7月-8月	73
205	アメリカホド	7月-8月	162
206	ガマ	7月-8月	302
207	キキョウ	7月-8月	269
208	ゴボウ	7月-8月	281
209	スイカ	7月-8月	83
210	ダリア	7月-9月 --- *品種・作付けにより秋まで	280
211	ツタ	7月-8月	191
212	トウネズミモチ	7月	263
213	ヒソップ	7月-8月	258
214	ベルガモット	7月-8月	251
215	ミソハギ	7月-9月 *山地では最盛期一ヶ月遅れる	167
216	ムクゲ	7月-8月	78
217	モクゲンジ	7月-8月	196
218	リョウブ	7月-8月	98
219	エンジュ	7月-8月	143
220	カクレミノ	7月-9月 *花の開花がいったん止む	223
221	キンカン	7月-8月	213
222	ゴマ	7月-8月	266
223	フウチョウソウ	7月- --- *調査不足(かなり長期にわたる)	89
224	タバコ	7月-8月	236
225	トウゴマ	7月-8月	186

図8 日本の蜜・花粉源植物282種の開花フェノロジー (続き)

No.	植物名	開花期	掲載頁
226	ナンキンハゼ	7月	187
227	エビスグサ	7月-8月	157
228	ビービーツリー	7月	217
229	メハジキ	7月-8月	257
230	オクラ	7月-9月	77
231	サルスベリ	7月-9月	167
232	ニガウリ	7月-9月	81
233	クコ	7月-10月	236
234	ハス	7月-8月	28
235	ハッカ類	7月-8月 *品種によりかなり異なる	254
236	イヌザンショウ	7月-8月	214
237	オオアワダチソウ	7月-9月	288
238	ムラサキウマゴヤシ	7月-9月	147
239	オミナエシ	7月-9月	273
240	カラスザンショウ	7月-8月 *個体差大きい	214
241	キクイモ	8月-9月	292
242	コマツナギ	7月-9月	161
243	タラノキ	8月-9月	224
244	ハチミツソウ	8月-9月	280
245	ヤナギラン	8月-9月	175
246	イネ	8月-9月 *品種や作付けにより異なる	298
247	ウド	8月-9月	225
248	コシアブラ	8月-9月	226
249	ソバ	*品種や作付けにより異なる	62
250	タマアジサイ	8月-9月 *調査不足	110
251	ツリフネソウ	8月-9月	220
252	ハギ類	8月-9月	160
253	ゲンノショウコ	8月-9月	219
254	ツルボ	8月-9月	309
255	ヌルデ	8月-9月	206
256	カナムグラ	8月-9月	45
257	クズ	8月-9月	162
258	コスモス	8月-10月	285
259	シュウカイドウ	8月-9月	88
260	キバナコスモス	8月-10月	286
261	シソ	8月-9月	258
262	ニラ	8月-9月	309
263	アキノノゲシ	8月-9月	292

図8 日本の蜜・花粉源植物282種の開花フェノロジー (続き)

No.	植物名	1月	2月	3月	4月	5月	6月	7月	8月	9月	10月	11月	12月	掲載頁
264	アレチウリ													80
265	キンモクセイ													265
266	センダングサ類													291
267	ホソバヒイラギナンテン													37
268	シュウメイギク													34
269	チャノキ													65
270	サザンカ													68
271	ヒイラギモクセイ													265
272	ホトトギス													309
273	ミゾソバ													64
274	セイタカアワダチソウ													290
275	ヤマラッキョウ													312
276	ビワ													141
277	ノコンギク													293
278	キヅタ													228
279	イチゴノキ													100
280	ツワブキ													293
281	ヤツデ													230
282	キダチアロエ													314
283	ヤブツバキ													69

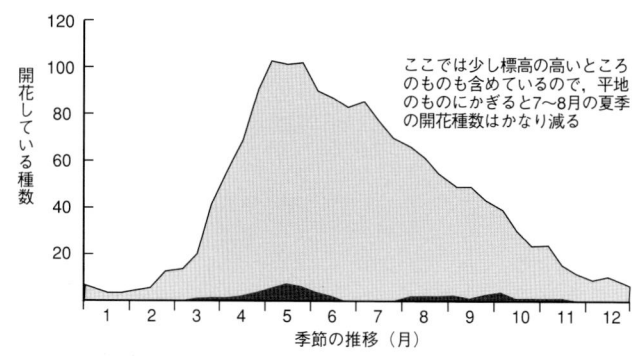

図9　蜜・花粉源植物の開花種数の年間推移　黒い部分は主要16種の蜜源植物について見たもの。ただし、関東圏でのデータなのでシナノキは除外した。またナタネ、ソバ、センダングサについては、花期が長期にわたるので盛期のみデータに含めた

（グラフ中の注記：ここでは少し標高の高いところのものも含めているので、平地のものにかぎると7～8月の夏季の開花種数はかなり減る）

持するには、できるだけ年間を通じて蜜と花粉源となる植物がバランスよく配置されていなければならないことである。

この調査には2005～2007年の3年間をかけ、まだまだデータ不足の感はあるが、できるだけ信頼できる記録となるよう努力した。同じ年の同じ植物でも、系統・品種などの遺伝的条件、その場所の温度や日当たり、水分条件などにより、ずれが見られるのが普通であり、これを正確に記載することは難しい。この点はなるべく多くの例を実際に観察・記録することで、できる限りカバーした。少なくともいろいろな種が咲いていく相対的な順序については、比較的信頼度の高いものになっていると思われる。

実際の調査は、徒歩、自転車、車で行った。車の場合でいえば、世田谷の自宅から職場である玉川大学までの25kmほどの通勤路を、主要道を避けて「回り道」をし、観察場面を増やすような工夫もした。徐行しながらその時々に観察出来た花の種類と開花状況（「咲き始め」とか、「そろそろ終わり」など）を、その場でICレコーダーに録音していった。また一部については卒業研究の形で学生の協力も得た。

扱いに困ったのは平地と標高が高いところの「ずれ」だが、これは東京都、神奈川県、千葉県、埼玉県の平地を基準とした。調査した山は、山梨県、長野県、群馬県（谷川岳以南）の標高1,500mくらいまでのところで、顕著な場合はその情報を付記したが、まだ調査自体が十分とはいえない。

ニホンミツバチの生態研究を先駆的にまとめた岡田一次博士 (1990) は、その垂直分布の限界を、日本全土で1,000mくらいとしていた。しかし実際に調査をしてみると、1990年くらいから徐々に標高の高いところでも見かけるようになり、2009年現在では1,700m付近まで見かけるようになっている。地球温暖化の影響はこんなところにも現れているようだ。温暖化については、もともと100年に0.1度程度の変化はあったが、その速度が早まっている、などの諸説があり、実態の把握は難しいが、分布域の変化が早い昆虫の例を見ていると、この影響は無視できないものがあるようだ。植物の開花時期にも影響しないはずはなかろう。

同種の花の開花時期の平地と高地での「ずれ」については、春の花であれば平地より遅れるのが普通であるが、秋の花であればあまり変わらないか、むしろ早くなる傾向にある。南北の開花期のずれについては、サクラ前線の例に見るように、南から咲いていくが、ここでは扱えていない。本書のフェノロジーの図中に、読者の身近に咲いている花 (仮にA種) があったら、同図に収録されている未確認の同地方の他種の花の開花時期について、A種のそれとのずれから類推することが可能と思われる。

またある場所で、たとえば5月の中旬と6月初めに採蜜をした場合、「6月に採れたほうの蜜の蜜源花が何であったか」などを推定する場合にも参考になるはずである。

3
花側からの受粉作戦とハチ側からの利用戦略

　個々の植物が進化させた受粉のための仕組みについては各植物の項 (第1部) でも触れたが，ここでは，それらをいくつかのタイプに分類するとともに，自然の森や農地での花粉媒介の意味についても概観してみたい。

（1）ポリネーションの基本事項

　花をつけるようになった高等植物 (顕花植物) では，種子は雌しべの先にある柱頭に雄しべの葯内で出来た花粉 (pollen) が付くことによりできる。その際多くの場合，近親交配を防ぐために，柱頭と葯の位置を空間的に離して配したり，花粉を受け入れられるようになる柱頭の成熟タイミングをずらしている。花粉をハチなどの昆虫に運搬してもらうためには，蜜腺 (nectary) に蜜を用意して報酬とするか，花粉自体の一部をタンパク源として提供する。昆虫側は，これらを自分たちの食料資源として採取するわけで，植物側に種子ができることを見越したり，願っているわけではない。「結果的に」うまくパートナーシップを組んだ形になっているのだ。

　昆虫のほかに鳥やコウモリなどがこの運搬役 (送粉者; pollinator) をする花もあり，それぞれ鳥媒花，コウモリ媒花などと呼ばれる。またこの運搬を風や水に頼っている花は，風媒花，水媒花と呼ばれる。ちなみに花粉症の原因となるスギ，シラカバ，イネなどは，いずれも風媒花に属する。これらの基本事項と具体例については，田中肇氏 (1993) の名著『花に秘められたなぞを解くために』などをぜひ参照していただきたい。

（2）双利共生的関係

　「虫媒花」に属する多くの種の花とハチとの関係は双利共生的な関係にあり，花と昆虫は互いに利を得ている。つまり訪花行動により，昆虫は蜜か花粉，あるいはその両方を得ることができ，その結果，花側には種子ができる。全顕花植物中のおよそ78％がこの「虫媒花」に属するとされている (図10)。

（3）ミツバチが片利的に利を得ている場合

　ミツバチが一方的に利を得て，花側が損をしているト
ケイソウのような例もある。トケイソウ (パッションフルーツ, p.86) は熱帯起源で，花の造作が大きく，送粉者としても体格の大きいクマバチの仲間をあてにしてきたらしい。ミツバチのように小さな昆虫 (花に対して相対的に小さい) が訪花して花粉を集めても，その行動で花粉が柱頭に届く構造にはなっていない。そのため温室でパッションフルーツを栽培し，ミツバチを放したとしても，確かにミツバチは花に行って花粉を集めるものの，受粉にはあまり役立たない。

（4）花側が片利的に利を得ている場合

　例は少ないが，キンリョウヘンやシランなどのランの類をあげることができる。典型的なのはキンリョウヘンで (p.317)，ミツバチは強力に誘引され (ただしそれはニホンミツバチだけで，セイヨウミツバチは見向きもしない)，ポリニアと呼ばれる花粉の塊を背中につけて運び，受粉に貢献する。巣に持ち帰った花粉が栄養源として利用されることはない。つまりこの場合はランにまんまと騙され，操られているのであり，ラン側には利があるがミツバチ側に利はない。蜜の報酬がなく，花粉もむりやり背負わされてしまうのにもかかわらず，頭の良いミツバチが騙されてしまうのには，それなりのトリック (ラン側の戦略)

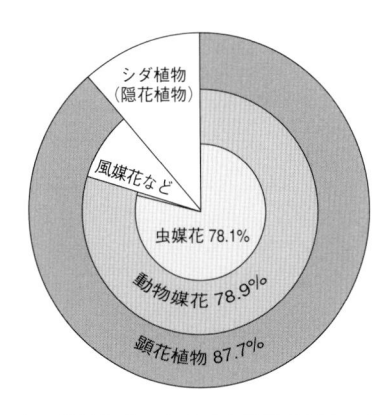

図10　全顕花植物中に占める虫媒花の割合　花たちが，その受粉をいかに大きく昆虫たちに頼り，託しているかがわかる。ミツバチはこのなかでも大きな役割を果たしている

がある。ニホンミツバチ自身の「集合フェロモン」の成分を巧妙に真似た匂いを出しているらしいのである。

同じようにやはり騙されてしまうシランの場合は，匂いではなく，視覚的な色や形で誘引しているようだ。ただ，キンリョウヘンの場合もその香りはヒトにはほとんど感じられないから，シランの場合も匂いがかかわっている可能性は捨てきれない。

ランの花がすべて騙しの戦略を使っているかというと，そういうわけではなく，報酬用の蜜を用意しているランもある（たとえばネジバナ；p.316）。シンビジウムなどの栽培ランでは，茎の部分にある花外蜜腺からベトベトした蜜を出しているが，これが出荷用に邪魔になり，マルハナバチに掃除させているオランダの例などもある。これらの場合はハチ側にも何がしかの利益はあるといえよう。見方を変えれば，ランのハチ蜜が採れるというのも興味深い。

（5）盗蜜の実態

「盗蜜」は文字どおり蜜を盗む行為であり，上記（3）の特別な形といえる。写真編でもいくつかの例を紹介したように，一番多いのは，キムネクマバチやマルハナバチのように大型で刃のような口吻をもつハチが，一度筒状の花に外から穴を開けて蜜を盗んだ後に，その傷跡（同じ穴）から「おこぼれ頂戴的に」採蜜する場合である。ツリフネソウ（p.220），ハナツクバネウツギ（p.272），スイカズラ（p.272），ナデシコの仲間（p.59）などがその典型といえる。いずれの花も蜜腺までの距離が長く，まともにアクセスしようとしたのではミツバチの口吻では届かない。インゲンマメやフジ，クズなど大型のマメ科の場合などでは，力の強い大型のハチが先に訪花し，花をこじ開けておいてくれると，そのクセのついた花を利用して蜜を得るパターンもある。

あるいは他の大型送粉者の関与なしで蜜を盗む形になる場合もある。たとえば，普通のリンゴの花は雄しべの付け根が城壁のようにリング状になっているが，デリシアス系のリンゴではこの城壁のところどころ切れ目がある。蜜腺はこのリングの内側にあるので，通常のリンゴでは，上から雄しべをかき分けるようにして頭を入れなければ蜜が吸えない。しかしデリシアスに訪花したミツバチは試行錯誤をしているうちに，横からこの切れ目を通して口吻を差し込めば簡単に蜜が吸えることを学習する。一度覚えてしまえば，もうあとはこのパターンで次々に訪花するので，簡単に蜜を集めることができる。デリシアスの花にしてみれば，このパターンではハチが雌しべに触れることがないから，受粉は果たせない。

（6）風媒花も大いに利用

風媒花は蜜を用意していることはないから蜜源にはならない。それでもミツバチが訪花するのは，花粉が目当ての場合だ。たとえば8月の午前11時ころ，水田がミツバチでにぎわっていることがある。平地の夏は意外に花が少なく（北海道や山地は除く），イネの花粉はミツバチの貴重な栄養源となるのだ。298ページの写真を見てわかるように，イネの花粉はわずかな風による揺れでも散ってしまう。これを集めるのには苦労をするが，それでも大量にあるので利用しない手はない。11時ころと言ったのには意味があり，イネはその時間帯にだけ開花し，花粉を出す。これを受けてミツバチもその時刻を学習し，毎日11時ころになると田んぼに飛んで行く。夏の花粉源としては，ほかにトウモロコシの花も重要だ（p.301）。メヒシバやヨモギにも行く。

春先のハンノキやクヌギなども，同じく多量の花粉が入手できるという意味で，潜在的には貴重なタンパク源であろう。しかし日本では，春に蜜・花粉ともに手に入る草本類の花々もたくさん咲くので，そのような花が利用できるときは，優先的にクヌギなどを訪れることはない。

典型的な風媒花でありながらミツバチが好んで訪れるのは，晩夏に咲くカナムグラだ。8月から9月にかけ，巣門で見ていると，涼しげなレモン色の花粉ダンゴがたくさん持ち込まれる。このカナムグラの花の花粉の集め方にはハチによって個性があるが，前肢で花にぶら下がり，そのわずかな振動で舞い散った花粉を一度腹部に受け止め，これを蜜で湿した各肢の花粉ブラシで集めるのが普通だ（p.45，p.242のボリジも参照）。

（7）農業・食糧生産上のポリネーションの貢献

ミツバチの農業・食糧生産上の貢献については本書の目的ではないが，重要なので少しだけ触れておきたい。ミツバチが私たちに与えてくれる贈り物として，ハチ蜜，ローヤルゼリー，プロポリス，ワックス（蜂ろう）があるが，なかでも経済的に一番貢献度が高いのはこのポリネーション（花粉媒介）だ。コーネル大学の調査報告（1989）によれば，アメリカでのリンゴなどの果実，野菜，豆類，ナッツ類など主要49作物での経済的貢献度は，93億ドルに相当するという。これはハチ蜜とワックス（この二者がアメリカでの二大ミツバチ生産物）を合わせた金額の135倍にも相当する。日本での農作物の増産に対するミツバチの貢献額は，試算で3500億円規模とされており，ハチ蜜などの生産物を含めた総額の98％を占めている

(日本養蜂はちみつ協会，1999)。ここでは次項で述べる森林維持などへの貢献は含めていないので，実際の貢献度はさらに大きい。

わかりやすいイチゴの例をあげると，春に露地で栽培される一部のものを除いて，ハウスで栽培されるイチゴのほとんどはミツバチが実らせたものと思ってよい。イチゴの栽培農家は，養蜂家からミツバチの巣箱を借り受け，受粉を任せる。ミツバチが行かなかったイチゴは，仮に実ったとしても商品価値のない奇形果となってしまう。それはミツバチが花粉集めのために花の上をクルクルと歩き回り，そのときに受粉が行われるからだ (p.118 の奇形果参照)。もっとも最近の品種改良では，果実の味と見た目，日持ちばかりが注目される結果，花のときの蜜や花粉の量は少なくなってしまった。これではハチにとっては厳しい。それなのに「最近のハチは働きが悪い」などといわれては，ハチが気の毒というものだ。

リンゴ，モモ，サクランボ，ウメなども皆，ミツバチをはじめとするハチやアブなどのポリネーションのおかげで実っている。もちろん，メロン，スイカもそうだし，キウイフルーツ，カキノキなどもミツバチの世話になっている。

これら直接的な貢献以外で重要なのがマメ科牧草への貢献だ。乳牛にしてもヒツジにしても牧草は欠かせないが，牧草のなかでも重要なクローバやムラサキウマゴヤシは，ミツバチやマルハナバチのポリネーションによって種子ができる。したがってこれらのハチがいなければ，ミルクやチーズの生産にも重大な影響が及ぶことになる。

(8) 生態系維持への貢献

ヒトの生活への直接的貢献に加え，もっと大きな視野に立てば，森林をはじめとする生態系の維持に果たす役割も大きい。東京の街路樹には，トチノキ，ユリノキ，エンジュ，ハクウンボク，クロガネモチなどの蜜源樹が多く植えられており，庭や公園の植栽木にもソヨゴ，リョウブ，トウネズミモチ，ナツツバキ，ミカン類，マテバシイなどが増えている。これらのうち，たとえばクロガネモチやトウネズミモチ，ソヨゴなどはたくさんの実をつけ，ヒヨドリなどの野鳥が喜んで食べている。これは都心でもニホンミツバチやコマルハナバチがいて，受粉をしてくれているから実がなるのである。

山へ眼を転じれば，たとえばシイの木。これは年によって流蜜具合が異なり，東京では 10 年くらいミツバチが行かない年が続いたが，2006 年と 2007 年はともにミツバチがよく行った。ちょうど 2007 年の秋はあらゆるドングリ類が大豊作の年で，クヌギ・コナラにしても，カシ類にしても過去に経験がないほどたくさんの実がなった。毎年のように里に下りてきて農家の作物に被害を与えるツキノワグマやニホンザルが，2007 年の秋にはほとんど里に下りてこなかったが，これも本来の山の実りが豊かだったからだろう。こうした例はドングリだけではなく，山の多くの広葉樹林の花がニホンミツバチをはじめとする訪花昆虫により結実し，その結果本来の多様で豊かな森が更新・維持できることを認識しておかなければならない。

これら森への貢献度は数字には表しにくく，実際まだほとんど評価されていないが，「森が豊かな海を育てる」といった巨視的なメカニズムがわかってくるにつれ，日本の林野庁もようやくではあるが，今後の森林育成の長期的な方針を，広葉樹林や混交林を重視する姿勢に転じた。もう一歩進めて，今後育成していくべき多様な樹種のなかに，ぜひ多くの山の蜜源樹を含めるようにしたいものである。私案ではあるが，今後山や街路樹などに広めたい具体的な樹種を付録 3 にあげてある。

(9) ミツバチの訪花スペクトルが広い理由

ここで，とくにミツバチの特徴として強調して述べておきたいことがある。それは多くの送粉昆虫のなかでもミツバチだけが突出して多くの種類の花々を利用している点である。実際それは，「ほとんどすべての花に行く」といってもよいほど，広いスペクトルをもっている。これと対象的なのは，たとえばウツギヒメハナバチで，このハチは 5 月にウツギの花 (p.111) が咲いているときだけ出現する。ウツギの花の蜜と花粉で子育てを行い，ウツギの花が終わるとともにいなくなってしまう。次に成虫が出てくるのは翌年，またウツギの花が咲くときだ。このように特定の花 (植物) と強い絆で結ばれている種類を「スペシャリスト」(専門家) と呼ぶならば，ミツバチはまさに「ジェネラリスト」(何でも屋) といえる。

ではどうしてミツバチは，このように広汎な植物を利用するよう進化したのであろうか。その答えはいくつか考えられるが，最大の理由はミツバチだけが大群のまま，休眠することなく越冬するためだろう。夏の間，花次第で彼らの貯蜜量は大きく変動するが (図 11)，いずれにしても秋までには大量の蜜を貯蔵しておかなければならない。標準的な大きさ (2～3 万匹) の蜂群で，越冬に入るころには 10～20 kg ものハチ蜜をためているが，これだけ集めるとなると，花の種類にこだわってはいられない。冬の間であっても，暖かい地方，あるいは暖かい日には花に出かけるので，一年中，咲いている花があれば，何でも利用することになる。冬に咲くビワ，サザンカ，ツバキ，ロウバイ，セツブンソウなどでは，ミツバチか，成虫越

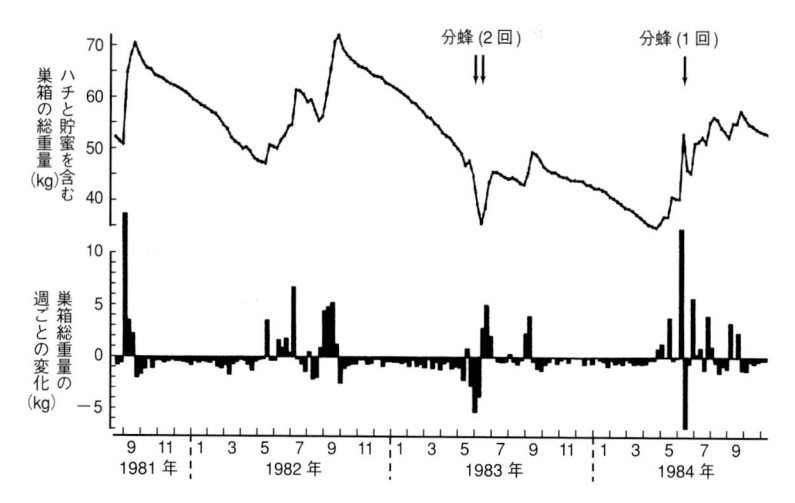

図11 年間を通じての巣箱重量の変化 上の季節変動に加え，下からわかるように，週単位の変動もきわめて大きい．ハチ自体の総量は2〜3kg程度なので，変動の理由はほぼ貯蜜量の推移を示しているとみてよい．これはニューヨーク州の例だが，日本のセイヨウミツバチの場合も似たような動きとなる (Seeley, 1995より改変)

冬性のハエ・アブ類が受粉を担当している．冬の寒さが厳しい間，一時中断することがあるとはいえ，ミツバチは育児もほぼ一年中行っているので，タンパク質やミネラル，ビタミン源として必要な花粉は，一年中集めなければならない．とくに花粉は蜜ほど多量に，また長期にわたっては貯めない性質があるので，ミツバチは蜂児 (幼虫) がいるかぎり常時，「自転車操業的に」これを必要とする．したがって風媒花をはじめ，花粉だけを供給して蜜を出さないタイプの花にも行くことになり，ますます訪花植物の種類が増えたのだろう．

マルハナバチも多様な花を利用するハチだが，こちらは越冬時は女王だけが眠って過ごすので，活動する季節が限られ，そのぶん，スペクトルが狭いようだ．

4
なぜ行かない花，行かない時があるのか

これまでミツバチがほとんどあらゆる種類の花に行くことを強調してきた。しかし一方で，花が咲いていても「いっこうにミツバチが訪花していない」という状況を眼にすることもよくある。これはどういうことなのだろうか。

これには四つの理由が考えられる。

第一は本来蜜源になりうる花であっても，気象条件その他により蜜が出ていない場合。

第二はミツバチが好まない，あるいは嫌いな花の場合。

第三は構造的にどうしてもミツバチには蜜・花粉が集められない，あるいはあまりに小さい花で利用しにくい場合。

そして第四が，いよいよ行くべき花がないとなれば利用するが，行動圏内にもっと効率よく集められる花があれば行かない場合，あるいはその花への採集活動がエネルギー効率的に見合わない場合だ。

（1）周りの花事情により決まる訪花植物

いちばん普通に該当すると思われる第四のケースについて説明しよう。ミツバチは，咲いている花の情報（＝場所，および質・量などの訪花価値）を，「言語」ともいえるダンスで仲間と共有できる。この情報システムを活用し，その時々の周辺の開花状況に応じ，リアルタイムでコロニーとしての行き先を決めているのだ。ただし正確には，その時々でどこの花に行けばよいのかが，自己組織化されたプロセスにより「結果的に」決まるのであって，1匹1匹のハチの間で，我々の会話のように花の質や量の情報を伝えあえるわけではない。

このことから，同じ質，量の蜜を出すA種の花が咲いていたとしても，巣箱から半径数km以内に咲くB種以下の競合する花の開花状況次第で，Aの花の価値（訪花すべきか否か）が決まることになる。したがってたいした花ではなく，いつもはミツバチに無視されているような花でも，たとえば台風で他の花が皆倒れてしまったような場合には，突如群がるように訪花する。もしそれらしい情景に出会ったら，「今は良い花がほとんど咲いていない厳しい状況なのだな！」と思えばよい。

同様のことは，養蜂家が1カ所にたくさんの蜂群を置き過ぎた場合にも起こる（図12）。どの箱のハチの活動圏もオーバーラップしてしまうので「競合」が起こり，一見したところ，周りには花がたくさん咲いているのに「採集できる蜜や花粉はない」，つまり花がないのと同じ，という情況になるのだ。

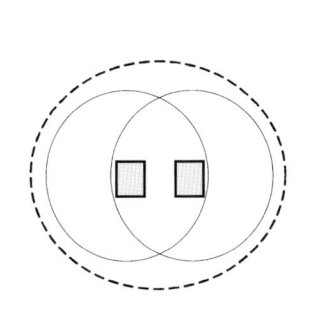

図12 蜂群の配置と採餌圏の広がりとの関係　1カ所に多くの群を置きすぎると，周りに花が咲いていても蜜はすでに採られてしまって「蜜枯れ」の状態となってしまう。ハチはより遠くの花を求めざるをえなくなり，燃費分の蜜の消費が多くなる。エネルギー効率を重視するハチにとってはこれは辛い状況

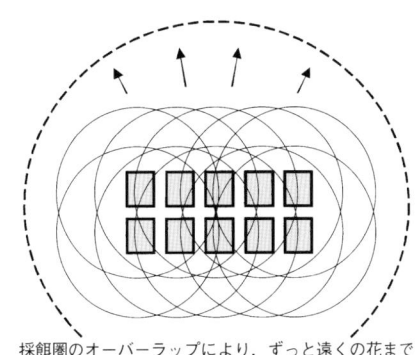

（2） ミツバチに花蜜の好き嫌いはあるのか

「ミツバチに花蜜の好き嫌いがあるのか」については，まだよくわかっていない。上述した理由で行かない場合が多いから，それと本当に嫌いで行かない場合を識別するのは難しい。嫌いなのではないかと思う花の例としては，たとえばトキワサンザシがあげられる。まったく訪花しないというわけではないが，ハエやアブ，ハナムグリやカミキリなどの甲虫類，一部のチョウは好んで訪花しているのに，ミツバチはほとんど訪花しない。他の虫たちが行っているのだから蜜は出ているのに違いないし，花の構造からみてもミツバチが蜜にアクセスできないとは思えないからだ。実は比較的最近になって，花蜜にも糖分以外にいろいろな成分が入っていることがわかり，これが「味付け」となって訪花昆虫の種類を選んでいる可能性が考えられるようになってきた。

花蜜の組成のなかで中心となるのはもちろん糖質だが，それにも種類や濃度があるし，共存するアミノ酸の量や構成も重要な意味をもっている。アミノ酸はその種類によってハエとハチの味覚反応が異なるので，これを好む昆虫を絞ることが可能ということになる。ミツバチが好むアミノ酸はフェニルアラニンやプロリンとされている。もちろん，そのほかにも諸種の酵素(たとえばオリゴ糖の生成にかかわるものなど10種程度が報告されている)や，脂質，有機酸，フェノール性物質，アルカロイド，テルペン類なども知られている。たとえば，時として花蜜に含まれるクマリンやサポニンなどは一般的に毒性や忌避性があるが，こうした成分に耐性をもつ昆虫がいれば，その花と特別なパートナーシップ関係をつくることが可能になる。花蜜の中のアスコルビン酸(ビタミンC)は，ミツバチがハチ蜜に加工する段階でなくなってしまうようであるが，花蜜の中では抗酸化剤として働いている可能性がある。非タンパク性のアミノ酸ともいえるβ-アラニン，オルニチン，ホモセリン，γ-アミノ酪酸(GABA)なども多くの種の花蜜の中に見いだされており，役割を果たしていそうだ。ミネラルのナトリウム(Na)とカリウム(K)の比なども関係している可能性が高い。

詳細については今後の研究を待つ段階だが，これらは微量とはいえ，ハチ蜜の「多様な風味」の基になる成分でもあり，私たちがハチ蜜を賞味させてもらう立場からも，大いに気になるところだ。

5
蜜腺と花蜜 — 花蜜からハチ蜜ができるまで

　ここでは，まずハチ蜜の源になる「花蜜」がどこからくるのか，蜜腺から分泌されるまでの経路を見てみよう。次いでミツバチによってそれがハチ蜜に加工・貯蔵されるまでの過程，養蜂家による採蜜から瓶詰めまでの作業について紹介する。

（1）花蜜はどこから来るのか

　ハチ蜜 (honey) の源は花から分泌される花蜜 (nectar) であるが，ではその花蜜はどこに由来するのだろうか。さかのぼれば，その源は，太陽での核融合 (超高温下で水素がヘリウムに変わる際にばく大なエネルギーを放出する) 反応だ (図13)。そこで発せられる巨大なエネルギーが光となって電磁波や宇宙線とともに地球に降り注ぐ。その光エネルギーのおよそ1％が地表の植物の葉に捕らえられ，「光合成」反応によりブドウ糖などの糖質に変えられる。この糖質は，一部は植物体の維持や，新しい葉，花などを作る成長に回されるが，一部はデンプンなどの形で根に貯蔵され，また次代のために種子に蓄えられる。そして残りのほんの一部が，「花蜜」あるいは「花外蜜腺の蜜」として外分泌される。

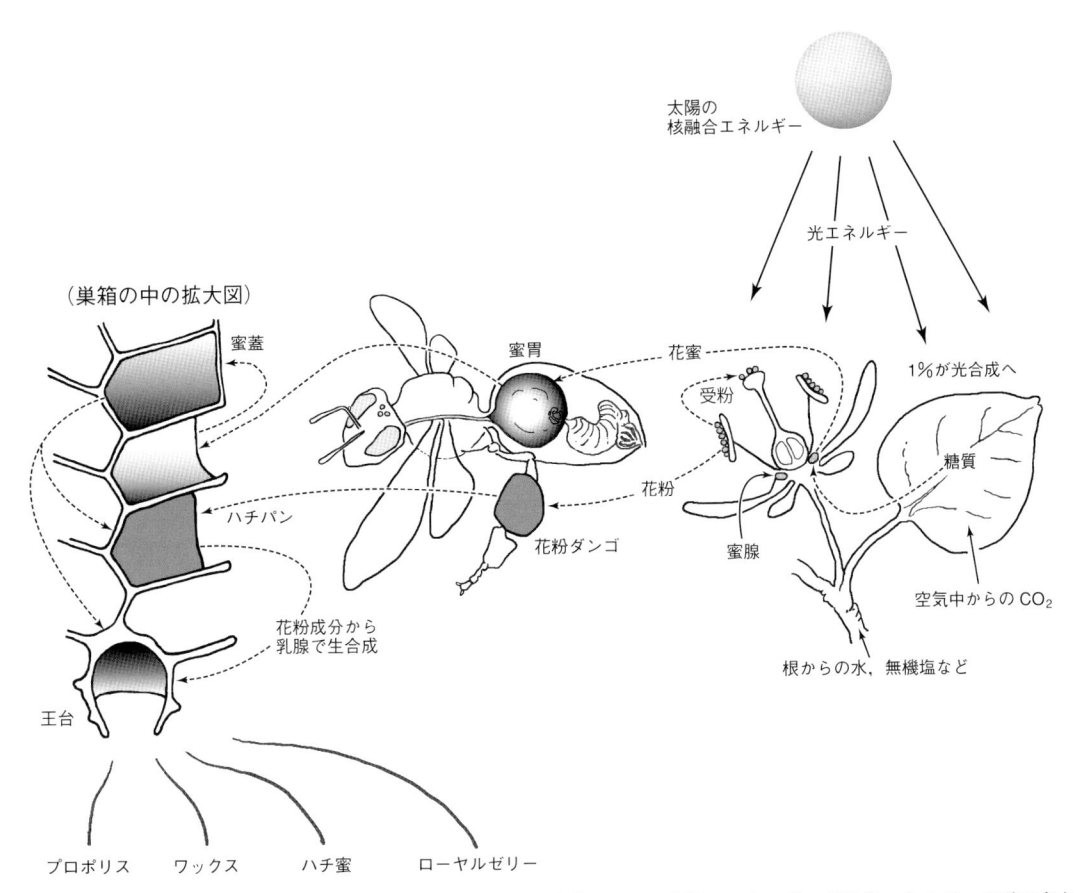

図13　花蜜や花粉をめぐる物質の流れ　蜜はそのほとんどが糖質なので，太陽のエネルギーが化学エネルギーの形に変えられたもの。一方花粉は植物の生殖細胞そのもので，タンパク質，脂質，ビタミン，ミネラルなどを多く含む。ミツバチはこの両方をバランスよく食料として利用し，食物としてそれ以外を利用することはない

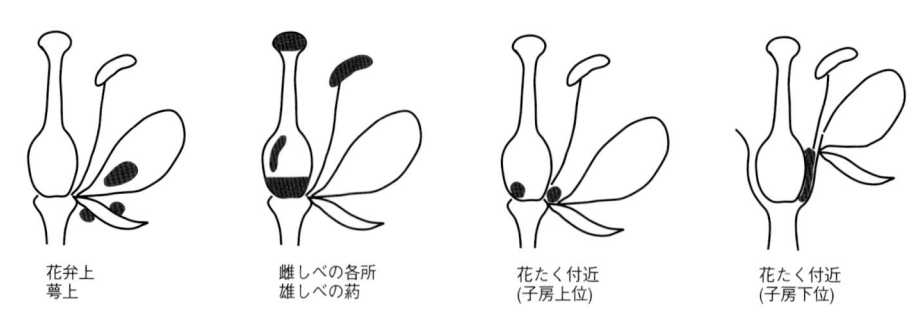

花弁上　　　雌しべの各所　　花たく付近　　　花たく付近
萼上　　　　雄しべの葯　　　（子房上位）　　（子房下位）

図14　花の中で蜜腺が発達する場所は多様　もちろん花の種類や分類学的な系統により一定の傾向はあるが，蜜腺は花の構造の中のほとんどあらゆる場所に発達する。黒く示したのが蜜腺の部位。具体的な例は第1部の写真でも多数示した

　この蜜が分泌される場所が「蜜腺」で，雌しべの付け根にある場合が多いが，実は植物によって，きわめて多岐にわたる部位から分泌される（図14）。なかにはユリノキ（p.24）やアケボノソウ（p.234）のように，花弁の真ん中から分泌されることもある。ナタネ類（p.94）のように腺がはっきりわかることもあるが，ソメイヨシノのように筒状部分の内面一面から，汗のようにしみ出してくる場合もある（p.131 参照）。

　花蜜の分泌（養蜂関係者は「流蜜」と呼ぶ）に影響する要因はいろいろあり，たとえば秋を代表するハギの花では，夜間の気温が低く，昼間が暖かくなったときによく分泌される。日周リズムに従って特定の時間帯にだけ分泌する例も多く，カボチャでは朝のうちに大量の蜜を出し，昼近くにはもう花自体が萎れてしまう。夏の貴重な蜜源であるヤブガラシ（p.193）では，昼前後に少し休憩が入るようだ。同じブドウ科でもツタの花（p.191）は，午後3時ころのごく限られた時間帯のみに蜜を分泌する。

　図15 はキク科に属する22種の蜜源について，その流蜜ピーク時刻を示したもので，花の側に時間的なすみ分け作戦があることを想像させる。ただし昼の暑さが厳しい熱帯ではこのようなことはなく，流蜜は比較的涼しい朝か夕刻に集中する。コウモリ媒花のサボテンや，ガをあてにしているユウガオ，マツヨイグサ，フウチョウソウなどでは，流蜜はもちろん夕方から夜間にかけてだが，ミツバチも駆け込み的に夕方訪れたり，朝に残り蜜を求めて訪花することは普通に見られる。

　分泌された蜜が採取されないままになった場合は，濃度が高くなり固まってしまう場合と（p.249 の写真⑤ラベンダー参照），再吸収により植物組織中に回収される場合がある。

　蜜腺が花以外のところに発達している場合は総じて「花外蜜腺」と呼ばれる。これらの場合は，「ここに蜜腺があるよ」とアピールする色や形をしていることが多い。ゴマ（p.266）やカラスノエンドウ（p.157）の場合，ミツバチも比較的よくこれを訪れる。サクラやアカメガシワの葉身基部にある花外蜜腺の場合は，アリはよく訪れているがミツバチはほとんど行かない。これら花外蜜腺の意味については，「ボディーガード」としてアリに巡回してもらうために用意した報酬であるといわれている。確かにカラスノエンドウを観察していると，巡回するように何匹ものアリが歩き回っていて，通りがかるたびに蜜を舐めている。蜜はごくわずかしか出ないが，常時出ているので，この目的にはむしろかなっているといえる。

（2）花蜜からハチ蜜ができるまで

　ハチ蜜ができるまでの過程を追ってみると，花から集められた花蜜が，まず訪花バチの「蜜胃」の中にためられる。蜜胃とは食道の一部が風船のように膨らむ部分と思えばよい（p.11 の写真⑧）。体重約 80mg の働きバチが，この蜜胃に 30〜40mg もの蜜をためて持ち帰るのだからすごい。蜜胃の出口にはチューリップの花弁のような弁構造（proventriculus）があって，この弁が閉じられていれば蜜は腸側へは送られない。もちろん飛行燃料にも

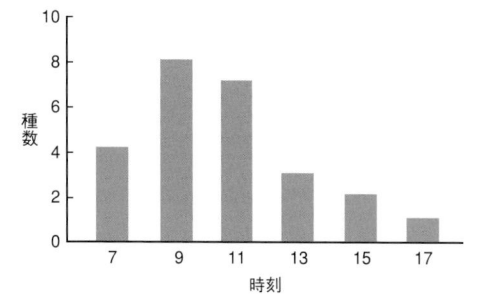

図15　22種の温帯のキク科植物の流蜜ピーク時間帯　同じキク科の蜜源のなかでも種により流蜜時間帯が異なることを示している。ハチはこれらの時間帯を学習して無駄なく対応する（Pesti, 1976 より作図）

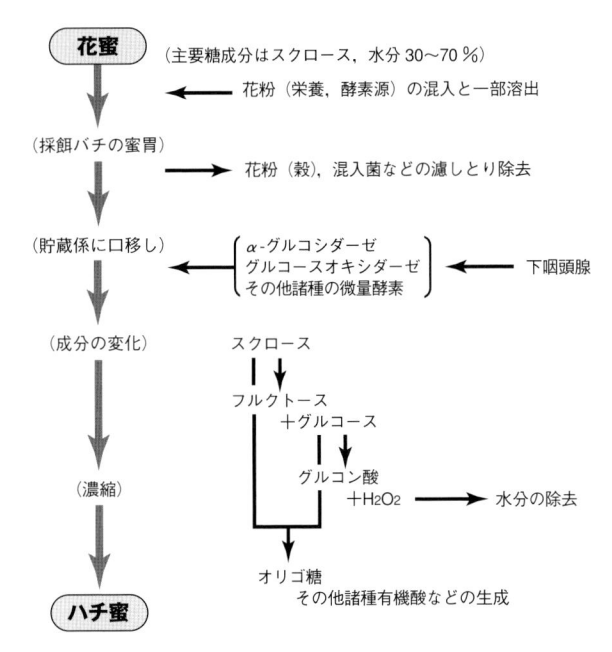

図16 ハチ蜜の生成過程 水分を蒸発させて濃縮するだけでなく，自らが体外に分泌したさまざまな酵素による「加工」がなされる。水分含量だけでなく，糖などの質的な部分の変化・違いもモニターしているらしいことがわかってきつつある (佐々木, 1999 より)

この蜜が用いられるので，飛行距離によっては一部の蜜は燃料用に回される。ちなみにミツバチは1mgのショ糖で約2kmを飛ぶことができるので，5kmを飛んで帰るには，$5\mu l$ くらいの蜜が必要という計算になる。

巣箱に持ち帰ったばかりの蜜はまだほとんど花蜜のままで，水分も30〜70%と高い。この蜜が巣箱の入り口付近で待機している「貯蔵係」に，口移しで渡される。貯蔵係は巣箱の中を貯蜜用の空き部屋 (空巣房) を捜し歩き，見つけるとそこに置く。これらの蜜は，夜間などを利用し，さらに長期保存用の場所に移されていく。重要なことは，これらの吐き戻しや移動の際に，唾液腺から何種類かの酵素が分泌され，体外での酵素反応により，花蜜が「ハチ蜜に変化」していくことである。同時に水分が除去され，糖度も上っていく (図16)。これらの酵素のうち，最も重要なのはα-グルコシダーゼで，花蜜中のショ糖をブドウ糖と果糖に加水分解する。次に重要なのはグルコースオキシダーゼで，生成したブドウ糖に作用し，これをグルコン酸と過酸化水素に変える。グルコン酸は有機酸の一種で，ハチ蜜のpHを下げ(熟成ハチ蜜ではpH = 3.7前後)，ハチ蜜独特の爽快な酸味を与えるとともに，微生物による腐敗や発酵を防ぐのに役立つ。過酸化水素も強力な殺菌作用があり，こちらは水分が多い未成熟な状態，あるいは一時的に薄まってしまった場合

のハチ蜜の劣化を防ぐのに役立つ。この過酸化水素は熟成の過程でカタラーゼにより分解されるので，熟成したハチ蜜中には残らない。こうしてでき上がったハチ蜜は，すでにショ糖はほとんど残っていない状態となり，水分約20%の状態まで濃縮されている。ここまでくるとミツバチ自身により長期保存用に合格と見なされ，その巣房にはワックスで蓋がかけられる。したがってよく熟成したハチ蜜を得るには，この蓋がけされた蜜を搾るのが原則ということになる。

(3) 採蜜作業の実際

市販のハチ蜜がどのようにしてショップまで届くのか，養蜂家が実際に採蜜を行うときのやり方とともに記しておこう。

採蜜は年間にそう何度もできるわけではないので，採蜜の日は養蜂家にとっても特別だ。雨の日を避けるのはもちろん，その日は早朝から作業を始める。なぜならミツバチが採餌活動を始めてしまうと，その日に新しく運び込まれた未熟成の薄い蜜が混じってしまうからだ。これがアメリカのやり方だと，貯蜜用の巣板は箱の上部に仕切られていて，完全に熟成したものだけを工場に運んで搾るので，薄い蜜が混じることはない。そのかわり濃い蜜を機械で搾り，長いパイプを通して缶や瓶に詰める

5 蜜腺と花蜜−花蜜からハチ蜜ができるまで 345

こととなり，ハチ蜜の流動性を高めるために加熱処理が必要となってしまう。日本の標準的な搾り方では，蜜蓋の切り落としから遠心分離機による蜜の取り出しまでを手作業で行うので (p.14〜15参照)，この間加熱などはいっさい行っていない。この天然のままを瓶詰めにするやり方，考え方は，ヨーロッパの場合とほぼ同じだ。ハチ蜜の製法や成分については，国際的な規格が検討されつつあり，これについては巻末の付録2を参照していただきたい。

（4）移動養蜂

花を求めて巣箱を遠距離移動するスタイルが移動養蜂だ (p.10)。大規模な例でいえば，春一番の採蜜を九州南部のナタネで始め，北上しながらレンゲ，ニセアカシアまたはトチノキを経て，最後は北海道のシナノキで終わる。巣箱をトラックで長距離移動する作業は，途中でストップするとハチが大量死する危険があり，大変な仕事だ。どの巣箱の中にも数万匹のハチがいるわけだから，それらの呼吸による熱の発生量 (胸部の筋肉1kg当たりで約600W，4万匹規模の群が仮にフル稼働すればこれくらいの数値となる) は大変なもので，ましてハチが騒ぎ出せば換気不足となり，いわゆる「蒸殺」の危険がある。しかし大変な一方，ミツバチと養蜂家が心を通わせながら行う花を求めての旅はロマンに満ちている。新着の地で大量の「流蜜」に恵まれたときの感動はひとしおに違いない。

ナタネやレンゲなどの主力蜜源が減ってしまった現在，移動を行う養蜂家は少なくなっている。この現実は寂しいが，一方で，このような主要蜜源だけに注目するのではなく，地域や季節性を生かしたハチ蜜の楽しみ方ができるようになりつつあることは，大いに歓迎もしたい。

（5）ハチ蜜はどれくらい採れるものなのか

"honey potential" という言い方がある。これは各蜜源植物ごとの理論上の採蜜可能量のことで，Crane らはこれをクラス1から6までにランク分けし，世界の代表的蜜源植物449種の分類を試みている (クラス1は0〜25kg/ha，クラス6は同500kg/ha以上)。それによると，この449種のうち，クラス6は9％で，全体の45％はクラス3か4 (51〜200kg/ha) となっている。ただし，これらはいわば計算上の上限値であり，実際に採れる量は，他の植物が混じっていたり，その他の理由により，ここまでいくことは難しいものと思われる。

6
ハチ蜜の色と香り — 花による違いを楽しむ

　レンゲとミカンのハチ蜜を比較してみると，まず色が違う。レンゲの新蜜は透明に近く，「ミカン蜜」は黄金色に近い。瓶の蓋を開けてみると，香りの違いは色以上だ。レンゲのすがすがしい上品で刺激性の香りに対し，ミカンは柑橘を思わせる甘い香りがする。私たちは，これらの香りのなかでもハチ蜜全般に共通するすがすがしい刺激的な香り成分が，「ハチが花蜜をハチ蜜に加工する工程で，何らかの酵素の添加などにより作られるのではないか」との仮説に基づいて調べてみたことがある。しかしその結果は否定的で，各蜜源植物を反映した独特の香りはもちろん，ハチ蜜に共通するような香り成分も，基本的には植物由来らしいことがわかった。ここではハチ蜜の香りや色を楽しむヒント，結晶化のメカニズムについて見てみよう。

（1）花の匂いとハチ蜜の香りを比較してみる

　「ミカン蜜」であればミカンの香りがするし，ビワの蜜であればむせるようなビワの花特有の香りがする。そこで，いくつかの蜜源花の「花の香り」と，それを主要蜜源としたとされる「ハチ蜜の香り」の成分を比較してみた。採用した方法はSPME法で，ハチ蜜から発せられる香りの成分を特殊な吸着剤に吸着させ，これを直接ガスクロマトグラフに導入，分離して出てきた成分を自動的に質量分析に通して調べる方法だ。いくつかのクロマトグラムの例については第1部の中に示してある。

例1　ウンシュウミカン

　たとえばウンシュウミカンの場合では，図17の比較からわかるように，花から直接採取した香りとハチ蜜の香りでは，共通ピークがいくつか見られるものの，予想されるほど一致しているとはいえない。サンプルとした「ミカン蜜」は，採取場所からも花粉分析の結果からもかなり純度が高いものと思われたが，それでもこのような違いはでてしまうようだ。

　このような傾向は以下に述べる他の例でも同様に認められた。

例2　ニセアカシア (p.144)

　ニセアカシアには，指標となるような特異的な香り成分は知られていないが，秋田産の「ニセアカシア蜜」からは，ポイントになるかもしれない酢酸フェネチルのほか，ゲラニルアセトン，2-フェニルエタノール，リナロー

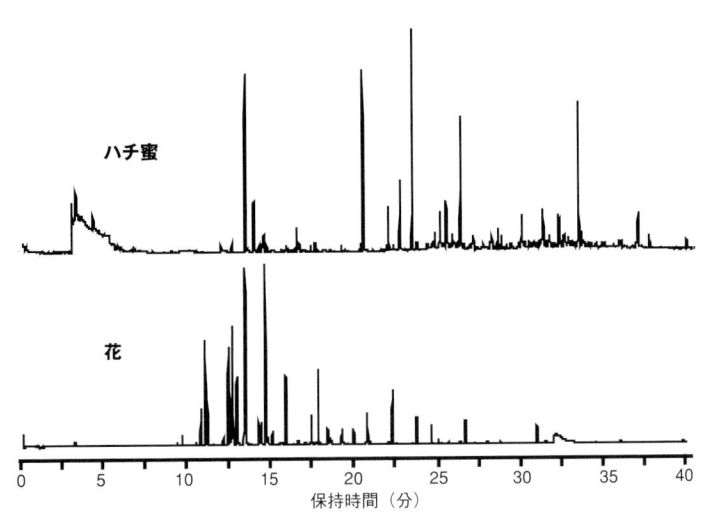

図17　花の香りとハチ蜜になったときの香りの比較例 (ウンシュウミカンの場合)　ガスクロマトグラフィーによるトータルイオンクロマトグラム。横軸は各成分が出てくるまでの保持時間 (分)

ル系の成分などが検出され，花から直接サンプリングした香り成分と比較の良い一致をみせていた。

例3　トチノキ

福島産の「トチ蜜」からは，フェニルアセトアルデヒド，*cis*-リナロールオキサイド，リナロール，デカナールなどが出ており，トチノキの花と共通する1-ノナノールもしっかり検出された。

例4　シナノキ (p.74)

北海道産のシナノキを主蜜源とするハチ蜜からは，ローズオキサイド，シトロネロールなどの良い香りに加え，ハッカ系のカルバクロールやチモールなどが検出された。

例5　ソバ (p.62)

同じく北海道産のソバを主蜜源とするハチ蜜からは，リナロールオキサイドなども検出されたが，特徴的な香り成分として，イソ吉草酸，γ-バレロールアセトンがかなり多量に入っていた。これらがあの「ソバ蜜」独特の，家畜小屋を想起させるような香りのもとになっているものと思われる。

例6　リンゴ (p.135)

青森県弘前産の「リンゴ蜜」からは，バラ科の果樹らしくベンズアルデヒドが出てきたほか，特徴ある成分としてシンナムアルデヒドが検出された。

例7　ヒマワリ (p.282)

ヒマワリを主蜜源とするとされるハチ蜜の分析では，イソフォロン，ケト-イソフォロンなど，確かにヒマワリの花にある成分が検出され，花には珍しく酢酸シトロネリルも見つかった。

以上は花とハチ蜜の香りが比較的よく一致した例で，いずれも栽培植物起源の蜜である。しかし一方，以下の例のように，瓶のラベルと中身について，疑問の浮かぶハチ蜜が市販されていた場合も少なくない。

例8　蜜源がキハダとされていた蜜 (p.215)

ハチ蜜としては比較的珍しい成分の*cis*-ジャスモンが検出され，マーカーになるかもしれないと思われるが，一方，トチノキに特徴的な1-ノナノールも出てきたことから，少なくとも「トチ蜜」が混ざっている可能性が考えられた。

例9　ケンポナシとされていた蜜 (p.188)

常連の成分であるリナロール系のものに加え，キク科によく出てくるメンタトリエンなどが検出され，ケンポナシの花から直接採取した香り成分のスペクトルとは大きく異なっていた。上のキハダの場合にもいえることであるが，こうした自然の山中に散在している蜜源樹の場合，純度の高いハチ蜜の入手は難しいことを物語っている。

これまでハチ蜜から蜜源を推定する方法として，「ソバ蜜」のルチンのように特殊な成分が使える場合を別とすれば，花粉分析に頼るくらいしかなかった。しかし花粉だけを見て植物の種類を正確に決めるのは容易ではない。その点，技術の進歩が著しい機器分析により，上記の例のように，香り成分のスペクトルを考慮する方法は，今後進めていかなければならない総合的な判定法のなかでも，有力な指標の一つになりうるであろう（これらについての最近の考え方の動向については付録2を参照）。

（2）ハチ蜜の色

ハチ蜜の色については，香りや花粉ダンゴの色ほどの多様度は見られない。基本的には黄色から琥珀色系で，ごく稀に赤みをおびたり緑みをおびるといった程度である。しかしそれでも蜜源により特徴があるのも事実で，蜜源を推定するのに参考にはなる (p.15の3色のハチ蜜瓶の色を参照)。

ハチ蜜の色による特定や評価を難しくしているもう一つの理由は，その色合いが保存状態や保存期間により大きく変わってしまう点だ。つまり同じハチ蜜でも，冷暗所に保存しておけば1年間経っても色はあまり変わらないが，常温の部屋に置いておくと褐色に変色してくる。ハチ蜜は何千年も変質しないといわれてきたが，それはまったく質が変わらないという意味ではない。腐るわけではないから相当古いものでも食べられるのは事実だが，むしろデリケートな「生もの」とさえ言いたい。

この褐変現象の正体はほぼわかっていて，HMF（ヒドロキシメチルフルフラール）という褐色の物質ができるのが主因だ。体に害がないとはいえ，程度が激しくなればやはり気にはなる。ハチ蜜中のアミノ酸などが化学反応して生成するものなので，冷暗所に保存すれば褐変の進行は抑えられる。お気に入りのハチ蜜は保存場所にも気配りをしたい。

ところで，ハチ蜜の色はいずれも黄色系のなかに微妙な違いがあるので，これを言葉で客観的に表現することは難しい。そこで「これを何とか客観的数値で記載できる方法はないか」と工夫した一例が図18である。左下から右上方向に放射状に伸びたnmで示した線は，数値が大きくなるほど黄色から赤みをおびることを表し，%で示した線は，数値が小さいほど透明度が高く，大きいほど色が濃い（吸収が大きく不透明となる）ことを表している。しかし機械にかけて数値を測定するのは大変なので，もっと簡便に，薄い色から濃い色までの色見本をあらかじめ作っておいて，これと比較しながら色を表現するやり方

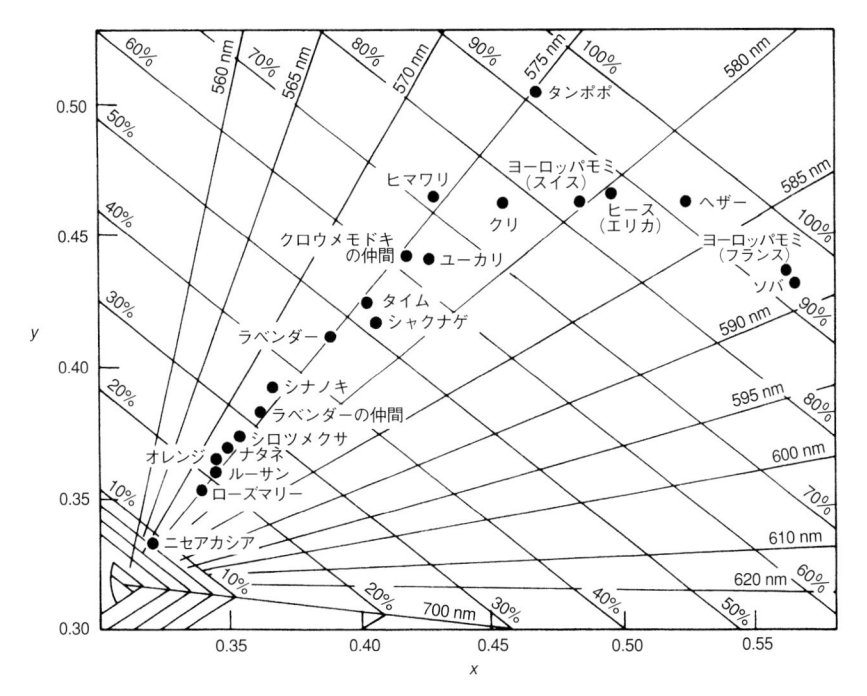

図18 ハチ蜜の色を色調と濃さの物理的測定値から記載する試みの例　左端のニセアカシアは透明に近い明るい色で，右端のソバは真っ黒いことがわかる。ヨーロッパモミとあるのは「甘露蜜」のこと (Aubert and Gonnet, 1983 より改変)

も実用化されるようになっている。

　ウルシ科の木から採れるハチ蜜について面白い経験がある。それは「かぶれないように」と気を遣いながらウルシの花一輪の拡大写真を撮ろうとしているときのこと。花の中で光っている蜜が黒褐色に濁っているのに気がついた。「漆黒」の表現があるように，ウルシは一定の条件で真っ黒になることから，きっと蜜にもその成分が入っていて黒くなったのに違いないと直感した。純度の高い「ウルシ蜜」を採蜜した例は少ないと思われるが，群馬県の養蜂家角田公次氏によれば，同じウルシ科のヌルデの蜜は真っ黒かったというから，ウルシの蜜も採れれば黒い可能性がある。ただしハゼノキはウルシ科であるが，その蜜が黒いという話は聞いたことがない。ハゼの蜜は所によってはかなり入るし，味も悪くない。もちろん蜜を食べてかぶれるようなこともないようだ。

(3) ハチ蜜の結晶化

　長期間保存したハチ蜜が底のほうから，あるいは瓶ごと結晶化してしまうことはよく経験する。成分に変化がないとはいえ，これを気にする人は少なくない。一方，たとえばニュージーランドやカナダ産の結晶ハチ蜜は，舌に気になる「ざらつき感」がないばかりか，むしろクリーミーですばらしく美味しい。ここではどんなときに，どうして結晶化が起こるのかを知るとともに，逆にこれを巧く利用して楽しむ方法についても考えてみたい。

　結晶しやすいのはブドウ糖なので，ナタネ類やクローバ類のようにブドウ糖含量が多いハチ蜜ほど結晶化しやすいことになる。逆に結晶化しにくいのは果糖で，ともにショ糖が分解してできる成分なのに正反対の性質なのだ。砂糖水なら水を蒸発させていくとショ糖の結晶ができるが，ハチ蜜から水分を飛ばして粉末状にしようと思っても出来ない。これはハチ蜜中の糖質の約半分を占める果糖が，周りの空気中から強く水分を吸うからだ(周囲の湿度とハチ蜜の水分との間には一定の平衡関係が成り立つ)。

　ハチ蜜に限らず物質が溶けていられる量は温度が高いほうが多いので，温度と結晶化は大いに関係がある。原則的には低い温度のほうが結晶化しやすいが，低すぎても分子の運動が制限されるので，結晶化しやすい温度がある。それは14℃くらいといわれ，水分の多いハチ蜜ではもう少し低くなるようだ。結晶化には，空で雪ができるときと同様，最初にきっかけ(核)となる微小物質の存在も大きい。ハチ蜜の場合，何がこのきっかけになるのか詳しいことはわかっていないが，花粉粒がその役をすることは十分考えられる。眼に見えない微小なワックス片や塵も関係するかもしれない。

　結晶の大きさや形は食感に大きく影響する。大きな結

晶を含むハチ蜜はザラザラした感触で，これを好む者はいない。しかし逆に，非常に細かく結晶化したハチ蜜は，滑らかな舌ざわりとなり，クリーミーな感触を楽しむことができる。ニュージーランドやカナダの市販蜜のなかには，このように処理をして人工的にクリーミーハチ蜜としたものも多い。著者は以前，自宅の庭で採れたニホンミツバチのハチ蜜をすぐに冷蔵庫に保存したことがあったが，数日のうちに全体が均一に結晶化し，とても滑らかな舌触りの絶品になったことがある。自宅で少々原始的な搾り方をしたのが，かえって功を奏したのかもしれない。そう思って，その後も何度か試したがなかなか同じようにはいかない。微妙な条件が揃ったときにできるようだが，このようなこともオリジナルな楽しみ方の一つとなろう。

ハチ蜜の発酵については後述するが，結晶化が進むと発酵しやすくなる傾向は否めない。結晶化したブドウ糖中にはわずかの水分しか含まれないので，部分的に結晶化した状態では，液状の部分の水分が増えてしまうからだ。発酵にかかわる酵母菌の仲間は，花蜜や空気中から自然に混入するものであり，水分が17％以下であれば，そういった酵母菌がいくら入っていても発酵は起こらない。水分が20％以上であれば，常に発酵の可能性があるとみたほうがよい。この間の数値であれば，発酵するか否かは菌の入り具合(数)次第だといわれている。

結晶化してしまったハチ蜜を元に戻すには，瓶ごと湯煎にし，必要に応じて撹拌しながら溶かす。温度は70℃以下でゆっくり戻すのがよい。63〜66℃の加温で酵母はほぼ死滅するとされている。

7
ミツバチと花粉 ― 花粉ダンゴの色，ハチ蜜中の花粉が物語るもの

ミツバチにとって花粉は「食物」。エネルギー源は蜜だが，それ以外のすべての栄養源をこの花粉に負っている。幼虫や女王バチはローヤルゼリーを食べているが，これも原料はすべて花粉。したがって育児中の蜂群にとって花粉不足は致命的となる。花粉成分の詳細や栄養価については他書に譲るとして，ここでは花粉源植物の種類を知るのに役立つ花粉ダンゴの「色」について取り上げてみたい。

(1) 花粉ダンゴの色 ― データベース作り

著者がまだ大学の2年生だった1968年のことだ。後にワシントン大学で親しくなることとなったMeeuse博士の名著 "The Story of Pollination" (1961) にも惹かれたが，イギリスのHodges女史の "The Pollen Loads of the Honeybee" (1952) の最後にある花粉ダンゴの色見本の数ページ (季節ごとに分けた計120種の色が特別のカラー印刷で示されていた) も強く印象に残った。本書に収録した色データベース (p.318～320のカラー図版と次ページの表2の数値化データ一覧，計192種) は，このHodgesデータの「日本版」を，40年後に作ったということにほかならない。

試作に当たり，微妙な色の違いを正しく記録するには一定の光条件で撮影するのが望ましいと考え，採取してきた花粉ダンゴを室内のメタルハライド光源下で撮り始めた。しかし植物によっては貴重な花粉ダンゴを付けたサンプルバチを取り逃がすことも多く，やむをえず野外で訪花中のハチの写真から記録することに変更した。色の記載・表現法にはいろいろあるが，ここでは簡便さと再現のしやすさを重視し，写真画像ソフトのPhotoshop (アドビシステムズ社) を用いてRGB (赤，緑，青の3原色) データで記録することにした (図19)。すなわち撮影した花粉ダンゴの画像部分から，色が正しく記録されていない陰やハイライトの部分を除き，ソフト上の機能を使って該当全ピクセルの「平均色」を計算，これを色とRGBの数値データの双方で記録した (p.318～320，表2)。

解析前 例：サンショウ
処理前の拡大イメージからは，モザイク状になったピクセルイメージが見てとれる。これは，さまざまなRGBデータが混在していることを表す。これを平均化して，単一のRGB情報を得る処理を行う

拡大ピクセルイメージ
処理前

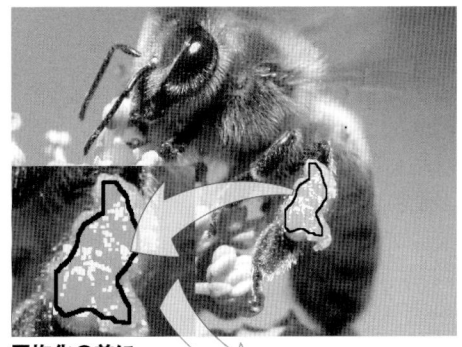

平均化の前に
黒枠内のハレーション部分を白く塗りつぶして，その部分を除いて平均化する

平均化で得られた単一のRGB値

	R	G	B
サンショウ	233	171	66

拡大ピクセルイメージ
平均化処理後

図19 花粉ダンゴの色 (p.318～320および表2) を記録するために採用した手順　この数値化により，Photoshopなどで簡単に数値から色を再現できる

表2 花粉ダンゴの色のRGBデータ 318～320ページにカラーで一括表示した各種花粉源植物の花粉ダンゴの色について，ここでRGBの数値データとしてまとめた。この数値から，Photoshopなどを用いて簡単に色を再現・表示することができる

No.	種名 (掲載頁)	R	G	B	No.	種名 (掲載頁)	R	G	B
1	アカツメクサ (p.154)	111	68	11	49	クサイチゴ (p.115)	224	201	149
2	アカメガシワ (p.185)	208	151	52	50	クサギ (p.245)	118	80	120
3	アキノタムラソウ (p.257)	176	101	18	51	クサフジ (p.151)	171	139	98
4	アキノノゲシ (p.292)	230	129	33	52	クリ (p.51)	226	197	93
5	アレチウリ (p.80)	223	170	35	53	クリムソンクローバ (p.154)	105	98	79
6	アレチヌスビトハギ (p.160)	207	183	156	54	ケムラサキシキブ (p.244)	229	181	33
7	アワブキ (p.35)	220	139	27	55	ゲンノショウコ (p.219)	112	122	131
8	アンズ (p.121)	207	150	40	56	ケンポナシ (p.188)	170	150	104
9	アンチューサ (p.241)	180	147	94	57	コスモス (p.285)	228	184	53
10	イタドリ (p.60)	203	189	125	58	コセンダングサ (p.291)	235	136	7
11	イネ (p.298)	219	179	62	59	ゴマ (p.266)	207	184	135
12	イロハモミジ (p.202)	225	196	59	60	コンフリー (p.242)	225	198	136
13	ウイキョウ (p.231)	208	152	7	61	サカキ (p.66)	213	177	88
14	ウド (p.225)	213	186	107	62	サクランボ (p.127)	200	151	40
15	ウメ (p.121)	183	163	93	63	サザンカ (p.68)	238	165	12
16	ウワミズザクラ (p.125)	151	122	85	64	サルスベリ (p.167)	216	132	36
17	エゴノキ (p.106)	240	149	20	65	サンゴジュ (p.271)	237	224	184
18	オオイヌノフグリ (p.260)	245	241	216	66	サンショウ (p.214)	233	171	66
19	オオシマザクラ (p.130)	173	126	44	67	ジギタリス (p.262)	210	171	92
20	オオバコ (p.260)	167	176	141	68	シシウド (p.232)	229	192	107
21	オオハンゴンソウ (p.286)	252	178	18	69	シソ (p.258)	207	195	161
22	オオモミジの仲間 (p.202)	212	173	30	70	シャクナゲの一種 (p.102)	180	172	140
23	オミナエシ (p.273)	246	199	29	71	シュウカイドウ (p.88)	242	225	157
24	オランダイチゴ (p.119)	184	131	19	72	シュウメイギク (p.34)	249	228	163
25	オルニソガルム (p.310)	206	172	91	73	ショカツサイ (p.97)	239	208	92
26	ガクアジサイ (p.110)	230	210	168	74	シロザ (p.58)	241	208	47
27	カクレミノ (p.223)	220	205	156	75	シロツメクサ (p.152)	135	90	41
28	カナムグラ (p.45)	229	235	89	76	ススキ (p.300)	172	153	71
29	カモミール (p.281)	255	246	6	77	スモモ (p.123)	198	143	41
30	カラマツソウの一種 (p.33)	217	182	75	78	セイタカアワダチソウ (p.290)	229	153	3
31	カラミンサ (p.257)	207	193	173	79	セイバンモロコシ (p.300)	215	176	61
32	カワヅザクラ (p.129)	212	166	36	80	セイヨウタンポポ (p.275)	220	138	20
33	カンヒザクラ (p.128)	210	167	102	81	セツブンソウ (p.30)	207	197	184
34	キウイフルーツ雄花 (p.70)	193	179	130	82	ソメイヨシノ (p.131)	224	140	28
35	キウイフルーツ雌花 (p.70)	233	234	223	83	ソラマメ (p.158)	129	127	104
36	キキョウ (p.269)	247	247	245	84	ダイコン (p.93)	230	182	68
37	キクイモ (p.292)	245	188	9	85	タイサンボク (p.23)	209	179	102
38	キショウブ (p.313)	184	170	46	86	タケニグサ (p.39)	233	210	170
39	キダチアロエ (p.314)	238	95	48	87	タラノキ (p.224)	209	188	135
40	キヅタ (p.228)	226	178	19	88	ダンギク (p.245)	101	130	169
41	キバナコスモス (p.286)	241	149	7	89	チャノキ (p.65)	240	160	25
42	キミカン (p.211)	232	195	22	90	ツタ (p.191)	227	206	121
43	キュウリ (p.82)	217	150	21	91	ツユクサ (p.297)	253	197	36
44	キンギンボク (p.272)	154	122	23	92	ツリフネソウ (p.220)	248	233	185
45	キンシバイ (p.72)	247	168	14	93	ツルボ (p.309)	128	102	60
46	ギンバイカ (p.169)	235	195	90	94	ツワブキ (p.293)	213	151	2
47	キンミズヒキ (p.138)	241	135	27	95	ティーツリー (p.171)	238	218	183
48	クコ (p.236)	195	174	131	96	トウカエデ (p.203)	255	229	21

表2 花粉ダンゴの色のRGBデータ（続き）

No.	種名 (掲載頁)	R	G	B	No.	種名 (掲載頁)	R	G	B
97	トウガン (p.85)	231	194	43	146	ビヨウヤナギ (p.72)	250	205	139
98	トウテイラン (p.262)	238	217	164	147	ヒレアザミ (p.277)	205	137	130
99	トウネズミモチ (p.263)	204	198	114	148	ビワ (p.141)	183	156	78
100	トウモロコシ (p.301)	195	174	51	149	フジ (p.156)	101	79	61
101	トサミズキ (p.43)	211	150	35	150	ブドウの一種 (p.192)	222	214	132
102	トマト (p.238)	198	180	128	151	ブルーベリー (p.101)	176	154	103
103	ナギナタコウジュ (p.259)	229	218	185	152	ブロッコリー (p.93)	231	195	74
104	ナシ (p.132)	142	140	86	153	ヘアリーベッチ (p.151)	174	134	75
105	ナス (p.239)	234	211	151	154	ベゴニア (p.88)	235	220	146
106	ナタネの一種 (p.95)	245	201	54	155	ベニスモモ (p.122)	152	100	20
107	ナツグミ (p.164)	183	155	84	156	ベニバナ (p.284)	244	170	15
108	ナツハゼ (p.100)	196	180	124	157	ベニバナトチノキ (p.201)	127	46	34
109	ナンキンハゼ (p.187)	207	127	17	158	ベニバナボロギク (p.288)	184	141	79
110	ナンテン (p.36)	216	159	17	159	ベルガモット (p.251)	190	192	139
111	ナンテンハギ (p.161)	238	219	167	160	ボケ (p.120)	243	214	75
112	ニセアカシア (p.145)	219	185	89	161	ボタン (p.64)	218	156	50
113	ニラ (p.309)	232	187	68	162	マツバギク (p.56)	253	244	199
114	ヌルデ (p.206)	226	166	15	163	マツバボタン (p.38)	248	167	13
115	ネギ (p.305)	119	95	48	164	マツムシソウ (p.273)	178	66	74
116	ネズミモチ (p.263)	212	204	139	165	マルバハギ (p.160)	181	123	28
117	ネナシカズラ (p.241)	210	85	10	166	ミズキ (p.176)	205	177	83
118	ノイバラ (p.139)	198	134	27	167	ミズバショウ (p.296)	229	210	115
119	ノウゼンカズラ (p.267)	242	198	45	168	ミソハギ (p.167)	93	93	92
120	ノコンギク (p.293)	240	202	14	169	ミツマタ (p.168)	246	163	59
121	ハクウンボク (p.107)	236	150	10	170	ムベ (p.35)	219	202	165
122	ハコベの一種 (p.58)	131	108	50	171	ムラサキカタバミ (p.222)	194	98	27
123	ハス (p.28)	212	123	9	172	ムラサキカッコウアザミ (p.279)	237	212	169
124	ハッカ (p.255)	146	145	137	173	ムラサキケマン (p.42)	196	162	54
125	ハナウド (p.233)	232	201	110	174	ムラサキツユクサ (p.297)	255	217	32
126	ハナキリン (p.187)	211	142	25	175	モッコク (p.65)	225	199	66
127	ハナスベリヒユ (p.38)	231	101	2	176	ヤクシソウ (p.292)	252	224	15
128	ハナミズキ (p.177)	207	177	81	177	ヤグルマギク (p.279)	236	213	197
129	ハナモモ (p.124)	234	174	30	178	ヤタイヤシ (p.294)	166	141	103
130	ハボタン (p.93)	227	183	36	179	ヤツデ (p.230)	186	169	123
131	ハマダイコン (p.96)	237	188	78	180	ヤナギラン (p.175)	94	112	131
132	ハマナス (p.139)	196	157	138	181	ヤブガラシ (p.193)	156	132	53
133	バラの一種 (p.140)	232	129	22	182	ヤマハギ (p.161)	193	143	29
134	バライチゴ (p.115)	222	224	201	183	ヤマブキ (p.138)	248	191	61
135	ハルザキクリスマスローズ (p.31)	212	183	130	184	ユスラウメ (p.127)	220	164	41
136	ハルジオン (p.275)	210	150	11	185	ヨモギ (p.284)	245	227	76
137	ビービーツリー (p.217)	250	184	30	186	ラベンダー (p.248)	227	136	25
138	ヒガンザクラ (p.129)	215	158	46	187	ラベンダーセージ (p.252)	244	203	95
139	ヒサカキ (p.66)	203	203	193	188	リュウガン (p.195)	158	124	77
140	ヒナゲシ (p.41)	167	126	41	189	リンゴ (p.134)	247	219	145
141	ヒマワリ (p.282)	231	192	81	190	ルピナス (p.155)	218	109	38
142	ヒメイワダレソウ (p.244)	215	170	44	191	レイシ (p.195)	167	136	90
143	ヒメウツギ (p.111)	205	146	7	192	レンギョウ (p.265)	198	163	6
144	ヒメオドリコソウ (p.247)	180	50	16	193	レンゲ (p.148)	222	125	22
145	ヒメライラック (p.264)	219	211	140					

7 ミツバチと花粉－花粉ダンゴの色，ハチ蜜中の花粉が物語るもの 353

（2）花粉ダンゴの色の意味

■ 植物分類学上のグループと花粉色との間に関係はあるか

色データから植物の分類上の科名と色の関係を分析してみると，一目瞭然のような関係性はないものの，科としてのいくつかの特徴はあげられるように見える。

たとえばキク科の花粉は18種とサンプル数が多いが，そのほとんどが黄色系だ。一方マメ科では13種中黄色いものはレンゲくらいで，暗色のものが多い。目立つ色としてはダンギクの青，クサギやカタクリの紫，トチノキやアロエの赤，オオイヌノフグリの白などがあるが，これらは科の特徴というわけではない。

■ 風媒花と虫媒花

上記のように分類学上のグルーピングとの密接な関係性は見いだせなかったが，ではこんなに多様な色がある意味は何なのか。花の生態学的な特徴と何か関係があるのだろうか。花粉の色で経験的に感じることの一つに，昆虫などの送粉者を頼りにしない風媒花の花粉は「カラフルではない」ことがあげられる。風媒花のイネ科をはじめ，マツ科，ブナ科，カバノキ科などの花粉は，黄色の場合が多いが，これら風媒花粉の黄色はアルコールやエーテルなどの有機溶媒で洗っても落ちにくいことから，キク科など花粉表面の油に溶けているカロチノイド系の黄色とは成分も異なるのかもしれない。

もし花粉の色が直接送粉者にアピールするために進化してきたとするなら，同じ虫媒花であっても，外から見える場所に露出している花粉はカラフルで，見えない位置に隠れた花粉には色がいらないと想定される。ベル形の花の中で，外から花粉が見えない例としてカキノキの雄花，花粉が筒状の葯の中にあって見えない例としてツツジの仲間を考えてみると，確かにいずれも花粉は無色だ。隠れた花粉が無色なのには，肝心のDNAを紫外線による損傷から保護する役割が必要ないから，という理由も関係しているかもしれない。

■ 花粉が油でコーティングされている意味

多くの花粉の表面が油でコーティングされていることはよく知られている。その理由としては，（1）雨などの水分を吸って花粉の細胞が破裂してしまうのを防ぐため，（2）油のもつ粘着性で送粉者の体毛などに付着しやすくするため，そして（3）これらに加え，花はこの油の中に，「標準的であれば黄色の，あるいはさらに目立たせ，個別に覚えてもらうために特別の色素を用意した」，という三つの可能性が考えられる。虫媒花の花粉の色が有機溶媒で容易に落ちてしまうことは，これらの可能性を支持しているように思われる。たとえば291ページに示したセンダングサ（キク科）の花粉では，棘で構造的にくっつきやすくしたうえに，油分を雨よけと糊の二役に使い，さらにこの油に黄色の色素で色を付け，目立つようにしたのだと思われる。一方，花が下向きでベル形のカキノキの花粉などは，雨に当たる心配がないので疎水性とするための油は必要なく，比較的サラサラして落下しやすくしているのではないだろうか。

■ さまざまな工夫

送粉者への視認性という意味では，花粉の色に加え，バックに当たる葯の色がこれを助け，花粉の色を「強調」している場合も多い。それでも目的は十分に果たせるからだろう。なかには逆に，オオイヌノフグリのように，このバックにあたる葯は黒に近い紺色とし，花粉を真っ白としている例などもある（p.261）。ウメの花粉では稔性のあるものとそうでないものとで，紫外線を受けた場合の蛍光が異なることも知られている。ただしこの場合，ハチがどこまでそれらを認識・識別しているかは定かでない。

花粉が葯袋の中に隠されているナスでは，花粉がゲラニルアセトンという独特の匂いを発していることがわかってきた。このような植物では色の代わりに匂いで花粉の存在場所をアピールしている可能性も考えられる。あるいはツツジやマツヨイグサのように，花粉の粒を糸でつないで送粉者の体にくっつきやすくしたり（p.102の写真②，p.174），カルミアのように，色や匂いに頼らず，昆虫の訪花の物理的刺激によりバネ仕掛けで受粉できるトリックを発達させているものもある（p.102）。

■ 囮の花粉はみな黄色いのは何故？　やはり黄色は特別か

花によっては，生殖用の花粉とは別に，昆虫を誘引するための囮の花粉を用意している場合がある。たとえばサルスベリの花では花の中心部に多量の黄色い花粉を用意しているが，これらは肝心のDNAを含んでいない，すなわち生殖能力（発芽力）のない花粉であるといわれてきた。生殖用の花粉は166ページの写真に見るように，訪花昆虫の背中に付くような位置に少量用意され，色も黄色ではなく，透明かわずかに緑がかっていて目立たない。この黄色の花粉がミツバチを誘引していることは間違いないように思われる。似たような例で，もっと凝ったやり方をしているのはツユクサだ。ツユクサの花（p.297）では雄しべに花糸の長さが異なる三つのタイプが知られている。タイプ1は最も短く，花の中心位置で派手な黄色い葯を広げている3本。これが作っている花粉は実は偽花粉で，生殖能力がない。この黄色に誘われてやってきた昆虫がこの花粉を舐めている間に，前方に一番長く伸びた雄しべ（タイプ3）の地味な色の「生殖用花粉」が尻に付くという仕掛けだ。さらにツユクサは，訪花昆虫による他花

受粉がかなわなかったときの「保険」として，花が萎れるときに雄しべが巻き込まれるような動きをみせ，自家受粉が成立するようになっているのだからすごい。

このような囮の花粉がみな黄色いことは，黄色が一番一般的であることと関係がありそうだ。昆虫は原則的に花粉は黄色いということを生得的に知っているのかもしれない。

（3）花粉ダンゴは飛びながら作る

花粉を集めようとしている働きバチは，まず体中を被っている毛に花粉を付着させる。ボリジのように葯が下を向いていたり，ツリフネソウやキリのように葯がドーム状の花の天井部にある場合は，これにぶら下がって雄しべをもむようにして体に花粉を受ける (p.221, 261)。ヒナゲシのように花が皿状になっている場合は，その中を転げ回るようにして，全身に花粉をまぶす (p.41)。次いで前，中，後の3対の肢のそれぞれに発達した「花粉ブラシ」(図39) で，これらの花粉を絡め取る。基本的に前肢では頭部に付いた花粉を，中肢では胸のものを，後肢では腹部に付着したものを集める。粉状の花粉を落とさないようにするには，必要に応じ口から少量の蜜を吐き出し，ブラシを湿してから集める (図20)。花粉を集めに行くハチは，巣を出るときにそのための蜜を余分に (飛行燃料用の蜜に加えて) 持って出ていることも，最近の著者らの研究で明らかになっている。

各肢のブラシで集められた花粉は，最終的に後肢内側のブラシにまとめられ，「花粉圧縮器」と呼ばれる特別な装置を通過し，同じ肢の脛節外側にある「花粉バスケット」内に送られる (図21)。カールした長毛に囲まれたバスケットの床はツルツルで滑りやすく，中央付近にはダンゴの支柱となる1本の特別な毛 (シングルヘアー) が用意されている。蜜によってこねられた花粉が，花粉圧縮器からバスケット内に滑りこんでいくと，バスケット内では緩い回転がかかるような構造になっており，カールした毛の籠の中にダンゴが成長していく (図22, p.11の写真⑨)。必要に応じて中肢で外側からピタペタと叩くようにして，形を整える行動も見られる (p.282, 285)。これら一連の行動は普通，花から花へ移動する飛行中に，空中でホバリングしながら行われる。

中肢には，巣に戻ったときに花粉ダンゴを巣房内に荷下ろしするための専用の剛毛も用意されている (図23)。

（4）花粉写真の撮り方

花粉を写真撮影するには顕微鏡を使わなければならないが，方法により一長一短があるので，それについて比較しておこう。

(1) 光学顕微鏡による通常の透過光像

利点は手軽に観察できる点。難点は焦点深度が浅いこと。

(2) 断層撮影からの合成像

花粉の表面から深いところまで何枚かの写真を撮り，ピントの合っているところだけをコンピュータ上で合成するもの。手間がかかるが，(1)の難点をある程度カバーできる。合成過程を図24に示した。

(3) 暗視野 (落斜照明) 像

側方から照明し，黒バックとして観察することにより，色情報を表現することができる (p.245, 291)。ただし目的物の周辺部に多少のフレアが出てしまう。

(4) 走査型電子顕微鏡像

圧倒的な高倍率と焦点深度の深さで細部の構造を観察できる点はすばらしい。ただし色情報は取り出せない。また水分も含まない真空中で観察するため，花粉の形をハチ蜜の中にあるときのような膨潤状態のまま観察することは難しい (p.383の「テクニカルノート」も参照)。

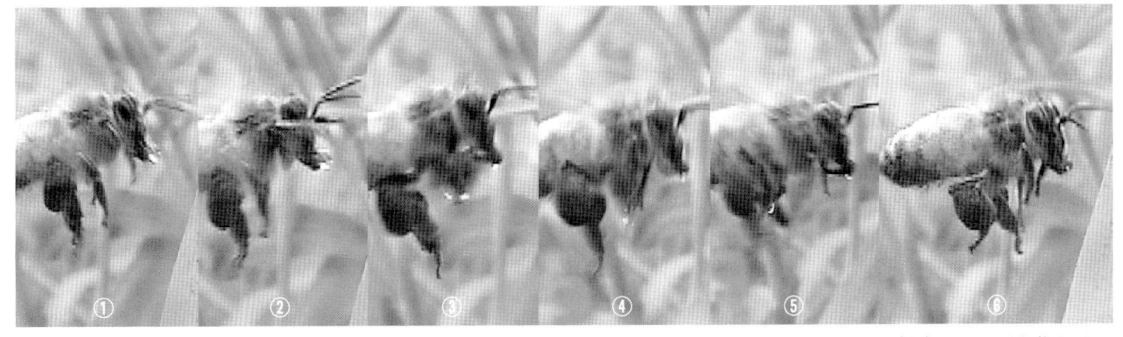

図20 空中での花粉ダンゴ作り行動の連続写真　ここでは観察のため，花粉の代わりにクロレラの粉末でダンゴを作らせている。① あらかじめ用意してきた蜜を口から少量吐き出す。② 前肢のブラシ部分でその蜜をすくいとり，③，④，⑤ 中肢のブラシを経由して後肢の花粉圧縮器，花粉バスケットへと運ぶ。⑥ 一段落したところ。(さらに新しい花粉を加えてダンゴを大きくする場合には，また断続的に蜜を吐き出す過程が繰り返される)

(5) ハチ蜜中の花粉分析

ハチ蜜中の花粉を分析して蜜源植物を推定する方法について述べる。通常の方法で採蜜したハチ蜜中には、たとえば「レンゲ蜜」の場合、1g (茶さじ1杯がおよそ7g) 中におよそ1万個もの花粉が入っている。そこには、その他の蜜源植物の花粉も混じってくるので、その花粉の組成を調べることによって、蜜源花が何であったかが推定できるはずだ。

これをDNA分析からできないかという、まったく新しい方法も試みてはいるが、ここではオーソドックスな顕微鏡による方法の要点を記す。

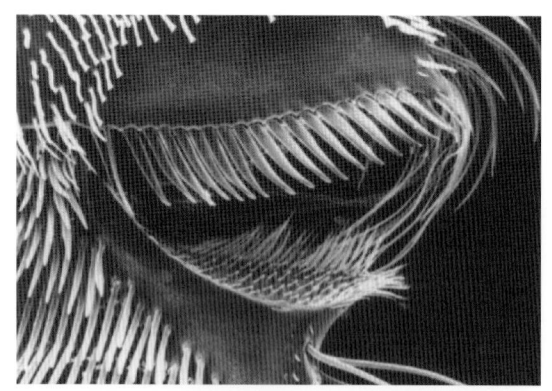

(1) ハチ蜜からの花粉の分離

一定量の試料ハチ蜜を測りとり、水で薄めて、孔径 $8\,\mu m$ の孔が空いた膜状のフィルターで濾し取る。花粉はこの孔よりは大きいので、花粉だけが一定面積のフィルター上にランダムに分布して残る。

(2) 染色と定量的な顕鏡

これをゲンチアナバイオレット (リンドウから採った紫色の色素) で染め、濾過時の一定面積の中から何カ所かについて、特定の倍率 (たとえば400倍) で観察、計数する。

(3) 花粉の同定と評価

視野ごとに何の花粉が何個あったかを記録し、これを総合して試料ハチ蜜中の花粉スペクトルを得る。ただし、花粉の大きさと形状というごく限られた情報で、何が入っているかわからない植物の種を言い当てることは、相当の訓練をした者でなければ難しい。参照すべき標準プレパラートか、花粉図鑑のようなデータが必要となる。

ここで、この方法の信頼度にかかわる要因についても述べておくべきであろう。自分で採蜜したハチ蜜でも

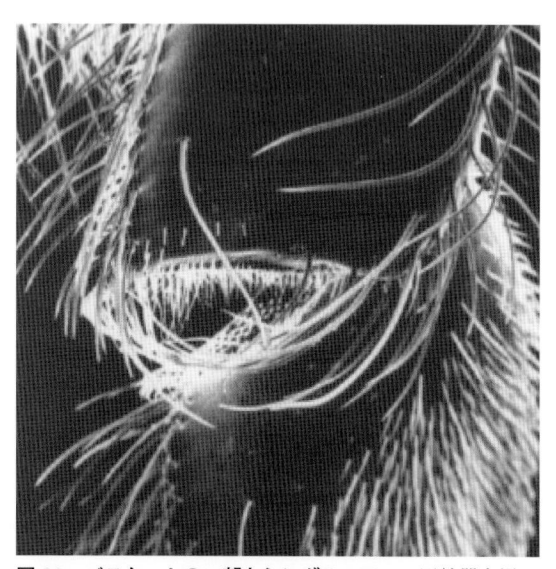

図21　後肢にある花粉圧縮器の走査電子顕微鏡写真　体中から集められた花粉は、最終的にこの装置を通って外側の花粉バスケットの中に、せり上がるようにして貯められていく。圧縮器の天井部分は鏡のようにつるつる、逆に床は外側に向かった細かい棘が密生していて、圧縮された花粉は外側に押し出される。そのままこぼれずに上部のバスケット内に入るには、上方にカールした保持毛の役割が欠かせない。この写真では、写真手前側から外側へ押し出される (佐々木, 1999 より)

図22　バスケットの一部とシングルヘアー　圧縮器を通った花粉はこのバスケット内で大きなダンゴへと成長する。その中心となるのが、写真少し左側に1本だけ生えているシングルヘアー。周りからのカールした長毛もダンゴを支える形になる (佐々木, 1999 より)

図23　バスケットから花粉ダンゴを外すための専用剛毛　このヘラ (道具) ともいえる剛毛は中肢の第一跗節にある。まず荷下ろしをすべき巣房内に後肢を入れ、次いで中肢のこの剛毛でこそげるようにしてダンゴを外す。外されたダンゴはすぐにパッキング係の別のハチが来て、頭で圧して層状に固めていく (佐々木, 1999 より)

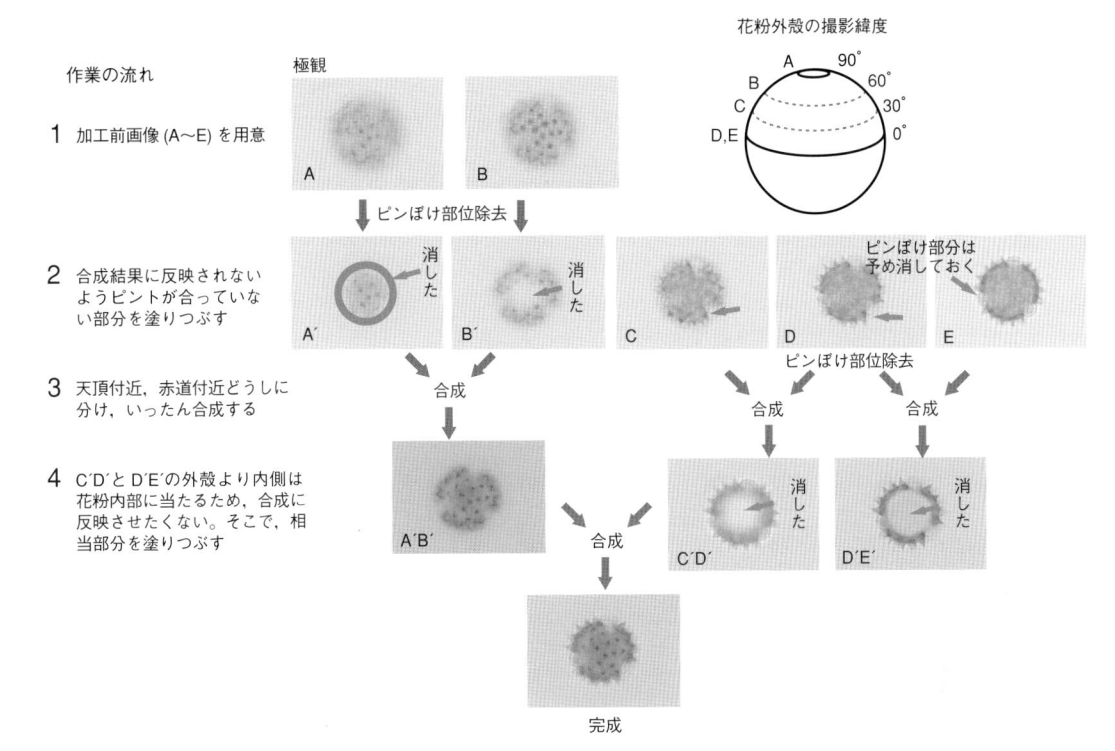

図24 光学顕微鏡による花粉写真の合成手法 最近では走査型電子顕微鏡がかなり使いやすくなり，それらによる花粉形態の書籍も増えてきたが，まだ光学顕微鏡が一般的であることも事実なので，その欠点である焦点深度の浅さを補うためにコンピュータの機能を使った試みをしてみた．上層から順次ピントの位置を下げていって，それを即合成してみたが，結果は好ましくなく，少し手のかかる方法になってしまったが，一つの考え方ではあると思われる

ショップで購入したものでも，最終的な花粉の構成スペクトルができ上がるまでには，花粉が増減するいくつかの過程があるので，慎重な評価を下すにはこのことを踏まえておいたほうがよい．それらの過程は以下のとおりである (加わる過程を＋, 減る過程を－で示す).

- **花上での自然混入**
  まず花が咲いている自然状態で，花蜜中に花粉が混じる場合があろう (＋)
- **ハチの訪花・採集行動，帰巣中に**
  花蜜を吸って，蜜胃にためて帰巣する間に一部の花粉が前胃弁で濾し取られる (－)
- **貯蜜されるまでの過程で**
  巣内で水分が取り除かれ，ハチ蜜として熟成していく過程で，複数のハチに受け渡される間，花粉の混入と除去が想定される (＋, －)
- **採蜜，瓶詰めの過程で**
  蜜蓋の切り取りや遠心分離の過程で，巣内の貯蔵花粉の一部が混入 (＋).
  そのまま瓶詰めにされれば，これで終わりだが，もしも他の蜜とブレンドされたり，特殊な方法で濾過されたりすれば，そこでも増減がありうる (＋, －)

さらに，「花粉の組成＝蜜源花の組成」とはいかない場合があることも知っておかなければならない．「レンゲ蜜」の場合はレンゲの花粉が90％だった場合に，90％程度純粋な「レンゲ蜜」だとして問題はないが，たとえば「ウンシュウミカン蜜」の場合はそうはいかない．それはもともとこのミカンの花粉量が少ないからで，検査した花粉の組成 (10～20％) をそのまま信じれば，「ミカン蜜」の割合を過小評価してしまう．したがってこうした蜜源については，あらかじめそのような性質を知っておく必要がある．ミカンのほか，ニセアカシア，シナノキ，ムラサキウマゴヤシなども花粉粒数の優先度が低いことが知られている (いずれも20～30％程度).

こうしてみると結構大変で，誰にでもできるというわけにはいかないが，ハチ蜜の蜜源を特定するために，一定の信頼度で客観的なデータを与えてくれる貴重な情報源になる．

8
ミツバチが訪れる花はどうやって決まるのか
― 活動範囲，記憶能力と情報システム

　前章で「純粋なレンゲ蜜を得るには広大なレンゲ畑が必要」とした。ミツバチには特定の花に通う「限定訪花性」があり，多様な花が咲いていても特定の花の蜜だけを集めるから単花ハチ蜜を採ることができる，との意見もあるが，現実にはなかなかそうはいかない。ではミツバチは訪花する花をどうやって決めているのだろうか。

（1）何処まで飛ぶのか―ミツバチの行動半径は

　働きバチ1匹の体重は約80mg。そんな小さなミツバチは，巣箱からどのくらいまでを活動圏としているのだろうか。コーネル大学のSeeley博士のニューヨーク州の森での研究によれば，10kmまでは飛ぶという。しかしこれは，後述するように花があまりない場合のことで，私たちの調査(東京郊外の玉川大学)では，セイヨウミツバチ，ニホンミツバチともに，半径2～4kmという結果である(図25，図26)。これはガラスの観察巣箱を使って採餌ダンスを解読し，「逆探知の原理」で求めた値である。ミツバチにとっての4kmは，体重が50万倍ということで仮にヒトに換算すれば，何と200万kmという途方もない距離に相当する。

　1995年，私たちが東京の都心部で行った調査の結果を紹介しておこう。調査地は新宿御苑に近い信濃町で，惜しくも今はなくなってしまったが，30年間にわたり常時20群のミツバチを飼い続けてきた由緒ある養蜂場である。そこで1年間にわたりダンスの観察を続け，その距離と方角から解読された訪花場所を地図上にマッピングしていった。その一例が図27である。コンクリートジャングルのようなビル街の中を，ミツバチが花を求めてかなりの距離まで飛んでいっていることがよくわかる。しかも，数値をあげることは控えるが，そこでは通常の養蜂家の平均的な採蜜量をはるかに上回る蜜が採れていたのである。

　この事実から，1995年当時，私たちの研究成果を報道しようとしたNHKの担当ディレクターは，東京の花事情は案外良い，あるいは結構自然が残っているとの解釈で，

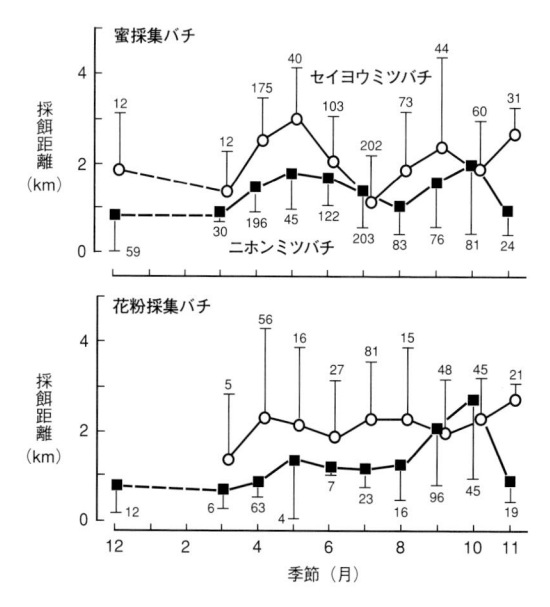

図25　ダンスの逆探知から解読した2種ミツバチの採餌距離の季節推移　同一蜂場内で，同一の時間帯に比較した。縦棒は標準偏差，数値は観察個体数。2種ともに季節により採餌範囲が変動していることがわかる（佐々木ら，1993より）

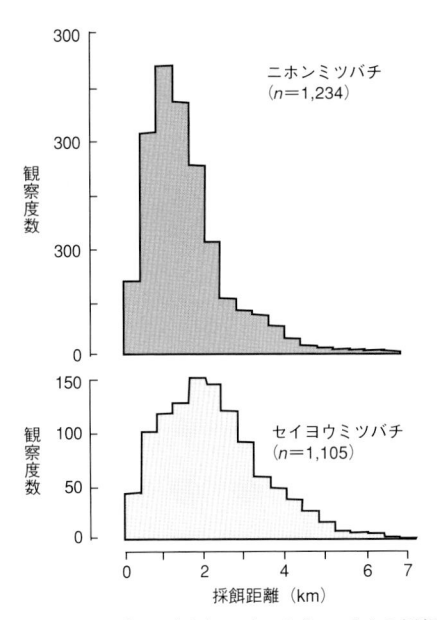

図26 ニホンミツバチとセイヨウミツバチの採餌距離の比較 こちらは春から秋までのいろいろな時期，時間帯のデータをすべてまとめてプロットしてある。セイヨウミツバチが2kmくらいを中心に4～5kmくらいまで飛んで行っているのに対し，ニホンミツバチの行動範囲は少し狭い傾向がある (佐々木ら, 1993より)

「都心はミツバチにとってのオアシス」，あるいはこの豊かな採蜜量が「自然度のバロメーターになる」といったタイトルを付けようとした。これはお断りしたのだが，理由はこの状況が，実は厳しい現実を物語っていると感じたからであった。どういうことかというと，想像をこえる大量の蜜が採れることから，相当量の花があることは間違いない。しかし本当に豊かな自然であれば，それらの花々の蜜や花粉は，チョウやアブなど多くの種類の昆虫たちが「共有」すべき資源なのだ。つまり東京の街の現実が，花はあれども，本来であればミツバチと競合するはずのそれら多様な昆虫たちがいない，「寒々しい環境」であることの反映だと思われたからである。

(2) どのくらいの数の花を訪れるのか

ミツバチは採餌飛行から巣に戻るとき，蜜で20～40mg (表3)，花粉ダンゴなら15～25mg程度を持ち帰る。これは蜜の場合で自分の体重の半分に近い量だ。

一方，花にある花蜜の量はというと，種類によって (また報告によっても) 大きく異なるが，1日当たりおおよそレンゲで1mg，ニセアカシアで1.5～4mg程度と報告されている。セイタカアワダチソウなどでは測定不能なほど少ない。これらの値は1日の分泌量であり，ハチが訪花したときに一度に集められる量となれば，現実には既に他のハチが訪れて蜜が持ち去られてしまい，ほとんど溜まっていない花も多いから，その数10分の1規模となろう。そこで1回の訪花で1日の分泌量の1/10相当量を集められると仮定すると，ハチが30mgを集めるまでに訪れる花の数は，レンゲの場合で300花程度となる。これを1日に10回 (条件のよいときで，出かけるのはこの程度) 採餌に出かけたとすると，働きバチ1匹が1日に訪れるレンゲの花の数は3,000花程度。そこからできるハチ蜜の量は濃縮率が2倍として約1.5g。小さじ一杯のハチ蜜は約7gなので，これを集めるのにはレンゲの花にして約14,000花，働きバチ1匹でいうなら，5日間かけて延べ50回近い採餌飛行が必要ということになる。

また，これを集めるための飛行距離は，レンゲ畑までの距離が仮に1kmだとすると，往復分だけ (花から花への飛行分は無視) でもおよそ1,000km。しかもその飛行を果たすために，飛行燃料用に蜜を1g相当消費している計算となる。この計算根拠はミツバチが1mgの糖で2km飛べるからで，ちなみに紅茶やコーヒーのためのスティック状の袋に入っている3gの砂糖では，6,000km (北海道から九州南端までが3,700km) 飛べる計算になる。いずれにしてもハチ蜜が，いかに多くの花から，またミツバチの多大な労働のうえに集められる貴重なものであるかが実感される数字であろう。

表3 ニホンミツバチとセイヨウミツバチの体重および蜜胃内の蜜の量

重さ (mg)	ニホンミツバチ			セイヨウミツバチ		
	出巣バチ (n = 58)	帰巣バチ[*1] (n = 68)	帰－出 (差)	出巣バチ (n = 44)	帰巣バチ[*1] (n = 69)	帰－出 (差)
見かけの体重[*2]	75.4 ± 6.0	108.2 ± 15.5	+ 32.8	86.1 ± 10.1	118.0 ± 16.4	+ 31.9
ミツバチ自身の重さの推定値	71.3 ± 5.2	69.9 ± 6.2		80.9 ± 7.5	78.0 ± 5.8	
蜜胃内容物量	4.1 ± 3.5	38.3 ± 13.5		5.2 ± 6.3	40.0 ± 15.2	

*1 採餌に失敗したと思われる帰巣バチはデータから除いてある。
*2 ミツバチ自身の重さ (真の体重) に，蜜胃内の蜜と糞の重さが加わったもの。
*3 出巣バチの蜜胃蜜の糖濃度は40～50%程度であったので，1mgの糖で2km飛べるとすると，6kmを飛べる程度の燃料蜜をもって出巣していることになる (今井, 1991より改変)。

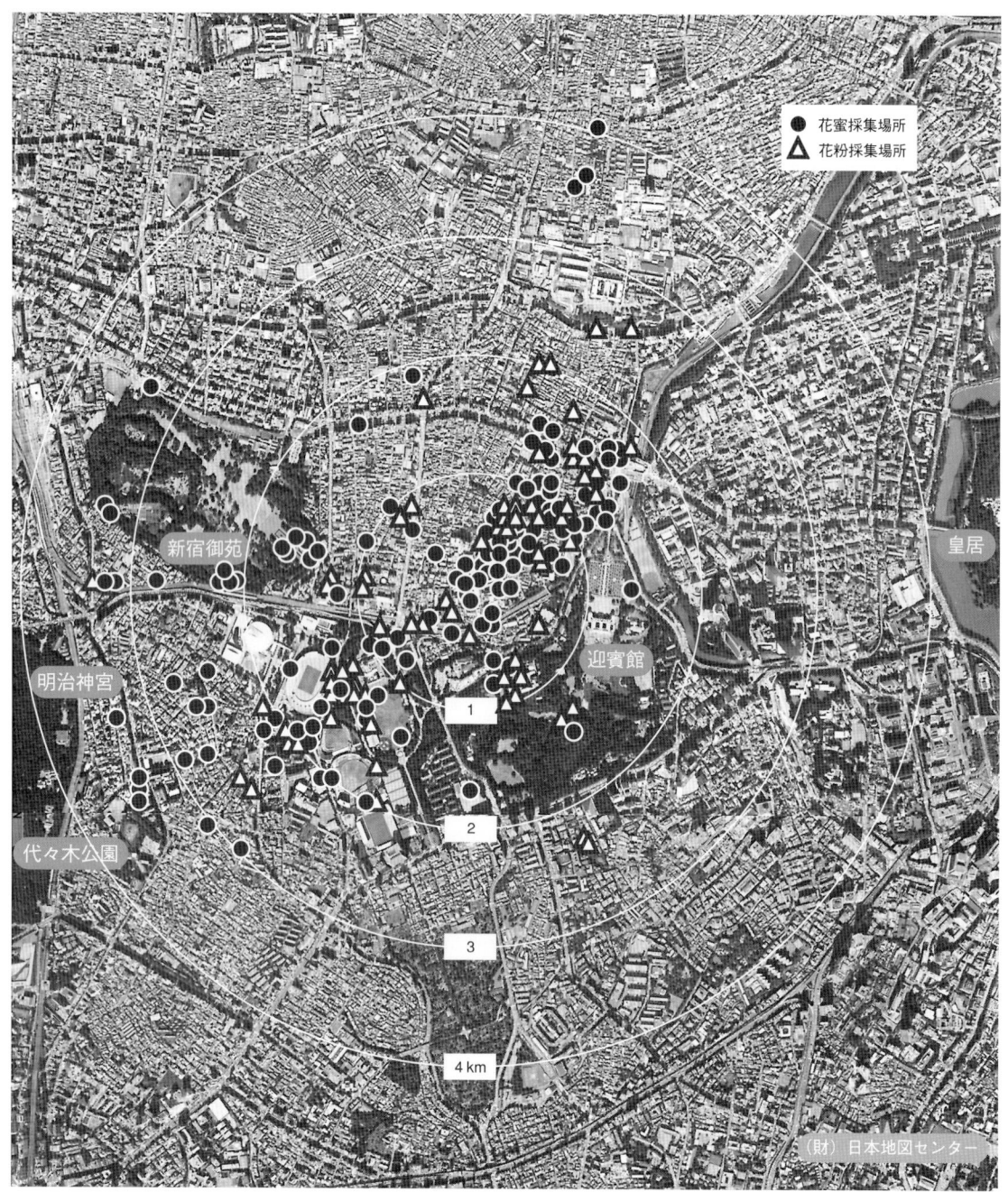

図27 ダンスの逆探知から調べた都心での秋の採餌圏の一例 東京都心の信濃町近くの蜂場にガラスの観察巣箱を設置し，1995年に調査した一例。予想と違って，新宿御苑などの大きな緑地にはあまり行かず，周辺の民家などの花によく通っている実態がわかった。それにしてもコンクリートのビル群の中を3〜4kmも飛ぶのには驚かされる。1995年9月〜11月の3日間の記録から作図 (市川, 1995 卒論より)

(3) 何度も同じ花に通える優れた記憶能力

良い蜜源を見つけた働きバチは，通常その花が蜜を出している限り何度も通い続ける．それには花までの飛行経路や花の色などを記憶している必要がある．この記憶能力にはすごいものがあるが，その基本となるのが「連合学習」能力だ．

イヌに肉を食べさせるときにベルの音を聴かせると，やがてベルの音だけで唾液を出すようになることを証明した「パブロフの犬」の実験は有名だ．これが連合学習の原理で，ミツバチの学習もまさにこれと同じ．たとえば，腹を空かせた固定ミツバチにバニラの香り (熱帯のランの香りで普段嗅ぐことはない) を嗅がせ，直後に砂糖水を1滴飲ませる．するとほとんどのハチは1回で，バニラの匂いと砂糖水の関係を覚え，匂いを嗅がせただけで口吻を伸ばし，砂糖水をねだるようになる (図28)．

ずいぶん頭がいいと感心させられるが，この限りではいわゆる「短期記憶」であって，数時間後には忘れてしまう．ところがこのトレーニング (学習) を，10分以上間隔をあけて3回以上繰り返せば，「長期記憶」となって定着し，数日，場合によっては一生涯覚えているのである．これらミツバチのすばらしい脳の機能については本書の目的ではないので，詳しくは巻末の「主な参考書」の佐々木 (2005, 2008, 2009) を参照していただきたい．ここではこの記憶・学習能力を可能にしている，集積回路のように美しい脳の切片像をあげておくにとどめよう (図29)．

(4) 花の何を覚えるのか

この連合学習の原理で，花の何を覚えるのかというと，香りのほか，色，形，蜜や花粉の報酬が得られた時刻などを覚える (図30)．

これらは独立に覚えることもできるが，実際にはこれらを組み合わせとして覚えていることもわかっている．このことを証明したGouldの実験結果を紹介しておこう．実験設定は，図31に見るように，同じ場所で，4日間，毎日午前9～10時までの1時間はハッカの香りがする青い三角形の餌皿に，10～11時までの1時間はレモンの香りがする黄色くて丸い餌皿に，砂糖水を入れてミツバチを通わせる．

5日目はテストとし，9時からトレーニングに使った両方の餌皿を置き，両方ともに砂糖水を入れた状態でハチの来訪を観察した．すると，テスト当日はいずれの皿にも砂糖水があるにもかかわらず，図にあるとおり，10時まではハッカの香りの青い三角皿に，10時を過ぎると今度はレモンの香りの黄色い丸皿に来たのである．このことから，ハチは時刻感覚を含む複数の要因を組み合わせて記憶し，効率的な採餌を行っていることがわかる．

(5) ランドマークや距離・方角も記憶する

ハチが初めて訪れた花から帰るときの行動を観察すると，初めは小さく，次に大きく，必ず2～3回花の上を旋回してから巣箱のほうに飛んで行く．ハチはこの行動

図28 匂いの連合学習実験の方法 固定して空腹状態のミツバチの触角に試験用の香りを吹きかけ，直後に左のように報酬の砂糖水を与える．すると1～3回くらいで，右のように匂い(条件刺激)だけで口吻を伸ばすようになる．この固定法は一般的な形ではないが，著者らの研究室ではこのようにして蜜胃の中の残存蜜の量を正確に制御し，精度の高い学習検定を可能にしている

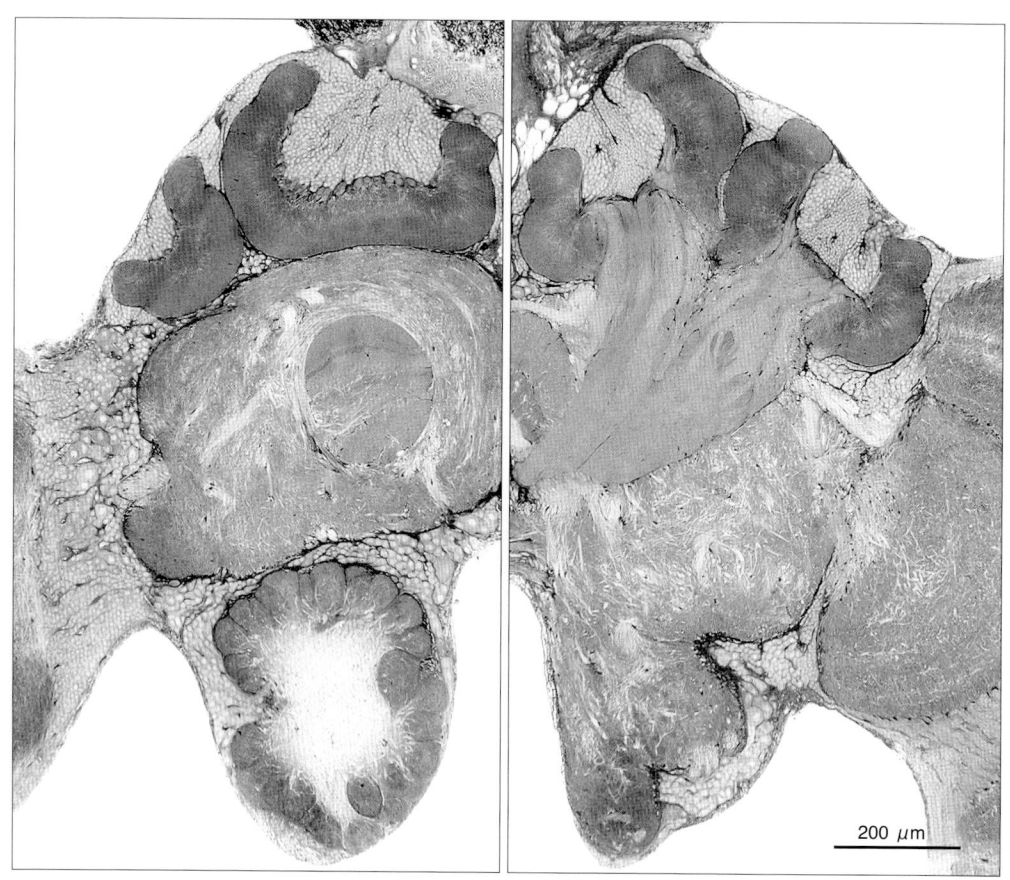

図 29 セイヨウミツバチの働きバチの脳キノコ体付近の切片像 この切片は正確な計測用に，電子顕微鏡用の方法に準じて樹脂に封じこめたものを切っている．左は顔の正面から見て浅いところの例で，下部の突出部は触角からの嗅覚情報の第一次情報処理を行う糸球体の集まり，右はもっと深い位置の切片．双子のキノコのように見えるのが記憶などの高次の中枢であるキノコ体で，左右それぞれ15万個の神経細胞（ケニオン細胞）とそのニューロンからなっている

図 30 花を訪れるミツバチが記憶する事項 たった100万個しかない脳神経細胞（ヒトでは1,000億個）だが，その記憶力は驚異的で，こんなにいろいろなことを同時に記憶し，能率的な採餌活動に役立てている

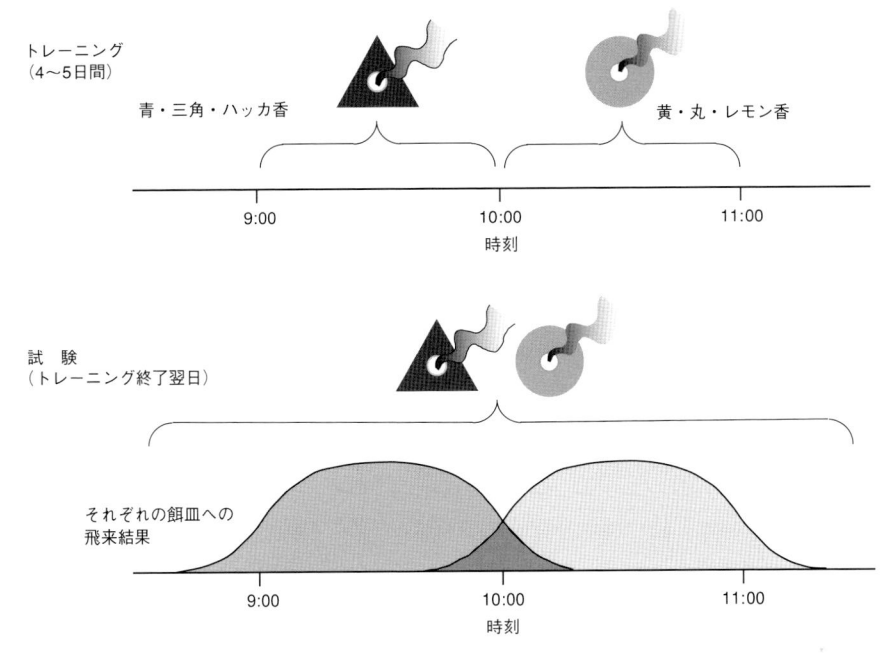

図31 多数の条件の組み合わせが覚えられることを証明したGouldの実験のデザインと結果　説明については本文参照 (Gould and Gould, 1988 より)

で，近くの目印 (ランドマーク) を記憶しているのだ。このようにハチは目的地の花にかかわるいろいろなことを記憶して帰るが，花までの距離と方角は最も重要だ。このうち，距離の認識がどのようになされているのかが，最近になって解明された。これまでも飛行時間説，疲労の程度説，消費した燃料の量モニター説などがあがっていたが，いずれも決定的な証拠がなかった。いくつかの実験的証拠に基づいて，ほぼ確実と考えられるに至ったのは，「飛行中の景色の流れを脳の中で積算して距離情報としている」という驚くべき方法である。私たちが電車の車窓から見る風景は，近くはどんどん，離れた景色はゆっくりと流れていく。この原理から考えると，ハチが採用した方法では，たとえば飛行高度が低くなれば長距離を飛んだように錯覚してしまい，目的地までの絶対的な距離の把握は難しいように思われる。実際そのとおりなのだが，そこはうまくしたもので，たとえば山の斜面を登るように飛んでいくときや，向かい風のときは，飛行高度が低くなり，距離を過大評価してしまう。しかし自分がもう一度飛んでいくにしても，仲間から距離情報を教えてもらって飛んでいくにしても，同じような状況下であれば目的地には着けるわけで，私たちのように「何キロメートルなのか」という絶対的な距離の数値認識はなくても，十分に用が足りるのである。方角については次項で述べる。

（6） ダンス言語 – 良いと評価した花へ仲間を誘導するシステム

　ミツバチの「ダンス言語」の研究は，ドイツのFrisch博士がノーベル賞を受賞したことから (1973)，あまりにも有名である。マルハナバチやハリナシバチでも採餌に駆り立てるような音や匂いの情報発信はあるが，採餌場所やその質までを伝えることはできない。ミツバチだけが，採餌場所までの距離と方角をコード化して伝えるシステムを進化させたのだ。しかもミツバチは，このシステムを，時と場合により，水やプロポリス源，さらには営巣場所の伝達にまでも応用する。さらにニホンミツバチの場合，いったん定量化させた距離情報システムを再び脱定量化し，「すごく遠く」に相当するスローダンスで，コロニー全メンバーによる「引っ越し」の動機づけにも使っている。

　このダンス言語の基本システムはこうだ。まず巣箱から花までの距離の情報が，垂直にぶら下がった巣板面上での8の字ダンスのなかで，1kmを約1秒の音 (背上に畳んだ翅の微小な上下動から作られる250Hzの振動波) の長さに変換して表現される (図32，図33)。方角の情報は，巣箱から見た蜜源花の方向と太陽方向とのなす水平面上の角度がいったん記憶され，これが垂直方向とダンス中の尻振り走行時のハチの進む方向とのなす角度に変

換されて表現される。一方，情報の受け取り手は，ダンスに追従しながら，この距離と方角の情報を触角で読み取り，目的地に向かって飛び立つ。音の長さとして認識・記憶した距離情報は，目的地に向かう飛行中にデコーディングされ，実際の距離情報に再変換される。

さらに最近の私たちの研究から，これらの採餌飛行の際，ダンスにより情報表現された距離の認識に見合った量の燃料蜜を積載して出ていくこと，また，初めての場所へ情報のみによって飛んでいく場合，この積載量を3〜4倍にして，迷子にならないよう対処していることもわかってきつつある。このことはミツバチが「先読み」ができること，つまり計画的に行動できることを明示している。

（7）評価の三要素は「質・量・距離」

ここで注意したいのは，ダンスによる伝達システムを使うのは，採餌バチがほんとうに良い蜜(花粉源)を見つけたと認識(評価)した場合だけで，花から帰ったハチがいつも踊るわけではないことだ。では彼らは何をもとに花を評価しているのかというと，蜜源の質，量，それに蜜源までの距離の三つだ。

質で一番効いてくるのは糖濃度で，単純に濃い(甘い)かどうか。たとえばナシの花蜜は水分が多く，どうしても評価は低くなる。もちろん香りや栄養成分，たとえばアミノ酸の一種プロリンの濃度なども関係する。

量については単純に蜜の量。この場合花1個当たりの量というよりは，一帯に咲いている同一種の花の蜜の総量。カボチャのように1花当たりの蜜量が多いものはもちろん好まれるが，セイタカアワダチソウのように1花当たりの蜜は少なくても，たくさんまとまって咲いていれば評価は低くならない。ただ，ハコベやカタバミのようにとても小さくて蜜の量が少ない花は，やはり敬遠しがちになる。

3番目の距離も重要な要因で，近いほうが評価が高い。質と距離はトレードオフの関係になる場合が多い(詳しくはSeeley博士の名著『ミツバチの知恵(日本語訳版あり)』を参照)。

（8）どうすれば純度の高い「単花ハチ蜜」が採れるのか

ミツバチを，たとえばレンゲだけに行かせ，レンゲの単花ハチ蜜を採ることは可能なのだろうか。ミツバチは良い蜜源へ仲間を大量動員するシステムをもっており，花の評価基準が三つあることは前項で述べた。すなわちそのリクルートシステムがしっかり稼動するような条件を満たせるか否かが鍵となる。

三つの基準のうち，第一の「質」は，蜜源の種類によってほぼ決まっており，レンゲはこれを満たしている。

図32 ミツバチのダンス(花の方角を伝えるための方法)　説明については本文参照

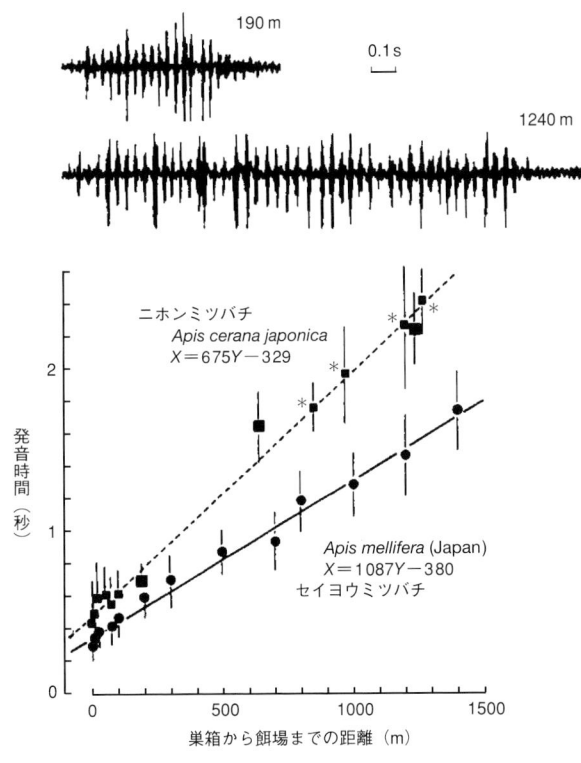

図33 2種ミツバチの距離情報を伝えるためのコード　8の字を描きながらの尻振りダンスのうち，方角を示す部分で250Hzの音を出し，その発音時間(秒)が距離を示すコードとなっている．採餌距離の違いを反映して，2種のコードには違いがあり，ニホンミツバチのほうが同じ秒数をより短い距離に振り当てている(佐々木ら，1993より)

したがって効いてくるのは，第二の「量」と第三の「距離」．つまり巣箱の近くに，いかに広いレンゲ畑が確保されているかが重要，ということになる．

ミツバチはレンゲが大好きだから，遠くたって行くのではないか，との点は微妙だ．なぜかというと，遠いと燃費がかさんでしまうからで，これはエネルギー効率を重視するミツバチにとっては大きなマイナス要因となる．花がなければ仕方なく10kmも離れた花でも訪れる．しかしその場合，往復20km分(実際には花から花への飛行があるから距離はもっと延びる)の飛行燃料だけで，20mgの蜜(水を含まない純粋の糖の量にして10mg)を使ってしまい，「骨折り損のくたびれ儲け」になることをちゃんと知っているのだ．したがって少しくらい質や量が劣る蜜源でも，近くにあれば「総合評価」としてはそのほうが勝るとの判断になる．そして実際そうした「競合する」花には事欠かないのがむしろ普通だ．

純度の高い「レンゲ蜜」を得るには養蜂家側の配慮も欠かせない．その第一はレンゲ畑の大きさ(厳密には分泌される花蜜の総量)に対し，適正規模の蜂群数を配しているかである．これが多すぎれば巣箱間で競合が起こり，ハチは目の前のレンゲ畑以外のところに蜜源を求めざるをえなくなる．加えて採蜜のタイミングもきわめて大切だ．レンゲの開花直前に，それまでにためていた蜜を搾っておかなければならないし，レンゲが終わって次の花の蜜が入ってしまってからでは遅いのも言うまでもない．純度の高い単花ハチ蜜の採蜜が容易でない理由がおわかりいただけたのではないかと思う．

日本でアカシア(ニセアカシア)のハチ蜜が最も重要とされ，現実に純度が高く，採蜜量も多いのには，この最後のタイミングの要素も大きい．それは越冬明けのコロニーが春の花々で新しい働きバチをたくさん羽化させ，群勢を増し，ちょうど本格的な採蜜が可能な準備が整った絶妙なタイミングで，まとまって咲いてくれる花だからといえる．たとえばサクラ類も，実は「サクラ蜜」が採れるくらいの量の蜜を供給してくれているし，採れば独特の香りの逸品なのだが，そのころはまだ蜂群を育てることに回さなければならず，搾ってしまっては影響が大きすぎるといったタイミングなのだ．

9 純粋，自然のハチ蜜とは何なのか −季節や場所による違いを楽しむ

ハチ蜜ほど自然のままのものを手を加えずに楽しむものはない。殺菌処理もしていないし，保存のための薬物も入れない。瓶詰め作業を衛生的な環境下で行うことは当然であるが，そもそものミツバチの巣箱は自然の森や林の中に置いてあり，ミツバチたちが自身で衛生管理しているのを信じて，そこにためられた蜜を搾り取る。これがアメリカやオーストラリアであれば工場で採蜜するために熱をかける場合が多いが，ヨーロッパや日本では基本的に手作業で採蜜するので，それもない。ハチ蜜中の酵素類は失活していないし，高濃度の糖環境にも耐える酵母菌の一部などの微生物も生きている。だからこそ薄めて適切な温度管理をするだけで，酵母菌を加える必要もなくハチ蜜酒 (ミード) にもなるのである。

日本では一般に，「純粋レンゲ」や「純粋アカシア」などと銘打たれた「単花ハチ蜜」が高級品とされ，多様な種類の花から採れた「百花蜜」は二級品扱いをされる。値段も大きく異なる。しかし，「自然の恵みをそのままに味わう」ことがハチ蜜の楽しみ方の極意であるとすれば，これはちょっと残念な状況だとはいえないだろうか。なぜなら，樹の花にせよ，草本類の花にせよ，ほんとうに自然度の高い豊かな森や野では，多様な種類が混じっているものだからである。純粋な「レンゲ蜜」を得ようとすれば広大なレンゲ畑が必要で，そのような状況を実現しようとすればするほど，人為的な管理が増え，「自然度が下がってしまう」ことを認識したい。ともすれば，見渡す限りの水田の風景や，スギの純林を眺めて，これを自然度が高いと思いがちだが，これは人為的な管理が行き届いた結果であって，実は「不自然」な光景なのだ。

広大なレンゲ畑での採蜜は，いわば「栽培ハチ蜜」の方向である。間違っているとはいわないが，「もう一つの理想の形」もあるように思えてならない。地域や季節を限定した，それぞれに特徴が光るハチ蜜があって，そんな多様な選択肢のなかから，各人が気に入ったものを選ぶ，という形だ。そのためには養蜂家が，それぞれの地域，その年，その時期の蜜源花の「リアルタイムでの開花状況」を正確に把握していなければならない。気にすべきはレンゲやニセアカシア，トチノキといった名の知れた主要蜜源の状況に加え，その時々に自分のハチたちが通い，集めてきている蜜や花粉源の実態である。季節の花の推移を受け，巣箱の中で刻々と変化していく貯蜜動態のなかから，地域や季節の「特徴あるハチ蜜」を確保できるような適切なタイミングで，計画的な採蜜を目ざす。これは養蜂家にとっても新たなチャレンジであり，新たな楽しみも生まれるに違いない。このことはハチ蜜の「地産地消」的考え方とも通じる。いつも同じ品質のものが採れるとは限らないことを受け入れ，「今年のあそこの蜜の出来栄えは？」と期待すれば，それだけ自然との距離が近くなる幸せ感を味わうことができる，というものだ。

このような兆しは，実はすでに広がりつつある。セイヨウミツバチの蜜でも，とくに少し標高の高い産地発で「○○高原のハチ蜜」などとしている例がそれである。またニホンミツバチのハチ蜜が，ローカルな流通から全国ネットでも販売されるようになってきている状況もある。ニホンミツバチはセイヨウミツバチと違って深山でも生活していけるハチであり，自然のままの山の恵み (蜜源が多様)，ということになる。採蜜もそう何度もできるものではないので，花の種類ではなく，自然に産地名を冠することになる。「ニホンミツバチ蜜」の人気が高まっていることは，ハチ蜜の自然志向が浸透しつつあることの反映とみることができよう。

QRコードやICチップで正確な産地，採蜜年月日がわかるようにする試みも，そろそろ現れてよい。数年前，ノルウェーの農家に泊めてもらっていたとき，近くの野生ヒースの花の自家製ハチ蜜をご馳走になったことがある。「これは○○年物なの…」と言いながら，瓶を大切そうに出してきてくれる奥様の仕草，ヒースの花の香り，それにご主人がジュニパー (針葉樹の一種) で自作したサーモンの薫製の香りが，何とも幸せで，ゆったり流れる時間の贅沢さを味わったものである。

10 日本在来種とセイヨウミツバチの生活，訪花嗜好性の相違点

ここまでは，産業養蜂種であるセイヨウミツバチと日本在来種をとくに区別することなく述べてきた。それは2種は別種ではあるものの，生態的にもハチ蜜を採取するうえからも，決定的に区別するような違いはないからであった。しかし細部に眼を向ければ，2種の行動には「対スズメバチ防衛戦略」等，多くの興味深い相違点があるのも事実だ。花に対する嗜好性についてもしかりである。これらは2種のハチ蜜の特徴にも反映するので，ここではそれらについて記したい。

（1）ミツバチの種数が少ない理由

日本に棲息する在来種と導入種の2種を比較する前に，世界のミツバチの状況について概観しておこう。セイヨウミツバチは南極に近い南アフリカから，赤道を越えて北はスカンジナビア半島まで分布し，トウヨウミツバチ（ニホンミツバチはその1亜種）も，赤道直下から日本の下北半島までの広域にすむ。つまり現在の日本には，世界のミツバチを代表する2種がいることになる。このほかには，熱帯アジアに数種が棲息するものの，それらはマイナーな存在で，それらすべてを合わせても全体で10種に満たない（図34）。これは，たとえば同じ社会性のマルハナバチが300種もいるのと比べて極端に少ない。

この広域分布の2種のミツバチが，変温動物なのになぜ熱帯から寒帯まで棲めるのかというと，まず，私たちヒトと同じように，自ら環境を制御する能力を進化させたことがあげられよう。ミツバチのコロニーは寒ければ，自らの呼吸で出る熱を逃がさないように塊状になり，それで足りなければ貯蜜を飛翔筋の運動で燃焼させ，効率的に熱を発生することができる。その発熱量はミツバチの胸部1kg当たり600Wに及ぶ。そのうえ木の空洞など，保温しやすい閉鎖空間に巣をつくっているので，寒い冬でも全員で眠ることなく過ごすことができる。熱い夏も，換気と，気化熱を奪って冷やす「打ち水」の原理で，効率的に巣内を冷房できる。必要ならそのために「水くみ飛行」を繰り返す。こんなことができるのは昆虫のなかでも例外的で，マルハナバチやスズメバチにもできないミツバチだけの特徴である。

種数が少ない理由としては，ほかにも，多様なコミュニケーションに基づく複雑な社会システムを発達させているため，進化（変化）のきっかけとなりうるような突然変異が起こっても，簡単にはシステムが揺らがないような緩衝作用が働くこともあげられる。さらに「雑食性」に近く，どんなタイプの花でも利用できる，というようなことも関係しているであろう。

（2）サバンナのミツバチ mellifera と森のミツバチ cerana

ヒトにもいろいろな人種がいるように，セイヨウミツバチとトウヨウミツバチにも「亜種」があって，現在，西洋種には26の亜種，東洋種には5種の亜種が知られている。日本にいる西洋種はこのうち，*Apis mellifera* の *ligustica*（イタリア亜種）系の雑種だ。どうしてそういう言い方になるかというと，明治の初期にアメリカから導入されたのだが，アメリカに導入されていたものがイタリア亜種だったからである。雑種と言ったのは，最初の導入後にイギリス，ドイツ，ロシアなどから別の亜種が輸入され，それらの血も混ざってしまっているからである。日本のセイヨウミツバチは，この「混血」になったことと，長い間日本の気候・風土に適応してきた結果，元のイタリア亜種とはかなり性質の違うものになっている。むしろもう少し緯度の高いドイツの *carnica* 亜種に近い「独自のハチ」になっているとみてよいのだ。

とはいえ，別種である日本在来種と比べれば，その性質はかなり違う。この2種を大ざっぱに性格づければ，西洋種は「サバンナのミツバチ」，東洋種は「森のミツバチ」とみたい。両種のルーツを考えると，西洋種はアフリカ起源の可能性が高く，東洋種は中国南部の雲南地方からマレーシア，ボルネオ辺りを中心とする赤道圏を起源とする可能性が高い。そう考えると，西洋種の基本的性質は草地と疎林を中心とするアフリカのサバンナで育まれ，東洋種のそれはアジアの豊かな森で育まれてきたとして説明がつくことが多い。現在，タイ国のリュウガンのプランテーションなどでは多くの西洋種が導入・飼育されているが，これをジャングルの中に持ち込んで飼おうと

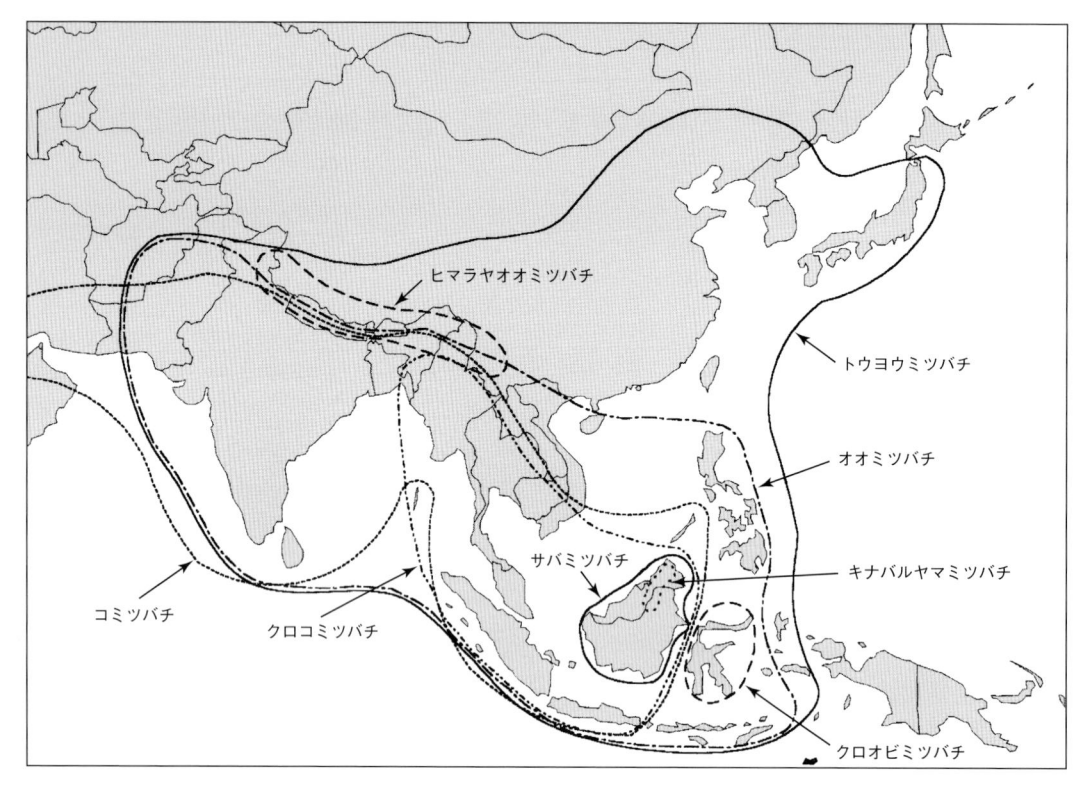

図34 アジア原産のミツバチの分布図　アジアのミツバチは現在この8種。このほかにはヨーロッパで広域分布をするセイヨウミツバチがいるのみ。これだけ繁栄していて種数が少ないのは昆虫としては例外的だ (玉川大学ミツバチ科学研究施設, 1998)

しても生きていけない。もちろん現地の東洋種はジャングルの中でしっかり棲息している。日本でも同様の傾向はあり，長らく「ニホンミツバチは山で，導入されたセイヨウミツバチは里で」とおおまかなすみ分けがなされてきた。ところが，一時は絶滅を心配する声も聞かれたニホンミツバチだが，現実にはむしろ 1990 年以降徐々に里と都会でもその勢力を広げ，2009 年現在では，本州以南のほとんどの都市で，見かけるミツバチの大半が在来種になっている。

（3）日本に棲息する2種ミツバチの相違点

2種の形態や性質の相違点を一覧の形で比較して，表4に示した。ニホンミツバチの特徴や生態については，参考文献にあげた『ニホンミツバチ——北限の *Apis cerana*』(佐々木, 1999) が詳述しているので，ぜひこちらを参照していただきたい。

（4）ニホンミツバチの訪花嗜好性と日本種ハチ蜜の特徴

（1）西洋種と日本種の訪花植物スペクトルの違い

ハチ蜜からその蜜源について，現在定量的に検証できる術はないが，花粉源であれば，採ってきた花粉ダンゴを構成している花粉の形態から，これを分析することができる。2種が花粉源として利用している植物に違いがあるか否かについて，酒井ら (1993) が玉川大学の蜂場 (都市化がかなり進み，緑は多いものの人為的な環境下) で分析した結果は図35のとおりで，同種コロニー間のバラツキのため，顕著な違いを認めることができなかった。ただ，同蜂場には当時2種合わせて60群近くのミツバチが飼育されていたため，周囲の花資源が不足し，花粉源に選好性を示す余地がなかったとの解釈もできた。

これに対し，永光 (2003) が京都の芦生演習林 (ブナ，トチノキ，天然スギなどが混交し，人間の手が入っていない冷温帯の極相林) で同様な比較を行った貴重な記録がある。4月から10月に至る調査の間，蜜の匂いに誘われてやってくるツキノワグマの襲撃との戦いでもあったとのことであるが，ニホンミツバチが長い間順応してきたであろう自然林の中での2種の花粉源植物の比較ができた。その結果でも，ほとんどの花粉源は共有されており，季節変化のパターンも似ていた。4月には風媒花のシデ属や甲虫媒花のタムシバが利用され，5月になると両種ともホンシャクナゲ，カエデ属，ナナカマド属，ウルシ属と変

表4 ニホンミツバチとセイヨウミツバチの主な相違点

事 項		ニホンミツバチ	セイヨウミツバチ
群当たりの蜂数		数千～2万匹	2万～4万匹
働きバチの形態			
	体長 (mm)	10～13	12～14
	体重 (mg)	60～90	70～120
	体色	黒褐色系	黄褐色～黒褐色系
	後翅の翅脈 M_{3+4}	顕著	痕跡またはなし
	腹部第6節の白色バンド	顕著	なし
働きバチの発育期間		約19日	21日
巣の構造			
	巣板間隔	狭い	広い
	働きバチ巣房の直径 (mm)	約4.6	約5.1
	働きバチ巣房数/100 cm^2	450～500	約410
	雄バチ巣房数/100 cm^2	約390	約270
	雄繭頂部の小孔	あり	なし
	原料蜂ろうの酸価	5～7	17～20
性質			
	採餌圏	狭い	広い
	外部刺激に対する反応	敏感	鈍い
	変成王台	できにくい	できやすい
	働きバチ産卵	起きやすい	起きにくい
	分蜂蜂球の形成場所	太めの枝の付け根	小枝の混じるところ
	逃去	頻繁	ほとんどない
	巣門での換気扇風	頭を外側に	尻を外側に
	蜂カーテン上での定位	上向きに並ぶ	不揃い
	振身行動 (対外敵)	顕著	見られない
	シマリング (ヒッシング)	顕著	見られない
	プロポリスの採取	集めない	集める
	盗蜂	個体単位で	集団で
	対スズメバチ行動	蜂球により熱殺	刺針行動で応戦
	対ミツバチヘギイタダニ	抵抗性	被害が大きい
	対腐蛆病	抵抗性	被害が大きい

吉田 (1998) の総説などを参考にまとめなおした。

化していった．6月に入るとニシキギ科が増え，セイヨウミツバチはイイギリも利用した．7月にはアジサイ属やアカメガシワ，ケンポナシ属によく行き，8月以降になるとカラスザンショウやタラノキ属，ウコギ属が利用され，セイヨウミツバチはシシウド属とカガノアザミも利用したとのことである．これらの花粉源植物はそのほとんどが樹木である．

選好性に顕著な違いは見られなかったものの，ここではいくつかの興味深い特徴も見いだすことができた．主要な花粉源となった19種を，日本種に好まれるものから西洋種に好まれるものへと並べたのが図36で，同種のコロニー各3群間でのバラツキをこえ，利用比率が統計的に有意に違っていたものには＊印が付してある．図を見ると，ニホンミツバチが有意に好んだのはニシキギ科，トチノキ，カエデ属で，セイヨウミツバチが有意に好んだのはシシウド属，カガノアザミ，タムシバ，オオカメノキであった．これについて考察してみると，ニホンミツバチは，樹冠部の高いところに緑色系の目立たない花をつける単性花を好み，セイヨウミツバチは，低い位置に白色系などの目立つ花をつける両性花を好む傾向が見られたという．著者のこれまでの観察経験からいっても，この傾向は当を得たもので，花粉源だけでなく蜜源についてもいえるのではないかと思われる．先に，西洋種が「サバンナ」のミツバチで，東洋種 (ニホンミツバチを含む) は「森のミツバチ」といえるのではないかとしたが，この見方を支持する結果といえよう．

(2) 日本種ハチ蜜の特異性

上に述べた選好性の違いから，2種のハチ蜜の一番大きな違いは「蜜源となる花の種類そのものの違いだ」といえそうだ．しかもその違いは，都会ではマスクされてしまって出にくいが，自然度の高い山などでより顕著に発揮されると考えられる．

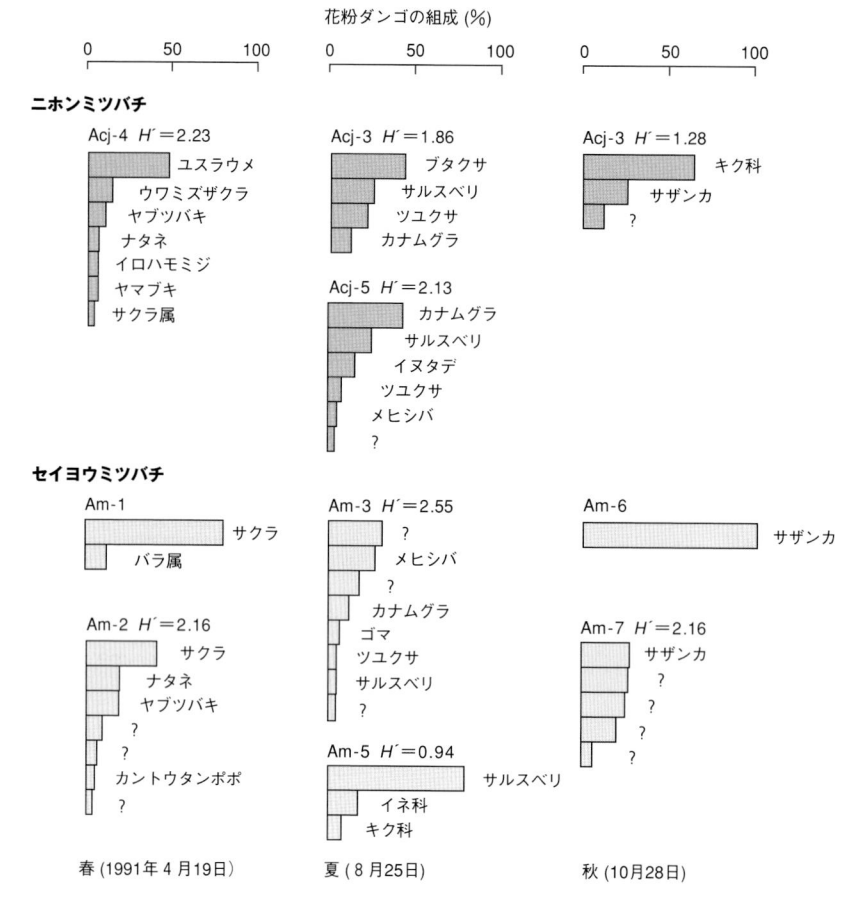

図35 ニホンミツバチとセイヨウミツバチの花粉源植物の比較例　ここでは多様度指数 (H' の数値) を求めて比較してあり，多様度が高いほど数値が大きくなる．すべての群は玉川大学の構内の同一の蜂場に置いてあるが，同一日であっても利用する植物が異なっている実態がわかる．2種間で顕著な違いは見いだせなかったが，競合が大きく，種の嗜好性が現れにくかったことも考えられる．Acj-4, Am-1 などの数値はコロニー番号 (酒井ら，1993 から改変)

　もちろん，そのほかにもミツバチの種の違いや，飼い方，採蜜法などに由来する違いもあるだろう．その第一として，「甘味のすがすがしさ」の違いをあげたい．2種のハチ蜜の主要成分について，たとえば日本食品分析センターで比較してもらっても，大きな違いは検出されない．つまり違いは微妙なところ，あるいは微量成分の相違からくると想像できる．

　「ニホンミツバチ蜜」の甘味がすがすがしく感じられるのは，蜜の水分含量がわずかながら高いことに起因するように思われる．セイヨウミツバチは，巣内の貯蜜の水分が「20％」を切るまで濃縮が進むと熟成したと判断し，長期保存用にワックスで蓋がけをする．これに対し，詳しい調査はまだだが，ニホンミツバチでは，そういう場合の水分含量の基準がわずかながら高いようだ．これは採蜜されたハチ蜜の水分含量の比較から推察されるところで，ニホンミツバチを含む「トウヨウミツバチ蜜」全体の特徴ともなっている．ここからは著者の推察になるが，すがすがしさの原因は，「部分発酵」で生成した何種かの有機酸によるもので，それらが甘味を感じにくくさせてしまっているのではなかろうか．酸味が強ければ甘味がマスクされる例は，ローヤルゼリーにも見ることができる．ローヤルゼリーの場合，かなり大量の糖質が含まれているにもかかわらず，有機酸と炭素数10前後の脂肪酸の酸味に打ち消されて，甘味はまったくといってよいほど感じられない．「部分発酵」としたのは，水分がもっと多ければさらに発酵が進んでしまうものの，それほどではないために，発酵により生じた酸が，フィードバック的に，さらなる自然発酵の進行を止めた「ある種の安定状態」をさしている．

　日本人学生の男女21名に，6種のハチ蜜を舐めてもらい，どれを美味しいと感じるかを調査した報告によると，ミカン，レンゲ，ニセアカシア，トチノキ，シナノキ，ク

植物分類群		ニホンミツバチ	セイヨウミツバチ
ニシキギ科*	Celastrus /Euonymus spp.		
アカメガシワ	Mallotus japonicus		
タラノキ属	Aralia spp.		
トチノキ*	Aesculus trubinata		
ウコギ属	Acanthopanax spp.		
カエデ属*	Acer spp.		
シデ属	Carpinus spp.		
サクラ属	Prunus** spp.		
コナラ属	Quercus spp.		
ホンシャクナゲ	Rhododendron degronianum		
キイチゴ属	Rubus spp.		
オオカメノキ*	Vibrunum frucatum		
エゴノキ属	Styrax spp.		
アジサイ属	Hydrangea spp.		
ナナカマド属	Sorbus spp.		
ウルシ属	Rhus spp.		
タムシバ*	Magnolia salicifolia		
カガノアザミ*	Cirsium kagamontamum		
シシウド属*	Angelica spp.		

平均花粉体積比率

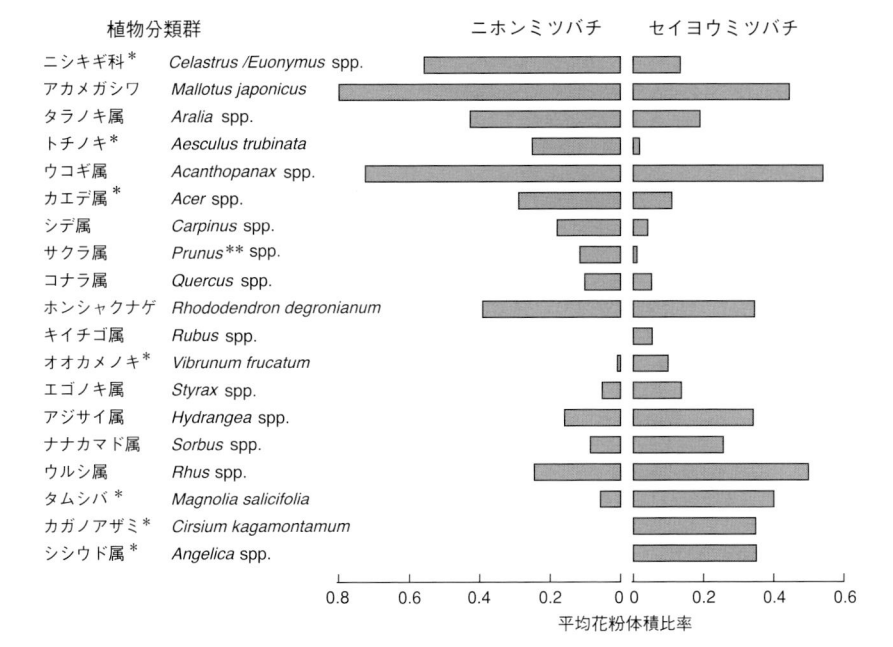

図36 ニホンミツバチとセイヨウミツバチに利用された主な花粉源植物の平均花粉体積比率　同種コロニー間のバラツキを誤差として2種の間で花粉利用率が統計的に違っていた植物分類群には*をつけてある。詳しい説明は本文参照 (永光, 2003 より作図)　**本書では Cerasus 属を採用している

リの順であったという。このうち強い癖がある最下位のクリを除くと，あとの順番は実は糖質に対して有機酸の割合が多い順になっていたのである。ほどよい酸味があったほうが美味しく感じる，というのは果物やトマトなどの味を考えてみてもうなずける。

　ニホンミツバチのハチ蜜が，すがすがしいだけではなく，「こく」まである場合が多い点については，「ニホンミツバチ蜜」の場合，採蜜までに長い時間がかかっている場合が多く，それだけ巣内で熟成が進んでいることも関係していよう。採蜜したばかりであっても着色が比較的強く，琥珀色になっているのはそのためだと思われる。「新蜜」で，しかも搾りたて，というのも魅力的ではあるが，これはワインでいえば「ヌーボー」のような魅力であって，一方で，1年に1回しか採蜜しないような，熟成した「複雑で奥深い味わい」はその上をいくように思われる。

　香りの大部分が蜜源の花に由来することはすでに述べたが，ニホンミツバチの蜜の香りが芳醇で，概して強い傾向にあるのは，山の樹の蜜源花の性質からくるところがあるかもしれない。なぜなら，ニホンミツバチが好む樹の花は，色が地味で白っぽい (有色色素なしで，わずかのクロロフィルにより緑がかっている) 場合が多く，視覚的に目立たない分，強い香りで昆虫を引き寄せているケースが多いからである。

　セイヨウミツバチの蜜についても，微量成分については最近ようやく分析が進んできた段階で，ニホンミツバチの蜜の特徴・特性については今後の研究を待つことになるが，進展が楽しみでもある。ただ，詳細な機器分析を待たなくても，発酵しやすい性質を理解したうえで，搾り方を工夫したり，冷蔵庫でわざと結晶化させてみるなど，オリジナルな楽しみ方の世界は限りないはずだ。

11
ローヤルゼリーとプロポリスとは

　最後に，ミツバチからの贈り物として，ハチ蜜とともに重要なローヤルゼリーとプロポリスについても簡単に触れておこう。ローヤルゼリーはミツバチの乳 (bee milk) であり，本書で重視してきた花粉を原材料として作られる。プロポリスについては，これを提供する植物の種類はずっと限られるものの，植物とハチとの特異な関係から生まれた。

(1) ローヤルゼリーの実体

　ハチ蜜が酵素などを加えて独自のものにしているとはいえ「植物性」のものであるのに対し，ローヤルゼリー (王乳) は若い働きバチの乳腺中で生合成される「動物性」の物質で，牛乳に匹敵する。女王バチになる幼虫の食物がもっぱらこのローヤルゼリーであることはよく知られているが，働きバチも孵化後3日間 (幼虫期の前半) はこれとほとんど同じ成分の「働きバチ乳」を飲んで育つ。また，女王バチは生涯ローヤルゼリーだけを食べ続ける。ただ現在では，女王以外の働きバチや雄バチも多少ともこのミルクをもらっていることがわかっている。同じ社会性昆虫で女王バチがいても，スズメバチやアシナガバチにはこのような特殊なミルクは存在しない。

　ローヤルゼリーはその性状がハチ蜜とは大きく異なるが (p.16の写真②)，成分組成もまったく異なる (表5)。ハチ蜜中にはごくわずかしか入っていないタンパク質が主成分で，脂肪酸，ビタミン，無機塩類 (ミネラル) が多いほか，いくつかの特殊な成分からなる。なかでも多量に入っている10-ヒドロキシデセン酸と呼ばれる脂肪酸は，ローヤルゼリー以外からは知られていない。糖質はかなり入っているものの，ヒトが食べた場合には脂肪酸などの風味にマスクされ，甘さはほとんど感じられない。

　ローヤルゼリーの栄養価はきわめて高く，女王の幼虫が急成長するときには，その体重がわずか24時間で4倍にもなる。食べた量のうち体物質へ転換される効率も高く，私たちが肉を食べるのになぞらえると，1kgの肉を食べて700g体重が増えることになる。しかもこれをたっぷり食べた幼虫は，働きバチとは体の構造がまったく異なる女王バチになり (卵のときには女王，働きバチの区別はない)，寿命も働きバチが夏で約1ヶ月なのに対し，女王は数年を生きる。さらに，条件の良い季節には毎日自分の体重と同じくらいの卵を産み続けるのだ。消化できない物はほとんど入っていないから，消化率はきわめて高く，孵化してから蛹になる直前まで一度も糞をしない (市販のローヤルゼリー中に糞が入り得ない理由もこれによる)。成虫になった女王バチも糞らしい糞はせず，たまにゼリー状の濃い「おしっこ」をするだけだ。

(2) ローヤルゼリー (王乳) ができるまで

　ローヤルゼリーは，その名のとおり，ゼリー状という

表5　ニホンミツバチとセイヨウミツバチのローヤルゼリーの化学成分 (%)

成　分	ニホンミツバチ	セイヨウミツバチ
水分含量	65.3 ± 2.5	68.3 ± 1.4
タンパク質	16.4 ± 2.5	12.7 ± 0.8
炭水化物	9.4 ± 0.6	11.9 ± 0.7
フラクトース	4.8 ± 0.5	5.3 ± 0.4
グルコース	3.6 ± 0.4	5.0 ± 0.5
その他	1.3 ± 0.7	1.6 ± 0.4
脂　質	7.4 ± 0.6	6.1 ± 0.4
10-ヒドロキシデセン酸	0.9 ± 0.2	2.4 ± 0.2
灰　分	1.5 ± 0.2	1.0 ± 0.2
pH	3.8	3.7
酸度*	39.3 ± 3.1	42.2 ± 2.1

* 1N NaOH, ml/100g 生ローヤルゼリー。　　　(Takenaka and Takenaka, 1996)

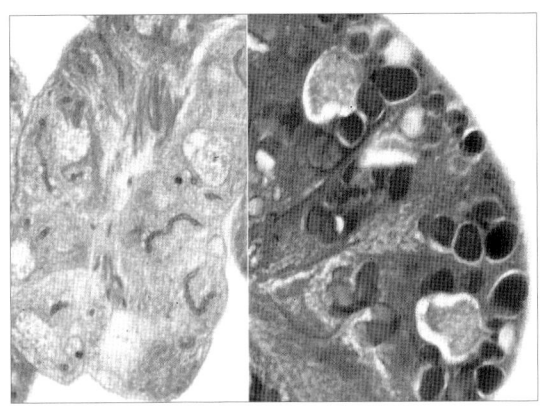

図37 ローヤルゼリーの主要部分を占める特殊なタンパク質などを合成している下咽頭腺細胞　ローヤルゼリーを作っていない羽化したてのもの (左) と比較することにより，分泌前の細胞内でのローヤルゼリーの様子がよくわかる

図38 セイヨウミツバチの全ゲノム解読の報が載ったNature 誌 (2006年10月26日号) の表紙　世界の約90カ所もの研究所の研究者たちがコンソーシアムを作って取り組んだ結果だ

か，生のヨーグルトのような性状をしている。これはまさにヨーグルトと同じ原理でできるからだ。まず貯蔵してある花粉をたっぷり食べた若い育児バチの下咽頭腺 (p.13の写真⑪) でミルクの主成分が合成される。これはヒトの乳腺の中で，血中の栄養分からお乳が作られる過程と同様と思えばよい。下咽頭腺は唾液腺が変化したもので，頭部の中に広がっている。図37には生まれたばかりの働きバチの未発達の下咽頭腺の細胞と，羽化後6日齢でよく発達した状態の下咽頭腺の細胞を比べた顕微鏡写真を示した。右の発達した細胞の中で暗色に染まって見える顆粒状のものがローヤルゼリーの成分で，これが細いダクトの中を通って太い管に分泌され，これが集まって口腔中に出される。一方，同じく頭部の大顎 (歯に相当) の付け根付近にある大顎腺という袋状の分泌腺の中では，主に脂肪酸類が合成され，ハチが口を大きく開くと，これも口腔内に分泌される。

牛乳などのタンパク質にレモン汁のような酸を加えたとき，ヨーグルト様に固まることを思い出していただきたい (本物のヨーグルトの場合は乳酸菌が作る乳酸などの酸類が働く)。ローヤルゼリーも同じ原理で，下咽頭腺からの乳液と大顎腺からの酸性物質が反応してヨーグルト様の性状ができ上がる。下向きに開口した王台 (女王が育つ特別室) の天井部に吐き出され，溜められたローヤルゼリー (p.13の写真⑨) が流れ落ちない理由もこれで説明がつく。層状に溜められるゼリーの上部 (時間的に先に給餌された部分) ほど，巣内の35℃という高温にさらされてこのヨーグルト化反応が進み，固さに勾配ができるからだ。ヒトが利用するために採乳されたローヤルゼリーは，すぐに冷蔵，あるいは冷凍されるので，この固化反応が進まず，柔らかいヨーグルト様の状態が保持される。

1gのローヤルゼリーを採取するには女王を育てる王台5〜6個分が必要である。若い働きバチから分泌される乳の量はごく限られているので，育児バチたちは入れ替わり立ちかわり王台にやってきては，1時間に20〜30回も王台の中に顔を入れて乳を与える。原料は花粉なので，ローヤルゼリーの生産には，常に十分な数の若い育児バチと十分な花粉が必要とされる。さらに，女王を育てるのは自然状態であれば繁殖期の春だけなので，それ以外の季節に採乳しようと思えば，実際に女王を取り去るか，群に女王がいなくなったと思い込ませる必要がある。ローヤルゼリーの生産がいかに大変かが，おわかりいただけたであろうか。

(3) ローヤルゼリー中の「R物質」

ローヤルゼリーを食べた幼虫がどうして女王になるのかや，ローヤルゼリーの効能についても，研究は進んでいる。昔からいわれていた「R物質」(その効き目の本体となる仮想物質を royal jelly の頭文字を取ってこう呼んだ) についてごく簡単に触れておこう。

1950年から1980年ころまでの間に，このR物質の候補としてあげられた成分にはビオプテリン，亜鉛，デセン酸などがあるが，これらはいずれもその本体ではなかった。高い栄養価のなかでの微妙なバランスが大切だとする説なども唱えられたが，これらも説得力のある説明とはならず，この探求はほぼあきらめられたかに見えた。しかし最近の研究で，比較的低分子のタンパク質の一部に，このR物質に相当する活性があるのではないか，と見ら

れる結果が得られつつある。折しも 2006 年には，世界 90 ものミツバチ研究機関の共同研究の成果として，ミツバチの全ゲノムが解読され (図38)，女王分化メカニズムの解明を遺伝子解析の面からチャレンジする試みも進みつつある。「R 物質」の謎が解き明かされる日もそう遠くないかもしれない。

（4）プロポリスとは

　プロポリスもローヤルゼリーと並んで，あるいは最近ではそれ以上に注目され，普及も進んでいる。しかしプロポリスの実体についての理解は，ハチ蜜，ローヤルゼリーに比べて遅れている。確かなことは，これはハチが若干手を加えているにせよ，基本的に「植物成分」であることだ。それもハチ蜜のように多様な種類の植物から集めてくるのではなく，地域や季節によって異なるものの，かなり限られた特別の植物の分泌液 (稀に葉ごと取ってくる場合もある) からなる。世界のプロポリス源植物を見てみると，ポプラを含むヤナギ科のほか，マメ科，クワ科，カバノキ科，バラ科など 29 科，計 67 種があげられている。

　最近医学的にも次々に明らかになりつつある多様な薬効から，ミツバチがそれらを認識して利用していると考えられがちであるが，これについてはまだわからない部分が多い。これからの重要な研究課題といえよう。しかしミツバチが集めて利用しているプロポリスは，地域や季節が異なっても，ほとんどの場合優れた抗菌作用などの生理活性を示すことは事実である。化学的には多岐にわたるこれらのフラボノイド類や，フェノール系の物質群が，いずれも植物が自分の身を害虫や病原菌などから守るために戦略的に，あるいは進化的に用意した物質群で

あることは間違いない。いずれにしても，ミツバチが彼らの知恵で利用するようになったものを，ヒトが「横取り」して利用させてもらっている形であり，あらためて自然の不思議とミツバチのすごさを感じずにはいられない。

（5）プロポリス源植物と樹脂の採集行動

　プロポリス源として最もよく知られているのはポプラの新芽や新梢の分泌液である (p.91)。ヨーロッパだけでなく，日本のものでもポプラを起源植物としている場合が多いことがわかっている。ごく最近，沖縄のプロポリス源としてオオバギの果実を被っている分泌物が利用されていることもわかってきた (p.185)。一方，日本では昔からブラジル産のプロポリスが高級品とされ，起源植物はユーカリだといわれてきたが，比較的最近になって実はアレクリンとも呼ばれるキク科の低木バッカリス (*Baccharis dracunculifolia*) の新芽をかじってくるものが重要であることがわかった (p.293)。分泌液や樹脂を運ぶのは花粉の場合と同じく後肢の花粉バスケットだが，巣箱に持ち帰っても自分では荷下ろしできず，他のハチに取ってもらうことが多いようだ。プロポリスを採集してくるハチの数は限られていて，いわば専門家がこの任にあたる。プロポリス源を仲間に教えるダンスは，形は蜜・花粉源の場合と同様だが，踊る場所が異なることなどがわかってきている。

　各国産のプロポリスの紫外線の吸収スペクトルや液体クロマトグラフィーによる比較分析から，現在では世界のプロポリスの起源植物がある程度判明し，タイプ分けもできるようになりつつある。

12
English Summary

Bee's Eye View of Flowering Plants:
Nectar- and Pollen-source Plants and Related Honeybee Products

Honeybee plants of Japan have been reviewed by Sekiguchi (1949), Tanji (1971) and the Japan Beekeeping Association (2005), but the first two books are rather old and the third is not sold to the public. In this book I have endeavored to present an overview of the entire spectrum of honeybee plants, illustrated with approximately 1500 color photographs (Part I), and supported by the related analytical explanation (Part II).

Part I. Photographic records of Japanese honeybee plants (pp.18-317 after brief introductory pages on apiculture)

More than 600 species of Japanese honeybee plants, i.e., nectar-, honeydew-, pollen-, and propolis-source plants are shown in color photographs. These are not only flowers, but often also close-ups of nectaries, pollen grains, and gass-chromatographic spectra of honey aroma of respective source plants. Many of the photographs are taken with honeybees either indigenous Japanese (*Apis cerana japonica*) or introduced European (*A. mellifera*).

Explanations are written in Japanese, but scientific (Latin) names are shown for all species or related groups. Evaluation of the source plant (N for nectar and P for pollen) is designated in English by "excellent", "good", "temporarily used", or "incidentally used". Following these basics, additional information is indicated by eye-catching green or orange squares and ID number. By this method, users can skip to the database of the color of the pollen load (pp. 318-320), or flowering time (phenology, represented as in the plain area of Tokyo, central Japan: pp. 328-335).

The order of appearance of each plant species is essentially based on the phylogenic arrangement by Cronquist (1981), but sometimes with minor change for editorial reasons. It is somewhat different from the so-called new Engler system (1964) which was adopted by many textbooks and atlases.

Part II. Analytical explanations of the plants, bees and their products

1. Whole view and origin of Japanese honeybee plants

Out of a total 647 species of Japanese honeybee plants covered in this book, 56.9% (368 species) were native to Japan (Fig. 1). The plants that originated from continental Asia were 16.4% (106 species), and those introduced from Europe were 10.2% (66 species). Whereas plants from North or South America were 13.1% (85 species), and those from Africa and Australia were 2.6% (17 species) and 0.8% (5 species), respectively.

The percentage of indigenous species was higher than expected and it might reflect the richness or high diversity of the Japanese flora itself. However, if we looked at the major 37 species of honey plants (based on Japan Beekeeping Assoc. 2005), the percentage is 46% (17 species), showing a higher dependency to foreign plants. The remaining 20 species are all introduced plants: they are, Chinese milk vetch, Unshu orange, false acacia (locust tree), apple, dandelion, hairy vetch, tulip tree, white clover, wax tree (*Rhus succedanea*), desert false indigo (*Amorpha fruticosa*), *Citrus* spp., glossy privet (white wax tree), scarlet runner bean, bee bee tree, safflower, common bean, *Bidens* spp., and goldenrod.

Out of the total 132 families covered in this book, the family comprising the largest number of honey plant species is Rosaceae (57), followed by Asteraceae (=Compositae) (49), Fabaceae (=Legminosae) (42), Lamiaceae (=Labiatae) (37), Liliaceae (25). The combined number of trees and herbaceous plants was roughly half and half (shrubs and vines are classified depending on their size), but ca 70% were tree types of 38 major species. Trees are advantageous for their large three-dimensional use of the land, and they have greater honey potential (kg/ha). For example, the reported figure for trees is 200-1,600 false acacia, 560-1,200 lime trees, while that for plants, 35-200 rape and 16-200 white clover (Ciesla, 2002). In the tree type, however, variation of nectar flow or resultant yield of honey is huge. Some have a large nectar flow biannualy and others once in several years.

2. Flowering phenology of the honeybee plants in Japan

The time of flowering varies from one region to another depending on the climate or geographic location: for example, cherry flowers begin to bloom in the middle of March in the southwest end of Japan but they bloom at the end of May in the northeast regions. The timing is largely affected by weather conditions over the year, but the order of the flowering in a given area is relatively stable. Thus the flowering time of the total 282 species of honey or pollen plants were sequentially arranged in order of flowering from January to December (Fig. 8 for major species, and Fig. 9 for the total, pp. 328 to 335). The data was taken in Tokyo, or taken with the plants grown in the lower elevation of Tokyo. Tokyo is at 35.6 N latitude and situated in the vegetationally rich region on the border between temperate, evergreen broad leaf forest and subarctic-deciduous broad leaf forest.

As shown in summarized Fig. 9 (p. 336), flowers begin to bloom around the end of March, peaking from May to June, and the number of flowering species declines thereafter. The overall number remains at a high level during summer, but the level lowers considerably if those blooming in cool, mountain areas are excluded. In such a dearth period in summer, honeybees keep quiet within the hive and rarely fly out even under a blue sky on a fine day, just like the days during overwintering or a long rainy season. They have to depend on the stored honey and pollen (bee bread) for sustenance in such periods.

3-1. Pollination tactics of flowers and exploitation strategy in bees

Many of the flowers provide a small amount of photosynthetic products to honeybees as a reward for their pollination. The energy-rich product is called "nectar" and is secreted from the nectary. Another reward is "pollen grains" provided by the stamen anther. Bees or other pollinators gather this nutritionally-rich material for their food. Pollinators are not aware of carrying pollen from stamen to pistil; the pollination is a result of their foraging behavior. About 89% of the flowering plants are pollinated by insects (Fig. 10), and honeybees are the most important pollinating species among insects.

The relationship between the plant and pollinator is usually mutualistic, but sometimes it is biased. For example, honeybees visiting flowers of passion fruit gather pollen, but the pollen is rarely carried to the stigma, the receptive site for the pollen, because the dimension of the pistil is too large for the body size of honeybees (p. 86). Another example is an oriental orchid *Cymbidium floribundum* (p. 317), which manipulates the oriental honeybee, *Apis cerana*, without any reward. In this case, this orchid's strategy is to emanate a fragrance that mimics the aggregation pheromone of the bees. However, the honeybees introduced from Europe are never attracted to the orchid flowers because they have no history of coexistence with this orchid, and the aggregation pheromone components are different from those of oriental honeybees.

Another type of biased relationship is nectar robbing. It is sometimes seen in the flowers having long tubular structures, where the flowers do not allow normal access by the honeybee's short proboscis (p. 59, 253, etc. and see p. 377 for their structure). The robbing by honeybees is often made through a hole already made by a carpenter bee's or a bumblebee's knife-like proboscis.

The honeybees forage for pollen not only from usual insect-borne flowers but also from wind-borne ones if they cannot locate enough of their preferred insect-borne species. They include tree flowers of Beturaceae, Fagaceae, etc., rice (p.298) or corn flowers (p.301) belonging to Poaceae (=Gramineae), Mugwort (p.284) of Asteraceae (=Compositae), and so on.

3-2 Pollination: a great contribution to agriculture

Honeybees, especially *Apis mellifera*, have been introduced to all continents and have contributed to honey, propolis, royal jelly, and beeswax production. Nowadays, however, the economic value of fruit and seed production by bee's pollination far exceeds these direct products. "18.9 billion dollars" is a famous figure pointed out in 1983 for the annual value attributable to honeybee pollination on major US crops. The Japanese figure calculated by Japan Beekeepers Association in 1999 was 350 billion yen (= 3.5 billion dollars). Utilization of F_1 hybrids is increased to about 70% of commercial crops and flowers in Japan, and honeybees are indispensable for F_1 seed production. In this situation, however, now both honeybees and wild pollinators are in danger. We must try to conserve diverse wild pollinator fauna world-wide. But tentatively, we can rely, in a large part, on honeybees. As a pollinating agent, honeybees are "generalists" and are applicable to a wide variety of crops, manageable in all seasons, in almost all climatic regions, and on a large scale with hive units.

Another big contribution is by pollination sustaining wild vegetation, although it is difficult to evaluate quantitatively. Especially the Japanese honeybee, *Apis cerana japonica*, is playing a very important role in natural forests from southern Kyushu island to the north end of Honshu, which is the northern limit of the bee's distribution. The Japanese government forestry agency changed their afforestation policy recently from monocultural type of evergreen coniferous trees to diverse or mixed type of broad-leaf trees. To include honey- and pollen-source species in the planting schedule to fulfill both sustaining the rich forest and harvesting much honey should be strongly recommended. I propose a list of recommended honeybee plants for different types of landscape (pp. 383-384).

On the other hand, introduced *Apis mellifera* may cause some ecological problems. In Ogasawara island, for example, there is no effective predator hornet *Vespa mandarinia*, and *Apis mellifera* has been naturalized probably for more than 100 years from its introduction in 1877. Now the mutualistic partnerships which have evolved between the island-specific wild bees and wild flowers are in danger of extinction, because of the intervention by *mellifera*.

3-3 Why is the spectrum of flowers visited by honeybees so wide?

The most important reason must be that the whole colony members of 10,000 to 30,000 honeybees overwinter without entering the diapause. At least in the temperate region, during spring and summer, the colony weight fluctuates considerably (Fig. 11), but bees have to store 10 to 20 kg of honey before entering the winter season. To store such a large amount, they have to exploit any flowers available. When they are rearing brood (sometimes even in mid winter), they also need stored pollen. Thus they have to forage even on flowers serving only pollen (no nectar) like the poppy, and on wind-borne flowers such as rice, corn, alder, and elm.

4. Why are some flowers not visited?

I have so far emphasized that the honeybee is a generalist and has an extraordinary wide spectrum of foraging plants. On the other hand, however, it is also true

that we often see flowers blooming without being visited by honeybees even in the vicinity of a hive. For this phenomenon, there are four possible reasons:
1) The case when the nectar is not secreted due to weather conditions.
2) The case where the flower is not preferred by bees.
3) The case where the structure of flowers does not allow the bees' access to nectar or pollen.
4) The case where more profitable, competing flowers are blooming in the same area, or the flower is energetically not profitable by being too small in size, etc.

Indeed the presence or absence of the visit to flower A is determined by the condition of other competitive flowers B or C within the foraging range. This decision is made not only by individual bees but also realized at colony level through dance communication. And a similar situation may be induced artificially by beekeepers when they arrange too many hives in the same place (Fig. 12), because the foragers from every hive compete for the same target flowers. The nectaries are kept scarce and foragers are forced to search for more distant, energetically less-profitable flowers. This energy loss due to the overuse of the fuel honey is not negligible because an individual bee needs 1mg of sugar to fly 2 km.

It is doubtful that there is any nectar that is not attractive to bees, because nectar is essentially served as a reward for pollinators. But it is also true that there is often a variety of species-specific minor constituents like amino acids, lipids, organic acids, phenolic compounds, alkaloids, terpenoids, and minerals, which give original taste to the nectar. So they may function to select a special species of pollinator, and help to develop a special partnership. The presence of these minor components must be important not only for pollinators but also for us, consumers of honey, because they may contribute to a delicate flavor and specific taste of the honey.

5. Origin of nectar and processing to mature honey
Where does nectar come from, and how do nectar and honey differ?

Chemical energy converted into sugar molecules in the honey originates from nuclear fusion in the sun. Energy in the form of light reaches the earth, and ca 1% of it is converted by plant leaves through photosynthesis. The converted energy is used for growth and metabolism processes, and only a very small amount is secreted as sugar at the nectary and served for pollinators as a reward. Nectaries are developed in almost all parts of the flower structure (Fig. 14), and sometimes also on the stem or leaves (p. 60 arrow mark and p. 266, etc.).

Sugar composition of the nectar is not fixed but usually the major constituent is sucrose. After being gathered and carried to the hive by forager bees, the sucrose (disaccharide) is converted to glucose and fructose (monosaccharide) by the action of the digestive enzyme, alpha-glucosidase (=invertase) (Fig. 16). A part of the resultant glucose is further changed to gluconic acid and H_2O_2, by another enzyme called glucose oxidase. Gluconic acid plays an important role in the honey to keep its pH acidic (=around 3.7), and it contributes to cause an antiseptic condition against bacteria. H_2O_2 also shows a strong antiseptic nature, especially when dilute, but it is not present in ripened honey. Both alpha-glucosidase and glucose oxidase are secreted externally from hypopharyngeal glands of older worker bees, so the major digestive reaction occurs outside of the bee's body.

Another important process for ripening honey is dehydration. Water content of nectar is highly variable (ranging from 20 to 70%) according to the flower species, weather conditions, etc., but the water content of ripened honey is very stable. Dehydration occurs mainly by bees' fanning. Worker bees often spread the honey into a thin film, or droplets on their proboscis, or on the cell wall, to facilitate the dehydration process. For the process to be effective, the air flow leading to the outside is important. The air flow is made by the action of exhilation in *A. mellifera*, but by inhilation in *A. cerana*. The worker bees can detect the sugar content of honey, and they begin to seal the honey cells when the sugar content exceeds 80% (the threshold level is somewhat lower in Japanese honeybees).

6. Color and flavor of the honey

The flavor of honey is very different from false acacia and citrus, and the color and taste of the honey from chestnut or buckwheat are notably characteristic. I was thinking that some parts of the honey aroma, especially refreshing ones that seem to be common for all kinds of honey, come from chemical reaction(s) originating with bees, but as a result of our recent survey, major aroma chemicals are found to come from flowers. When by SPME and GC-MS analysis, we compared the aroma spectra between flowers and their honey, sometimes the two coincided relatively well, but sometimes we saw a discrepancy. For example, from a false acacia honey produced in Akita Pref., phenetyl acetate, geranyl acetone, 2-phenyl ethanol, linalool were all detected, resembling the aroma from the flowers. From a horse chestnut honey produced in Fukushima Pref., phenyl acetaldehyde, *cis*-linalool oxide, linalool, decanal were detected, and 1-nonanol which is characteristic of fresh horse chestnut flowers was also confirmed. However, from commercially sold Amur corktree honey, 1-nonanol was detected and the contamination with horse chestnut was proved. Generally, it seems to be difficult to get pure mono-floral honey from the tree flowers because of their scattered distribution in natural forests as in the case of Amur corktree.

Like aroma spectra, the color of honey should also be a reference to identify the flower origin. False acacia or Chinese milk vetch honey has a very light color, and sometimes it is almost colorless. However, the color of honey is not stable and darkens with age. A major factor of the darkening is 5-hydroxymethylfurfuraldehyde (HMF), and the process largely depends on the temperature and light conditions of storage. Thus it is strongly recommended to keep honey in a cool, dark place.

Many Japanese people dislike crystallization, but it is manageable, and sometimes gives a rather attractive, creamy texture if it is managed properly. In many cases, the crystallization is due to a high glucose content. Rape honey is famous for rapid crystallization, and indeed it is rich in glucose. The amount and nature of the nucleus materials triggering the crystallization should also be noted, but specific details are not yet known. By contrast, fructose naturally absorbs moisture from the environment. Thus it is difficult for honey to be fully crystallized.

7. Information from pollen color and the pollen spectrum in honey

Pollen is indispensable for honeybees. Honey is essentially carbohydrate, and even if there are many nutrients, the amount is relatively small. Instead the pollen provides all necessary nutrients other than energy source which comes from the nectar. Royal jelly (=bee milk) is also synthesized from the nutrients that originate in pollen.

Pollen is the male reproductive cells (equivalent to sperm) of flowering plants and should be delivered to female flowers or organs to make seeds. So the flowers are designed variously in order to make the pollen grains appealing. And one aspect of design is the color. Indeed the insect-borne pollen grains are very colorful in contrast to wind-borne ones that are just yellow or almost colorless. See the color database of pollen loads of 192 species from page 318 to 320. It is a Japanese version of Hodge's earlier work (1952) for European flowers. The dye giving a color is dissolved in the coating oil which functions as water proofing and protects the pollen from explosion during water absorption.

On the other hand, the pollen grains remaining in the honey give a good evidence of the source flowers. Indeed the pollen spectra has long been used as a good criteria of the identification of source plant(s) of a given honey, although there is a series of processes affecting the confidence of evaluation (p. 357). For the identification, it is important to think about the species-specific abundance of the pollen grains on the flower. In the unshu (=mandarin) orange, for example, the number of grains is very small, so if the percentage of the orange pollen exceeds 40%, then the honey must be pure.

8. How do bees decide on which plants to forage? Their foraging range, learning capability, and information system

It is very important for beekeepers to know where the honeybees are going to forage, in order to know the source flowers of harvested honey. The most distant limit reported in the forest of New York State is more than 10 km, but usually the foraging range is 1 to 5 km. It fluctuates seasonally in response to the surrounding flower conditions (Fig. 25). And it is somewhat narrower in *A. cerana japonica* according to our survey (Fig. 26), but the difference is not as much as that for tropical *cerana* in Thailand or India. The foragers bring back 20 to 40 mg of nectar in their honey stomachs (p. 359, Table 3), or 15 to 20 mg of pollen load in pollen baskets (p.11, Figs. 22, 39). So, in a rough calculation for the Chinese milk vetch, the number of flowers visited to collect 30 mg of nectar will be 300. Similarly, the number visited per day will be 3,000, and the number visited to make one tea spoon full (about 7 g) will be 14,000

flowers. Flight distance to make this amount is calculated to be ca 1,000 km if the vetch field is 1 km distant from the hive. And the amount of honey consumed for the flight fuel is ca 1 g.

To realize such long distance travel and homing, the bees are equipped with a fine memory and navigation system. The basic mechanism of the memory is associative learning, which is famous from Pavlov's dog. In experimental conditions, the bees display short time memory (within a few hrs) after only once training (a conditioning pair stimulus and reward), and long time memory (from a few days to sometimes life time) is achieved after several times of appropriate conditioning (Fig. 28). Details of the memory system are not fully understood but the process must be centered in the mushroom body of the brain (Fig. 29). By using this system, they memorize the color, shape, fragrance, nectar-flow time, and site of the once-visited flower (Fig. 30). Leaving a rewarded flower, for the first time the bee circles 2 to 3 times above the flower, and also memorizes nearby landmarks.

Dance communication to recruit nestmates to newly-found flowers is famous, because it is unique in animal communication systems. Karl von Frisch received the Nobel prize in 1973 for this discovery. While dancing on the vertical plane of the information delivery area near the hive entrance, the returned bee emits two signals. One is 250 Hz sound, and the duration, from 0.5 to several seconds, is the coded information for the distance from the hive to an object flower. The other is the angle between the gravity axis and the tail-waggling runs in the repetitive 8-figured dance, which codes the direction of the flower. These two key pieces of information are delivered to dance-followers, together with some additional information like the fragrance of the flower (Figs. 32 and 33). The follower bees fill their honey stomachs with the appropriate amount of the fuel honey, then go out to find the object flower. For the first flight, the amount of fuel honey is somewhat more than really needed to reach the flower, so this seems to be a kind of insurance in case of failure to find the object.

Many people think that all bees returning from flowers perform the dance. But it is not true. The bee dances only when she thinks the flower is worth recruiting. The evaluation of forage is made on three points: 1) quality, 2) amount, and 3) distance from hive. The quality is evaluated mainly by sugar concentration of the nectar. The amount is not necessarily that of a single flower but that of groups of flowers in a patch unit. For the distance, of course the closer ones get a higher point. This is a very important factor for them, because they have to pay for fuel: 0.5 mg sugar for every 1 km flight.

9. What is pure or natural honey?

In Japan mono-floral honey such as "pure renge" (Chinese milk vetch) or "pure acacia" have long been favored rather than "hyakka-mitsu" (poly-floral or mixed-origin honey). Mixed honey was always shunned. However, this may not be a good approach if we want to eat more natural honey. Because truly natural or rich vegetation is always composed of diverse flora whether in the forest or in the herbaceous field. To harvest pure Chinese milk vetch honey, one needs a huge mono-cultural field covered only with vetch, and that requires a large input of energy or artificial care to prevent natural invasion of other plants species or pest insects. A green plantation or rice field as far as one can see seems natural, but these are the results of artificially managed farms and such uniformity is never the natural state of vegetation.

Honey production in a pure vetch field is one desired style, and of course I do not deny it. But we had better think, or pay more attention to another desirable style: to enjoy a variety of characteristic honeys. They may be honeys collected in particular places or during special flowering seasons, and the flower sources need to be clarified. Sometimes honey might be collected in very small amounts on special occasions, or might be collected once in several years, but in any case, beekeepers will be requested to watch the real-time, and dynamic changes of the flowering state of the foraging territory of their bees.

Quite recently, in shops in all areas of Japan, we see beautifully bottled honey of *A. cerana*. These honeys are usually collected once a year from traditional hives, and until recently, they had been traded very locally in rural districts. Some people are beginning to await a newly-harvested honey like a nouveau wine. These trends might show that consumers are changing their minds and are seeking more diverse and natural things.

10. Flower preferences between native *Apis cerana* and introduced *A. mellifera*

Before discussing the difference between native and introduced honeybees, we ask why are there so few honeybee species? As shown in Fig. 34, there are eight species of honeybees in Asia, and there is only one species in Africa, Middle East and Europe. Honeybees in North and South America, and in Australia are all introduced *A. mellifera*. The total is far less than similarly social bumblebees that number 300. Especially in the two species, *A. mellifera* in the west and *A. cerana* in the east, the distribution extends from tropical areas south of the equator to subarctic areas. It seems mainly due to the possession of a higher ability to regulate their living environment in a confined nesting space, and the storing ability for food during winter. Such a wide distribution is the exception in the poikilothermal (cold-blooded) insects. The two species have essentially the same life style, but there are some interesting differences in ecological characteristics, which seem to come from their origin. Using a rough classification, *A. mellifera* seems to have originated in African Savanna, and *A. cerana* in tropical forest. The Japanese honeybee, *A. cerana japonica* has both remnant natures of the tropical forest origin like a high swarming tendency and tolerance to natural enemies, and newly-developed abilities to overcome the long winter, by storing a large amount of honey. The difference between the two species is summarized in Table 4.

There is no distinct difference in the bees' preference of foraging flowers, but there is a tendency. *A. mellifera* seeks flowers of herbaceous plants and those with white or brilliantly colored blooms relatively low in forest, whereas *A. cerana japonica* seeks tree flowers especially greenish ones in relatively higher positions (Fig. 36).

Interestingly, the taste of *cerana* honey is somewhat different from that of *mellifera* and felt to be sour, irrespective of the flower sources, although there is no striking difference in the major constituents. I speculate that the differences originate from its higher water content of only 2 or 3 %. The lower sugar concentration allows a fermentation and gives a sour taste from the resultant organic acids. But the lowering of pH stops further fermentation, and the honey enters a kind of equilibrium state. Another feature of rich taste comes possibly from a diverse spectrum of the source flowers, some specific nature of mountain tree flowers, or from the long duration of ripening.

11. Royal jelly and propolis

Royal jelly (RJ) is a sort of milk secreted from nurse bees and given to young larvae and the queen bee. The queen bee is fed on RJ for her whole life, and lives 5-30 times longer than workers. The source glands are the hypopharyngeal gland and the mandibular gland developed in the head (p. 13, Fig. 37). Not only its appearance, but also the chemical composition of RJ is entirely different from honey (Table 5).

To collect 1 g of fresh RJ, we need to rear 5-6 queen larvae in artificially-made queen cells by grafting newly hatched larvae one by one from worker cells. And young nurse bees have to feed the milk 20-30 times per hour per cell because the amount of milk secreted per bee is very limited. For favorable RJ production, beekeepers have to keep the colony in the special condition where the workers are motivated to produce new queens. Sufficient number of young workers and a large amount of stored pollen are both essential. Production of RJ in Japan has declined considerably from 13 t (1975) to 3.6 t (2006), and large quantities are imported from China and other countries, each year. Until recently, researchers had given up to identify the "R-substance" (a possible specific substance inducing queen differentiation) after many trials, but now the studies clarifying the R-substance are in progress. If the R-substance and its mode of action are fully clarified, surely there must be great potential for the promotion of our health.

Propolis is in focus in markets in spite of its very expensive price. Propolis is a resinous substance in the hive, and originates from the defensive secretions of various species of plants. Thus the chemical ingredients of propolis are highly different depending on the source plants, region, or season. A total of 67 species (29 families) of propolis-source plants have been reported in the world; they are limited tree species belonging to Salicaceae, Fabaceae, Moraceae, Betulaceae, Rosaceae, etc. It is curious how the honeybees can recognize and collect such a wide variety of chemical substances from a variety of specific plants. However, as a result of intensive analysis of the samples of propolis gathered from all over the world, now research workers can determine the source plants or the region of production on the basis of high performance liquid chromatography (HPLC) pattern etc. Many chemicals of flavonoids and phenolic compounds having therapeutic (like anti-tumor) qualities have been identified.

付録 1
ミツバチの体のつくりの概説

　ミツバチは昆虫のなかでも比較的新しく地球上に現れ，進化しているといわれるハチ目に属する。その体のつくりは大きく三つに分かれており，前から頭部，胸部，腹部である (図39)。頭部には，食物の取り入れ口である口器があり，同時に視覚情報をキャッチする複眼やマルチセンサーとも呼べる触角がある (図40)。

　胸部は運動，行動にかかわる駆動部ということができる。4枚の翅と3対6本の肢が付いており，内部はこれらを駆動する筋肉の塊といってもよい。腹部は体の維持や代謝にかかわるような内臓類のすべてを納めている。

　ミツバチは食道の一部が膨らんで，「蜜胃」と呼ばれる貯蔵タンクとなっている (p.11)。これは「social stomach (社会の胃袋)」とも呼ばれ，ここにためられた蜜は仲間との「共有財産」である。この蜜胃と腸の間には弁構造があり，そこを通過して腸に送られたものだけが，初めて自身のものとして利用される。事実，1匹の満腹のハチと数匹の飢えたハチを同居させておくと，満腹バチの蜜胃の中の蜜は皆に分配され，飢えて死ぬタイミングはほぼ同じとなる。

　多くの昆虫は，口が歯で咀嚼するタイプか，液体を吸うタイプかのどちらかであるが，ミツバチの場合はこの両方の機能が発達している。図41は蜜を吸い上げる折り畳み式の口吻の構造を示したものである。

　ミツバチは脳がよく発達している。脳の重さが体重に占める割合は，バッタやトンボではそれぞれ0.6，1.5％なのに対し，ミツバチのワーカーでは2.5％と明らかに大きい。これを中枢部だけ (視葉と触角葉を除く) で見ると，バッタとトンボではそれぞれ0.25，0.11％なのに対し，ミツバチでは1.22％である。キノコ体を中心とする中枢部分が脳全体に占める割合で比較するなら，ミツバチはバッタの約5倍，トンボの約11倍も発達していることになる。比較の意味で，脳重が体重に占める割合を，哺乳類のそれを著した図に加えてみたものが図42である。ミツバチの脳がヒトなみの発達度であることが伺えよう。

　ミツバチのキノコ体は左右それぞれに双子のキノコのような形をしており (図29)，反り返ったキノコの傘に当たる部分の上に左右それぞれ約15万個のケニオン細胞があり，キノコの傘と柄に当たる部分はケニオン細胞から出た繊維 (軸索) からなっている。このキノコ体の発達は，ミツバチだけでなく，アリやスズメバチなどの社会性昆虫にも共通する特徴である。社会性昆虫に共通する特徴として，高度なコミュニケーションを実現するために情報量が多いことが考えられ，そのために配線 (インフラ) 部分にあたる繊維とシナプスの量が増えたものと考えられる。一方，たとえばトンボではキノコ体は痕跡程度しかない。このキノコ体の位置づけは，高等動物の海馬および新皮質に相当するとみてよい。ミツバチの脳機能の詳細については，巻末の「主な参考書」にあげた『もうひとつの脳，微小脳研究入門』，『昆虫はスーパー脳』を参照されたい。

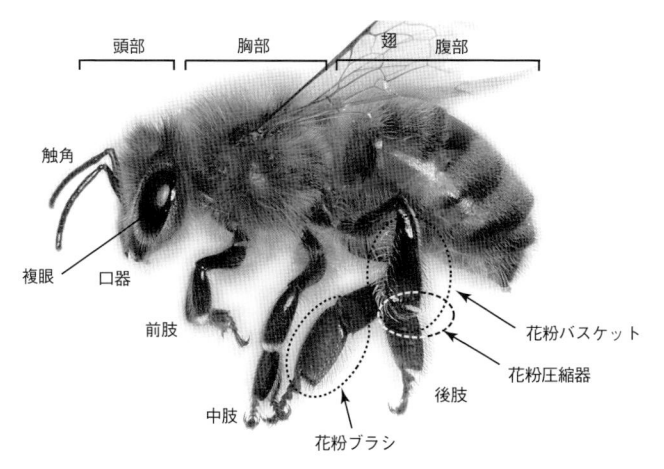

図39　セイヨウミツバチの働きバチの体の外観と主要部分の名称　花粉ブラシは前，中，後の各肢の第一跗節の内側に発達している。この写真では口吻は折り畳まれて収納されており，見えない

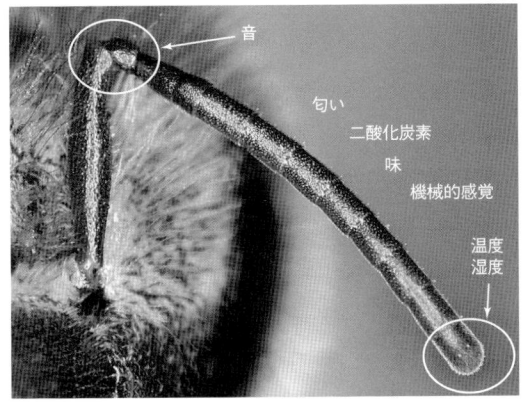

図40 マルチセンサーともいえる触角　主要部分の鞭状部は11節からなっており，その付け根部分がジョンストン器官（耳に相当）となって音をキャッチする。匂いや味などは全体に受容器があるが，温度と湿度は先端部がセンサーとなっている

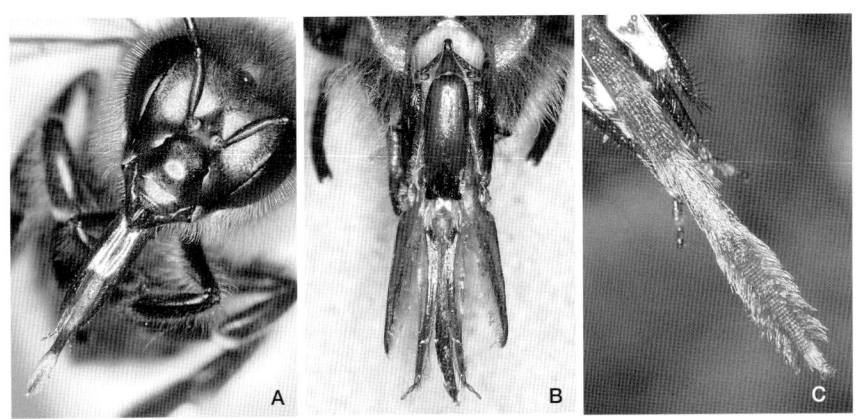

図41 ミツバチの口器は両刀使い　ミツバチは噛むタイプの歯（大顎）と液体を吸い上げる吸汁タイプの口吻の両方を備えている。ただし口吻は普段は三つに折り畳んで顎の下に収納されていて，必要なときだけ伸ばす。Aは全体図。Bは五つのパーツからなる口吻を少し押し開いて腹部側から見たところ。Cは一番先まで伸びてよく動く舌。液体を舐めとりやすくするため毛が生えている

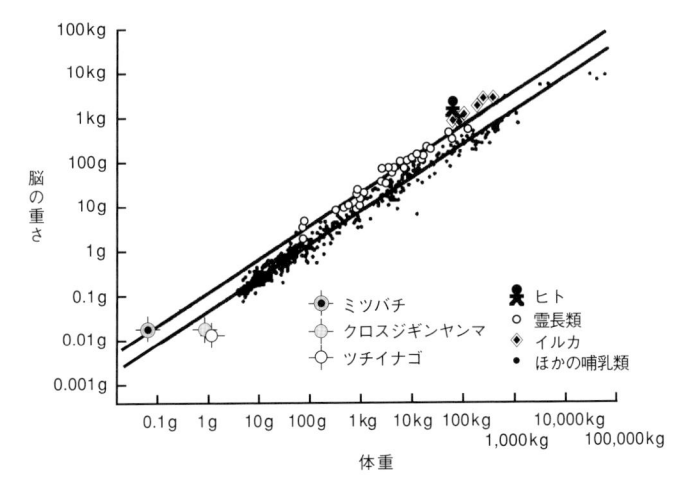

図42 いろいろな動物の脳の重さが体重に占める割合　霊長類と他の哺乳類とで体重と脳の重さを比較してみている図に，3種の昆虫の場合を書き加えてみた。トンボやバッタでは脳重比が哺乳類よりかなり劣るなかで，ミツバチはヒトに近い比率になっている（オールマン，2001（養老孟司訳）『進化する脳』(別冊日経サイエンス, 133：99) の図に加筆）

付録1　ミツバチの体のつくりの概説　381

付録 2
ハチ蜜の品質規格 ― 国際規格と日本規格

ハチ蜜の規格基準としては，国連食糧農業機関 (FAO) と世界保健機関 (WHO) が合同で作った国際的な食品規格であるコーデックス (CODEX) 規格 (参加国：2009 年現在 180 カ国) と，日本規格として公正取引委員会が認定している「はちみつ類の表示に関する公正競争規約」およびその施行規則がある。

コーデックス規格のハチ蜜に関する事項は，現在日本では強制力をもっていないが，セイヨウミツバチが産する一般ハチ蜜と産業用や食品材料用のハチ蜜，さらにその他のミツバチ類が生産するハチ蜜にカテゴリー分けをしたうえで，品質，汚染や衛生状態，表示について規定している。

日本の公正競争規約でも，定義や表示について規定しているが，組成基準としては以下としている。

水分	20℃において 20% 以下 (ただし，国内で採蜜された国産ハチ蜜では 23% 以下)
果糖およびブドウ糖含量	合計で 60g/100g 以上
ショ糖	5g/100g 以下
電気伝導度	0.8mS/cm 以下
HMF (ヒドロキシメチルフルフラール)	5.9mg/100g 以下
遊離酸度	100g につき 1N アルカリ 5ml 以下
デンプンデキストリン	陰性反応

最近顕著になった傾向として，ハチ蜜ショップに行くと，それぞれの花の特徴をうたった美しい単花ハチ蜜の瓶が並んでいる。しかしラベルにある花の蜜の純度がどのくらいなのかとなると，国外からの輸入品も含め，信頼できる基準はまだない。アメリカでは単花ハチ蜜を含め，「蜜源表示ハチ蜜 (varietal honey)」という呼び方が広まりつつあるという。"varietal" というのは，原料品種のブドウを明示したワインなどに使われてきた表現で，アメリカワインの現規格では，主要ブドウ品種の占める割合が 75% 以上の場合に，ラベルに記載してよいとされている。当然ハチ蜜でもこうした基準を作りたいところだが，使用ブドウ品種の混ぜ具合を調整できるワインと違い，ハチ蜜の場合は実態の把握が難しい。

表 6 は，国際ハチミツ委員会が，単花ハチ蜜のデータバンク作りの中間報告にあたってまとめた検査項目である。この報告のあった 2004 年現在で，主要 16 種の単花ハチ蜜について，20 カ国から 5510 のサンプルが集められ，計 6 万件を超えるデータが集積しているという。今のところこれに参加しているのは，EU に加盟する 12 カ国，21 の研究機関とのことであるが，ほかにもハチ蜜の蜜源や産地を特定しようという分析法が，国際的に種々検討されつつある。

表 6 　単花ハチ蜜のデータシート記載項目 (Oddo and Piro, 2004 による)

一般記述	生産地，流蜜期や特性など
官能検査	視覚 (結晶頻度，色彩，色調)，匂い (強弱)，匂い (特徴)，甘味，酸味，塩味，苦味，香味の強弱，香味の特徴，後味，その他の口あたり，特筆事項
花粉分析*	主要花粉 (%)，総花粉粒数 (個/10g)
物理性*	色 (mm Pfund)，電気伝導度 (mS/cm)，比旋光度
酸度*	pH，遊離酸度 (meq/kg)，ラクトン価 (meq/kg)，総酸度 (meq/kg)
成分概要*	水分含量 (g/100g)，ジアスターゼ活性 (DN)，インベルターゼ活性 (SN)，プロリン含有量 (mg/kg)，果糖含有量 (g/100g)，ブドウ糖含有量 (g/100g)，ショ糖含有量 (g/100g)，還元糖含有量 (g/100g)，果糖ブドウ糖比，ブドウ糖水分比
総評	データに基づく比較考察など

* については平均，標準偏差，最大・最小 (95% 信頼区間) が表示される。

付録 3
増殖を推奨したい蜜・花粉源植物リスト

以下にいろいろな目的・場所で，もっと増やしたい蜜・花粉源の候補植物名をあげた。家庭で，あるいはそれぞれの立場で，ヒントにしてみていただければありがたい。なおその際，基本的に配慮すべき点として，自然状態の山にはわが国在来の樹を考え，「外来種」の植栽は極力避けたい。野にもむやみに外来種の種子を播いたりするのは避けるべきであろう。そのうえで，山にも里にも，ぜひもっと蜜源になる樹や花を増やしたい。

山に，野に

【木本類】（以下（ ）内は本書での記載ページ）

アワブキ (p.35) 花は乳白色で遠目にも美しい。スミナガシやアオバセセリの食樹ともなる。山にも公園にもよい。

オオバアサガラ (p.107) 花期は初夏。関東，中部地方の山に，真っ白く垂れ下がる繊細な花で見た目にも美しい。関西ではアサガラもよい。

ウワミズザクラ (p.125) 山によいが，公園などもぜひ。

エゴノキ (p.106) 蜜・花粉双方によく，蜜源としての評価はすでにほぼ確立している。日本の樹だが，欧米では園芸用に人気を集めている。最近では紅花のものなど園芸品種もある。

キヅタ (p.228) 晩秋の蜜源・花粉源としてすばらしい。絡みつかれた木は多少迷惑かもしれないが，趣もある。暴れないのがよい。

キハダ (p.215) もともと山の蜜源樹で，雄木は花粉源になる。種をまいて増やしてもよい。里には外来種のビービーツリー (p.217) をぜひもっと。雄と雌の木を両方植えないと種ができない。

ケンポナシ (p.188) もともと山の樹だが，人為的な増殖を。ただし鑑賞用の価値はほとんどない。

コシアブラ (p.226) 山にもっと。春の芽が山菜としての人気もあるし，乳白色の独特の紅葉も美しい。

ソヨゴ (p.184) 蜜源として定評があり，すでに植栽樹として普及しつつあるが，園芸用にもっと増殖を。

タラノキ (p.224) 山にもっと。山菜として定評あり。

トチノキ (p.199) 木材用に伐採されてしまったもので，ぜひ復活を。年月がかかるので早く始めたい。

ハリギリ (p.227) 山の樹だが，人為的な増殖を。

ハシドイ (p.264) 山のものだが，人為的な増殖を。

ハゼノキ (p.205) 九州では一番の蜜源樹だった。すでに野生化してはいるが，人為的な増殖も考えたい。

ヤマザクラ (p.130) 人為的な増殖をしてサクラ蜜を。

【草本類】

アザミ類 (p.276) 北海道の野に地元産の種類の種子を人為的にまいたらよいのではないか。

ノイバラ (p.139) 野山にもっと。人為的な増殖を。

ヤナギラン (p.175) 山でも減っている。高原の道路脇などに外来のマツヨイグサがかなり繁殖してしまっており，これを置き換えたい。北海道にももっと。ただしなぜか肥沃な土地は好まない。

公園，街路樹，家庭の庭，屋上などに

【木本類】

オオバアサガラ (p.107) 山用に推薦したが，里にも悪くない。ぜひ。

アブラギリ (p.186) 原産地は中国。公園などにもっと植えてみてよい。

イヌエンジュ (p.143) 目立たない木だが，北海道，東北などではもっと街路樹などに。

ウメモドキ (p.181) ハチがよく行くし，赤い実もきれいなので，一般家庭に。

カラタチ，キンカン (p.208, 213) カラタチは木も花も実も美しいし，キンカンとともにもっと。

カンヒザクラ，オオシマザクラ (p.128, 130) とくにカンヒザクラは蜜量が多く，色も濃い赤で，もっと増やしたい。これは山にというわけにはいかないだろう。

キヅタ (p.228) 山にも推薦したが，里にももっとあってよい。ただし年数はかかる。

クロガネモチ (p.182) 東京などでもずいぶん街路樹に実績ができたが，もっと。病気や害虫もつかない。

サイカチ (p.143) 花は目立たないが流蜜が太く，巨大なマメがなるので，面白い。

サクランボ (p.127) 公園や家庭でももっと植え，皆で食べて楽しんでもよいのではないか。

サルスベリ (p.167) 夏の花粉源としてまたとない。花期もとても長く，街路樹や公園，家庭に。最近では矮性のものも多くなっている。

サルナシ (p.71) 山，公園，家庭に。日陰を作るのにはもってこいだし，実は果実酒によい。

サンショウバラ (p.139) 格調の高い木で，花もよいので，ぜひ種をまいてあちこちに増やしたい。

スグリ類 (p.112) ベリー類同様だが，ベリー類ほど場所もとらないので，家庭でぜひ。

ツタ (p.191) 秋の紅葉がとても美しい。都会の壁面緑化にぜひ。

ツバキ類 (p.69)　早春の花粉源で，造園のなかですでに多く使われているが，もっとあっても悪くない。

トウカエデ (p.203)　目立たないが，蜜・花粉源としてはよさそう。街路樹にもっとどうだろう。

トチノキ (p.199)　山に復活を願うが，都市公園にももっとあってよい。ベニバナトチノキも。

ナツハゼ (p.100)　花は地味だが，公園にも庭にもよい。秋には赤い紅葉と黒い実がとても美しい。

ナツメ (p.190)　実がなっていてもあまり利用されていない。花は地味だがもっと植えて楽しみたい。

ハクウンボク (p.107)　最近街路樹に増えてきてはいるが，もっと増やしたい。

ハクチノキ (p.136)　あまり植栽されているのを見ないが，花は美しく，公園，庭，街路樹にもよいと思われるのでぜひ。春のセイヨウハクチノキも。

ビービーツリー (p.217)　名前のとおり，これほどハチが好む木は珍しい。畜産試験場が筑波に移転したころに植えた木が30年経っていま見事な花を咲かせるようになったのを，ぜひ参考に。

モクゲンジ (p.196)　蜜質はわからないが，花もその散り方も美しく，ぜひ。秋咲きのオオモクゲンジも。

ユリノキ (p.24)　ハチ蜜の味がきわめてよく，病気，害虫もつかない。花をつけるには剪定しないこと。

【草本類】

アサヒカズラ (p.61)　沖縄以外では実績がないが西日本なら大丈夫だろう。ハチはすごく行くし美しい。

アロエ類 (p.314)　冬の補助蜜源に。暖かいところでないとだめだが，キダチアロエだけでなく，もっといろいろな品種のものを植えたい。

アンチューサ (p.241)　ヨーロッパでハチ蜜としての実績もある仲間なのでぜひ。

ウイキョウ (p.231)　個性ある蜜源になるし，家庭でもっと植えて料理にも使いたい。

エリカ類（ヒース）(p.102)　ヨーロッパではこのハチ蜜はとくに愛好されており，日本でもぜひ公園，一般家庭にもっと植えたい。

カラミンサ (p.257)　雑草なみに強いし，屋上庭園などにもよい。

ショカツサイ（ムラサキハナダイコン）(p.97)　蜜・花粉源としてはたいしたことはないが美しいし，もっと。

セージ類，タイム類 (p.252, 251)　公園，家庭の花壇に，ハーブの楽しみにハチ蜜が加わる。屋上緑化にも。

ハチミツソウ (p.280)　ほとんど植栽されていないが，花期も長く，もっと普及したい。

ハッカ類 (p.254)　ヒソップなどとともに，ハーブとしてぜひもっと栽培したい。結構強いので空き地などにもよい。

ブラックベリー，ラズベリー (p.116)　ベリー類の人気が出てきているし，ぜひ植えて生食や自家製ジャムも楽しみたい。

ラベンダー (p.248)　すでに多く植えられるようになったが，もっとあってもよい。流蜜の多い品種を。

ローズマリー (p.250)　これもずいぶん多く植栽されるようになった。純粋な「ローズマリー蜜」が採れるまでは難しいだろうが，丈夫な木だし，もっと増やしてもよいのではないか。

空き地，川沿いなどに

オジギソウ (p.142)　東南アジアでは有力な蜜源で，ちょっとした空き地などにもよいのではないか。

カワヤナギ，ネコヤナギ (p.90)　ヤナギ類は多いがミツバチのことを考えればこの2種を増やしたい。

クコ (p.236)　もともと雑草のように強いが，減っており，川べりや空き地に増やしたい。ただしウドンコ病とクコハムシの害が大きく，見苦しくなることもありうる。

クサイチゴ (p.115)　実が美味しいわけではないが，花がきれいだし，路傍や空き地にもっとあってよい。

クサボケ (p.120)　野生のものが減ってしまってさびしい。実は果実酒によいし，ぜひ野山に復活を。

シロツメクサ類 (p.152)　東北・北海道では，採蜜用に意識的にもっと増やしたい。

ノイバラ類 (p.139)　野山にもっとあってよい。

ヒメイワダレソウ (p.244)　田の畦や，ちょっとした空き地利用などに。乾燥に強く，屋上緑化にもよい。

畑での大規模栽培に

クサフジ (p.151)　衰退しているレンゲに代わる蜜源候補として，ヨーロッパ産のヘアリーベッチが検討されているが，それよりも，日本産のクサフジ類でよいものが結構あるように思われる。ぜひこれらを大規模に植えてみたい。

クリムソンクローバ (p.154)　真っ赤で派手だが，シロツメクサ類のなかにこれも。ハチはすごくよく行く。

ナタネ類 (p.95)　バイオ燃料用という形で，大規模栽培の復活がなるかもしれない。

ヒマワリ (p.282)　鑑賞用に植えるケースが増えているが，これもバイオ燃料用大規模栽培を考えたい。

ベニバナ (p.284)　だいぶ栽培面積が増えているが，もっと増えれば「ベニバナ蜜」も採れそうだ。

ムラサキウマゴヤシ (p.147)　牧草畑にもっと積極的に。良い蜜が採れることも考慮してもらいたい。ただし暑さには弱い。

レンゲ (p.148)　「レンゲ蜜」ばかりにこだわりたくはないが，やはり復活を強く願いたい。

撮影裏話

■ 撮影の邪魔者スズメバチ

　晩夏から秋にかけて，花上のミツバチ撮影が難しくなることがよくある。スズメバチが「狩り」のために，訪花昆虫を捜して花を徘徊して回るからだ。これは撮影者が危険にさらされるというわけではない。スズメバチのほうはとくにミツバチを標的にしているわけではないらしく，アブでも何でも突っかかっていく。しかしそのおかげでミツバチたちはピリピリして落ち着かず，風にそよぐ枝葉の陰にさえも敏感に反応して飛び立ってしまう。当然，ヒトが近づいてもすぐに逃げてしまうというわけである。ヌルデやセンノキ，アレチウリなどの花は，格好の狩り場となる。スズメバチ研究者の小野正人氏がキイロスズメバチの巣の前で数えたところ，一つの巣の働きバチが1日におよそ1000匹のミツバチを持ち帰ったというから，やはり相当な数のミツバチが犠牲になるようだ。

　秋ほどではないが，初夏のアワブキの花も同様だ。まだスズメバチなどほとんど眼にしない季節なのに，ちゃんと狩りにやってくる。このころのスズメバチはまだ女王バチで，越冬からさめて巣づくりや育児を始めたばかりの忙しい身であり，たくさんのミツバチが訪れている花は，彼女にとってまたとない狩り場となる。スズメバチ以外でも，雄が交尾のために広範囲にテリトリーを張って花を巡回し，よそ者を蹴散らすハチがいる。トモンハナバチである (p.219)。ムラサキウマゴヤシへの訪花を撮ろうとしているとき，このハチがパトロールにやってきて，そのたびに撮影チャンスを邪魔され，イライラさせられたことが思い出される。

■ お腹の膨らみ具合や花粉ダンゴの大きさを見逃さない

　撮影行のときは，花を見つけると「ハチは来ているかな？」のチェックが癖になっている。とくに撮影チャンスがめったにないような花の場合は，来ているハチは貴重品。そんなときは，お腹の膨らみ具合か，肢の花粉ダンゴの大きさを素早くチェックする。お腹が膨らんでいれば，すでに蜜をいっぱい吸っている証拠で，すぐにも巣に帰ってしまう可能性がある。両肢の花粉ダンゴが大きくなっている場合も同様だ。そうでない場合は，花のほうの状態をチェックする。咲いている花数が少なければ，やはり他の場所に行ってしまいがちだから，チャンスは少ないと心得なければならない。多くても花当たりの訪花滞在時間が1秒以下と短い場合は，今しがた「訪花済み」であることを示す「匂いのマーク」が付けてあるか，もう他のハチたちが蜜を吸い尽くしてしまって蜜がほとんどないことを意味している。そんな場合もじきにハチはいなくなることが予想されるので，チャンスは少ないことになる。猶予はないと心得え，一発勝負の撮影に賭ける。

　一方，ハチの行動を見ていれば，その花への執着度は見てとれるので，それが大きいようであれば，たとえ逃してしまってもまだ希望は残る。一度巣に戻って蜜や花粉を置き，再び同じ所に戻ってくる可能性が高いからだ。巣までの距離は遠くても2～3km程度なので，秒速7m (時速にして約25km) で飛べば，往復分の時間は長くても10分前後。巣での荷下ろしにかかる時間を入れても，15分以内にまた現れる可能性は十分ある。実際待った甲斐あって，見覚えのあるハチが戻ってきてくれたときは嬉しい。また，帰って行ったハチとは見るからに違うハチが現れたときも，あの戻りバチからダンスで教えてもらった新参者がきたのかと思うと (確かめる術はないのだが)，これも嬉しくなってしまう一瞬だ。

テクニカルノート

■ この本づくりに用いたカメラ機材と撮影のコツ

　一言でいうと，著者のカメラや撮影機材は単純で，プロ的な装備類は使っていない。ただ，目的の花が咲いている，ハチが来ていると思われる「時」と「所」に赴き，チャンスをものにするだけだ。もちろん目的なしに歩いていてチャンスが巡ってくることもあるから，日曜日に自転車で近所をあてもなく回っているときに撮影したものも多い。職場（玉川大学）と住まい（世田谷区）の間の 25 km くらいを車で通勤していたので，2006 年にはカーナビを付け，朝早く家を出ては回り道をしてチャンスを広げるようにした。カーナビの目的地に職場を設定しておけば初めての道や路地に迷い込んでも安心で，大いに役立った。これは写真撮影だけではなく，「いつ何の花が咲いているか」というフローラルカレンダー作りにも威力を発揮してくれた。

　あとは車で，山梨，群馬，長野，栃木，福島辺りまでよく出かけた。最近，走行距離が 18 万 km になって車を買い換えたが，この距離の 1/3 くらいは撮影のために走った計算になる。

　カメラは，景色一般と接写用には大型機を，広角撮影には小型のデジタル機を用いた。愛用していた銀塩カメラはミノルタ社のもので，1990 年に買った 100 mm マクロとの組み合わせであったが，2005 年にデジタルの α7 に換えた。これとタムロン社の 18～250 mm ズーム（最近接時の倍率 0.35 倍）の組み合わせは使い勝手が良く，本書に収録した写真の半分くらいはこの組み合わせで撮ったものだ。α7 の良いところは銀塩カメラの操作性の良さを踏襲し，ボタンの配置が工夫されていて，画面をのぞきながらすべての調整が出来た点である。はじめのうちはマクロとズームの 2 本を持ち歩いて付け換えていたが，CCD へのほこりの付着がひどく，頻繁に窒素ガスを吹きかけて掃除をしなければならず，それがめんどうでズームレンズを本体に付けっぱなしにするようになってしまった。

　ハチがぶれるのを防いだり，絞りを深くするためにストロボを併用することは多いが，α7 の内蔵ストロボは発光位置が高く，長いズームレンズでもケラれることがなく重宝であった。しかしこの愛用の組み合わせも使い込むうちにガタがきて，シャッターの不調やストロボの光量不足がひどくなってきた。それに，悲しいことにミノルタがカメラ部門から撤退してしまった。

　そこでやむなく 2008 年の初め，ニコン D300 に換えた。ただしレンズは使い慣れていたこともあり，結局タムロンのニコン用のものを入手した。しかしこれには思わぬ誤算があった。D300 の購入当時，ニコン用の同型レンズは最近接時の撮影倍率の点でミツバチの撮影には不満があった。同年 5 月になり 18～300 mm（300 mm 側の最大倍率時の倍率 0.3 倍）で手ぶれ補正機能付きのものが出たので，これを買いなおした。これで倍率の点はほぼ満足がいく結果となった。ただし手ぶれ補正機能については，働くまでにタイムラグがあり，ここぞというチャンスを逃さないようにするためには役に立たないことがわかった。また，このレンズはニコン用に設計されているはずなのに，レンズ先端の口径が大きく，D300 の内蔵ストロボでは最拡大状態では画面下部にケラレが出てしまう。レンズ自体に影響が及ばない範囲でヤスリで削り落としてしまおうかと思っている。

　ごく一部の接写にはニコン純正の 105 mm マクロも使った。専用レンズであり，ズームレンズより解像度が優れているのは当然だが，重いし，普段は持ち歩かなかった。

　ところでマクロ撮影ばかりでは周囲の状況がわからない。バックの環境を写し込んだ絵も欲しくなる。そこで 2007 年からは広角撮影用に小型のデジタルカメラをもう 1 台持ち歩くようにした。これで使い分けができ，故障時や保存メディアがなくなったときの保険にもなった。デジタルカメラでは CCD の面積が 35 mm のフィルム面より小さいので，より焦点距離の短い強い広角にしないと十分な効果が得られない。D300 用の広角レンズを購入することも考えたが，交換時のほこりの侵入経験を思い出し，アンチダスト機能がついているとはいえ，気が進まなかった。結局，広角用に選んだ機種はリコーの D100。人気の R シリーズと違い，あまり知られていないモデルではあるが，撮影者の意図をくみ，あらかじめ諸種の設定をしておけるところが気に入った。花に潜り込んでいるミツバチの超接写も可能で，その絵は大型カメラでは撮れない独特の味がある。このカメラの難点は CCD の色再現性で，景色を撮っている分には気にならないが，ミツバチの群の写真を撮ると青ざめた色になってしまい，いただけない。

　これが花だけの写真であれば三脚も重要なはずだ。とくにストロボに頼らずに感じの良い撮影をしようとすれば，三脚またはそれに代わるカメラの固定具は必須アイテムとなる。しかし本書の場合のように，飛び回るミツバチを追って，「ここぞ」というときに即シャッターを押さなければならないとなれば，三脚は使っていられない。

使わないといえば，オートフォーカス機能も使ったことがない。手動でのピント合わせが難しい小型カメラでの広角撮影以外では，オートフォーカスでハチを撮るのはまず不可能に近い。ピントはレンズのフォーカスリングで合わせることもあるが，構えているカメラ自体を前後させて撮る場合のほうが多い。

最後にストロボの使い方について2点ほどメモしておきたい。強めにストロボをたけば，被写体のフォーカスエリアでの露出は適正にできても，バックに光が届かず，夜に撮ったような感じの悪い写真になってしまう。これを避けるためには，ストロボはあくまで補助的に使うにとどめ，発光量を抑えたく。また翅の羽ばたき感を適度に表現するためには，ストロボ発光時のシャッタースピードを適当な範囲に設定する必要がある。私の場合は200か250分の1秒に設定している。

この本作りに用いた撮影行時の携行品は以上のとおり。はずかしいが，図43は一番多くの写真を撮った標準セットによる私の撮影風景である。

■ **通常のカメラ以外で用いた機器**

蜜腺の拡大写真となるとマクロレンズでも拡大率が足らず，顕微鏡が欲しくなる。実体顕微鏡を使うのが普通であろうが，本書の撮影にあたっては，FBIやNASAでも使っているというハイロックス社（日本）製の接写装置を用いた。これだとCCDの画素数には不満が残るものの，300倍前後までの撮影が可能で，実体顕微鏡より被写界深度が深い点が魅力である。

花粉の色を記録するには，花粉ダンゴの写真を撮ってデータベース化したが，その場合，花粉に蜜を加えて練ったような形になっているので，新鮮なものと水分が飛んで乾燥したものとでは色合いが違ってしまう。本書に収録したものはすべてフレッシュなものの色で統一してある。加えてもう一つの手段として，光学顕微鏡による暗視野撮影も試みた。通常の顕微鏡観察では光を下から透過させた状態で撮影するので色が表現できないのに対し，目的物の後側を黒バックとして撮る。光を側面から当てることでその散乱光をとらえるので，少しフレアが出てしまうが色は比較的よくとらえることができる。

一部の花粉や蜜腺については走査型電子顕微鏡でも撮影してみた。これは撮影したいものを気化させた金でコーティングし，これに高真空下で電子線を当てることで目的物表面の金膜の外殻電子を放出させ，これをフォトマルでとらえてブラウン管に映し出す方法である。電子線は走査させて順次当てていくので，ブラウン管で見る画像は静止画のようにはいかないが，写真を撮れば，深度の深い鮮明な画像が得られる。倍率は数千倍までいくが，白黒写真しか撮れない。試料の作成や撮影にあたっても配慮が何点かあるが，ここでは割愛する。最近では低真空度で簡単に撮影できるマシンが開発されているので，そういうものを使えばかなり簡便に撮影できそうである。

図43　著者による野外でのミツバチ撮影の一こま　ミノルタからニコンに変わったが，レンズなど基本的なところはほとんど変えていない。敏捷なミツバチの行動を捉えるために，三脚やオートフォーカス機能を使うことはない

あとがき －ハチ蜜に思うこと

　ハチ蜜は，「レンゲ蜜が最高，それがダメならアカシア蜜」の時代から，今や多様な単花ハチ蜜，ラベンダーなど外国産の輸入蜜，珍品蜜に人気が広がっている．本書では，この花ごとに味が違う単花蜜の楽しみ方を歓迎しつつも，「自然との共生」を大切にするなら，それにこだわらず，「季節や場所を特定した個性的百花蜜」を大切にしたい，とした．ワインのヌーボーに当たる透明な「新蜜」も魅力はあるが，熟成した蜜の深い味わいや色，滑らかに結晶化した蜜のクリーミーな舌触り，日本種蜜独特のさわやかな甘さ，といった多様な楽しみ方をぜひ見直したいものだ．

　そして信頼できるハチ蜜のためには，今どんな花が咲き，ハチたちがホントにどこに行っているのかの「実態」を見極めたい．そんなガイドの一つとして本書が役立てばと願うのである．

　ただ，「初夏の○○高原の蜜」など，季節・場所を特定した個性的百花蜜を大切にしたいからといって，仮に北アルプスのお花畑に蜂群を入れて採蜜をしたらどうであろうか．夏の間だけの導入なら，たぶん高山植物からの採蜜も可能だし，そのイメージと希少価値から，大方の消費者も好感をもって受け入れそうだ．確かにヒマラヤの標高3,000ｍに近い高山帯の自然状態で，夏の間ヒマラヤオオミツバチがお花畑の蜜や花粉を集めている事実もある．しかし高山植物の群落のように長い年月をかけてでき上がったデリケートな生態系に，いきなりよそ者のミツバチを放つことには問題がある．

　小笠原やオーストラリアでは，もともとミツバチが生息していなかったところにセイヨウミツバチを導入した結果，それらの地に固有の植物たちと共生関係にあったポリネーターたちとのパートナーシップが崩れ，ひいてはそれらの植物が存亡の危機に瀕しているといわれる．南アルプスなどの高山帯にホンドシカやニホンザルが出没し，高山植物を食い荒らすようになっている現実もある．そういう意味では，セイヨウミツバチのような外来種でなくても，本書で指摘したようにニホンミツバチの棲息域が急速に標高の高いところにまで広がっている事実も，先行きが気にかかる．

　蜜源植物の導入や増殖にあたっても，この種の配慮はこれまで以上に求められる．Honey potential として個々の蜜源植物からどのくらいの蜜が採れるかを問題にするのに加え，これからは各地域，もっと狭く見るなら各養蜂場レベルでの，年間を通じた時空間的な Honey + Pollen potential を考慮すべきであろう．「健全なハチの営みあっての，そこから採れる健全なハチ蜜」であるはずで，そのためには採蜜以前にまず，ミツバチの蜂群が，その利用可能な範囲内の花で健康に暮らしていけるだけの「年間を通じての蜜＋花粉源環境」が必要なのだ．現実には自然生態系も，ハチへの依存度が高まっている農業生態系も，ともに厳しい環境にあるが，それだけに私たちの確かな認識と改善の努力が求められているのだと思う．ヒトの食環境もそうであるが，ミツバチの食環境も過度な偏食やサプリメント頼りにはさせたくない．

　2008年から2009年にかけ，アメリカ発のCCD (Colony Collapse Disorder；蜂群崩壊症候群) が日本でも大きな関心事となった．これはまさにハチの健康状態の問題であり，ハチを取り巻く環境問題ともいえる．この問題を取り上げた著書の一つは直ちに翻訳・出版され，著者の一人，Rowan Jacobsen の来日は新聞などで大きく報道された．農水省も緊急予算を計上し，対策に乗り出した．日本でのハチ不足の原因はアメリカのそれとは事情が異なるように思われるが，少なくともこの1件でミツバチの必要性，貢献度がクローズアップされたことは間違いない．ヒトの自然へ向き合い方にミツバチが警鐘を鳴らしてくれているように思えてならない．

　2010年3月

佐々木正己

謝　辞

　ミツバチに眼を向ける機会を与えるとともに写真記録の重要性を教えていただいた恩師，今は亡き岡田一次先生には真っ先にお礼を申し上げたい。ほんとうはぜひこの本を見ていただきたいところであった。酒井哲夫 (以下敬称略) ほか，玉川大学昆虫学研究室 (現動物昆虫機能開発科学領域，あるいはミツバチ科学研究センター) の研究仲間である松香光夫，竹内一男，吉田忠晴，中村　純，新島恵子，小野正人，佐々木哲彦，干場英弘，榎本ひとみ，浅田真一，市川直子の各氏には，日頃からいろいろな応援をいただいた。同じ農学部仲間の杉本和永，渡邉正子，稲津厚生，干場英弘，深澤元紀，植田敏充，金井秀明，大宮正博の各氏の協力もありがたかった。撮影やとりまとめには基本的にプライベートの時間を充てたとはいえ，このような研究の場を与え，また諸種の形で励ましをいただいた玉川大学の小原芳明学長にも，改めて感謝を申し上げたい。

　同じ研究室出身の北島一良氏は，30年も前の学生時代に取り組んだ作品とは思えない出来映えの花粉の光学顕微鏡写真を快く使わせて下さった。吉村麻里，渡辺太一の二氏は卒業研究の形でそれぞれ，開花フェノロジーと花粉形態の部分を手伝ってくれた。久保良平氏には花とハチミツの香りのガスクロマトグラフィー分析を担当していただいた。データの解析や画像処理での山村　聖氏の協力も大きな助けであった。

　そのほか，養蜂・ハチミツ関係者を中心に，お世話になった方々は数多いが，とくに蜜・花粉源植物との関係でお世話になったのは，野々垣禎造，池田光夫，河原崎克己，角田公次，小野保一，藤原守男・藤原瑞永，日本養蜂はちみつ協会の塗師田光伴・前　理雄，全国転地養蜂協同組合の原　淳・藤井徹三・藤井高治，山田養蜂場の藤善博人・加藤　学・内田幸治，クイーンビーガーデンの鈴木　勲・小田忠信・吉垣　茂，田頭養蜂場 (ラベイユ) の白仁田雄二・永田　唯，日本養蜂，ジャパンローヤルゼリーKK (薬蜜本舗) の石橋則子，コンビタジャパンのJames Milne，群馬県農業技術センターの宮本雅章，昭和薬科大学薬用植物園の高野昭人・山西美央，畜産草地研究所の木村　澄，日本在来種みつばちの会の藤原誠太，信州日本みつばちの会の富永朝和，光源寺岑生，尾崎　進，安藤竜二，ハニー松本養蜂舎，杉養蜂園，清水進一 (埼玉養蜂)，岸野俊英 (日新蜂蜜)，中田茂富，渡辺英男，清水美智子，秋山雅男，高橋國人，井上敦夫，末次　晃，佐藤一二三，人見吉昭，村上和弥，下鳥大作，小畑博美知，肥後一夫，新宅羽夕，永光輝義，山田美那子，相田由美子，山口富男，三輪教孔，平　誠，光畑雅宏，光畑明子，原野健一氏ら (以上順不同) の方々である。記して厚く感謝の念を表したい。

　この本の構想を実現するまでに，いくつかの観点から強く影響・刺激を受けた方に，花粉学の先達幾瀬マサ，花粉学からバイオアートの世界に転身した岩波洋造，花生態学の田中　肇，井上民二，同級生で『トリバネチョウ生態図鑑』を著した松香広隆，それに直接お会いしたことはないが，高校時代に名著『ヒメギフチョウ』や『高山蝶』で感銘を受けた田淵行男の各氏がいる。International Bee Research Association の設立者 Eva Crane 女史はその超人的エネルギーで，世界のミツバチ学の集大成，養蜂学関係のデータベース化に当たられた。今回のまとめはその万分の一にも満たないが，お会いするたびに強い感化を受けた同女史のスタンスに学んだところは大きい。

　構想の当初は全編にわたり英語の解説もつけたいと考えていた。結局それは成らなかったが，少し長めの英文抄録を付すことにし，チェックを Gillian E. Shaw さんと，Bees for Development の主宰者であり旧知の仲でもある Nicola Bradbear 博士にお願いした。お二人にも厚くお礼を申し上げたい。

　また記すのは恥ずかしいが，祖父桜井　元が園芸の道を歩き，父佐々木尚友もまた小石川植物園と新宿御苑に勤め，植物相手の生涯であったことから，私のどこかに植物との関わりが自然に根付いていたものと思われる。叔父の桜井　廉からは具体的にいくつかの植物の自生地や種名についての示唆をいただき，これもありがたかった。八ヶ岳の実験農場で幼時を過ごした妻　光子の理解と陰ながらの応援にも感謝しなければならない。

　最後になったが，海游舎の本間陽子氏には，企画の段階から長い年月お付き合いをいただき，前著『ニホンミツバチ』のときにも増してお世話になった。これも記して特別な感謝の気持ちを表明したい。

■ **写真を提供してくださった方々**

大きな協力をいただいたのは山田養蜂場の加藤 学 (ヘアリーベッチ, クリムソンクローバ, ドラゴンフルーツ, カキ, ミツマタ, ヒマワリ蜂場)・内田幸治 (イタドリ, ネムノキ, カタバミ, クサギ, キンギンボクほか多数) のお二人であるが, ほかにも貴重な写真を使用させていただいた方は少なくない. 本文中にもお名前は記してあるが, 今いちど一覧の形でお世話になった方々の氏名を掲げ, 謝意を表したい (敬称略, 五十音順).

浅田真一 (ウンシュウミカン), 池田光夫 (ニホンミツバチの自然巣), 市川直子 (採蜜写真, サツマイモ, サトウキビ, タチアワユキセンダングサ), 香川県西讃農業改良普及センターの伊藤博紀 (タマネギ), 河野裕美 (マンゴー), 高野昭人 (サイカチ), 中田茂富 (タマネギ), 中村 純 (バッカリス, オオバギ, プロポリス採集バチ), Dr. Paul Foster (ティーツリーの一種), 深澤元紀 (リュウガン, レイシ), 本間喜一郎 (エゾオオサクラソウ), 松香健次郎 (女王幼虫), James Milne (マヌカ), 宮川真理子 (タチアワユキセンダングサ), 山村 聖 (ヒメシャクナゲ, ゲンノショウコ, ヤナギラン, キショウブ, キハダ), 吉田忠晴 (蜂場), 吉村麻理 (カボチャ, ムラサキケマン, ホソバヒイラギナンテン, 走査電顕写真の一部), 渡辺太一 (クサギ花粉暗視野写真, 顕微鏡写真の一部), 渡邉正子 (アメリカデイゴ, ラッキョウ).

主な参考書

(多くの関連学術論文があるが，ここでは参考とした主な関連書籍を挙げるにとどめた)
朝日新聞社 1997 植物の世界 第15巻 (東京) pp 223
Aubert, S. and Gonnet, M. 1983 Mesure de la couleur des miels. Apidologie 14: 105-118
Barth, F.G. 1985 Insect and flowers. Princeton Univ. Press (Princeton) pp 297
坊田春夫 1980-1989 花粉の形態. 個人出版
Bremness, L. 1995 (日本語版監修：高橋良孝) ハーブの写真図鑑. 日本ヴォーグ社 (東京) pp 312
Ciesla, W.M. 2002 Non-wood forest products from temperate broad-leaved trees. FAO (Rome) pp 137
Crane, E. 1975 Honey. Heinemann (London) pp 608
Crane, E., Walker, P and Day, R. 1984 Directory of important world honey sources. Int. Bee Res. Assoc. (London) pp 384
Crane, E. 1990 Bees and beekeeping. Heinemann (London) pp 614
Free, J.B. 1993 Insect pollination of crops. Academic Press (London) pp 684
Graham, J.M. 1992 The hive and the honey bee. Dadant & Sons. (Hamilton, IL) pp 1324
Gould, J.L. and Gould, C.G. 1988 The honey bee. Sci. Am. Library (New York) pp 239
原 淳 1988 ハチミツの話. 六興出版 (東京) pp 190
林 弥栄編 1983 日本の野草. 山と渓谷社 (東京) pp 720
林 弥栄編 1985 日本の樹木. 山と渓谷社 (東京) pp 752
Hodges, D. 1952 The pollen loads of the honeybee. Bee Res. Assoc. (London) pp 120
Honey Farm 監修 ハニー・バイブル. マガジンランド (東京) pp 144
市川直子 1995 玉川大学農学部卒業論文
幾瀬マサ 1956 日本植物の花粉. 廣川書店 (東京) pp 303
今井教孔 1991 ニホンミツバチとセイヨウミツバチの採餌行動の比較 − とくに蜜胃内容物に注目して − ミツバチ科学 12: 107-110
井上丹治 1971 新蜜源植物綜説. アヅミ書房 (東京) pp 253
岩波洋造 1971 花粉学大要. 風間書房 (東京) pp 272
徐 万林 1992 中国蜜粉源植物. 黒竜江科学技術出版社 (黒竜江省) pp 553 + 図版
嘉弥真国雄 2002 沖縄の蜜源植物. 沖縄タイムス社出版部 (那覇市) pp 295
松香光夫 1996 ポリネーターの利用. サイエンスハウス (東京) pp 153
茂木 透ほか編 2000-2001 樹に咲く花. (シリーズ3巻) 山と渓谷社 (東京)
森田直賢 1976 薬用植物. 主婦の友社 (東京) pp 368
Meeuse, B.J.D. 1961 The story of pollination. Ronald Press (New York) pp 243
永光輝義 2003 森林におけるニホンミツバチと花の関係 − セイヨウミツバチとは異なる花粉源植物の好み − 昆虫と自然 38: 21-24
中村 純 1980 日本産花粉の標徴. I, II 大阪市立自然史博物館収蔵資料目録 第13, 14集
中村 純 1998 プロポリスはどこから来るか. ミツバチ科学 19: 73-80
中村 純 2004 ハチミツ中の蜜源指標. ミツバチ科学 25: 41-46
中村 純 2009 ニセアカシアの生態学 (崎尾 均編) 第3, 4章. 文一総合出版 (東京) p.43-80
日本花粉学会編 1994 花粉学辞典. 朝倉書店 (東京) pp 455
日本養蜂はちみつ協会 日本の蜜源植物. 日本養蜂はちみつ協会 (東京) pp 333
日本養蜂はちみつ協会 1999 ポリネーターの利用実態調査報告書. 日本養蜂はちみつ協会 (東京) pp 78
Oddo, P. and Piro, R. (2004) Main European unifloral honeys: descriptive sheets. Apidologie 35: S38-S81
岡田一次 1958 日本の主要蜜源植物. 畜産の研究 12: 506-510
岡田一次 1990 ニホンミツバチ誌. 個人出版 pp 81
Pellett, F.C. 1976 American honey plants. Dadant & Sons (Hamilton, IL) pp 467
Pesti, J. 1976 Daily fluctuations in the sugar content of nectar and periodicity of secretion in the Compositae. Acta Agron. Hung. 25: 5-17
Ribbands, C.R. 1953 The behavior and social life of honeybees. Bee Res. Assoc. (London) pp 352
Robinson, W.S. et al. 1989 The value of honey bees as pollinator of US crops. Am. Bee J. 129: 411-423

坂上昭一 1983 ミツバチの世界. 岩波書店 (東京) pp 221
酒井哲夫・小野正人・小林伸一・佐々木正己 1993 セイヨウミツバチとニホンミツバチの生態比較. ミツバチ科学 14: 13-22
佐々木正己 1986 動物成分利用集成 (水産・蛇・昆虫・漢方薬篇) 伏谷伸宏編 R&D プランニング (東京) pp 230.
佐々木正己 1993 社会性昆虫の進化生態学 (松本忠夫・東 正剛編) 海游舎 (東京) p. 206-245
佐々木正己 1999 ニホンミツバチ－北限の *Apis cerana*－. 海游舎 (東京) pp 192
佐々木正己 1999 養蜂の科学. サイエンスハウス (東京) pp 159
佐々木正己 2005 もうひとつの脳，微小脳研究入門 (山口恒夫ほか共編) 培風館 (東京) pp 296
佐々木正己 2008 昆虫はスーパー脳 (山口恒夫編) 第3章. 技術評論社 (東京) p.127-158
佐々木正己 2009 動物は何を考えているか？(日本比較生理生化学会編) 第3章. 共立出版 (東京) p. 197-213
佐々木正己・高橋羽夕・佐藤至洋 1993 ニホンミツバチとセイヨウミツバチの収穫ダンスの解析とそれに基づく採餌圏の比較. ミツバチ科学 14: 49-54
佐竹義輔ほか編 1981-1989 日本の野生植物 草本 I, II 木本 I, II. 平凡社 (東京)
Seeley, T.D. 1985 Honeybee ecology: a study of adaptation to social life. Princeton Univ. Press (Princeton) pp 202 (邦訳版：ミツバチの生態学)
Seeley, T.D. 1995 The wisdom of the hive. Harvard Univ. Press (Cambridge and London) pp 295 (邦訳版：ミツバチの知恵)
関口喜一 1949 日本の養蜂植物. 柏葉書院 (札幌市) pp 259
関口喜一・上田政喜・坂上昭一・森谷清樹 1962 北海道におけるミツバチの花粉荷に関する研究 1 北海道農業試験場彙報 No. 78
清水三智子 2003 はちみつ物語－食文化と料理法－. 真珠書院 (東京) pp 131
鈴木基夫・横井政人監修 園芸植物. 山と渓谷社 (東京) pp 672
Snodgrass, R.E. 1956 Anatomy of the honey bee. Cornell Univ. Press (Ithaca and London) pp 334
Takenaka, T and Takenaka, Y. 1996 Royal jelly from *Apis cerana japonica* and *Apis mellifera*. Biosci. Biotech. Biochem. 60: 518-520
玉川大学ミツバチ科学研究施設 1998 アジアの新種ミツバチの和名. ミツバチ科学 19: 93
玉川大学ミツバチ科学研究施設編 2004 蜜源植物. 玉川大学出版部 (東京) pp 56
田中 肇・正者章子 2001 花と昆虫－不思議なだましあい発見記－. 講談社 (東京) pp 262
田中 肇 1993 花に秘められたなぞを解くために. 農村文化社 (東京) pp 174
徳田義信 1958 本邦の蜜源. 新養蜂 (第3章). 実業図書 (東京) pp 325
角田公次 1997 ミツバチ－飼育・生産の実際と蜜源植物－. 農山漁村文化協会 (東京) pp 174
渡辺 寛・渡辺 孝 1974 近代養蜂. 日本養蜂振興会 (岐阜市) pp 727
安江多輔・土屋卯平 1982 岐阜県の花レンゲとその栽培史. 教育出版文化協会 (岐阜市) pp 231
安江多輔編著 1993 レンゲ全書. 農山漁村文化協会 (東京) pp 241
米倉浩司・梶田 忠 2003- BG Plants 和名-学名インデックス
    http://bean.bio.chiba-u.jp/bgplants/ylist_main.html (2009年5月23日)
吉田忠晴 2000 ニホンミツバチの飼育法と生態. 玉川大学出版部 (東京) pp 136

用語索引

ア 行

R物質　373
畦管理植物　244
アミノ酸　342
アルファルファタコゾウムシ　150
移動養蜂　10, 346
イボタロウカイガラムシ　264
SPME法　347
エネルギー効率　341, 365
遠心分離機　15, 346
王台　13
大顎腺　13
オオカマキリ　290
オオスズメバチ　229
オオハラナガツチバチ　286
オオミツバチ　61, 280
屋上緑化　244
囮の花粉　167, 354

カ 行

開花種数の年間推移　336
開花前線　325
開花フェノロジー　325
外来種　322
外来種規制法　145
下咽頭腺　13, 373
花外蜜腺　60, 131, 185, 266, 317, 338, 344
果糖　349
花粉圧縮器　355, 356, 380
花粉ダンゴ　16, 355
花粉ダンゴの色　351
花粉バスケット　10, 355, 380
花粉ブラシ　338, 355, 380
花蜜　343-345
花蜜の好き嫌い　342
環境を制御する能力　367
甘露蜜　20
記憶能力　361
奇形果　339
キジラミ　109
キナバルヤマミツバチ　142
キノコ体　362, 380
キムネクマバチ　253
距　47, 220, 309
魚臭系　179
距離情報　363
口移し　13
グルコースオキシダーゼ　345
α-グルコシダーゼ　345
グルコン酸　345
クロンキストの分類体系　4
経済的貢献度　338
結晶化　94, 349
原産地　322

サ 行

ゲンチアナバイオレット　356
限定訪花性　358
抗菌作用　171, 374
公正競争規約　382
酵素類　366
口吻　380
コーデックス（CODEX）規格　382
コード　365
コード化　363
コマルハナバチ　103
コミツバチ　280

サ 行

再吸収　344
採餌距離　358, 359
採餌圏　341
採餌ダンス　358
栽培ハチ蜜　366
採蜜　15, 345
在来種　8, 367
サバミツバチ　61
産業養蜂種　10, 367
三倍体　193
ジェネラリスト　339
自己組織化　341
CCD症候群　121
自然巣　8
雌雄異株　70
集合フェロモン　10
重要蜜源　322
種子生産　231
受粉樹　132
主要蜜源　322
主要蜜源植物　323, 327
女王バチ　9, 12
触覚　380, 381
シングルヘアー　356
人工受粉　122, 126
振動受粉　239
新蜜　371
スペシャリスト　339
生殖用の花粉　354
棲息高度　175
生態系維持　339
性転換　269
生物多様度　322
セイヨウオオマルハナバチ　10, 12, 14, 367
西洋種　367
セイヨウミツバチ　119
石松子　127
前胃弁　357
草本類　324

タ 行

体内時計　191

用語索引　393

高嶺ルビー　62
多様度指数　370
単花ハチ蜜　364
ダンス　9
ダンス言語　363
ダンスの逆探知　360
地球温暖化　336
虫媒花　337, 354
貯蔵花粉　357
貯蜜動態　366
貯蜜量　339, 340
ツキノワグマ　51, 52, 296
伝統巣箱　8
盗蜜　253, 272, 338
東洋種　367
毒蜜　98
トリッピング　149

ナ　行

内検作業　10
夏枯れ　327
ニッポンヒゲナガハナバチ　96
日本種ハチ蜜の特異性　369
ニホンミツバチ　8, 9, 367, 369
燃費　341

ハ　行

ハーブティー　256
パイオニア植物　214
ハウス栽培　117
ハチ蜜　345
ハチ蜜酒（ミード）　16, 366
ハチ蜜中の花粉スペクトル　356
ハチ蜜中の花粉分析　355
ハチ蜜の色　348
ハチ蝋　16
発酵　350
ハナムグリ　271
honey potential　346
飛行燃料　345
被子植物門　22
ヒドロキシメチルフルフラール（HMF）　348
百花蜜　366
評価の三要素　364
ビロウドツリアブ　241

風媒花　338, 354
蓋がけ　345
ブドウ糖　95, 349
部分発酵　370
プロポリス　13, 16, 54, 55, 91, 185, 293, 374
プロポリス源植物　374
プロリン　342
訪花価値　341
訪花嗜好性　367
訪花植物スペクトル　368
訪花スペクトル　339
ホバリング（静止飛行）　28
ポリネーション　338

マ　行

蜜胃　10, 344, 380
蜜胃内　359
蜜枯れ　341
蜜源樹　339
蜜源表示ハチ蜜　382
蜜腺　337, 338, 344
蜜刀　14
蜜蓋　357
メントール　254
木本類　324
木蝋　205

ヤ　行

有機酸　370
有毒植物　262
有力蜜源　322
予想採蜜可能量　324

ラ　行

裸子植物門　18
ランドマーク　363
流蜜　339, 344
流蜜ピーク時刻　344
緑肥　148
ルチン　62
ルリモンハナバチ　258
連合学習　361
ロウソク　16
ローヤルゼリー（王乳）　13, 16, 372
ローヤルゼリーの化学成分　372

ハチ蜜のいろいろ

アカシア蜜　146
アボカド蜜　26
ウイキョウ蜜　231
甘露蜜　20
クコ蜜　236
クサフジ蜜　151
クリ蜜　51
クロガネモチ蜜　183
コーヒー蜜　268
シトラス蜜　212
シナ蜜　74

シャクナゲ蜜　103
シロツメクサ（クローバ）蜜　153
ソバ蜜　63
ソヨゴ蜜　184
タイム蜜　251
タマネギ蜜　308
トチ蜜　199
ナタネ蜜　94
ナツメ蜜　190
ヒマワリ蜜　283
百花蜜　107

ビワ蜜　141
ブルーベリー蜜　101
ボリジ蜜　242
マヌカ蜜　171
ラズベリー蜜　117
リュウガン蜜　195
レンゲ蜜　149
ローズマリー蜜　250
ワタ蜜　79

和名索引

BG Plants に従わない和名を項目名にしている場合が若干例ある。それらは，慣用的によく使われていて，そのほうが利用者の便にかなっていると判断した場合（例：オニマタタビをキウイフルーツ，タイワンツナソをモロヘイヤとするなど24種），および養蜂関係でよく使われているため（ビロードクサフジをヘアリーベッチ，ハネミギクをハチミツソウとするなど数例）である。これらについて索引中では「オニマタタビ＊→キウイフルーツ」と表示してある。

ア 行

アーティチョーク　278
アイスランドポピー　41, 328
アイリスの仲間　313
アオギリ　73, 333
アオジソ　258
アオシナ　74, 75
アカシア　145
アカシデ　55
アカシナ　74
アカツメクサ　154, 318, 329, 352
アカマツ　19
アカメガシワ　185, 318, 332, 352
アキカラマツ　33
アキグミ　165
アキサンゴ　176
アキノタムラソウ　256, 257, 318, 352
アキノノゲシ　292, 318, 334, 352
アケビ　35, 329
アケビ類　35
アケボノソウ　234
アゲラータム　279
アサガオ類　240
アサガラ　107
アサザ　29
アサヒカズラ　61
アサマフウロ　219
アザミ　276, 323
アザミ類　276
アジサイ類　110
アシタバ　232
アシビ　100
アジュガ　246
アズキ　158
アスパラガス　311, 330
アズマシャクナゲ　102
アズマネザサ　301, 329
アセビ　100, 328
アツバキミガヨラン　315, 331
アピオス　162
アブラギリ　186, 331
アブラナ　95, 323
アフリカホウセンカ　220
アベリア　272
アボカド　26
アメリカオニアザミ　277
アメリカシャクナゲ＊→カルミア　102
アメリカセンダングサ　291
アメリカデイゴ　163

アメリカフウロ　218
アメリカフヨウ　78
アメリカホド　162, 333
アメリカヤマボウシ＊→ハナミズキ　177
アルカネット＊→アンチューサ　241
アルストロメリア　306
アルファルファ　147
アレクリン　293
アレチウリ　80, 318, 335, 352
アレチヌスビトハギ　160, 318, 352
アロエ類　314
アワブキ　35, 318, 352
アンズ　121, 318, 352
アンチューサ　241, 318, 330, 352
イイギリ　87, 330
イタチハギ　147, 323, 332
イタドリ　60, 318, 323, 352
イチイ　21
イチゴ　119
イチゴノキ　100, 335
イチョウ　18
イヌエンジュ　143
イヌゴシュユ　216
イヌザクラ　125
イヌザンショウ　214, 334
イヌタデ　64
イヌツゲ　180, 332
イヌマキ　21
イヌリンゴ＊→ヒメリンゴ　133
イネ　298, 299, 318, 334, 352
イノコヅチ　57
イブキジャコウソウ　251, 332
イボタノキ　264, 331
イボタ類　264
イロハモミジ　202, 203, 318, 329, 352
イワダレソウ　244
イワヤツデ　113
インゲン　323
インゲンマメ　159
ウイキョウ　231, 318, 323, 332, 352
ウィンターコスモス　286, 287
ウグイスカグラ　272, 328
ウコギ類　222
ウコン　303
ウスベニアオイ　79
ウチワサボテン　56, 332
ウツギ　111, 331
ウツボグサ　257
ウド　225, 318, 334, 352
ウメ　121, 318, 328, 352

ウメモドキ　181, 332
ウラジロモミ　20
ウラジロヨウラク　99
ウリカエデ　202
ウリノキ　176
ウリハダカエデ　202
ウルシ　204
ウワミズザクラ　125, 318, 329, 352
ウンシュウミカン　209-211, 323, 330, 347
エゴノキ　106, 318, 323, 330, 352
エゴマ　258
エゾオオサクラソウ　108
エゾミソハギ　167
エドヒガン　130, 131
エノキ　44
エビスグサ　157, 334
エリカ　102
エンジュ　143, 333
エンドウ　157
オウゴチョウ　163
オウトウ*→サクランボ　127
オオアラセイトウ　97
オオアワガエリ*→チモシー　300
オオアワダチソウ　288, 334
オオイタドリ　60
オオイヌノフグリ　260, 261, 318, 328, 352
オオオニバス　28
オオケタデ　64
オオジシバリ　275
オオシマザクラ　130, 131, 318, 328, 352
オオツリバナ　178
オオツルボ　307
オオバアサガラ　107
オオバイボタ　264, 332
オオバギ　185
オオバコ　260, 318, 352
オオバボダイジュ　74
オオハンゴンソウ　286, 287, 318, 352
オオブタクサ　288
オオマツヨイグサ　174
オオミスミソウ　32
オオムラサキ　103, 330
オオモクゲンジ　196
オオモミジ　202
オオモミジの仲間　203, 318, 352
オオヤマザクラ　131
オカトラノオ　108
オキナグサ　31
オクラ　77, 334
オジギソウ　142
オトコエシ　273
オトメザクラ　108, 109
オドリコソウ　247, 329
オニグルミ　48, 329
オニゲシ　41
オニサルビア*→クラリセージ　253
オニノゲシ　292
オニバス　28
オニマタタビ*→キウイフルーツ　70
オミナエシ　273, 318, 334, 352
オランダイチゴ　118, 119, 318, 329, 352
オランダキジカクシ*→アスパラガス　311
オリーブ　265
オルニソガルム　310, 318, 352

オレガノ　254

カ 行

カエデ類　202
ガガイモ　235
カカオ　73
カキドオシ　246, 328
カキノキ　104, 323, 330
ガクアジサイ　110, 318, 332, 352
カクトラノオ　246
カクレミノ　223, 318, 333, 352
カゲツ　112
カザグルマ類　34, 330
カジイチゴ　115, 328
カタクリ　304, 305, 328
カタバミ類　222
カナムグラ　45, 318, 334, 352
カナメモチ　136, 330
カナメモチ類　136
カボチャ類　84
ガマ　302, 333
ガマズミ　271, 331
ガマズミ類　271
カマツカ　137
カミツレ*→カモミール　281
カミヤツデ　225
カモミール　281, 318, 352
カヤ　21
カラシナの仲間　92
カラスザンショウ　214, 323, 334
カラスノエンドウ　157, 328
カラタチ　208, 328
ガラニティカセージ　253, 331
カラハナソウ　45
カラマツ　19
カラマツソウの一種　33, 318, 352
カラマツソウ類　33
カラミンサ　257, 318, 352
カリフォルニアポピー　40, 331
カリン　125
カルミア　102, 330
カレーカズラ　267
カワヅザクラ　129, 318, 352
カワヤナギ　90, 328
カワラケツメイ　155
カワラナデシコ　59
カンキツ類　323
カンゾウ類　311
カンナ　303
カンヒザクラ　128, 318, 328, 352
カンボク　271
キイチゴ類　115
キウイフルーツ　70, 318, 331, 352
キキョウ　269, 318, 333, 352
キクイモ　292, 318, 334, 352
キクニガナ*→チコリ　279
キササゲ　267
キショウブ　313, 318, 352
キダチアロエ　314, 318, 335, 352
キヅタ　228, 318, 335, 352
キツネアザミ　276, 330
キツネノテブクロ　262
キツネノマゴ　266
キツリフネ　220, 221

キハギ　160
キハダ　215, 323, 331
キバナウツギ　270
キバナコスモス　286, 318, 334, 352
キフジ　46
キブシ　46
ギボウシ類　310, 333
キミカン　210, 211, 318, 352
キャベツ　93
キュウリ　82, 318, 332, 352
ギョボク　89
ギョリュウバイ　171
キランジソ* → コリウス　258
キランソウ　246
キリ　261, 330
キンカン　213, 333
キンギンボク　272, 318, 352
ギンゴウカン* → ギンネム　143
キンシバイ　72, 318, 332, 352
ギンネム　143
ギンバイカ　169, 318, 352
キンバイタウコギ* → ウィンターコスモス　286
キンミズヒキ　138, 318, 352
キンモクセイ　265, 335
キンラン　316
キンリョウヘン　317, 330
キンレンカ　220
グアバ　169
クガイソウ　262
クコ　236, 318, 334, 352
クサイチゴ　114, 115, 318, 328, 352
クサギ　245, 318, 352
クサノオウ　40, 329
クサフジ　150, 151, 318, 323, 352
クサボケ　120, 329
クズ　162, 334
クスノキ　26, 330
クダモノトケイソウ　86
クチナシ　268, 332
クヌギ　49, 329
グビジンソウ　41
クマシデ　55
クマノミズキ　332
クマヤナギ　188
クミスクチン* → ネコノヒゲ　257
グミ類　165
グラジオラス　313
クララ　155
クラリセージ　253
クリ　51, 318, 323, 332, 352
クリスマスローズ　31
クリムソンクローバ　154, 318, 352
クリンソウ　108
グレープフルーツ　212
グレープフルーツミント　254
クレオメ　89
クロイチゴ　115
クロウメモドキ　190
クロウリノキ　176
クローバ　152
クロガネモチ　182, 183, 323, 331
クロタネソウ　30
クロッカス　307

クロマツ　19
クロヨナ　146
クワ　44
クワモドキ　288
グンナイフウロ　219
ケイトウ　57
ゲッケイジュ　27, 329
ケムラサキシキブ　244, 318, 352
ゲンゲ* → レンゲ　148
ゲンノショウコ　218, 219, 318, 334, 352
ケンポナシ　188, 189, 318, 323, 332, 352
コウゾ　44
コウリンタンポポ　281
コーヒーノキ　268
コクサギ　208
ココヤシ　294, 295
コシアブラ　226, 227, 323, 334
コジイ　53
ゴシュユ　216
コショウハッカ* → セイヨウハッカ　254
コスモス　285, 286, 318, 334, 352
コセンダングサ　291, 319, 352
コナシ　133
コナラ　49, 329
コバノハシドイ* → ヒメライラック　264
コブシ　22
ゴボウ　281, 333
ゴマ　266, 319, 323, 333, 352
コマツナギ　161, 334
コリウス　258
コリンゴ　133
ゴレンシ　222
ゴンズイ　194, 331
コンフリー　242, 319, 352

サ　行

サイカチ　143
サカキ　66, 319, 352
サギゴケ　260
サクラソウ　108
サクラソウ類　108
サクラ類　130, 323
サクランボ　126, 127, 319, 323, 329, 352
ザクロ　168, 332
サザンカ　68, 319, 335, 352
ザゼンソウ　296
サツキ　330
サツマイモ　240, 323
サトウキビ　301
サボテン（ドラゴンフルーツ）　57
サボテンの一種　56
サボテン類　56
ザボン　212
サボンソウ　59
サルスベリ　166, 167, 319, 334, 352
サルナシ　71, 331
サルビア　259
サンゴジュ　271, 319, 332, 352
サンザシ　330
サンザシ類　137
サンシュユ　176, 328
サンショウ　214, 319, 352
サンショウバラ　139, 331
シウリザクラ　125

シオン　289
シキザキベゴニア　88
ジギタリス　262, 319, 332, 352
シキミ　22
シキンカラマツ　33
シコロ　215
シシウド　232, 319, 352
ジシバリ類　275
シソ　258, 259, 319, 334, 352
シソバタツナミ　246
シダレヤナギ　90, 328
シデ類　55
シナノガキ　105
シナノキ　75, 323, 333
シナノキ類　74
シナヒイラギ　180
ジニア　280
シバザクラ　241
シベリアヒナゲシ*→アイスランドポピー　41
シマサルスベリ　167
シモクレン　329
シモツケ類　137
シャガ　313, 329
ジャガイモ　237, 330
シャクナゲの一種　319, 352
シャクナゲ類　102
シャクヤク　64
シャジクソウ　154
シャラノキ　67
シャリンバイ　136, 330
シュウカイドウ　88, 319, 334, 352
ジュウニヒトエ　246
シュウメイギク　34, 319, 335, 352
シュンギク　281
シュンラン　317
ショウジョウソウ　187
ショウジョウバカマ　306
ショウブ・アヤメ類　313
ショカツサイ　97, 319, 329, 352
ジョンソンブルー（園芸品種）　219
シラー・ペルビアナ　307
シラカンバ　54, 329
シラン　316
シロアカザ　58
シロウメモドキ　181
シロザ　58, 319, 352
シロダモ　27
シロツメクサ　152, 153, 319, 323, 330, 352
シロバナシナガワハギ　323
シロバナヘビイチゴ　115
シロヤナギ　91
シロヤマブキ　329
シンジュ　197
スイカ　83, 333
スイカズラ　272, 331
スイセン　328
スイセン類　310
スイレン類　29
スギ　20
スグリ類　112
ススキ　300, 319, 352
スターフルーツ　222
スタキス　256, 257
スダジイ　52, 331

ズッキーニ　84
ストケシア　279
ズミ　133
スミレ類　47
スモモ　122, 123, 319, 328, 352
セイタカアワダチソウ　290, 319, 323, 335, 352
セイバンモロコシ　300, 319, 352
セイヨウサンザシ　137
セイヨウジュウニヒトエ　246
セイヨウタンポポ　274, 319, 328, 352
セイヨウトチノキ　199
セイヨウニンジンボク　243
セイヨウノダイコン　96
セイヨウバクチノキ　136
セイヨウハコヤナギ　91
セイヨウハッカ　254
セイヨウヒルガオ　240
セイヨウミザクラ*→サクランボ　127
セイヨウメギ　36
セイヨウヤブイチゴ　116
セイヨウリンゴ*→リンゴ　134
セージ　253
セージ類　252, 331
セツブンソウ　30, 319, 352
ゼニアオイ　76, 331
センダン　197, 331
センダングサ類　291, 335
ゼンテイカ*→ニッコウキスゲ　311
センナリホオズキ　237
センニンソウ　34
センノキ　227, 323
ソテツ　18
ソバ　62, 323, 334
ソメイヨシノ　131, 319, 328, 352
ソヨゴ　184, 323, 331
ソラマメ　158, 319, 328, 352
ソルガム　300

タ　行

タイアザミ　276
ダイコン　92, 93, 319, 352
タイサンボク　23, 319, 330, 352
ダイズ　158
タイマツバナ　251
タイム類　251, 331
タイワンツナソ*→モロヘイヤ　75
タイワンハゼ　205
タイワンレンギョウ*→デュランタ　243
タカアザミ　276, 277
タケニグサ　39, 319, 332, 352
タチアオイ　77, 332
タチアワユキセンダングサ　291, 323
タチツボスミレ　47
タツタナデシコ　59
タツナミソウ　246
タデ類　64
タニウツギ　270
タネツケバナ　92
タバコ　236, 333
タブノキ　27, 330
タマアジサイ　110, 334
タマネギ　308
タムシバ　22
タヨウハウチワマメ*→ルピナス　155

タラノキ　224, 319, 334, 352
ダリア　280, 333
ダンギク　245, 319, 352
タンチョウソウ　113
タンポポ　323
タンポポ類　275
チコリ　279, 331
チモシー　300
チャノキ　65, 319, 335, 352
チューリップ　306
チョウセンアザミ　278
チョウセンゴシュユ　216
ツキミソウ　174
ツクシアザミ　276
ツクバネウツギ　272
ツタ　191, 319, 333, 352
ツタウルシ　204
ツツジ類　103
ツバキ類　69
ツブラジイ　53
ツユクサ　297, 319, 333, 352
ツリバナ　178
ツリフネソウ　220, 221, 319, 334, 352
ツルアジサイ　110
ツルウメモドキ　178
ツルナ　56
ツルボ　309, 319, 334, 352
ツルマサキ　179
ツルムラサキ　39
ツルレイシ　81
ツワブキ　293, 319, 335, 352
ティーツリー　170, 171, 319, 352
デイゴ　163
デイゴ類　163
デュランタ　243
テリハノイバラ　139
テンジクボタン　280
ドイツアヤメ　313
トウカエデ　203, 319, 331, 352
トウガラシ類　237
トウガン　84, 319, 353
トウグミ（改良種）　165
トウゴクミツバツツジ　103
トウゴマ　186, 333
トウダイグサの一種　187
トウテイラン　262, 319, 353
トウネズミモチ　263, 319, 323, 333, 353
トウモロコシ　301, 319, 332, 353
トウワタ類　234
トキワサンザシ　137, 331
トケイソウ　86
トコナデシコ* → タツタナデシコ　59
トサミズキ　43, 319, 353
トチノキ　198-200, 323, 330
トチバウコギ　222
トチバニンジン　230
トックリキワタ　72
トベラ　109
トマト　238, 319, 353
ドラゴンフルーツ　56, 57
トリカブト類　33
トロロアオイ　77

ナ　行

ナガミヒナゲシ　40
ナギナタコウジュ　259, 319, 353
ナシ　132, 319, 329, 353
ナス　239, 319, 353
ナス（露地）　331
ナスタチウム　220
ナタネ　94, 323, 326
ナタネの一種　319, 353
ナタネ類　95, 328
ナツグミ　164, 165, 319, 353
ナツヅタ　191
ナツツバキ　67, 332
ナツハゼ　100, 319, 353
ナツミカン　210, 211
ナツメ　190, 323
ナデシコ類　59
ナナカマド　138
ナワシロイチゴ　115
ナンキンハゼ　187, 319, 323, 334, 353
ナンキンマメ　158
ナンテン　36, 319, 333, 353
ナンテンハギ　161, 319, 353
ナンブアザミ　276
ニオイシュロラン　315
ニガイチゴ　114, 115
ニガウリ　81, 334
ニゲラ　30
ニシキウツギ　270, 330
ニシキギ　178
ニセアカシア　144-146, 319, 323, 326, 330, 331, 347, 353
ニッコウキスゲ　311
ニッコウシャクナゲ　102
ニトベカズラ* → アサヒカズラ　61
ニホンカボチャ　84, 85, 332
ニホンズイセン　310
ニラ　308, 309, 319, 334, 353
ニワウルシ　197, 332
ニンジン　231
ニンジンボク　243
ニンドウ　272
ヌルデ　206, 319, 334, 353
ネーブルオレンジ　212
ネギ　305, 319, 329, 353
ネコノチチ　189, 332
ネコノヒゲ　257
ネコノメソウの一種　113
ネコヤナギ　91, 328
ネジキ　100
ネジバナ　316, 333
ネズミモチ　263, 319, 332, 353
ネナシカズラ　241, 319, 353
ネムノキ類　142
ノアザミ　276, 277, 330
ノイバラ　139, 319, 330, 353
ノウゼンカズラ　267, 319, 333, 353
ノウゼンハレン* → キンレンカ　220
ノカンゾウ　311, 333
ノゲシ類　292
ノコンギク　293, 319, 335, 353
ノダフジ　156
ノバラ　139
ノブキ　274

ノブドウ　192, 332
ノリウツギ　110

ハ　行

パイナップルセージ　252
ハイビスカス　78
バイモ　306
ハウチワカエデ　202, 203
ハウチワマメ類　155
ハギ類　160, 334
ハクウンボク　107, 319, 331, 353
ハクサンシャクナゲ　102
ハクサンフウロ　219
バクチノキ　136
ハクチョウゲ　268, 331
ハクモクレン　22, 328
ハコネウツギ　270
ハコベの一種　319, 353
ハコベ類　58
ハジカミ　214
ハシドイ　264
ハシバミの一種　55
バショウ　302
バジル　254
バジルの仲間　255
ハス　28, 319, 334, 353
ハゼノキ　205, 323, 332
ハチミツソウ　280, 334
ハッカ　255, 319, 353
バッカリス　293
ハッカ類　254, 334
バッコヤナギ　90
ハッサク　212
ハツユキソウ　187
ハトムギ　301
ハナウド　232, 233, 319, 353
ハナカイドウ　133
ハナカンナ* → カンナ　303
ハナキリン　187, 319, 353
ハナサフラン* → クロッカス　307
ハナズオウ　163, 329
ハナスベリヒユ　38, 320, 353
ハナゾノックバネウツギ* → ハナツクバネウツギ　272
ハナタバコ　236
ハナツクバネウツギ　272, 331
ハナトラノオ　246
バナナ　302, 303
ハナハッカ　254, 255
ハナビシソウ* → カリフォルニアポピー　40
ハナマメ　159, 323
ハナミズキ　177, 320, 329, 353
ハナモモ　124, 320, 328, 353
ハネミイヌエンジュ　143
ハネミギク* → ハチミツソウ　280
パパイア　87
パパイヤ* → パパイア　87
ハブソウ　157
ハボタン　93, 320, 353
ハマエンドウ　157
ハマゴウ　243
ハマセンダン　216
ハマダイコン　96, 320, 328, 353
ハマナシ　139
ハマナス　139, 320, 353

ハマヒサカキ　66
ハマヒルガオ　240
ハマボウフウ　232
ハヤトウリ　81
バライチゴ　115, 320, 329, 353
パラゴムノキ　323
バラの一種　320, 353
バラ類　140
ハリエンジュ* → ニセアカシア　145
ハリギリ　227, 323
ハルザキクリスマスローズ　31, 320, 353
ハルジオン　275, 320, 329, 353
ハルノノゲシ　292
ハルリンドウ　234
パンジー　47
バンジロウ* → グアバ　169
ハンノキ類　54
ヒアシンス　307, 328
ヒース類　102
ビービーツリー　216, 217, 320, 323, 334, 353
ピーマン　237
ヒイラギナンテン　37, 328
ヒイラギモクセイ　265, 335
ヒガンザクラ　129, 320, 353
ヒゴタイ　278
ヒゴロモソウ　259, 333
ヒサカキ　66, 320, 328, 353
被子植物門（モクレン門）　22
ヒソップ　258, 333
ヒソップ類　258
ヒトツバタゴ　264, 265, 331
ヒナゲシ　41, 320, 331, 353
ヒマ　186
ヒマラヤスギ　19
ヒマワリ　282, 283, 320, 323, 333, 353
ヒメイワダレソウ　244, 320, 353
ヒメウコギ　222
ヒメウツギ　111, 320, 331, 353
ヒメオドリコソウ　247, 320, 329, 353
ヒメコブシ　22
ヒメシャクナゲ　102
ヒメシャラ　67, 333
ヒメジョオン　332
ヒメセンナリホオズキ* → センナリホオズキ　237
ヒメツルソバ　61, 328
ヒメノウゼンカズラ　267
ヒメライラック　264, 320, 353
ヒメリンゴ　133
ヒャクニチソウ　280
ヒュウガナツ　212
ヒュウガミズキ　43
ヒョウタン　83
ビヨウヤナギ　72, 320, 332, 353
ヒルザキツキミソウ　174, 330
ヒレアザミ　277, 320, 353
ヒレハリソウ　242
ビロードクサフジ* → ヘアリーベッチ　151
ビロードモウズイカ　262
ヒロハノヘビノボラズ　36
ビワ　140, 141, 320, 323, 335, 353
フウセントウワタ　234
フウチョウソウ　89, 333
フウロソウ類　219
フェイジョア　169

フカノキ　323
フキ　274, 328
フクジュソウ　32, 328
フクラシバ　184
フサアカシア　146
フサザクラ　46
フサスグリ　112
フジ　156, 320, 329, 353
フジアザミ　276
フジザクラ　129
フジバカマ　289
フジマメ　159
ブタクサ　288
フタバハギ　161
フチベニベンケイ　112
フッキソウ　185
ブッソウゲ＊→ハイビスカス　78
フデリンドウ　234
ブドウ（栽培種）　331
ブドウの一種　320, 353
ブドウ類　192
ブナ　49
フユヅタ　228
ブラシノキ　171
ブラックベリー　116
ブルーベリー　101, 320, 329, 353
フレンチラベンダー　248, 249, 331
ブロッコリー　93, 320, 353
ヘアリーベッチ　151, 320, 323, 353
ベゴニア　320, 353
ベゴニア類　88
ベニウツギ　270
ベニウツギの仲間　270
ベニスモモ　122, 320, 353
ベニバナ　284, 285, 320, 323, 333, 353
ベニバナインゲン　159, 323
ベニバナツメクサ＊→クリムソンクローバ　154
ベニバナトチノキ　201, 320, 330, 353
ベニバナボロギク　288, 320, 353
ヘビイチゴ　115
ヘビウリ　83
ヘラオオバコ　260
ベルガモット　251, 320, 333, 353
ヘンルーダ＊→ルー　217
ポインセチア類　187
ホウセンカ　220
ボウフウ　233
ホウレンソウ　58
ホオズキ類　237
ポーチュラカ　38
ホオノキ　23, 330
ボケ　120, 121, 320, 328, 353
ホザキシモツケ　137
ホソグミ　323
ホソバヒイラギナンテン　37, 335
ボダイジュ　74, 75, 333
ホタルブクロ　269, 332
ボタン　64, 320, 331, 353
ボタンボウフウ　233
ホッカイトウキ　232, 233
ボッグセージ　252
ホツツジ　98, 99
ホテイアオイ　297
ホトケノザ　246

ホトトギス　309, 335
ポプラ　91, 374
ポポー　25
ボリジ　242, 330
ホルトノキ　73
ポンカン　212, 323

マ 行

マウンテンミント　258
マキバブラシノキ　170, 171, 331
マグワ＊→クワ　44
マザーワート　257
マサキ　179, 332
マタタビ　71
マツバギク　56, 320, 330, 353
マツバボタン　38, 320, 332, 353
マツムシソウ　273, 320, 353
マツヨイグサ類　174, 330
マツ類　19
マテバシイ　53, 333
マヌカ　171
マメガキ　105, 332
マユミ　179, 330
マルバウツギ　111, 330
マルバハギ　160, 161, 320, 353
マルバルコウ　240
マルメロ　125
マロウ　79
マロニエ　199
マングローブ　323
マンゴー　207
マンサク　42
マンネングサ類　112
マンネンロウ＊→ローズマリー　250
マンリョウ　108
ミカン類　209
ミズアオイ　297
ミズキ　176, 320, 330, 353
ミズバショウ　296, 320, 353
ミスミソウ　32
ミセバヤ　112
ミゾソバ　64, 335
ミソハギ　167, 320, 333, 353
ミツバウツギ　194
ミツバツツジ類　103
ミツマタ　168, 320, 329, 353
ミネカエデ　202
ミヤギノハギ　160
ミヤコグサ　162
ミヤマイボタ　264
ミヤマウメモドキ　181
ミヤマシキミ　209, 329
ミヤマニガイチゴ　115
ミヤマハハソ　35
ミヤマホツツジ　98
ミヤママタタビ　71
ムクゲ　78, 333
ムクロジ　195, 333
ムスカリ類　307
ムベ　35, 320, 329, 353
ムラサキウマゴヤシ　147, 323, 334
ムラサキカタバミ　222, 320, 329, 353
ムラサキカッコウアザミ　279, 320, 353
ムラサキケマン　42, 320, 329, 353

ムラサキシキブ　244, 332
ムラサキシキブ類　244
ムラサキツメクサ*→アカツメクサ　154
ムラサキツユクサ　297, 320, 332, 353
ムラサキハシドイ　264
ムラサキハナダイコン　97
ムレスズメ　162
メギ　36, 329
メキシコマンネングサ　112, 331
メダラ　224
メドウセージ　253
メドハギ　160
メハジキ　256, 257, 334
メマツヨイグサ　174
メロン類　82
モガシ　73
モクゲンジ　196, 333
モジズリ　316
モチノキ　181, 333
モッコク　65, 320, 353
モミ・トウヒ類　20
モミジイチゴ　114, 115
モミジバヒルガオ　240
モモ　123, 124, 329
モロコシ*→ソルガム　300
モロヘイヤ　75
モンパノキ　243

ヤ　行

ヤクソウ　292, 320, 353
ヤグルマギク　279, 320, 328, 353
ヤグルマソウ　279
ヤシャブシ　55
ヤシ類　294
ヤタイヤシ　294, 295, 320, 353
ヤツデ　230, 320, 335, 353
ヤナギトウワタ　234
ヤナギハッカ*→ヒソップ　258
ヤナギラン　175, 320, 334, 353
ヤハズエンドウ*→カラスノエンドウ　157
ヤブウツギ　270
ヤブガラシ　193, 320, 333, 353
ヤブツバキ　69, 335
ヤブニッケイ　27
ヤブラン　309
ヤマアジサイ　110
ヤマウコギ　222, 332
ヤマウルシ　204, 205
ヤマザクラ　130
ヤマジホトトギス　309
ヤマシャクヤク　64
ヤマトリカブト　33
ヤマナシ　132
ヤマナラシ　91
ヤマネコヤナギ　90
ヤマハギ　160, 161, 320, 323, 353
ヤマハゼ　204, 205
ヤマハンノキ　54
ヤマブキ　138, 320, 329, 353
ヤマフジ　156
ヤマブドウ　192
ヤマボウシ　177
ヤマモミジ　202

ヤマモモ　48
ヤマユリ　306
ヤマラッキョウ　312, 335
ユウガオ　83
ユーカリ　323
ユーカリ類　172, 173
ユキノシタ　113, 331
ユキヤナギ　136, 329
ユズ　212, 213
ユスラウメ　127, 320, 329, 353
ユリズイセン　306
ユリノキ　24, 323, 330
ユリ類　306
ヨーロッパキイチゴ*→ラズベリー　116
ヨツバヒヨドリ　289
ヨモギ　284, 320, 353
ヨモギ類　284

ラ　行

ライチ　195, 323
ライム　212
裸子植物門（マツ門）　18
ラズベリー　116
ラッカセイ　158
ラッキョウ　312
ラベンダー　248, 320, 353
ラベンダーセージ　252, 320, 353
ラベンダー類　248
ラムズイヤー　257
リュウガン　195, 320, 323, 353
リュウキュウガシワ　235
リュウキュウバショウ　302
リュウゼツラン　315
リョウブ　98, 323, 333
リンゴ　134, 135, 320, 323, 330, 353
リンドウ　234
リンドウ類　234
ルー　217
ルーサン　147
ルコウソウ　240
ルピナス　155, 320, 353
ルピナス類　155
ルリギク　279
ルリジサ*→ボリジ　242
ルリトラノオ　262
レイシ　195, 320, 323, 353
レッドクローバ　154
レモン　212
レモンバーベナ　243
レンギョウ　265, 320, 353
レンゲ　148-150, 320, 323, 330, 353
レンゲツツジ　103
レンテンローズ　31
ロウバイ　26
ローズマリー　250, 328
ローレル　27
ロンガン　195, 323

ワ　行

ワサビ　92
ワタ　79, 332
ワルナスビ　237

学名索引

A

Abelia spathulata ツクバネウツギ 272
Abelia × *grandiflora* ハナツクバネウツギ 272
Abelmoschus esculentus オクラ 77
Abelmoschus manihot トロロアオイ 77
Abies spp. モミ類 20
Acacia baileyana ギンヨウアカシア 146
Acacia dealbata フサアカシア 146
Acanthaceae キツネノマゴ科 266
Acer amoenum var. *matsumurae* ヤマモミジ 202
Acer buergerianum トウカエデ 203
Acer japonicum ハウチワカエデ 202
Acer palmatum イロハモミジ 202
Acer rufinerve ウリハダカエデ 202
Acer spp. カエデ類 202
Aceraceae カエデ科 202, 203
Aceriphyllum rossii タンチョウソウ 113
Achyranthes bidentata var. *japonica* イノコヅチ 57
Aconitum spp. トリカブト類 33
Actinidia arguta サルナシ 71
Actinidia chinensis キウイフルーツ 70
Actinidia kolomikta ミヤママタタビ 71
Actinidia polygama マタタビ 71
Actinidiaceae マタタビ科 70, 71
Adenocaulon himalaicum ノブキ 274
Adonis ramosa フクジュソウ 32
Aesculus hippocastanum セイヨウトチノキ 199
Aesculus turbinate トチノキ 199
Aesculus × *carnea* ベニバナトチノキ 200, 201
Agastache foeniculum アニスヒソップ 258
Agavaceae リュウゼツラン科 315
Agave americana リュウゼツラン 315
Ageratum houstonianum ムラサキカッコウアザミ 279
Agrimonia pilosa var. *japonica* キンミズヒキ 138
Ailanthus altissima ニワウルシ 197
Aizoaceae ハマミズナ科 56
Ajuga decumbens キランソウ 246
Ajuga nipponensis ジュウニヒトエ 246
Ajuga reptans セイヨウジュウニヒトエ 246
Ajuga spp. アジュガ 246
Akebia quinata アケビ 35
Akebia spp. アケビ類 35
Akebia trifoliata ミツバアケビ 35
Alangiaceae ウリノキ科 176
Alangium platanifolium var. *trilobatum* ウリノキ 176
Albizia julibrissin ネムノキ 142
Albizia spp. ネムノキ類 142
Allium cepa タマネギ 308
Allium chinense ラッキョウ 312
Allium fistulosum ネギ 305
Allium thunbergii ヤマラッキョウ 312
Allium tuberosum ニラ 309
Alnus firma ヤシャブシ 55
Alnus spp. ハンノキ類 54

Aloaceae アロエ科 314
Aloe arborescens キダチアロエ 314
Aloe spp. アロエ類 314
Aloysia triphylla レモンバーベナ 243
Alpinia zerumbet ゲットウ 303
Alstroemeria pulchella ユリズイセン 306
Althaea rosea タチアオイ 77
Amaranthaceae ヒユ科 57
Ambrosia artemisiifolia ブタクサ 288
Ambrosia trifida オオブタクサ 288
Amorpha fruticosa イタチハギ 147
Ampelopsis glandulosa var. *heterophylla* ノブドウ 192
Amygdalus persica モモ 123
Anacardiaceae ウルシ科 204-207
Anchusa officinalis アンチューサ 241
Andromeda polifolia ヒメシャクナゲ 102
Anemone hupehensis var. *japonica* シュウメイギク 34
Angelica acutiloba var. *sugiyamae* ホッカイトウキ 232
Angelica keiskei アシタバ 232
Angelica pubescens シシウド 232
Annonaceae バンレイシ科 25
Antigonon leptopus アサヒカズラ 61
Apiaceae セリ科 231-233
Apios americana アメリカホド 162
Aquifoliaceae モチノキ科 180-184
Araceae サトイモ科 296
Arachis hypogaea ナンキンマメ 158
Aralia cordata ウド 225
Aralia elata タラノキ 224
Araliaceae ウコギ科 222-230
Arbutus unedo イチゴノキ 100
Arctium lappa ゴボウ 281
Ardisia crenata マンリョウ 108
Arecaceae ヤシ科 294, 295
Armeniaca mume ウメ 121
Armeniaca vulgaris var. *ansu* アンズ 121
Artemisia spp. ヨモギ類 284
Asclepiadaceae ガガイモ科 234, 235
Asclepias tuberosa ヤナギトウワタ 234
Asimina triloba ポポー 25
Asparagus officinalis アスパラガス 311
Aster ageratoides var. *ovatus* ノコンギク 293
Aster tataricus シオン 289
Asteraceae キク科 274-293
Astragalus sinicus レンゲ 148
Averrhoa carambola ゴレンシ 222

B

Baccharis dracunculifolia バッカリス 293
Balsaminaceae ツリフネソウ科 220, 221
Basella alba ツルムラサキ 39
Basellaceae ツルムラサキ科 39
Begonia grandis シュウカイドウ 88
Begonia cucullata シキザキベゴニア 88
Begonia spp. ベゴニア類 88

Begoniaceae シュウカイドウ科　88
Benincasa hispida トウガン　84
Benthamidia florida ハナミズキ　177
Benthamidia japonica ヤマボウシ　177
Berberidaceae メギ科　36, 37
Berberis thunbergii メギ　36
Berchemia racemosa クマヤナギ　188
Betula platyphylla var. *japonica* シラカンバ　54
Betulaceae カバノキ科　54, 55
Bidens aurea ウィンターコスモス　286
Bidens frondosa アメリカセンダングサ　291
Bidens pilosa var. *pilosa* コセンダングサ　291
Bidens spp. センダングサ類　291
Bignonia capreolata カレーカズラ　267
Bignoniaceae ノウゼンカズラ科　267
Bletilla striata シラン　316
Bombacaceae パンヤ科　72
Boraginaceae ムラサキ科　241-243
Borago officinalis ボリジ　242
Brassica oleracea var. *acephala* f. *tricolor* ハボタン　93
Brassica oleracea var. *capitata* キャベツ　93
Brassica oleracea var. *italica* ブロッコリー　93
Brassica rapa ナタネ類　95
Brassicaceae アブラナ科　92-97
Broussonetia kazinoki × *B. papyrifera* コウゾ　44
Buxaceae ツゲ科　185

C

Cactaceae サボテン科　56, 57
Caesalpinia pulcherrima オウゴチョウ　163
Calamintha nepeta カラミンサ　257
Callicarpa japonica f. *albibacca* シロバナムラサキシキブ　244
Callicarpa japonica ムラサキシキブ　244
Callicarpa spp. ムラサキシキブ類　244
Callistemon rigidus マキバブラシノキ　171
Calycanthaceae ロウバイ科　26
Camellia japonica ヤブツバキ　69
Camellia sasanqua サザンカ　68
Camellia sinensis チャノキ　65
Camellia spp. ツバキ類　69
Campanula punctata ホタルブクロ　269
Campanulaceae キキョウ科　269
Campsis grandiflora ノウゼンカズラ　267
Canna × *generalis* カンナ　303
Cannaceae カンナ科　303
Capparaceae フウチョウソウ科　89
Caprifoliaceae スイカズラ科　270-272
Capsicum annuum トウガラシ類　237
Caragana sinica ムレスズメ　162
Cardamine scutata タネツケバナ　92
Carica papaya パパイア　87
Caricaceae パパイア科　87
Carpinus japonica クマシデ　55
Carpinus laxiflora アカシデ　55
Carpinus spp. シデ類　55
Carthamus tinctorius ベニバナ　284
Caryophyllaceae ナデシコ科　58, 59
Caryopteris incana ダンギク　245
Castanea crenata クリ　51
Castanopsis cuspidate ツブラジイ　53
Castanopsis sieboldii スダジイ　52
Catalpa ovata キササゲ　267
Cayratia japonica ヤブガラシ　193

Cedrus deodara ヒマラヤスギ　19
Celastraceae ニシキギ科　178, 179
Celastrus orbiculatus ツルウメモドキ　178
Celosia cristata ケイトウ　57
Celtis sinensis var. *japonica* エノキ　44
Centaurea cyanus ヤグルマギク　279
Cephalanthera falcata キンラン　316
Cerasus avium サクランボ　127
Cerasus campanulata カンヒザクラ　128
Cerasus jamasakura ヤマザクラ　130
Cerasus speciosa オオシマザクラ　130
Cerasus spp. サクラ類　130
Cerasus tomentosa ユスラウメ　127
Cerasus × *yedoensis* ソメイヨシノ　131
Cercis chinensis ハナズオウ　163
Chaenomeles japonica クサボケ　120
Chaenomeles oblonga マルメロ　125
Chaenomeles sinensis カリン　125
Chaenomeles speciosa ボケ　120
Chamaecrista nomame カワラケツメイ　155
Chamerion angustifolium ヤナギラン　175
Chelidonium majus sbsp. *asiaticum* クサノオウ　40
Chengiopanax sciadophylloides コシアブラ　226
Chenopodiaceae アカザ科　58
Chenopodium album シロザ　58
Chimonanthus praecox ロウバイ　26
Chionanthus retusus ヒトツバタゴ　265
Chorisia speciosa トックリキワタ　72
Cichorium intybus チコリ　279
Cinnamomum camphora クスノキ　26
Cirsium japonicum ノアザミ　276
Cirsium nipponicum var. *incomptum* タイアザミ　276
Cirsium nipponicum ナンブアザミ　276
Cirsium pendulum タカアザミ　276
Cirsium spp. アザミ類　276
Cirsium suffultum ツクシアザミ　276
Citrullus lanatus スイカ　83
Citrus hassaku ハッサク　212
Citrus junos ユズ　212
Citrus limon レモン　212
Citrus natsudaidai ナツミカン　210
Citrus poonensis ポンカン　212
Citrus sinensis var. *brasiliensis* ネーブルオレンジ　212
Citrus spp. ミカン類　209
Citrus tamurana ヒュウガナツ　212
Citrus unshiu ウンシュウミカン　209
Cladothamnus bracteatus ミヤマホツツジ　98
Clematis spp. カザグルマ類　34
Clematis terniflora 34
Cleomaceae → Capparaceae を見よ
Cleome gynandra フウチョウソウ　89
Clerodendrum bungei ボタンクサギ　245
Clerodendrum trichotomum クサギ　245
Clethra barbinervis リョウブ　98
Clethraceae リョウブ科　98
Cleyera japonica サカキ　66
Clusiaceae オトギリソウ科　72
Cocos nucifera ココヤシ　294
Coffea arabica コーヒーノキ　268
Coleus scutellarioides コリウス　258
Commelina communis ツユクサ　297
Commelinaceae ツユクサ科　297
Compositae → Asteraceae を見よ

Convolvulaceae ヒルガオ科　240
Corchorus olitorius モロヘイヤ　75
Cordyline australis ニオイシュロラン　315
Cornaceae ミズキ科　176, 177
Cornus macrophylla クマノミズキ　176
Cornus officinalis サンシュユ　176
Corydalis heterocarpa var. *japonica* キケマン　42
Corydalis incisa ムラサキケマン　42
Corylopsis pauciflora イヨミズキ　43
Corylopsis spicata トサミズキ　43
Cosmos bipinnatus コスモス　285
Cosmos sulphureus キバナコスモス　286
Crassula portulacea フチベニベンケイ　112
Crassulaceae ベンケイソウ科　112
Crataegus laevigata セイヨウサンザシ　137
Crataegus spp. サンザシ類　137
Crateva adansonii subsp. *formosensis* ギョボク　89
Crepidiastrum denticulatum ヤクシソウ　292
Crocus chrysanthus　307
Crocus vernus クロッカス　307
Cryptomeria japonica スギ　20
Cucumis sativus キュウリ　82
Cucumis spp. メロン類　82
Cucurbita moschata ニホンカボチャ　84, 85
Cucurbita pepo ズッキーニ　84
Cucurbita spp. カボチャ類　84
Cucurbitaceae ウリ科　80-85
Cupressaceae ヒノキ科　20
Curcuma longa ウコン　303
Cuscuta japonica ネナシカズラ　241
Cuscutaceae ネナシカズラ科　241
Cycadaceae ソテツ科　18
Cycas revoluta ソテツ　18
Cymbidium floribundum キンリョウヘン　317
Cymbidium goeringii シュンラン　317
Cynanchum liukiuense リュウキュウガシワ　235
Cynara scolymus アーティチョーク　278

D

Dahlia × *hortensis* ダリア　280
Daucus carota subsp. *sativus* ニンジン　231
Dendropanax trifidus カクレミノ　223
Deutzia crenata ウツギ　111
Deutzia gracilis ヒメウツギ　111
Deutzia scabra マルバウツギ　111
Dianthus superbus var. *longicalycinus* カワラナデシコ　59
Digitalis purpurea ジギタリス　262
Dimocarpus longan リュウガン　195
Diospyros kaki カキノキ　104
Diospyros lotus マメガキ　105
Dipsacaceae マツムシソウ科　273
Duchesnea chrysantha ヘビイチゴ　115
Duranta erecta デュランタ　243

E

Ebenaceae カキノキ科　104, 105
Echinops setifer ヒゴタイ　278
Edgeworthia chrysantha ミツマタ　168
Eichhornia crassipes ホテイアオイ　297
Elaeagnaceae グミ科　164, 165
Elaeagnus multiflora f. *oribiculata* ナツグミ　165
Elaeagnus multiflora var. *hortensis* トウグミ　165
Elaeagnus spp. グミ類　165
Elaeagnus umbellata アキグミ　165

Elaeocarpaceae ホルトノキ科　73
Elaeocarpus sylvestris var. *ellipticus* ホルトノキ　73
Eleutherococcus sieboldianus ヒメウコギ　222
Eleutherococcus spinosus ヤマウコギ　222
Eleutherococcus spp. ウコギ類　222
Elliottia paniculata ホツツジ　98
Elsholtzia ciliata ナギナタコウジュ　259
Erica spp. ヒース類　102
Ericaceae ツツジ科　98-103
Erigeron annuus ヒメジョオン　275
Erigeron philadelphicus ハルジオン　275
Eriobotrya japonica ビワ　141
Erythrina spp. デイゴ類　163
Erythrina variegata デイゴ　163
Erythronium japonicum カタクリ　305
Eschscholzia californica カリフォルニアポピー　40
Eucalyptus spp. ユーカリ類　172
Euonymus alatus ニシキギ　178
Euonymus fortunei ツルマサキ　179
Euonymus japonicus マサキ　179
Euonymus oxyphyllus ツリバナ　178
Euonymus planipes オオツリバナ　178
Euonymus sieboldianus マユミ　179
Eupatorium japonicum フジバカマ　289
Eupatorium makinoi ヨツバヒヨドリ　289
Euphorbia cyathophora ショウジョウソウ　187
Euphorbia marginata ハツユキソウ　187
Euphorbia milii var. *splendens* ハナキリン　187
Euphorbia pulcherrima ポインセチア　187
Euphorbia spp. ポインセチア類　187
Euphorbiaceae トウダイグサ科　185-187
Euptelea polyandra フサザクラ　46
Eupteleaceae フサザクラ科　46
Eurya emarginata ハマヒサカキ　66
Eurya japonica ヒサカキ　66
Euryale ferox オニバス　28
Euscaphis japonica ゴンズイ　194
Eutrema japonicum ワサビ　92

F

Fabaceae マメ科　144-163
Fagaceae ブナ科　49-53
Fagopyrum esculentum ソバ　62
Fagus crenata ブナ　49
Fallopia japonica イタドリ　60
Fallopia sachalinensis オオイタドリ　60
Farfugium japonicum ツワブキ　293
Fatsia japonica ヤツデ　230
Feijoa sellowiana フェイジョア　169
Firmiana simplex アオギリ　73
Flacourtiaceae イイギリ科　87
Foeniculum vulgare ウイキョウ　231
Forsythia suspense レンギョウ　265
Fortunella japonica キンカン　213
Fragaria × *ananassa* オランダイチゴ　119
Fritillaria thunbergii バイモ　306
Fumariaceae ケマンソウ科　42

G

Gardenia jasminoides クチナシ　268
Gentiana scabra var. *buergeri* リンドウ　234
Gentiana thunbergii ハルリンドウ　234
Gentiana spp. リンドウ類　234
Gentiana zollingeri フデリンドウ　234

Gentianaceae リンドウ科　234
Geraniaceae フウロソウ科　218, 219
Geranium carolinianum アメリカフウロ　219
Geranium onoei グンナイフウロ　219
Geranium soboliferum アサマフウロ　219
Geranium spp. フウロソウ類　219
Geranium thunbergii ゲンノショウコ　219
Geranium yesoense ハクサンフウロ　219
Ginkgo biloba イチョウ　18
Ginkgoaceae イチョウ科　18
Gladiolus × *colvillii* グラジオラス　313
Glebionis coronaria シュンギク　281
Glechoma hederacea subsp. *grandis* カキドオシ　246
Gleditsia japonica サイカチ　143
Glehnia littoralis ハマボウフウ　232
Glycine max subsp. *max* ダイズ　158
Gomphocarpus physocarpus フウセントウワタ　234
Gossypium arboreum var. *obtusifolium* ワタ　79
Gramineae → Poaceae を見よ
Grossulariaceae スグリ科　112
Guttiferae → Clusiaceae を見よ

H

Hamamelidaceae マンサク科　42, 43
Hamamelis japonica マンサク　42
Hedera rhombea キヅタ　228
Helianthus annuus ヒマワリ　282
Helianthus tuberosus キクイモ　292
Heliotropium foertherianum モンパノキ　243
Helleborus niger クリスマスローズ　31
Helleborus orientalis ハルザキクリスマスローズ　31
Helonias orientalis ショウジョウバカマ　306
Hemerocallis dumortieri var. *esculenta* ニッコウキスゲ　311
Hemerocallis fulva var. *disticha* ノカンゾウ　311
Hemerocallis spp. カンゾウ類　311
Hemistepta lyrata キツネアザミ　276
Hepatica nobilis var. *japonica* ミスミソウ　32
Heracleum sphondylium var. *nipponicum* ハナウド　232
Hibiscus moscheutos アメリカフヨウ　78
Hibiscus rosa-sinensis ハイビスカス　78
Hippocastanaceae トチノキ科　198-201
Hosta spp. ギボウシ類　310
Hovenia dulcis ケンポナシ　188
Humulus scandens カナムグラ　45
Hyacinthus orientalis ヒアシンス　307
Hydrangea involucrata タマアジサイ　110
Hydrangea macrophylla f. *normalis* ガクアジサイ　110
Hydrangea paniculata ノリウツギ　110
Hydrangea petiolaris ツルアジサイ　110
Hydrangea serrata ヤマアジサイ　110
Hydrangea spp. アジサイ類　110
Hydrangeaceae アジザイ科　110, 111
Hylotelephium sieboldii ミセバヤ　112
Hypericum monogynum ビヨウヤナギ　72
Hypericum patulum キンシバイ　72
Hyssopus sp. ヒソップ類　258

I

Idesia polycarpa イイギリ　87
Ilex chinensis ナナミノキ　182
Ilex cornuta シナヒイラギ　180
Ilex crenata イヌツゲ　180
Ilex integra モチノキ　181
Ilex nipponica ミヤマウメモドキ　181

Ilex pedunculosa ソヨゴ　184
Ilex rotunda クロガネモチ　182
Ilex serrata ウメモドキ　181
Illiciaceae シキミ科　22
Illicium anisatum シキミ　22
Impatiens balsamina ホウセンカ　220
Impatiens noli-tangere キツリフネ　220
Impatiens textorii ツリフネソウ　220
Impatiens walleriana アフリカホウセンカ　220
Indigofera pseudotinctoria コマツナギ　161
Ipomoea batatas サツマイモ　240
Ipomoea nil アサガオ　240
Ipomoea quamoclit マルバルコウ　240
Ipomoea spp. アサガオ類　240
Iridaceae アヤメ科　313
Iris japonica シャガ　313
Iris pseudacorus キショウブ　313
Iris spp. ショウブ・アヤメ類　313
Ixris spp. ジシバリ類　275

J

Juglandaceae クルミ科　48
Juglans mandshurica var. *sieboldiana* オニグルミ　48
Justicia procumbens var. *procumbens* キツネノマゴ　266

K

Kalmia latifolia カルミア　102
Kalopanax septemlobus ハリギリ　227
Kerria japonica ヤマブキ　138
Koelreuteria bipinnata オオモクゲンジ　196
Koelreuteria paniculata モクゲンジ　196

L

Labiatae → Lamiaceae を見よ
Lactuca indica アキノノゲシ　292
Lagenaria siceraria var. *hispida* ユウガオ　83
Lagerstroemia indica サルスベリ　167
Lamiaceae シソ科　246-259
Lamium album var. *barbatum* オドリコソウ　247
Lamium amplexicaule ホトケノザ　246
Lamium purpureum ヒメオドリコソウ　247
Lampranthus spectabilis マツバギク　56
Lardizabalaceae アケビ科　35
Larix kaempheri カラマツ　19
Lathyrus japonicus ハマエンドウ　157
Lauraceae クスノキ科　26, 27
Laurocerasus officinalis セイヨウバクチノキ　136
Laurocerasus zippeliana バクチノキ　136
Laurus nobilis ゲッケイジュ　27
Lavandula angustifolia ラベンダー類　248
Lavandula stoechas フレンチラベンダー　248
Legminosae → Fabaceae を見よ
Leonurus japonicus メハジキ　257
Leptospermum scoparium マヌカ　171
Leptospermum scoparium ギョリュウバイ　171
Lespedeza bicolor ヤマハギ　160
Lespedeza buergeri キハギ　160
Lespedeza cuneata メドハギ　160
Lespedeza cytobotrya マルバハギ　160
Lespedeza spp. ハギ類　160
Lespedeza thunbergii ミヤギノハギ　160
Leucaena leucocephala ギンネム　143
Ligstrum obtusifolium イボタノキ　264
Ligstrum ovalifolium オオバイボタ　264

Ligstrum spp. イボタ類　264
Ligstrum tschonoskii ミヤマイボタ　264
Ligustrum japonicum ネズミモチ　263
Ligustrum lucidum トウネズミモチ　263
Liliaceae ユリ科　304-312
Lilium auratum ヤマユリ　306
Lilium spp. ユリ類　306
Lippia canescens ヒメイワダレソウ　244
Liriodendron tulipifera ユリノキ　24
Liriope muscari ヤブラン　309
Litchi chinensis レイシ　195
Lithocarpus edulis マテバシイ　53
Lonicera gracilipes var. *glabra* ウグイスカグラ　272
Lonicera japonica スイカズラ　272
Lonicera morrowii キンギンボク　272
Lotus corniculatus var. *japonicus* ミヤコグサ　162
Lupinus polyphyllus ルピナス　155
Lupinus spp. ルピナス類　155
Lycium chinense クコ　236
Lycopersicon esculentum トマト　238
Lyonia ovalifolia subsp. *neziki* ネジキ　100
Lysichiton camtschatcense ミズバショウ　296
Lysimachia clethroides オカトラノオ　108
Lysimachia japonica コナスビ　108
Lythraceae ミソハギ科　166, 167
Lythrum anceps ミソハギ　167
Lythrum salicaria エゾミソハギ　167

M

Maackia amurensis イヌエンジュ　143
Maackia floribunda ハネミイヌエンジュ　143
Machilus thunbergii タブノキ　27
Macleaya cordata タケニグサ　39
Macranga tanarius オオバギ　185
Magnolia denudata ハクモクレン　22
Magnolia grandiflora タイサンボク　23
Magnolia kobus コブシ　22
Magnolia obovata ホオノキ　23
Magnoliaceae モクレン科　22-24
Magnoliophyta 被子植物門（モクレン門）　22
Mahonia fortunei ホソバヒイラギナンテン　37
Mahonia japonica ヒイラギナンテン　37
Mallotus japonicus アカメガシワ　185
Malus asiatica リンゴ　134
Malus halliana ハナカイドウ　133
Malus prunifolia ヒメリンゴ　133
Malus toringo ズミ　133
Malva sylvestris ウスベニアオイ　79
Malva sylvestris var. *mauritiana* ゼニアオイ　76
Malvaceae アオイ科　76-79
Mangifera indica マンゴー　207
Matricaria recutita カモミール　281
Mazus miquelii サギゴケ　260
Medicago sativa ムラサキウマゴヤシ　147
Melaleuca alternifolia ティーツリー　171
Melia azedarach センダン　197
Meliaceae センダン科　197
Meliosma myrianhta アワブキ　35
Meliosma tenuis ミヤマハハソ　35
Mentha × *piperita* セイヨウハッカ　254
Mentha spp. ハッカ類　254
Menyanthaceae ミツガシワ科　29
Menziesia multiflora ウラジロヨウラク　99
Metaplexis japonica ガガイモ　235

Millettia pinnata クロヨナ　146
Mimosa pudica オジギソウ　142
Mimosaceae ネムノキ科　142, 143
Miscanthus sinensis ススキ　300
Momordica charantia var. *pavel* ニガウリ　81
Monarda didyma ベルガモット　251
Monochoria korsakowii ミズアオイ　297
Moraceae クワ科　44, 45
Morus alba クワ　44
Musa balbisiana リュウキュウバショウ　302
Musa basjoo バショウ　302
Musa × *paradisiaca* バナナ　302
Musaceae バショウ科　302
Muscari almenicum　307
Muscari spp. ムスカリ類　307
Myrica rubra ヤマモモ　48
Myricaceae ヤマモモ科　48
Myrsinaceae ヤブコウジ科　108
Myrtaceae フトモモ科　169-173
Myrtus communis ギンバイカ　169

N

Nandina domestica ナンテン　36
Narcissus tazetta スイセン類　310
Nelumbo nucifera ハス　28
Nelumbonaceae ハス科　28
Neolitsea sericea シロダモ　27
Nicotiana tabacum タバコ　236
Nigella damascena クロタネソウ　30
Nymphaea spp. スイレン類　29
Nymphaeaceae スイレン科　28, 29
Nymphoides peltata アサザ　29

O

Ocimum basilicum バジル　254
Ocimum spp. バジル類　254
Oenothera biennis メマツヨイグサ　174
Oenothera glazioviana オオマツヨイグサ　174
Oenothera speciosa ヒルザキツキミソウ　174
Oenothera spp. マツヨイグサ類　174
Olea europea オリーブ　265
Oleaceae モクセイ科　263-265
Onagraceae アカバナ科　174, 175
Opuntia ficus-indica ウチワサボテン　56
Orchidaceae ラン科　316, 317
Origanum vulgare オレガノ　254
Orixa japonica コクサギ　208
Ornithogalum saundersiae　310
Ornithogalum spp. オルニソガルム　310
Orthosiphon aristatus ネコノヒゲ　257
Orychophragmus violaceus ショカツサイ　97
Oryza sativa イネ　298
Osmanthus fragrans var. *aurantiacus* キンモクセイ　265
Osmanthus × *fortunei* ヒイラギモクセイ　265
Oxalidaceae カタバミ科　222
Oxalis corniculata カタバミ　222
Oxalis debilis subsp. *corymbosa* ムラサキカタバミ　222
Oxalis spp. カタバミ類　222

P

Pachysandra terminalis フッキソウ　185
Padus buergeriana イヌザクラ　125
Padus grayana ウワミズザクラ　125
Padus ssiori シウリザクラ　125

Paeonia japonica ヤマシャクヤク　64
Paeonia suffruticosa ボタン　64
Paeoniaceae ボタン科　64
Palmae → Arecaceae を見よ
Panax japonicus トチバニンジン　230
Papaver dubium ナガミヒナゲシ　40
Papaver nudicaule アイスランドポピー　41
Papaver orientale オニゲシ　41
Papaver rhoeas ヒナゲシ　41
Papaveraceae ケシ科　39–41
Parthenocissus tricuspidata ツタ　191
Passiflora edulis トケイソウ　86
Passifloraceae トケイソウ科　86
Patrinia scabiosifolia オミナエシ　273
Patrinia villosa オトコエシ　273
Paulownia tomentosa キリ　261
Pedaliaceae ゴマ科　266
Perilla frutescens var. *crispa* f. *viridis* シソ　258
Perilla frutescens var. *frutescens* エゴマ　258
Persea americana アボカド　26
Persicaria capitata ヒメツルソバ　61
Persicaria longiseta イヌタデ　64
Persicaria orientalis オオケタデ　64
Persicaria spp. タデ類　64
Persicaria thunbergii ミゾソバ　64
Petasites japonicus フキ　274
Phaphiolepis indica var. *umbellata* シャリンバイ　136
Phaseolus coccineus ベニバナインゲン　159
Phaseolus vulgaris インゲンマメ　159
Phellodendron amurense キハダ　215
Phleum pratense チモシー　300
Phlox subulata シバザクラ　241
Photinia glabra カナメモチ　136
Photinia serratifolia オオカナメモチ　136
Photinia spp. カナメモチ類　136
Phyla nodiflora イワダレソウ　244
Physalis spp. ホオズキ類　237
Physostegia verginiana ハナトラノオ　246
Picea spp. トウヒ類　20
Pieris japonica subsp. *japonica* アセビ　100
Pilosella aurantiaca コウリンタンポポ　281
Pinaceae マツ科　19, 20
Pinophyta 裸子植物門（マツ門）　18
Pinus densiflora アカマツ　19
Pinus spp. マツ類　19
Pinus thunbergii クロマツ　19
Pisum sativum エンドウ　157
Pittosporaceae トベラ科　109
Pittosporum tobira トベラ　109
Plantaginaceae オオバコ科　260
Plantago asiatica オオバコ　260
Plantago lanceolata ヘラオオバコ　260
Platycodon grandiflorus キキョウ　269
Pleioblastus chino アズマネザサ　301
Poaceae イネ科　298–301
Podocarpaceae イヌマキ科　21
Podocarpus macrophyllus イヌマキ　21
Polemoniaceae ハナシノブ科　241
Polygonaceae タデ科　60–64
Poncirus trifoliata カラタチ　208
Pontederiaceae ミズアオイ科　297
Populus nigra var. *italica* ポプラ　91
Populus sieboldii ヤマナラシ　91
Portulaca pilosa subsp. *grandiflora* マツバボタン　38

Portulaca oleracea var. *sativa* ハナスベリヒユ　38
Portulacaceae スベリヒユ科　38
Pourthiaea villosa var. *villosa* カマツカ　137
Primulaceae サクラソウ科　108, 109
Primura japonica クリンソウ　108
Primura malacoides オトメザクラ　108
Primura sieboldii サクラソウ　108
Primura spp. サクラソウ類　108
Prunella vulgaris subsp. *asiatica* ウツボグサ　257
Prunus × *yedoensis* → *Cerasus* × *yedoensis* を見よ
Prunus mume → *Armeniaca mume* を見よ
Prunus salicina スモモ　123
Pseudolysimachion ornatum トウテイラン　262
Pseudolysimachion subsessile ルリトラノオ　262
Psidium guajava グアバ　169
Pterostyrax corymbosa アサガラ　107
Pterostyrax hispida オオバアサガラ　107
Pueraria lobata クズ　162
Pulsatilla cernua オキナグサ　31
Punica granatum ザクロ　168
Punicaceae ザクロ科　168
Pycnanthemum pilosum マウンテンミント　258
Pyrus pyrifolia var. *culta* ナシ　132
Pyrus pyrifolia var. *pyrifolia* ヤマナシ　132

Q

Quercus acutissima クヌギ　49
Quercus serrata コナラ　49

R

Ranunculaceae キンポウゲ科　30–34
Raphanus sativus ダイコン　93
Raphanus sativus var. *hortensis* f. *raphanistroides* ハマダイコン　96
Rhamnaceae クロウメモドキ科　188–190
Rhamnella franguloides ネコノチチ　189
Rhamnus japonica var. *decipiens* クロウメモドキ　190
Rhobinia pseudoacacia ニセアカシア　145
Rhododendron brachycarpum ハクサンシャクナゲ　102
Rhododendron degronianum アズマシャクナゲ　102
Rhododendron dilatatum ミツバツツジ　103
Rhododendron indicum サツキ　103
Rhododendron molle subsp. *japonicum* レンゲツツジ　103
Rhododendron spp. シャクナゲ類　102
Rhododendron spp. ツツジ類　103
Rhododendron spp. ミツバツツジ類　103
Rhododendron wadanum トウゴクミツバツツジ　103
Rhododendron × *pulchrum* オオムラサキ　103
Rhus javanica ヌルデ　206
Rhus succedanea ハゼノキ　205
Rhus sylvestris ヤマハゼ　204
Ribes rubrum フサスグリ　112
Ribes sinanense スグリ　112
Ribes spp. スグリ類　112
Ricinus communis トウゴマ　186
Rosa hirtula サンショウバラ　139
Rosa luciae テリハノイバラ　139
Rosa multiflora ノイバラ　139
Rosa rugosa ハマナス　139
Rosa spp. バラ類　140
Rosaceae バラ科　114–141
Rosmarinus officinalis ローズマリー　250
Rubiaceae アカネ科　268
Rubus armeniacus セイヨウヤブイチゴ　116

Rubus hirsutus クサイチゴ 115
Rubus idaeus subsp. *idaeus* ラズベリー 116
Rubus illecebrosus バライチゴ 115
Rubus mesogaeus クロイチゴ 115, 116
Rubus microphyllus ニガイチゴ 115
Rubus palmatus var. *coptophyllus* モミジイチゴ 115
Rubus parvifolius ナワシロイチゴ 115
Rubus spp. キイチゴ類 115
Rubus trifidus カジイチゴ 115
Rudbeckia laciniata オオハンゴンソウ 286
Ruta graveolens ルー 217
Rutaceae ミカン科 208-217

S

Sabiaceae アワブキ科 35
Saccharum officinarum サトウキビ 301
Salicaceae ヤナギ科 90, 91
Salix babylonica シダレヤナギ 90
Salix gracilistyla ネコヤナギ 91
Salix jessoensis シロヤナギ 91
Salix miyabeana subsp. *gymnolepis* カワヤナギ 90
Salvia guaranitica ガラニティカセージ 253
Salvia japonica アキノタムラソウ 257
Salvia officinalis セージ 253
Salvia sclarea クラリセージ 253
Salvia splendens ヒゴロモソウ 259
Salvia spp. セージ類 252
Salvia uliginosa ボッグセージ 252
Sapindaceae ムクロジ科 195, 196
Sapindus mukorossi ムクロジ 195
Saponaria officinalis サボンソウ 59
Saxifraga stolonifera ユキノシタ 113
Saxifragaceae ユキノシタ科 113
Scabiosa japonica マツムシソウ 273
Scilla peruviana オオツルボ 307
Scilla scilloides ツルボ 309
Scrophulariaceae ゴマノハグサ科 260-262
Scutellaria indica タツナミソウ 246
Sechium edule ハヤトウリ 81
Sedum mexicanum メキシコマンネングサ 112
Sedum spp. マンネングサ類 112
Senna obtusifolia エビスグサ 157
Senna occidentalis ハブソウ 157
Serissa japonica ハクチョウゲ 268
Sesamum orientale ゴマ 266
Shibateranthis pinnatifida セツブンソウ 30
Sicyos angulatus アレチウリ 80
Simaroubaceae ニガキ科 197
Skimmia japonica ミヤマシキミ 209
Solanaceae ナス科 236-239
Solanum carolinense ワルナスビ 237
Solanum melongena ナス 239
Solanum tuberosum ジャガイモ 237
Solidago altissima セイタカアワダチソウ 290
Solidago gigantean subsp. *serotina* オオアワダチソウ 288
Sonchus asper オニノゲシ 292
Sonchus oleraceus ハルノノゲシ（ノゲシ） 292
Sophora flavescens クララ 155
Sorbus commixta ナナカマド 138
Sorghum bicolor ソルガム 300
Sorghum halepense var. *pinquum* セイバンモロコシ 300
Spinacia oleracea ホウレンソウ 58
Spiraea japonica シモツケ 137
Spiraea salicifolia ホザキシモツケ 137

Spiraea spp. シモツケ類 137
Spiraea thunbergii ユキヤナギ 136
Spiranthes sinensis var. *amoena* ネジバナ 316
Stachys byzanthina ラムズイヤー 257
Stachys monieri スタキス 257
Stachyuraceae キブシ科 46
Stachyurus praecox キブシ 46
Staphylea bumalda ミツバウツギ 194
Staphyleaceae ミツバウツギ科 194
Stauntonia hexaphylla ムベ 35
Stauntonia sp. アケビ類 35
Stellaria spp. ハコベ類 58
Sterculiaceae アオギリ科 73
Stewartia monadelpha ヒメシャラ 67
Stewartia pseudocamellia ナツツバキ 67
Stokesia laevis ストケシア 279
Styphonolobium japonicum エンジュ 143
Styracaceae エゴノキ科 106, 107
Styrax japonica エゴノキ 106
Styrax obassia ハクウンボク 107
Swertia bimaculata アケボノソウ 234
Swertia japonica センブリ 234
Swida controversa ミズキ 176
Symphytum officinale コンフリー 242
Symplocarpus foetidus var. *latissimus* ザゼンソウ 296
Syringa reticulata ハシドイ 264

T

Taraxacum spp. タンポポ類 275
Taxaceae イチイ科 21
Taxus cuspidata イチイ 21
Ternstroemia gymnanthera モッコク 65
Tetradium daniellii ビービーツリー 217
Tetradium glabrifolium var. *glaucum* ハマセンダン 216
Tetradium rutaecarpum ゴシュユ 216
Tetragonia tetragonoides ツルナ 56
*Tetrapanax papyrife*r カミヤツデ 225
Thalictrum spp. カラマツソウ類 33
Thea sinensis → *Camellia sinensis* を見よ
Theaceae ツバキ科 65-69
Theobroma cacao カカオ 73
Thymelaeaceae ジンチョウゲ科 168
Thymus quinquecostatus イブキジャコウソウ 251
Thymus spp. タイム類 251
Tilia japonica アカシナ 74
Tilia maximowicziana アオシナ 74
Tilia miqueliana ボダイジュ 74
Tilia spp. シナノキ類 74
Tiliaceae シナノキ科 74, 75
Torreya nucifera カヤ 21
Toxicodendron orientale ツタウルシ 204
Toxicodendron trichocarpum ヤマウルシ 204
Toxicodendron vernicifluum ウルシ 204
Tradescantia ohiensis ムラサキツユクサ 297
Triadica sebifera ナンキンハゼ 187
Trichosanthes anguina ヘビウリ 83
Tricyrtis affinis ヤマジホトトギス 309
Tricyrtis hirta ホトトギス 309
Trifolium incarnatum クリムソンクローバ 154
Trifolium lupinaster シャジクソウ 154
Trifolium pratense アカツメクサ 154
Trifolium repens シロツメクサ 152
Tropaeolaceae ノウゼンハレン科 220
Tropaeolum majus キンレンカ 220

Tulipa gesneriana チューリップ　306
Typha latifolia ガマ　302
Typhaceae ガマ科　302

U

Ulmaceae ニレ科　44
Umbelliferae → Apiaceae を見よ

V

Vaccinium oldhamii ナツハゼ　100
Vaccinium spp. ブルーベリー　101
Valerianaceae オミナエシ科　273
Verbascum thapsus ビロードモウズイカ　262
Verbenaceae クマツヅラ科　243-245
Verbesina alternifolia ハチミツソウ　280
Vernicia cordata アブラギリ　186
Vernicia fordii オオアブラギリ　186
Veronica persica オオイヌノフグリ　260
Veronicstrum japonicum クガイソウ　262
Viburnum dilatatum ガマズミ　271
Viburnum odoratissimum サンゴジュ　271
Viburnum opulus var. *sargentii* カンボク　271
Viburnum spp. ガマズミ類　271
Vicia cracca クサフジ　151
Vicia faba ソラマメ　158
Vicia sativa subsp. *nigra* カラスノエンドウ　157
Vicia unijuga ナンテンハギ　161
Victoria amazonica オオオニバス　28
Vigna angularis var. *angularis* アズキ　158
Viola grypoceras タチツボスミレ　47
Viola spp. スミレ類　47

Viola tricolor パンジー　47
Violaceae スミレ科　47
Vitaceae ブドウ科　191-193
Vitex agunus-castus セイヨウニンジンボク　243
Vitex negundo var. *cannabifolia* ニンジンボク　243
Vitex rotundifolia ハマゴウ　243
Vitis coignetiae ヤマブドウ　192
Vitis spp. ブドウ類　192

W

Weigela coraeensis ハコネウツギ　270
Weigela decora ニシキウツギ　270
Weigela floribunda ヤブウツギ　270
Weigela hortensis タニウツギ　270
Weigela hortensis f. unicolor ベニウツギ　270
Wisteria barachybotrys ヤマフジ　156
Wisteria floribunda フジ　156

Y

Yucca gloriosa アツバキミガヨラン　315

Z

Zanthoxylum ailanthoides var. *ailanthoides* カラスザンショウ　214
Zanthoxylum piperitum サンショウ　214
Zanthoxylum schinifolium イヌザンショウ　214
Zea mays トウモロコシ　301
Zingiberaceae ショウガ科　303
Zinnia elegans ヒャクニチソウ　280
Ziziphus jujuba ナツメ　190

英名索引

A
Aibika　トロロアオイ　77
Alder　ハンノキ類　54
Alfalfa　ムラサキウマゴヤシ　147
Alkanet　アンチューサ　241
Amur corktree　キハダ　215
Angelica　シシウド　232
Apple　リンゴ　134
Apricot　アンズ　121
Artichoke　アーティチョーク　278
Asian skunk cabbage　ミズバショウ　296
Asiatic dayflower　ツユクサ　297
Avocado tree　アボカド　26
Azalea　ツツジ類　103
Azuki bean　アズキ　158

B
Balloon flower　キキョウ　269
Bamboo　タケ・ササ類，アズマネザサ　301
Basil　ハッカ（バジル）類　254
Bay laurel　ゲッケイジュ　27
Bayberry　ヤマモモ　48
Bee balm　ベルガモット　251
Bee bee tree　ビービーツリー　217
Bergamot　ベルガモット　251
Bitter melon　ニガウリ　81
Bitter orange　カラタチ　208
Blackberry　ブラックベリー類　116
Blueberry　ブルーベリー　101
Bluebottle　ヤグルマギク　279
Bluemink　ムラサキカッコウアザミ　279
Borage　ボリジ　242
Boston ivy　ツタ　191
Bottle brush　マキバブラシノキ　171
Bottle gourd　ユウガオ　83
Box-leaved holly　イヌツゲ　180
Bramble　キイチゴ類　115
Broad bean　ソラマメ　158
Buckweat　ソバ　62
Bur cucumber　アレチウリ　80
Burdock　ゴボウ　281
Bush clover　ハギ類　160

C
California poppy　カリフォルニアポピー　40
Callistemon　マキバブラシノキ　171
Camellia　ツバキ類　69
Camphor laurel　クスノキ　26
Carrot　ニンジン　231
Castor bean　トウゴマ　186
Chain of love　アサヒカズラ　61
Chamomile　カモミール　281
Cherry　サクランボ　127
Cherry tree　サクラ類　130

Chicory　チコリ　279
Chile pepper　トウガラシ類　237
Chinaberry　センダン　197
Chinese bottle tree　アオギリ　73
Chinese hawthorn　カナメモチ類　136
Chinese holly　シナヒイラギ　180
Chinese milk vetch　レンゲ　148
Chinese peashrub　ムレスズメ　162
Chinese scholar tree　エンジュ　143
Chinese tallow tree　ナンキンハゼ　187
Chinese trumpet vine　ノウゼンカズラ　267
Chinese wolfberry　クコ　236
Chocolate nut tree　カカオ　73
Chocolate vine　アケビ類　35
Cleome　フウチョウソウ　89
Coffee　コーヒーノキ　268
Comfrey　コンフリー　242
Common bean　インゲンマメ　159
Common gardenia　クチナシ　268
Common mallow　ウスベニアオイ　79
Corn　トウモロコシ　301
Cornflower　ヤグルマギク　279
Cosmos　コスモス　285
Cotton plant　ワタ　79
Crampbark　カンボク　271
Cranesbill　フウロソウ類　219
Crape myrtle　サルスベリ　167
Creeping wild thyme　タイム類　251
Crimson clover　クリムソンクローバ　154
Crocus　クロッカス　307
Crown daisy　シュンギク　281
Cucumber　キュウリ　82

D
Dahlia　ダリア　280
Dandelion　タンポポ類　275
Date plum　マメガキ　105
Devil-in-a-bush　クロタネソウ　30
Digitalis　ジギタリス　262
Dogtooth violet　カタクリ　305
Dogwood　ハナミズキ　177
Drunk tree　トックリキワタ　72

E
Eastern skunk cabbage　ザゼンソウ　296
Eggplant　ナス　239
Empress tree　キリ　261
Eucalyptus tree　ユーカリ類　172
Evening primrose　マツヨイグサ類　174

F
False acasia　ニセアカシア　145
Feijoa　フェイジョア　169
Fennel　ウイキョウ　231
Field balm　カキドオシ　246

Floss silk tree　トックリキワタ　72
Flossflower　ムラサキカッコウアザミ　279
Flower bean　ベニバナインゲン　159
Flowering quince　ボケ　120
Foxglove tree　キリ　261

G

Garlic chives　ニラ　309
Giant butterbur　フキ　274
Giant dogwood　ミズキ　176
Gladiolus　グラジオラス　313
Glossy privet　トウネズミモチ　263
Golden bell　レンギョウ　265
Golden rain tree　モクゲンジ　196
Goldenrod　セイタカアワダチソウ　290
Gooseberry　スグリ類　112
Ground ivy　カキドオシ　246
Guava　グアバ　169

H

Hairly vetch　クサフジ　151
Harlequin glory bower　クサギ　245
Herb of grace　ルー　217
Hibiscus　ハイビスカス　78
Hollyhock　タチアオイ　77
Hornbeam　シデ類　55
Hydrangea　アジサイ類　110
Hyssop　ヒソップ類　258

I

Indian spinach　ツルムラサキ　39
Iron wood　シデ類　55
Italian bugloss　アンチューサ　241
Italian clover　クリムソンクローバ　154

J

Japanese aralia　ヤツデ　230
Japanese beautyberry　ムラサキシキブ類　244
Japanese beech　ブナ　49
Japanese cheesewood　トベラ　109
Japanese chestnut　クリ　51
Japanese clover　ハギ類　160
Japanese flowering dogwood　ヤマボウシ　177
Japanese hackberry　エノキ　44
Japanese holly　イヌツゲ　180
Japanese horse chestnut　トチノキ　199
Japanese ivy　ツタ　191
Japanese kerria　ヤマブキ　138
Japanese lime　シナノキ類　74
Japanese mallotus　アカメガシワ　185
Japanese pagoda tree　エンジュ　143
Japanese pepper　サンショウ　214
Japanese plum　スモモ　123
Japanese prickly-ash　カラスザンショウ　214
Japanese raisin tree　ケンポナシ　188
Japanese rowan　ナナカマド　138
Japanese snowbell　エゴノキ　106
Japanese spindle　マサキ　179
Japanese spiraea　シモツケ類　137
Japanese spurge　フッキソウ　185
Japanese stuartia　ナツツバキ　67
Japanese walnut　オニグルミ　48
Japanese white birch　シラカンバ　54
Japanese Yew　イチイ　21

Japnese honeysuckle　スイカズラ　272
Jujube　ナツメ　190

K

Kiwifruit　キウイフルーツ　70
Knotweed　イタドリ　60
Kudzu　クズ　162
Kumquat　キンカン　213

L

Lacquer tree　ウルシ　204
Lambs ears　ラムズイヤー　257
Lavender　ラベンダー類　248
Lemon verbena　レモンバーベナ　243
Lesser calamint　カラミンサ　257
Lily　ユリ類　306
Locust tree　ニセアカシア　145
Long-headed poppy　ナガミヒナゲシ　40
Longan　リュウガン　195
Loquat　ビワ　141
Lotus　ハス　28
Love in a mist　クロタネソウ　30
Lupin　ルピナス類　155
Lychee　レイシ　195

M

Mahonia　ヒイラギナンテン　37
Maize　トウモロコシ　301
Mango　マンゴー　207
Manuka　マヌカ　171
Maple tree　カエデ類　202
Mexican creeper　アサヒカズラ　61
Milkweed　トウワタ類　234
Mimosa　ネムノキ類　142
Mint　ハッカ類　254
Monkshood　トリカブト類　33
Morning glory　アサガオ類　240
Moss phlox　シバザクラ　241
Moss-rose　マツバボタン　38
Mountain mint　マウンテンミント　258
Mugwort　ヨモギ類　284
Mulan magnolia　ハクモクレン　22
Mulberry　クワ　44
Mullein　ビロードモウズイカ　262
Muskmelon　メロン類　82
Myrtle　ギンバイカ　169

N

Nalta jute　モロヘイヤ　75
Narcissus　スイセン類　310
Nasturtium　キンレンカ　220

O

Oleaster　グミ類　165
Onion　タマネギ　308
Oriental paperbush　ミツマタ　168

P

Palm tree　ヤシ類　294
Papaya　パパイア　87
Passion fruit　トケイソウ　86
Pawpaw　ポポー　25
Pea　エンドウ　157
Peach　モモ類　123

Peanut ナンキンマメ 158
Peanut butter shrub クサギ 245
Pear ナシ 132
Persian silk tree ネムノキ類 142
Persimmon カキノキ 104
Pincushion flower マツムシソウ 273
Plume poppy タケニグサ 39
Plumed cockscomb ケイトウ 57
Poinsettia ポインセチア類 187
Pomegranate ザクロ 168
Potato ジャガイモ 237
Prickly water lily オオオニバス 28
Primrose サクラソウ類 108
Princess tree キリ 261
Prune スモモ 122
Pumpkin カボチャ類 85

R

Radish ダイコン 93
Rakkyo ラッキョウ 312
Rape ナタネ類 95
Rapeseed ナタネ類 95
Raspberry ラズベリー 116
Red clover アカツメクサ 154
Red currant スグリ類 112
Red shiso シソ 258
Rhododendron シャクナゲ類 102
Rice イネ 298
Rose バラ類 140
Rose balsam ホウセンカ 220
Rosemallow ハイビスカス 78
Rosemary ローズマリー 250
Round leaf holly クロガネモチ 182
Rue ルー 217

S

Safflower ベニバナ 284
Sage セージ類 252
Sasanqua サザンカ 68
Sawtooth oak クヌギ 49
Scallion ネギ 305
Scarlet runner ベニバナインゲン 159
Scarlet sage ヒゴロモソウ 259
Sensitive plant オジギソウ 142
Sesame ゴマ 266

Shirley poppy ヒナゲシ 41
Siebold's stonecrop ミセバヤ 112
Silver wattle フサアカシア 146
Silverberry グミ類 165
Silvervine マタタビ 71
Smartweed タデ類 64
Snowrose ハクチョウゲ 268
Soapberry ムクロジ 195
Sorghum ソルガム 300
Southern magnolia タイサンボク 23
Soybean ダイズ 158
Spring heath ヒース類 102
Squash カボチャ類 85
Star fruit ゴレンシ 222
Strawberry オランダイチゴ 119
Sunflower ヒマワリ 282
Sweet flag ショウブ・アヤメ類 313

T

Tea plant チャノキ 65
Tea tree ティーツリー 171
Thoroughwort フジバカマ 289
Timothy チモシー 300
Tobacco タバコ 236
Tomato トマト 238
Touch-me-not ツリフネソウ 220
Tree of heaven ニワウルシ 197
Tulip tree ユリノキ 24
Turmeric ウコン 303

U

Ume ウメ 121

V

Violet スミレ類 47

W

Water hyacinth ホテイアオイ 297
Water lily スイレン類 29
Water melon スイカ 83
Wax myrtle ヤマモモ 48
Weeping willow シダレヤナギ 90
White clover シロツメクサ 152
White wax tree トウネズミモチ 263

■ 著者紹介

佐々木正己（ささき　まさみ）農学博士

1948 年　東京都に生まれる
1970 年　玉川大学農学部卒業。卒論テーマは「ローヤルゼリーと女王分化」。
　　　　東京農工大学（修士課程）ではウリキンウワバ（鱗翅目ヤガ科）の「寄主植物特異性」，東京大学（博士課程）では同じ蛾の「体内時計のメカニズム」に取り組む。
1975 年　母校玉川大学農学部助手を経て 1988 年教授。農学部長，大学院農学研究科長，学術研究所長などを歴任。2013 年に退職するまで一貫して「ミツバチの社会機構」についての研究に従事。ただし途中 2 年間はワシントン大学動物学部で Truman, Riddiford 両教授と「昆虫行動のホルモンによる制御」について研究。実験室での解析だけでなく，ノルウェー北極圏での「花とマルハナバチ類の共生関係」，高山帯でのアルプスギンウワバ（ヤガ科）の生活史の解明や日周行動の昼行化など，フィールドでの仕事も楽しんだ。

現　在　玉川大学名誉教授。同大学ミツバチ科学研究センター，脳科学研究センター特別研究員

専　門　昆虫生理学，行動学，応用昆虫学，養蜂学，時間生物学

著　書　『養蜂の科学』（単著，サイエンスハウス）
　　　　『ニホンミツバチ−北限の *Apis cerana*』（単著，海游舎）
　　　　『社会性昆虫の進化生態学』（共著，海游舎）
　　　　『社会性昆虫の進化生物学』（共著，海游舎）
　　　　『もうひとつの脳−微小脳の研究入門』（共著，培風館）
　　　　『動物は何を考えているのか？　学習と記憶の比較生物学』（共著，共立出版）
　　　　『Circadian Clocks from Cell to Human』（共著，Hokkaido Univ. Press）
　　　　『昆虫生理生態学』（共著，朝倉書店）
　　　　その他，応用昆虫学，昆虫生理学関係の教科書類，ミツバチの脳機能に関するものなど多数。

蜂からみた花の世界

2010年7月20日 初 版 発 行
2022年4月15日 初版第3刷発行

著　者　　佐々木正己

Printing Director　都甲美博

発行者　　本間喜一郎

発行所　　株式会社 海游舎
　　　　　〒151-0061 東京都渋谷区初台1-23-6-110
　　　　　電話 03 (3375) 8567　FAX 03 (3375) 0922
　　　　　https://kaiyusha.wordpress.com/

印刷・製本　凸版印刷(株)

© 佐々木正己 2010

本書の内容の一部あるいは全部を無断で複写複製することは，著作権および出版権の侵害となることがありますのでご注意ください。

ISBN978-4-905930-27-3　　PRINTED IN JAPAN